城市综合管廊工程设计

曹彦龙　主编

中国建筑工业出版社

图书在版编目（CIP）数据

城市综合管廊工程设计/曹彦龙主编．—北京：中国建筑工业出版社，2018.5（2023.2 重印）
ISBN 978-7-112-22143-1

Ⅰ.①城… Ⅱ.①曹… Ⅲ.①市政工程-地下管道-管线设计 Ⅳ.①TU990.3

中国版本图书馆 CIP 数据核字（2018）第 082193 号

本书全面阐述了综合管廊总体设计、结构设计、入廊管线设计、附属设施设计、基坑支护、施工方法、BIM 技术的应用及造价测算，是综合管廊设计经验的共享，对从事综合管廊设计、施工、管理等工程技术人员及高校师生均有所助益。

责任编辑：田启铭 于 莉
责任校对：王 瑞

城市综合管廊工程设计
曹彦龙 主编
*
中国建筑工业出版社出版、发行（北京海淀三里河路 9 号）
各地新华书店、建筑书店经销
霸州市顺浩图文科技发展有限公司制版
北京中科印刷有限公司印刷
*
开本：787×1092 毫米 1/16 印张：18¼ 字数：443 千字
2018 年 3 月第一版 2023 年 2 月第三次印刷
定价：**68.00** 元
ISBN 978-7-112-22143-1
（32038）

本 书 编 委 会

主　编：曹彦龙

副主编：吕开雷　杨晓光　石少华　李　俊　向　帆

程　晶　袁　茜　钟　勇

序　一

我国正处在城镇化快速发展时期，地下基础设施建设滞后。推进城市地下综合管廊建设，统筹各类市政管线规划、建设和管理，解决反复开挖路面、架空线网密集、管线事故频发等问题，有利于保障城市安全、完善城市功能、美化城市景观、促进城市集约高效和转型发展，有利于提高城市综合承载能力和城镇化发展质量，有利于增加公共产品有效投资、拉动社会资本投入、打造经济发展新动力。

近年来，为全面贯彻落实党的十八大和十八届二中、三中、四中全会精神，按照《国务院关于加强城市基础设施建设的意见》（国发〔2013〕36 号）和《国务院办公厅关于加强城市地下管线建设管理的指导意见》（国办发〔2014〕27 号）的有关部署，国务院办公厅下发了《关于推进城市地下综合管廊建设的指导意见》（国办发〔2015〕61 号），要求把地下综合管廊建设作为履行政府职能、完善城市基础设施的重要内容，在继续做好试点工程的基础上，总结国内外先进经验和有效做法，逐步提高城市道路配建地下综合管廊的比例，全面推动地下综合管廊建设。到 2020 年，建成一批具有国际先进水平的地下综合管廊并投入运营，反复开挖地面的“马路拉链”问题明显改善，管线安全水平和防灾抗灾能力明显提升，逐步消除主要街道蜘蛛网式架空线，城市地面景观明显好转。

自 2016 年开始，我国每年开工建设综合管廊约 2000km，成为世界上综合管廊建设规模最大的国家。在大规模建设的同时，综合管廊的新技术不断涌现，核工业西南勘察设计研究院有限公司抓住了管廊快速发展的时机，承担了多个典型综合管廊项目，涉及多舱室、大断面、明挖现浇管廊，大直径盾构管廊，管廊桥及矿山法管廊等；参与编制了中国工程建设标准化协会标准《城市地下综合管廊管线工程技术规程》、《城市综合管廊运营管理技术标准》及地方标准《四川省城市综合管廊管线工程技术标准》、《四川省城市综合管廊运营维护技术规程》；成功申请管廊相关专利 5 项，其中 2 项获得软件著作权，相关研究获得省部级优秀成果奖 2 项；发表学术论文若干篇，取得了不俗的业绩。

曹彦龙结合工程理论及实践经验，主持撰写了《城市综合管廊工程设计》一书，全面阐述了综合管廊总体设计、结构设计、入廊管线设计、附属设施设计、基坑支护、施工方法、BIM 技术的应用及造价测算，是综合管廊设计经验的共享，对从事综合管廊设计、施工、管理等工作的工程技术人员及高校师生均有所助益。

上海市政工程设计研究总院（集团）有限公司

2018 年 3 月

序　二

城市地下管线是城市重要的基础设施，是城市各功能区各类管线基础设施有机连接和有效运转的“生命线”。城市地下管线的规划建设管理实质上是对城市基础设施、城市公共利益、城市地下空间资源的有效配置和综合管理，是政府公共管理的重要内容。随着我国城市化进程的加快，越来越多的城市地下安全问题逐渐暴露出来，迫切要求尽快提高我国城市地下管线规划建设管理水平。地下综合管廊是敷设城市各类地下管线的一种集约化布局方式，各类市政工程管线均可以敷设在综合管廊之内，通过安全保护措施可以确保这些管线在综合管廊内安全运行，对于优化城市竖向空间、提升城市公共服务质量具有重要意义，是实实在在的“功在当代、利在千秋”的民生工程。本人多年从事涉及市政工程管线的相关工作，深受城市管线布局难找位置、反复开挖路面影响道路通行、管线事故频发影响市民生活等问题之困，当我正在潜心学习研读国务院出台的《关于推进城市地下综合管廊建设的指导意见》之时，有幸看到曹彦龙组织编撰的《城市综合管廊工程设计》一书的初稿，眼前为之一亮，细细品味，感慨良多。应邀作序，姑且谈点粗浅体会。

综合管廊工程设计是综合管廊建设过程中重要的一环，直接影响着综合管廊的工程建设及建成后的维护管理。近年来，综合管廊建设步入快速发展阶段，但综合管廊建设管理标准体系不完善、规划建设经验不丰富、设计水平良莠不齐等问题在一定程度上影响了综合管廊的高质量建设和良性发展。本书作者组织技术力量在大量实践的基础上，从工程技术的角度对综合管廊工程设计进行了较为全面、详尽的总结，思路清晰、逻辑严谨、观点鲜明，体现了理论与工程实例的有机融合。该书首先全面系统地介绍了综合管廊的特点、相关政策、技术规范及标准，并依据综合管廊的发展情况前瞻性地提出了国内综合管廊的若干技术发展趋势。其次重点对综合管廊总体、结构、入廊管线及附属设施设计进行归纳总结，深入浅出地描述了综合管廊各专业的设计特点、重难点及设计要点，做到了实践与理论的有机融合。再者对综合管廊的施工方法、BIM技术应用及造价测算等方面结合工程实例进行分析总结，补充完善了综合管廊设计的内容，实用性强。最后系统地介绍了综合管廊设计的四个典型案例，内容精简直观、简洁明了。

我与本书作者曹彦龙因项目而相识，他在技术上对自己的要求是决不浅尝辄止、决不“闭门造车”、谨防“空中楼阁”。他坚持在项目中不断地学习和及时总结提升，本书可以说是他从事技术工作深度思考的结晶。相信本书能为同行提供设计参考，能为城市建设管理者、市政管线维护管理人员起到借鉴和参考作用。

实践是检验真理的唯一标准，城市综合管廊规划的水平高不高、建设的质量如何、运行的效果好不好，也需要经受实践的检验。今后几年，我国各个城市大规模建设的城市综合管廊即将陆续投入使用，希望曹彦龙继续关注综合管廊投运后存在的得与失，持续总结经验与教训，对出现的问题及时研究对策建议，并认真加以解决，不断完善城市综合管廊设计的总体思路和技术实现路径。

四川省水协海绵城市建设专家委员会副主任：刘继平

2018年3月

前　言

综合管廊是保障城市运行的重要基础设施和“生命线”，可集约利用城市地下空间、改善反复开挖地面的“马路拉链”问题，具有较高的社会效益及经济效益。2013年至今，国务院、住房和城乡建设部等相继出台并发布了一系列相关政策文件和规范标准，极大地推进了城市综合管廊的建设和发展。

现阶段，我国综合管廊建设管理制度及标准体系不尽完善、施工经验不足、设计水平参差不齐等影响了综合管廊的建设和发展。

核工业西南勘察设计研究院有限公司近年开展了多舱室、大断面、复杂节点综合管廊设计项目十余项，涉及明挖现浇、盾构法、矿山法等工法及管廊桥，取得了一定成效。本书结合综合管廊设计成功经验，旨在总结和分享设计心得，对设计技术方面存在的问题进行探讨，为同行提供借鉴，为管理部门、施工单位、高校师生等提供参考，为综合管廊的建设和发展增砖添瓦。

本书由曹彦龙策划、主编并统稿，何强、付忠志、赵忠富、周勇主审，全书共11章：第1章绪论介绍管廊发展概况、相关政策及发展趋势，由吕开雷编写；第2章介绍管廊设计准备工作，由吕开雷、韩晶婷、杜剑波编写；第3章介绍管廊断面、平面、竖向、节点及出线设计，由向帆、袁茜、韩晶婷、程晶、周梁编写；第4章介绍管廊结构及抗震设计，由杨晓光、李帅、曾应祝、张佳编写；第5章介绍入廊管线设计，由袁茜、徐进京、蹇宇、官恩燕、高祥阳、吴小平、鞠红、陈紫君编写；第6章介绍管廊内消防、通风、供电与照明、监控与报警、排水、标识及综合管理中心附属设施设计，由程晶、黄维、张微、郑浩、范瑞雪、蒋程镔、骆荟竹编写；第7章介绍综合管廊基坑支护设计，由薛果、李修伟、蒋发森编写；第8章介绍综合管廊明挖及暗挖施工方法，由杨晓光、曾应祝、陆泽西编写；第9章介绍BIM技术在管廊设计中的应用，由樊启武、高伟杰、向帆编写；第10章介绍管廊造价测算，由关静、刘浪、林悦、刘东杰编写；第11章介绍四个综合管廊典型案例，由韩晶婷、毛旭、向帆编写。

中国市政工程西南设计研究总院有限公司付忠志、赵远清、赵忠富，重庆大学何强、艾海男，中国中铁二院工程集团有限公司万建国等专家对本书进行了审阅，提出了宝贵的意见，在此表示衷心感谢！核工业西南勘察设计研究院有限公司董事长杨金川、总经理李辉良、总工程师周勇、副总工程师骆富强及公司交通市政院黄伟院长、总工程师王约斌等领导对本书编写工作给予了大力支持，在此一并致谢。

本书为国内首本较为全面介绍综合管廊工程设计的图书，受限于编者的经验与水平，书中难免存在错漏及不足之处，敬请广大读者批评和指正。本书在编写过程中参阅了大量的参考文献，从中得到了许多启发和帮助，在此向有关作者表示衷心的感谢！

编写组

2018年3月8日

目　录

第1章　绪　　论

1.1　综合管廊概述

1.1.1　综合管廊的定义、作用及特点

综合管廊是指建于城市地下用于容纳两类及以上城市工程管线的构筑物及附属设施。综合管廊在我国有“共同沟”、“综合管廊”、“共同管道”等多种称谓，在日本称为“共同沟”，在我国台湾省称为“共同管道”，在欧美等国家多称为“Urban Municiapl Tunnel”。本书所述“综合管廊”、“管廊”均为《城市综合管廊工程技术规范》GB 50838—2015（本书以下简称：GB 50838）中第2.1.1条所指综合管廊。

综合管廊实质是指按照统一规划、设计、施工和维护原则，建于城市地下用于敷设城市工程管线的市政公用设施。给水、雨水、污水、再生水、天然气、热力、电力、通信等城市工程管线可纳入综合管廊。综合管廊的建设对满足居民基本需求和提高城市综合承载力发挥着重要作用；它避免了敷设和维修地下管线频繁挖掘道路而对交通和居民出行造成的影响和干扰；降低了路面多次翻修和工程管线维修的费用；保持了路面的完整性和各类管线的耐久性；减少了道路的柱杆及各种管线的检查井、室等；美化了城市的景观。

与现有直埋市政管线相比，综合管廊实行统筹规划、统一建设和集约管理，具有下列特点：

——综合性。受体制、政策、技术、资金等因素的影响，大多数城市直埋的给水、排水、电力、通信、燃气、热力等市政管线工程基本上是以各自为政、分散建设、自成体系的方式运作；而管线集中敷设在管廊中，可以形成新型的城市地下网络管理系统，使各种资源得到有效整合与利用。

——长效性。采用钢筋混凝土框架的综合管廊，可保持长时期使用寿命和发展空间，做到一次投资，长效使用。

——营运可靠性。管廊内各专业管线间布局与安全距离均依据国家相关规范要求，结合防火、防爆、管线使用、维护保养等方面的要求，制定相关的运营管理标准，安全监测规章制度和抢修抢险应急方案，为管廊安全使用提供了技术管理保障。

——可维护性。管廊内预留巡检和维护保养空间，并设置必需的人员设备出入口和配套保障的设备设施。

——智慧性。管廊内外设置现代化、智能化监控管理系统，采用以智能化固定监测与移动监测相结合为主，人工定期现场巡视为辅的多种高科技手段，确保实现管廊内全方位监测，达到运行信息反馈不间断和降低成本、高效率维护管理的效果。

——抗震防灾性。市政管线集中敷设在地下管廊内，可以更有效地抵御地震、台风、

冰冻、侵蚀等多种自然灾害。在预留人员通行空间条件下，兼顾设置人防功能，并与周边人防工程相连接，非常状态下可发挥防空洞功能，减少生命财产损失。

——环保性。市政管线按规划需求一次性集中敷设，可为城市环境保护创造条件，地面与道路可在很长时间（50年以上）内不会因为更新管线而再度开挖。

1.1.2 国外综合管廊发展概况

在城市中建设地下管线综合管廊的概念，起源于19世纪的欧洲，最先出现在法国。自从1833年巴黎诞生了世界上第一条地下管线综合管廊（见图1-1）系统后，迄今已经有近200年的发展历程。经过百年来的探索、研究、改良和实践，其技术水平已完全成熟，在国外的许多城市得到了极大的发展，并已成为了国外发达城市市政建设管理的现代化象征和城市公共管理的一部分。下面简要介绍一下国外地下管线综合管廊的发展历程和现状：

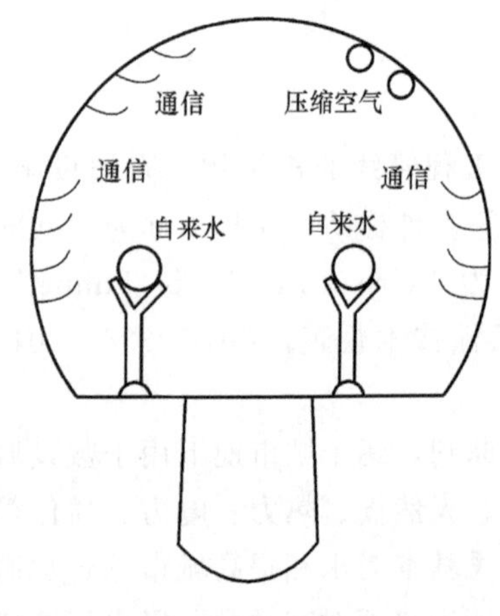

图1-1 法国巴黎共同沟（1833年）

——法国。法国由于1832年发生了霍乱，当时研究发现城市公共卫生系统的建设对于抑制流行病的发生与传播至关重要，于是在第二年，巴黎市着手规划市区下水道系统网络，并在管道中收容自来水（包括饮用水及清洗用的两类自来水）、电信电缆、压缩空气管及交通信号电缆等5种管线，这是历史上最早规划建设的综合管廊形式。近代以来，巴黎市逐步推动综合管廊规划建设，在19世纪60年代末，为配合巴黎市副中心的开发，规划了完整的综合管廊系统，收容自来水、电力、电信、冷热水管及集尘配管等，并且为适应现代城市管线种类多和敷设要求高等特点，而把综合管廊的断面修改成了矩形形式。迄今为止，巴黎市区及郊区的综合管廊总长已达2100km，堪称世界城市里程之首。法国已制定了在所有有条件的大城市中建设综合管廊的长远规划，为综合管廊在全世界的推广树立了良好的榜样。

——德国。1893年，前西德汉堡市的Kaiser-Wilheim街，两侧人行道下方兴建了450m的综合管廊收容暖气管、自来水管、电力、电信缆线及煤气管（见图1-2），但不含下水道。在德国第一条综合管廊兴建完成后发生了使用上的困扰，自来水管破裂使综合管廊内积水，当时因设计不佳，热水管的绝缘材料使用后无法全面更换。沿街建筑物的配管以及横越管路的设置仍导致经常开挖马路的情况，同时因沿街用户的增加，规划断面未预估日后的需求容量，而使原来兴建的综合管廊断面空间不足，为了新增用户，不得不在原共同沟外的道路地面下再增设直埋管线，尽管有这些缺失，但在当时评价仍很高，所以1959年又在布白鲁他市兴建了300m的综合管廊用以收容瓦斯管和自来水管。1964年前东德的苏尔市（Suhl）及哈利市（Halle）开始兴建综合管廊的实验计划，至1970年共完成15km以上的综合管廊并开始营运，同时也拟定在全国推广综合管廊的网络系统计划。前东德综合管廊收容的管线包括雨水管、污水管、饮用水管、热水管、工业用水干管、电力电缆、通信电缆、路灯用电缆及瓦斯管等。

——西班牙。西班牙于1933年开始计划建设综合管廊，1953年马德里市首先开始进

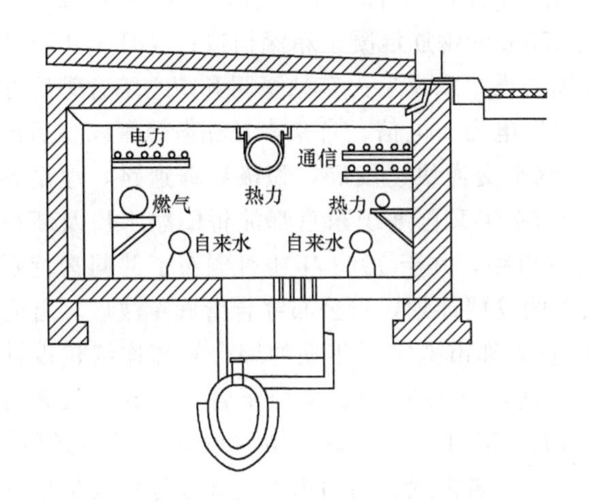

图 1-2　德国汉堡共同沟

行综合管廊的规划与建设，当时称为服务综合管廊计划，而后演变成目前广泛使用的综合管廊管道系统。经市政府官员调查发现建设综合管廊的道路，路面开挖的次数大幅度减少，路面塌陷与交通阻塞的现象也得以消除，道路寿命也比其他道路显著延长，在技术和经济上都收到了满意的效果，于是，综合管廊逐步得以推广。

——美国。美国自 1960 年起，即开始了综合管廊的研究，在当时看来，传统的直埋管线和架空缆线所能占用的土地日益减少而且成本愈来愈高，随着管线种类的日益增多，因道路开挖而影响城市交通，破坏城市景观。研究结果认为，从技术上、管理上、城市发展上、社会成本上看，建设综合管廊都是可行且必要的。1970 年，美国在 White Plains 市中心建设综合管廊，其他如大学校园内、军事机关或为特别目的而建设，但均不成系统网络，除了煤气管外，几乎所有管线均收容在综合管廊内。此外，美国具代表性的还有纽约市从東河下穿越并连接 Astoria 和 Hell Gate Generatio Plants 的隧道，该隧道长约 1554m，收容有 345kV 输配电力缆线、电信缆线、污水管和自来水干线，而阿拉斯加的 Fairbanks 和 Nome 建设的综合管廊系统，是为防止自来水和污水受到冰冻，Fairbanks 系统有 6 个廊区，而 Nome 系统是唯一将整个城市市区的供水和污水系统纳入综合管廊的系统，沟体长约 4022m。

——英国。英国于 1861 年在伦敦市区兴建综合管廊，如图 1-3 所示，采用 12m×7.6m 的半圆形断面，除收容自来水管、污水管及瓦斯管、电力、电信外，还敷设了连接用户的供给管线，迄今伦敦市区建设的综合管廊已超过 22 条，伦敦兴建的综合管廊建设经费完全由政府筹措，属伦敦市政府所有，完成后再由市政府出租给管线单位使用。

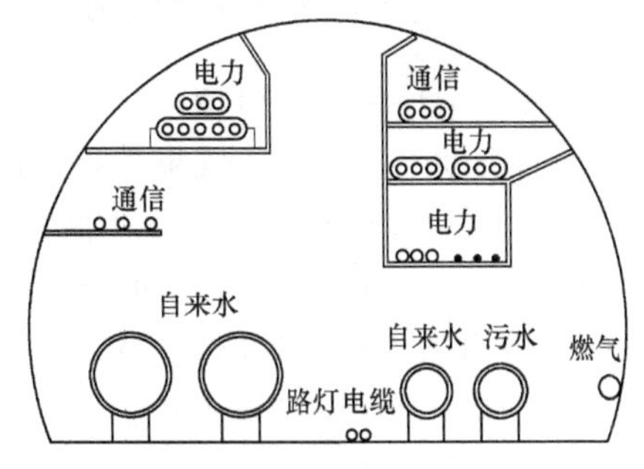

图 1-3　英国伦敦共同沟（1861 年）

——日本。日本综合管廊的建设始于 1926 年，为便于推广，把综合管廊的名字形象地称为“共同沟”。东京关东大地震后，为东京都复兴计划鉴于地震灾害原因乃以试验方式设置了三处共同沟（见图 1-4）：九段阪综合管廊，位于人行道下，为净宽 3m、高 2m、干管长度 270m 的钢筋混凝土箱涵构造；滨町金座街综合管廊，设于人行道下，为电缆沟，只收容缆线类；东京后火车站至昭和街之综合管廊亦设于人行道下，净宽约 3.3m，高约 2.1m，收容电力、电信、自来水及瓦斯等管线，后停滞了相当长一段时间。一直到 1955 年，由于汽车交通快速发展，积极新辟道路，埋设各类管线，为避免经常挖掘道路影响交通，于 1959 年又再度于东京都淀桥旧净水厂及新宿西口设置了共同沟；1962 年政府宣布禁止挖掘道路，并于 1963 年 4 月颁布了共同沟特别措置法，制定建设经费的分摊办法，拟定长期的发展计划，自公布综合管廊专法后，首先在尼崎地区建设综合管廊 889m，同时在全国各大都市拟定五年期的综合管廊连续建设计划，1993—1997 年为日本综合管廊的建设高峰期，至 1997 年已完成干管 446km，较著名的有东京银座、青山、麻布、幕张副都心、横滨 M21、多摩新市镇（设置垃圾输送管）等地下综合管廊。其他各大城市，如大阪、京都、名古屋、冈山市、爱知县等均大量地投入综合管廊的建设，至 2001 年日本全国已兴建超过 600km 的综合管廊。日比谷综合管廊工程挖土深度 23～35m 不等，采用“泥浆封闭式”施工，于 2005 年 6 月完成。

图 1-4　东京综合管廊

——其他国家或地区。如瑞典、挪威、瑞士、波兰华沙、匈牙利、俄罗斯（见图1-5）等许多国家都建设有城市地下管线综合管廊项目，并都有制定相应规划的计划。

1.1.3　国内综合管廊发展概况

——台湾地区。在台湾，综合管廊也叫“共同管道”。台湾地区近十年来，对综合管廊建设的推动不遗余力，成果丰硕。台湾地区自 20 世纪 80 年代即开始研究评估综合管廊建设方案，1990 年制定了“公共管线埋设拆迁问题处理方案”来积极推动综合管廊建设，首先从立法方面进行研究，1992 年委托中华道路协会进行共同管道法立法的研究，2000 年 5 月 30 日通过立法程序，同年 6 月 14 日正式公布实施。2001 年 12 月颁布母法施行细则及建设综合管廊经费分摊办法及工程设计标准，并授权当地政府制订综合管廊的维护办法。至此台湾地区继日本之后成为亚洲具有综合管廊最完备法律基础的地区。台湾结合新

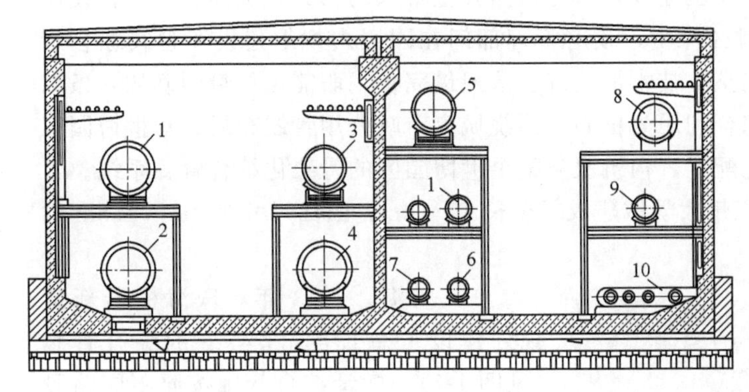

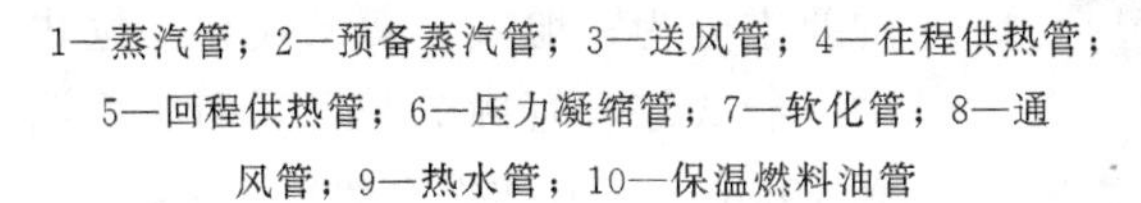

1—蒸汽管；2—预备蒸汽管；3—送风管；4—往程供热管；5—回程供热管；6—压力凝缩管；7—软化管；8—通风管；9—热水管；10—保温燃料油管

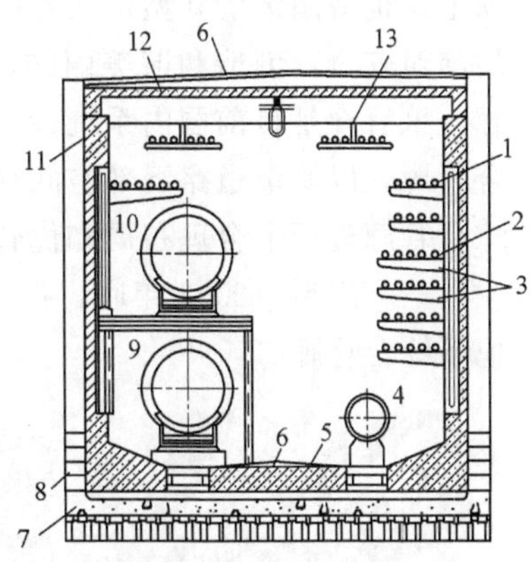

1—电力电缆；2—电信电缆；3—电缆桥架；4—自来水管；5—混凝土过道板；6—防水层；7—混凝土垫层；8—砖防护层；9—往程供热管；10—回程供热管；11—钢筋混凝土壁；12—钢筋混凝土顶板；13—内部电缆

图 1-5　俄罗斯综合管廊

建道路，新区开发、城市再开发、轨道交通系统、铁路地下化及其他重大工程优先推动综合管廊建设，台北、高雄、台中等大城市已完成了系统网络的规划并逐步建成。此外，已完成建设的还包括新近施工中的台湾高速铁路沿线五大新站新市区的开发。到 2002 年，台湾综合管廊的建设已逾 150km，其累积的经验可供我国其他地区借鉴。

——北京。地下综合管廊对我国来说是一个全新的课题。第一条综合管沟于 1958 年建造于北京天安门广场下，鉴于天安门在北京有特殊的政治地位，为了避免日后广场被开挖，建造了一条宽 4m、高 3m、埋深 7～8m、长 1km 的综合管沟收容电力、电信、暖气等管线，至 1977 年在修建毛主席纪念堂时，又建造了相同断面的综合管廊，长约 500m。2006 年中关村西区建成的综合管廊包含了给水排水、供电、供冷、供暖、天然气、通信等市政设施。

——天津。1990 年，天津市为解决新客站行人、管道与穿越多股铁道而兴建了长 50m、宽 10m、高 5m 的隧道，同时拨出宽约 2.5m 的综合管廊，用于收容上下水道、电力电缆等管线。

——上海。1994 年，上海浦东新区张杨路人行道下建造了两条宽 5.9m、高 2.6m，双孔各长 5.6km，共 11.2km 的支管综合管廊（见图 1-6），收容煤气、通信、上水、电力等管线，它是我国第一条较具规模并已投入运营的综合管廊。2006 年底，上海的嘉定安亭新镇地区也建成了全长 7.5km 的地下管线综合管廊。另外，在松江新区也有一条长 1km，集所有管线于一体的地下管线综合管廊。此外，为推

图 1-6　上海张杨路综合管廊

动上海世博园区的新型市政基础设施建设，避免道路开挖带来的污染，提高管线运行使用的绝对安全，创造和谐美丽的园区环境，政府管理部门在园区内规划建设了管线综合管廊，该管廊是目前国内系统最完整、技术最先进、法规最完备、职能定位最明确的一条综合管廊，以城市道路下部空间综合利用为核心，围绕城市市政公用管线布局，对世博园区综合管廊进行了合理布局和优化配置，构筑服务整个世博园区的骨架化综合管廊系统。

——广州。2003 年底，在广州大学城建成了全长 17.4km，断面尺寸为 7m×2.8m 的地下综合管廊。

图 1-7 珠海横琴综合管廊

——珠海。2013 年，珠海横琴新区规划建设了总长度 33.4km 的综合管廊（见图 1-7）。横琴综合管廊按照不同路段的要求分为一舱式、两舱式和三舱式。其中一舱式综合管廊 7.8km，两舱式综合管廊 19km，三舱式综合管廊 6.6km。

为切实加强城市地下管线建设管理，保障城市安全运行，提高城市综合承载能力和城镇化发展质量，国家从战略层面提出了稳步推进城市地下管廊建设的目标和要求，制定了一系列政策、标准和法规旨在推动我国综合管廊建设的发展。2015 年全国 69 个城市启动了地下综合管廊建设，开工建设规模约 1000km。

1.2 综合管廊的类型

根据收纳管线、舱室结构及服务区域不同，GB 50838 中将城市综合管廊分为三种类型，分别为干线综合管廊、支线综合管廊和缆线管廊。某些管廊兼具干线综合管廊与支线综合管廊的特点，可称之为“组合式综合管廊”。

1.2.1 干线综合管廊

干线综合管廊指用于容纳城市主干工程管线，采用独立分舱方式建设的综合管廊。

干线综合管廊一般设置于机动车道或道路中央下方，主要连接原站（如自来水厂、发电厂、热电厂、热力厂等）与支线综合管廊。其一般不直接服务于沿线地区。干线综合管廊内主要容纳的管线为高压电力电缆、信息主干电缆或光缆、给水主干管道、热力主干管道等，有时结合地形排水管道也容纳在内。在干线综合管廊内，电力电缆主要从超高压变电站输送至一、二次变电站，信息电缆或光缆主要为转接局之间的信息传输，热力管道主要为热力厂至调压站之间的输送。干线综合管廊的断面通常为圆形或多格箱形，如图 1-8 所示。干线综合管廊内一般要求设置工作通道及照明、通风等设备。

1.2.2 支线综合管廊

支线综合管廊指用于容纳城市配给工程管线，采用单舱或双舱方式建设的综合管廊。

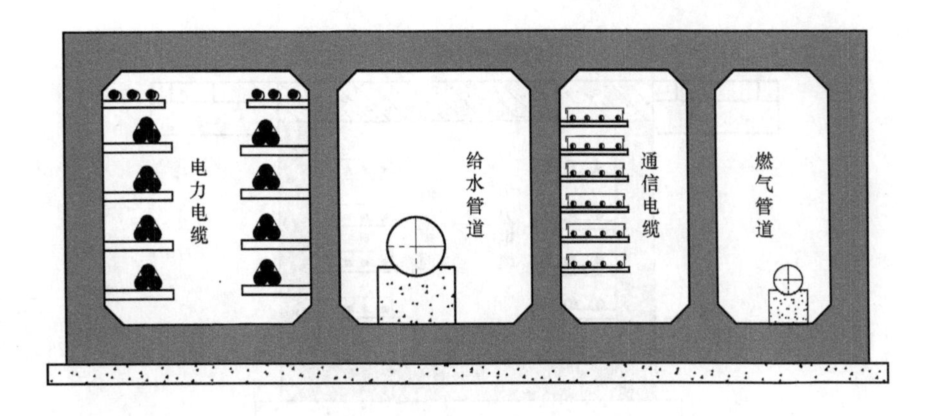

图 1-8　干线综合管廊示意图

支线综合管廊主要用于将各种管线从干线综合管廊分配、输送至各直接用户。其一般设置在道路的两旁，容纳直接服务于沿线地区的各种管线。支线综合管廊的截面以矩形较为常见，一般为单舱或双舱箱形结构，如图 1-9 所示。支线综合管廊内一般要求设置工作通道及照明、通风等设备。

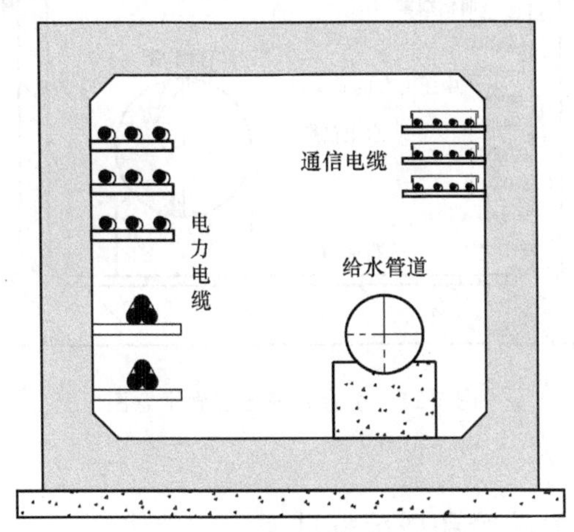

图 1-9　支线综合管廊示意图

1.2.3　缆线管廊

缆线管廊是指采用浅埋沟道方式建设，设有可开启盖板但其内部空间不能满足人员通行要求，用于容纳电力电缆和通信线缆的管廊。

缆线管廊一般设置在道路的人行道下面，其埋深较浅。截面以矩形较为常见，如图 1-10 所示。一般工作通道不要求通行，管廊内不要求设置照明、通风等设备，仅设置供维护时可开启的盖板或工作手孔即可。

1.2.4　组合式综合管廊

市政道路下往往既规划有输水管线、高压电力电缆、高压燃气管线等输送性管线，又规划有配水、中压电力电缆、中压燃气管线、排水管线等服务性管线。某些综合管廊往往既容纳输送性管线又容纳服务性管线，兼具干线综合管廊与支线综合管廊的功能，故称之

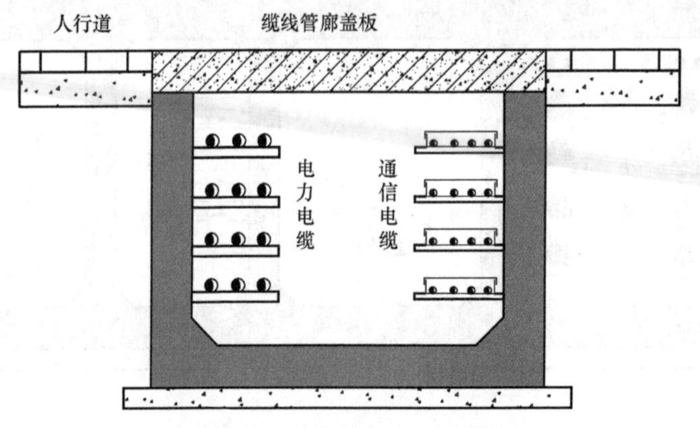

图 1-10　缆线管廊示意图

为组合式综合管廊。组合式综合管廊一般至少分为两个舱室，如图 1-11 所示。

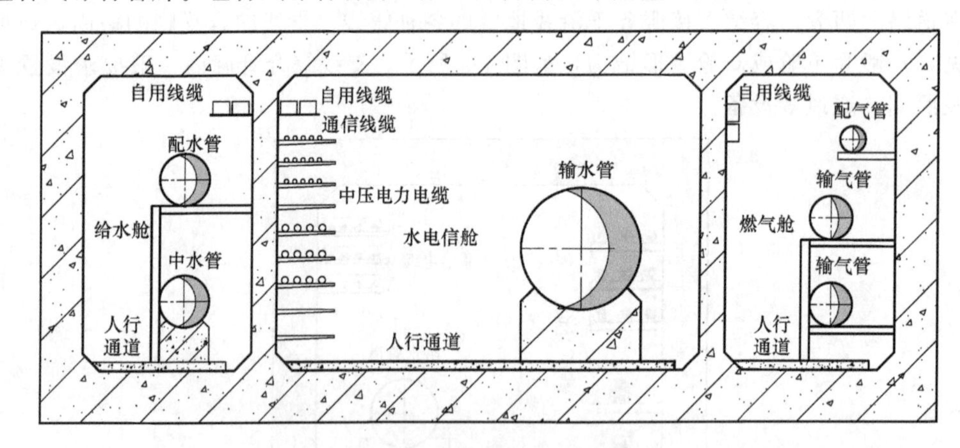

图 1-11　组合式综合管廊示意图

1.3　综合管廊相关政策和规范标准

1.3.1　相关国家政策

我国正处在城镇化快速发展时期，地下基础设施建设滞后。推进城市地下综合管廊建设，统筹各类市政管线规划、建设和管理，解决反复开挖路面、架空线网密集、管线事故频发等问题，有利于保障城市安全、完善城市功能、美化城市景观、促进城市集约高效和转型发展，有利于提高城市综合承载能力和城镇化发展质量，有利于增加公共产品有效投资、拉动社会资本投入、打造经济发展新动力。“十八大”以来国务院及各部委先后出台了各项指导意见或政策，为地下管线的建设指明了方向，并提供了政策保障。现将各项政策涉及综合管廊的内容以及相关解读叙述如下：

2013 年 9 月 13 日，国务院发布《国务院关于加强城市基础设施建设的意见》（国发[2013] 36 号）：

(1) 加强和改进城市基础设施建设，应坚持的原则：民生优先——坚持先地下、后地上，优先加强供水、供气、供热、电力、通信、公共交通、物流配送、防灾避险等与民生密切相关的基础设施建设，加强老旧基础设施改造；保障城市基础设施和公共服务设施供给，提高设施水平和服务质量，满足居民基本生活需求；安全为重——提高城市管网、排水防涝、消防、交通、污水和垃圾处理等基础设施的建设质量、运营标准和管理水平，消除安全隐患，增强城市防灾减灾能力，保障城市运行安全。

以上两点原则指出城市基础设施建设不仅要注重"面子"，更要注重"里子"，突显了地下管线在城市基础设施中的重要地位。

(2) 提出市政地下管网建设改造的工作目标："加强城市供水、污水、雨水、燃气、供热、通信等各类地下管网的建设、改造和检查，优先改造材质落后、漏损严重、影响安全的老旧管网，确保管网漏损率控制在国家标准以内。到 2015 年，完成全国城镇燃气 8 万 km、北方采暖地区城镇集中供热 9.28 万 km 老旧管网改造任务，管网事故率显著降低；实现城市燃气普及率 94%、县城及小城镇燃气普及率 65%的目标。开展城市地下综合管廊试点，用 3 年左右时间，在全国 36 个大中城市全面启动地下综合管廊试点工程；中小城市因地制宜建设一批综合管廊项目。新建道路、城市新区和各类园区地下管网应按照综合管廊模式进行开发建设。"

2014 年 6 月 14 日，国务院办公厅发布《国务院办公厅关于加强城市地下管线建设管理的指导意见》(国办发 [2014] 27 号)：

(1) 目标任务：2015 年底前，完成城市地下管线普查，建立综合管理信息系统，编制完成地下管线综合规划。力争用 5 年时间，完成城市地下老旧管网改造，将管网漏失率控制在国家标准以内，显著降低管网事故率，避免重大事故发生。用 10 年左右时间，建成较为完善的城市地下管线体系，使地下管线建设管理水平能够适应经济社会发展需要，应急防灾能力大幅度提升。

(2) 稳步推进城市地下综合管廊建设。在 36 个大中城市开展地下综合管廊试点工程，探索投融资、建设维护、定价收费、运营管理等模式，提高综合管廊建设管理水平。通过试点示范效应，带动具备条件的城市结合新区建设、旧城改造、道路新（改、扩）建，在重要地段和管线密集区建设综合管廊。城市地下综合管廊应统一规划、建设和管理，满足管线单位的使用和运行维护要求，同步配套消防、供电、照明、监控与报警、通风、排水、标识等设施。鼓励管线单位入股组成股份制公司，联合投资建设综合管廊，或在城市人民政府指导下组成地下综合管廊业主委员会，招标选择建设、运营管理单位。建成综合管廊的区域，凡已在管廊中预留管线位置的，不得再另行安排管廊以外的管线位置。要统筹考虑综合管廊建设运行费用、投资回报和管线单位的使用成本，合理确定管廊租售价格标准。有关部门要及时总结试点经验，加强对各地综合管廊建设的指导。

2015 年 8 月 10 日，国务院办公厅发布《国务院办公厅关于推进城市地下综合管廊建设的指导意见》(国办发 [2015] 61 号)：

(1) 按照《国务院关于加强城市基础设施建设的意见》(国发 [2013] 36 号) 和《国务院办公厅关于加强城市地下管线建设管理的指导意见》(国办发 [2014] 27 号) 的有关部署，适应新型城镇化和现代化城市建设的要求，把地下综合管廊建设作为履行政府职能、完善城市基础设施的重要内容，在继续做好试点工程的基础上，总结国内外先进经验和有效做法，逐步提高城市道路配建地下综合管廊的比例，全面推动地下综合管廊建设。

（2）到2020年，建成一批具有国际先进水平的地下综合管廊并投入运营，反复开挖地面的“马路拉链”问题明显改善，管线安全水平和防灾抗灾能力明显提升，逐步消除主要街道蜘蛛网式架空线，城市地面景观明显好转。

财政部《关于开展中央财政支持地下综合管廊试点工作的通知》（财建［2014］839号）：中央财政对地下综合管廊试点城市给予专项资金补助，一定三年，具体补助数额按城市规模分档确定，直辖市每年5亿元，省会城市每年4亿元，其他城市每年3亿元。对采用PPP模式达到一定比例的，将按上述补助基数奖励10%。财政部、住房和城乡建设部组织确定了2015年地下综合管廊10个试点城市：包头市、沈阳市、哈尔滨市、苏州市、厦门市、十堰市、长沙市、海口市、六盘水市、白银市；2016年地下综合管廊15个试点城市：石家庄市、四平市、杭州市、合肥市、平潭综合试验区、景德镇市、威海市、青岛市、郑州市、广州市、南宁市、成都市、保山市、海东市和银川市。

1.3.2 相关地方政策

《国务院办公厅关于推进城市地下综合管廊建设的指导意见》（国办发［2015］61号）发布后，各地方人民政府先后出台了地方性指导意见及管理办法。举例介绍如下：

2015年11月26日，四川省人民政府办公厅发布《关于全面开展城市地下综合管廊建设工作的实施意见》（川办发［2015］99号），指出：到2020年，全省建成1000km以上地下综合管廊并投入运营，有效改善城市“马路拉链”和“空中蜘蛛网”现象，管线安全水平和防灾抗灾能力明显提升；并提出加强组织领导、加大资金投入、强化入廊管理、健全价格机制四点保障措施。确定成都、自贡、绵阳、南充4个省级地下综合管廊建设试点城市。

2015年12月19日，上海市人民政府办公厅印发《关于推进本市地下综合管廊建设若干意见的通知》（沪府办［2015］122号），提出：到2020年，力争累计完成地下综合管廊建设80～100km，地下综合管廊逐步形成规模，“马路拉链”及架空线逐步减少，城市景观得到改善，地下管线应急防灾水平逐步提升，地下综合管廊建设管理水平处于国内领先水平。

2016年6月2日，广东省人民政府办公厅关于印发《广东省城市地下综合管廊建设实施方案》的通知（粤府办［2016］54号），指出：到2020年，全省建成不少于1000km的城市地下综合管廊，管理运营规范化，管线安全水平和防灾抗灾能力明显提升，充分发挥规模效益和社会效益，基本解决反复开挖地面的“马路拉链”问题，城市地面景观明显好转。

2016年3月24日，成都市人民政府办公厅发布《成都市人民政府办公厅关于加强城市地下综合管廊建设工作的实施意见》（成办发［2016］7号），指出：到2020年末全市建成综合管廊约500km（中心城区和成都天府新区直管区拟建150km，卫星城和区域中心城拟建350km），到2025年末全市建成综合管廊约1000km（中心城区和成都天府新区直管区拟建200km，卫星城和区域中心城拟建800km）。

北京市政府常务会议2017年11月21日研究了《关于加强城市地下综合管廊建设管理的实施意见》，将指导北京市今后一个时期地下综合管廊规划、建设和运营管理等方面工作的开展。北京市将迎来地下综合管廊密集建设期，到2020年将建成综合管廊150～200km，在北京城市副中心、冬奥会、世园会等重大项目建设中优先规划建设综合管廊。

1.3.3 相关设计规范

2015 年 5 月 22 日，中华人民共和国住房和城乡建设部和国家质量监督检验检疫总局联合发布《城市综合管廊工程技术规范》GB 50838—2015，2015 年 6 月 1 日实施。原《城市综合管廊工程技术规范》GB 50838—2012 同时废止。

综合管廊设计采用的主要规范详见附录 A。

1.3.4 国家标准体系

《国务院办公厅关于加强城市地下管线建设管理的指导意见》（国办发［2014］27 号）第（五）条指出：完善标准规范。根据城市发展需要抓紧制定和完善地下综合管廊建设和抗震防灾等方面的国家标准。地下综合管廊工程结构设计应考虑各类管线接入、引出支线的需求，满足抗震、人防和综合防灾等需要。地下综合管廊断面应满足所在区域所有管线入廊的需要，符合入廊管线敷设、增容、运行和维护检修的空间要求，并配建行车和行人检修通道，合理设置出入口，便于维修和更换管道。地下综合管廊应配套建设消防、供电、照明、通风、给水排水、视频、标识、安全与报警、智能管理等附属设施，提高智能化监控管理水平，确保管廊安全运行。要满足各类管线独立运行维护和安全管理需要，避免产生相互干扰。

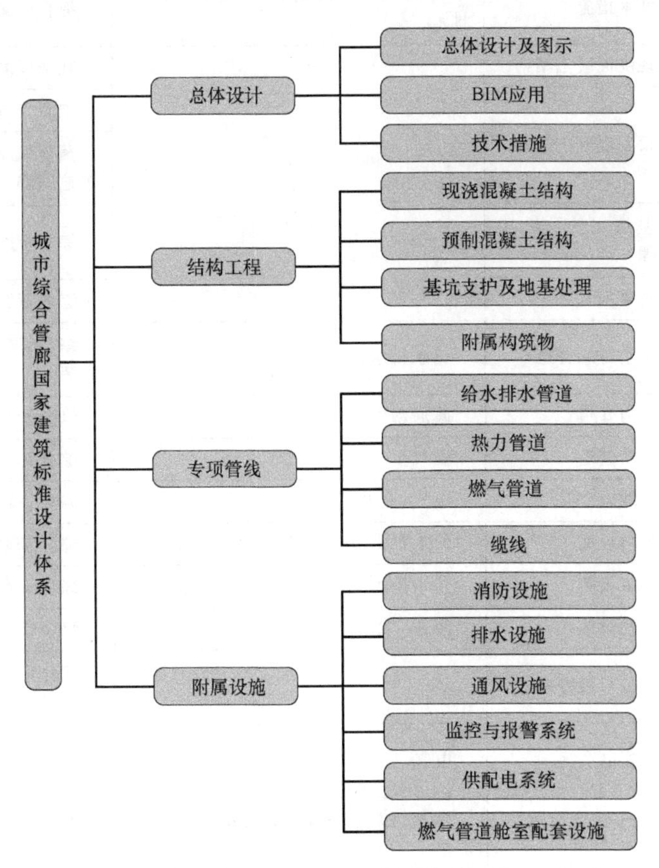

图 1-12 城市综合管廊国家建筑标准设计体系总框架

《住房城乡建设部关于印发城市综合管廊和海绵城市建设国家建筑标准设计体系的通知》(建质函［2016］18号)：为进一步推动城市综合管廊的技术发展和工程实践，提高城市综合管廊设计、施工的规范化程度，推进综合管廊主体结构构件标准化，确保工程质量，我们通过大量调研，广泛征求意见，结合我国各地发展现状，针对综合管廊设计、施工的普遍需求，初步构建了“城市综合管廊国家建筑标准设计体系”，如图1-12所示。

城市综合管廊国家建筑标准设计体系按照总体设计、结构工程、专项管线、附属设施四部分进行构建，体系中的标准设计项目基本涵盖了城市综合管廊工程设计和施工中各专业的主要工作内容(见表1-1)。按照该体系进行标准设计的编制工作，将对提高我国城市综合管廊建设设计水平和工作效率、保证施工质量，推动城市综合管廊建设的持续、健康发展发挥积极作用，并可为城市规划提供参考。

城市综合管廊国家建筑标准设计体系 **表1-1**

标准设计类型分类	技术内容分类		专业分类	标准设计名称
设计	总体设计	总体设计及图示	总图、建筑、结构、给水排水、暖通动力、电气	综合管廊工程总体设计及图示
设计指导		BIM应用	建筑、规划、结构、给水排水、暖通动力、电气	综合管廊工程BIM应用
设计施工指导		技术措施	建筑、结构、暖通动力、燃气、给水排水	综合管廊工程技术措施
设计、施工	结构工程	现浇混凝土结构	结构	现浇混凝土综合管廊
设计、施工		预制混凝土结构		预制混凝土综合管廊
施工安装				预制混凝土综合管廊施工安装工艺图解
设计、施工		基坑支护及地基处理		综合管廊基坑支护及地基处理
设计、施工		附属构筑物		综合管廊附属构筑物
设计、施工	专项管线	给水排水管道	给水排水	综合管廊给水排水管道敷设与安装
		热力管道	暖通动力	综合管廊热力管道敷设与安装
		燃气管道	燃气	综合管廊燃气管道敷设与安装
		缆线	电气、弱电	综合管廊缆线敷设与安装
设计、施工	附属设施	消防设施	给水排水、建筑、暖通、电气、弱电	综合管廊消防设施设计与施工
		排水设施	给水排水	综合管廊排水设施设计与施工
		通风设施	暖通	综合管廊通风设施设计与施工
		监控与报警系统	弱电	综合管廊监控与报警系统设计与施工
		供配电系统	电气	综合管廊供配电系统设计与施工
		燃气管道舱室配套设施	燃气、建筑、暖通、给水排水、电气、弱电	综合管廊燃气管道舱室配套设施设计与施工

1.3.5 地方规范及标准

近年来，各地方根据国家及地方政策的相关要求，以 GB 50838 为依据，结合地方特点先后制定了符合本地区综合管廊建设、运维的地方标准。部分地方规范、规程、技术导则及标准图集统计见表 1-2。

部分地方规范、标准及图集 表 1-2

序号	地方规范、标准或图集	实施时间	备注
1	《吉林省城市综合管廊建设技术导则(试行)》	2015.6	
2	《城市地下综合管廊建设技术规程》DB 13(J)/T183—2015	2015.6.1	河北省
3	《城市综合管廊维护技术规程》DG/TJ08-2168—2015	2015.10.1	上海市
4	《湖南省城市综合管廊标准图集》湘 2015SZ102	2016.3.22	国内第一部管廊标准图集
5	山东省建筑标准设计图集《城市综合管廊工程(总体设计)》L16M101	2016.8.1	
6	《波纹钢综合管廊工程技术规程》DB 13(J)/T 225—2017	2017.6.1	河北省
7	《四川省城市综合管廊工程技术规范》DBJ 51/T077—2017	2017.9.1	
8	《重庆市城市综合管廊(总体及附属设施)标准图集》DJBT-101	2017.11.1	
9	……		

1.4 综合管廊发展趋势

1.4.1 设计标准体系的逐步完善

GB 50838 涵盖规划、设计、施工、验收等内容，可作为大纲性的标准指导管廊建设各阶段工作。综合管廊建设区别于一般地下工程（地铁隧道）及市政管线工程，缺乏设计、施工及验收规范、标准，综合管廊内部管线施工缺乏独立、统一的标准。相关部门已出台相关文件以完善城市综合管廊标准体系建设，以推动我国综合管廊的健康发展。

1.4.2 规划管理要求与响应

当前，我国城市管廊建设缺乏城市区域规划、地下空间整体利用规划，部分项目只有局部孤立的短期规划及为大为全的管线入廊规划，牵头管理部门不明确，前后工作不连续。

为了规范和指导城市地下综合管廊工程规划编制工作，提高规划的科学性，避免盲目、无序建设，住房和城乡建设部印发了《城市地下综合管廊工程规划编制指引》的通知（建城［2015］70 号）。各地市在管廊建设中应严格按照《城市地下综合管廊工程规划编制指引》编制管廊规划；立足本城市实际情况和总体发展规划，考虑长远、适度开发、逐次建设；综合考虑周边环境情况，考虑立体式、综合式的规划设计原则；明确统一牵头单位，保持总规、详规、建设计划、可行性研究等工作的连续性。随着近些年管廊大规模的建设及运营经验的逐步积累，管廊规划会逐步完善，逐步具备可操作性。

1.4.3 管廊与地下空间建设相结合

城市地下综合管廊的建设不可避免会遇到各种类型的地下建（构）筑物，实际工程中经常会发生综合管廊与已建或规划地下空间、轨道交通产生矛盾，解决矛盾的难度、成本和风险通常很大。应从前期规划着手，将综合管廊与地下空间建设统筹考虑，不但可以避免后期出现的各种矛盾，还能降低综合管廊的投资成本。如综合管廊与地下空间重合段可利用地下空间某个夹层、结构局部共板等。

1.4.4 快速绿色施工技术的应用

目前管廊较多采用明挖现浇施工方法，但这种方法存在一定弊端，如对周边环境影响较大、周转材料及临时材料消耗量较大、人力成本较高等。而预制拼装施工技术尚未得到普遍认可，特殊节点的处理对整体移动模架和预制拼装施工带来较大困难。

建设开发灵活方便、成本低的整体移动模架（滑模）技术，研发特殊节点预制的可行性及节点现浇周边预制节段的连接技术，推广应用预制装配式结构，切实做到快速方便的绿色施工。

1.4.5 智慧化技术的应用

智慧技术、智慧设施是智慧城市的部分核心内容。智慧技术指信息和通信技术以及大数据挖掘在城市基础设施和管理中的广泛应用，智慧设施包括但不限于通常的通信、网络、市政、能源、交通等基础设施及镶嵌于各类基础设施的智能设备。综合管廊采用了多种设备进行安全监控、预警、远程管理。鉴于管廊系统的复杂化、集成化、风险性，应综合应用智慧城市技术，加强管廊的信息化管理，减少人工的管理强度。通过 BIM 及 GIS 技术的结合，可使得城市管廊规划、设计、施工、运维向智慧基础设施发展，构建智慧管廊，为智慧城市作出贡献。

另外，在当前的建设中应重视地下基础设施的信息化发展。根据管线的生命周期规律，在规划、竣工、普查三个重要阶段实现“三库合一”，构建地下管线一张图，做到数据的动态更新。当前各地的地下管线数据的格式已得到了规划和统一，具备了数据共享的基础。各地正在开展地下管线的普查工作，掌握了地下管线的现状和本底，方能为规划编制提供基础资料，后续规划才具有问题导向性，才能从规划中采取针对性措施，才能从源头上防范风险。

1.4.6 综合管廊建设的科学性

自 2015 年 8 月 10 日《国务院办公厅关于推进城市地下综合管廊建设的指导意见》发布以来，我国的综合管廊建设呈爆发式增长态势；各大、中城市，甚至经济较差的县级城市均大范围地规划、建设综合管廊。主要引发了以下问题：

（1）经济效益问题。综合管廊虽然社会效益显著，但一次性建设投资巨大，每千米的造价少则数千万元，多则上亿元。是否值得建设投入，不仅需要充分考虑其经济效益与传统直埋方式进行对比分析，还要考虑项目所在地区的经济承受能力和国民经济发展水平。目前我国对综合管廊的经济效益分析仍在探索中，缺乏足够的实践经验支撑。

(2) 运营管理问题。从国内现有综合管廊推动和建设来看，政府行政管理部门的主导作用较为突出，管线产权单位的市场效应未得到充分发挥。综合管廊土建工程投资费用比传统的管线直埋方式要大，而且需设置监控系统等附属设施。建成后短期入廊敷设的工程管线不会很多，入廊各管线单位所承担费用的划分，给管理者和管线产权单位造成突出矛盾。目前国内缺乏综合管廊各入廊管线费用分担的相应政策、法规，同时也缺乏专业的综合管廊运维机构，综合管廊建成后的运营管理仍存在诸多问题亟待解决。

(3) 规划建设问题。个别地方政府未统筹城市规划和现状，追求建设大断面、大系统的综合管廊，造成投资浪费。个别经济水平较差的县城，未对综合管廊建设的经济效益进行全面分析，未充分考虑管廊建成后的一系列运维问题，未充分考虑当地的经济承受能力等问题，而推动综合管廊建设。

政府相关部门目前已经意识到综合管廊“爆发式”建设存在的诸多问题，正在积极研究解决。综合管廊的建设会逐渐步入稳定、有序发展阶段。如何科学有序地推动综合管廊建设是未来一段时间内值得研究的课题。

第2章　综合管廊设计准备工作

综合管廊设计工作涉及的专业比较多，设计工作开展首先需要做好基础资料收集及人员安排等工作。不同地区、不同设计单位综合管廊设计工作开展的模式会有所区别，本章主要结合开展综合管廊设计工作的实际经验在设计内容的确定、基础资料收集及人员安排等方面进行经验分享，以期能为设计同行提供参考。

2.1　综合管廊设计内容的确定

2.1.1　设计范围的确定

综合管廊工程设计应包含总体设计、结构设计、附属设施设计等，纳入综合管廊的管线应进行专项管线设计；综合管廊应同步建设消防、供电、照明、监控与报警、通风、排水、标识等设施。

为确保综合管廊内各类管线安全运行，纳入综合管廊内的管线均应根据管线运行特点和进入综合管廊后的特殊要求进行管线专项设计，管线专项设计应符合 GB 50838 和相关专业管线规范的技术规定。专项管线设计是否纳入综合管廊设计范围内，需要与建设单位核实确定。比如，某些综合管廊设计，把排水管线设计纳入综合管廊设计范围。

明挖法管廊设计有时会涉及基坑支护设计。

总之，综合管廊工程设计应包含总体设计、结构设计、附属设施设计；是否包含专项管线设计、支护设计等内容依项目情况而定。

需要注意，有些工程项目不仅包含综合管廊设计，往往还包含道路工程、桥隧工程设计等内容。综合管廊设计为工程项目的控制性工程。

2.1.2　设计阶段的划分

根据《市政公用工程设计文件编制深度规定（2013 年版）》，市政工程设计一般包括初步设计和施工图设计两个阶段。国内大多数地区的综合管廊建设起步较晚，目前存在建设经验不足、配套体制不健全等实际问题。综合管廊专项规划、可行性研究报告中的方案实施往往存在诸多问题，难以落地。考虑到目前的实际情况，并结合综合管廊实际设计经验，本书认为综合管廊设计一般应增加方案设计阶段。方案设计阶段由总体设计牵头完成并承担大部分工作。因此，综合管廊工程设计一般应分为方案设计、初步设计及施工图设计三个阶段。

2.2　综合管廊基础资料收集

不同地区、不同项目、不同设计阶段的综合管廊设计需要收集的资料会有所区别，但大体上可以分为现状资料、规划相关资料、上一阶段工作及相关批文、设计相关资料、地方规定及标准等内容。

2.2.1 现状资料

除地形图、气象资料、地质勘察资料等现状资料外，需要重点收集地下管线、高压电力隧道、地铁、地下隧道、地下人行通道等地下设施的现状资料。新建道路下综合管廊设计一般不涉及现状地下管线。综合管廊如与旧城改造、道路改造、地下主要管线改造等项目同步进行时，综合管廊的设计需要统筹考虑综合管廊与现状地下设施的关系。

《住房城乡建设部等部门关于开展城市地下管线普查工作的通知》（建城［2014］179号）中要求对城市范围内的供水、排水、燃气、热力、电力、通信、广播电视、工业（不包括油气管线）等管线及其附属设施，各类综合管廊进行普查。在进行基础资料收集时，应注意收集相关地下管线的普查资料。建议对重要的或对设计影响较大的地下设施（含地下管线）进行复查，以确保设计成果的准确性。

2.2.2 规划相关资料

除城市总体规划、片区控制性详细规划、道路交通规划等规划资料外，需要重点收集综合管廊工程专项规划、各专业管线规划、工程管线综合规划、地下空间规划等资料。

综合管廊工程建设应以综合管廊工程规划为依据。综合管廊建设实施应以综合管廊工程规划为指导，保证综合管廊的系统性，提高综合管廊的效益，应根据规划确定的综合管廊断面和位置，综合考虑施工方式和与周边构筑物的安全距离，预留相应的地下空间，保证后续建设项目的实施。

综合管廊工程规划、设计、施工和维护应与各类工程管线统筹协调。综合管廊主要为各类城市工程管线服务，规划设计阶段应以管线规划及其工艺需求为主要依据，建设过程中应与直埋管线在平面和竖向布置相协调，建成后的运营维护应确保纳入管线的安全运行。因此在进行综合管廊设计前应收集各专业管线规划及城市工程管线综合规划等资料。

综合管廊工程规划与建设应与地下空间、环境景观等相关城市基础设施衔接、协调。综合管廊属于城市基础设施的一种类型，是一种高效集约的城市地下管线布置形式；城市综合管廊主体采用地下布置，属于城市地下空间利用的形式之一，因此综合管廊工程规划建设应统筹考虑与城市地下空间尤其是轨道交通的关系；综合管廊的出入口、吊装口、进风口及排风口等均有露出地面的部分，其形式与位置等应与城市环境景观相一致。

各专业管线规划、地下空间规划等专项规划资料会存在滞后的可能，这就需要征求规划管理部门、管线权属单位、轨道交通权属单位等部门（单位）的意见。

2.2.3 相关批文

方案设计、初步设计阶段一般需要收集可行性研究报告及批复文件、环境影响评价报告及批复文件、水土评价报告、地质灾害评价报告及批复文件等资料。施工图设计阶段一般需要收集初步设计及批复文件等资料。

2.2.4 设计相关资料

综合管廊应结合新区建设、旧城改造、道路新（扩、改）建，在城市重要地段和管线密集区规划建设。综合管廊工程往往与道路、桥梁、管线等的新建、改建工程同步进行建设。这就要求综合管廊的设计过程中需要收集其他工程的设计资料，注重与其他工程设计的沟通，以确保设计的整体性与系统性。

2.2.5 地方规定及标准

国家目前尚未形成综合管廊的标准设计体系，为保证综合管廊建设的有序推进，各地先后制定了符合地方特色的政策、规定及标准。综合管廊设计应注意收集相关的地方规定及标准。

2.2.6 小结

设计基础资料大体上可以分为以上几类，归类如表 2-1 所示。但设计所需的基础资料应该是动态的，并非一成不变的。随着设计方案的调整、设计工作的逐步推进、设计研究的不断深入，设计所需的基础资料也会发生变化。

综合管廊设计基础资料归类　　表 2-1

类别	主要资料	备注
现状资料	地形图、气象资料、勘察资料、地下管线普查资料、地下设施监测资料、竣工资料等	建议对重要设施进行复查
规划相关资料	城市总体规划、控制性详细规划、道路规划、综合管廊工程规划、各专业管线规划、地下管线综合规划、地下空间规划等	设计过程中应注重与规划管理部门对接
相关批文	初步设计阶段：可行性研究报告及批复文件、环境影响评价报告及批复文件、水土评价报告、地质灾害评价报告及批复文件等；施工图设计阶段：初步设计及批复文件等	
设计相关资料	同步设计的其他工程资料	
地方规定及标准	地方特色的政策、规定及标准	

2.3 综合管廊设计专业配置与人员安排

综合管廊设计涉及的专业比较多，每个设计单位的设计人员安排都有自己的特点，不尽相同。根据国内各设计单位的生产安排情况并结合自身的工作实践，将综合管廊设计各部分内容的专业配置情况及人员安排总结如表 2-2 所示，以期为设计同行提供参考。

综合管廊设计专业配置及人员安排　　表 2-2

<table>
<tr><th colspan="2">设计内容</th><th>专业配置</th><th>人员安排(人)</th></tr>
<tr><td colspan="2">总体设计(含平面布置、竖向设计、断面布置、节点设计等总体设计)</td><td>多为给水排水工程</td><td>2～5</td></tr>
<tr><td colspan="2">结构设计</td><td>建筑结构、桥隧结构等</td><td>2～5</td></tr>
<tr><td rowspan="6">附属设施设计</td><td>消防系统(消防灭火设施)</td><td>给水排水工程</td><td>1～2</td></tr>
<tr><td>通风系统</td><td>暖通工程</td><td>1～2</td></tr>
<tr><td>供电与照明系统</td><td>电气工程</td><td>1～2</td></tr>
<tr><td>监控与报警系统(含监控中心)</td><td>电气与自动化工程</td><td>1～2</td></tr>
<tr><td>排水系统</td><td>给水排水工程</td><td>1～2</td></tr>
<tr><td>标识系统</td><td>交安工程或与总体设计相同</td><td>1</td></tr>
<tr><td colspan="2">较复杂基坑支护设计</td><td>岩土工程、结构工程</td><td>1～2</td></tr>
<tr><td colspan="2">各专业管线设计</td><td>对应管线专业设计人员</td><td>—</td></tr>
</table>

注：表中人员安排的人数应根据工程规模、复杂程度确定，不含质量审查人员。

2.4 综合管廊设计流程

综合管廊设计工作开展的一般流程见图 2-1。

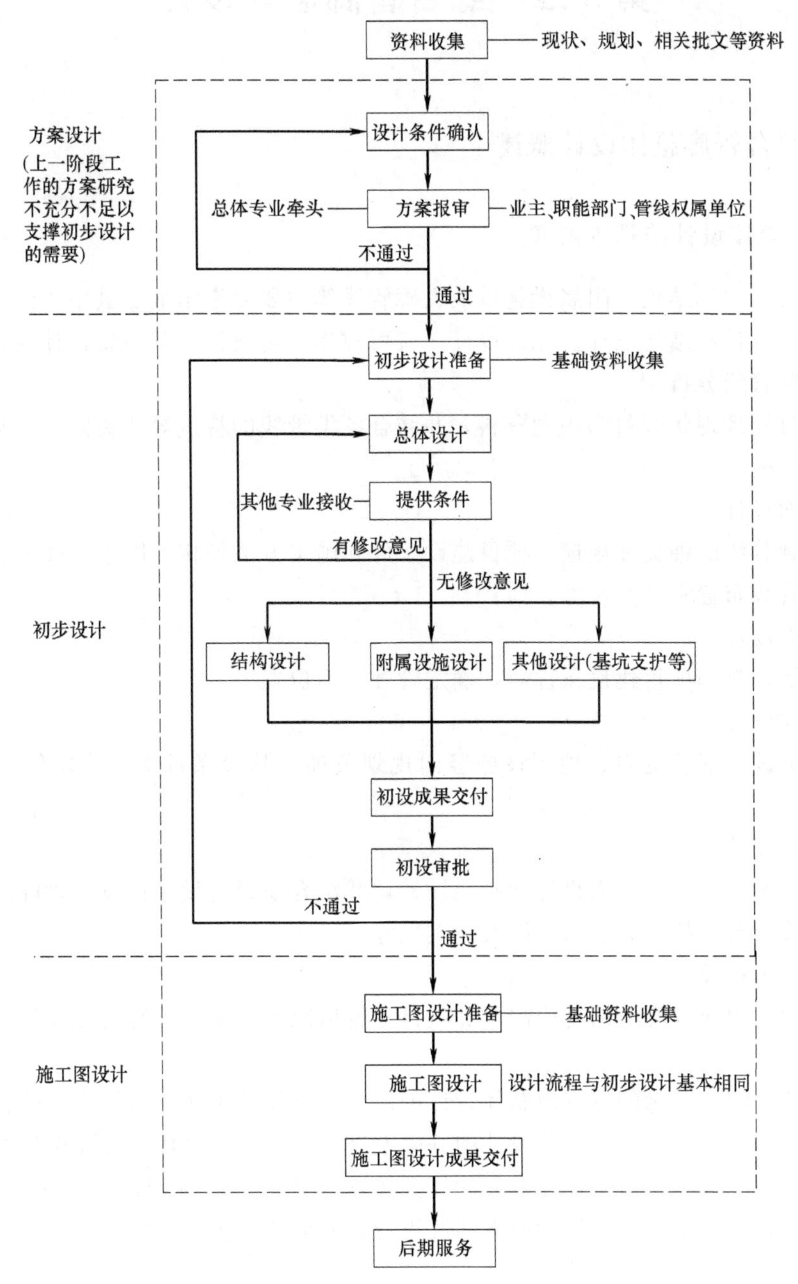

图 2-1 综合管廊设计流程图

第3章 综合管廊总体设计

3.1 综合管廊总体设计概述

3.1.1 总体设计的基本内容

综合管廊由主体结构、附属设施以及入廊管线等主要要素组成。其中主体结构部分的设计包含总体设计和结构设计。总体设计，又可称作工艺设计，其主要设计内容如下：

（1）入廊管线分析

主要通过梳理现状资料和规划资料，并结合各类管线的特点等相关因素，确定入廊管线的种类和规模。

（2）断面设计

根据入廊管线的种类和规模、项目建设条件和施工方法等相关因素，确定管廊断面的舱室分布、管线布置和净空尺寸。

（3）平面设计

根据规划资料和项目建设条件等，确定管廊平面位置。

（4）竖向设计

根据地下设施现状资料、地下设施竖向规划及项目建设条件等，确定管廊沿线敷设高程。

（5）节点设计

根据管廊断面设计、平面设计和竖向设计，并结合项目建设条件以及管廊附属设施需求等，确定管廊节点的种类、布置以及净空尺寸。

（6）出线工程设计

根据工程周边建设用地的管线需求和项目建设情况等，确定管廊内管线的出线形式和规模。

综上所述，综合管廊的方案由总体设计确定，后续设计工作（如结构设计、附属设施设计和管线专项设计等）需在总体设计的基础上进行。因此，总体设计除满足本专业相关要求之外，还需统筹考虑后续设计专业的相关需求，并进行协调安排。合理的总体设计，不仅能够降低施工难度、减少建设成本和便于管廊的运营维护，而且能充分考虑其他专业的设计需求，极大地提高工作效率。

3.1.2 总体设计各阶段的主要设计内容

在不同的设计阶段，总体设计的主要任务有所不同，具体阐述如下。

1. 方案设计阶段

综合管廊设计中，方案设计阶段是至关重要的一个阶段。此阶段要求总体专业设计人员充分了解业主、建设主管部门和管线权属单位的意图，其主要任务包括：

（1）确定入廊管线种类和规模；

（2）确定管廊断面的舱室分布、管线布置和净空尺寸；

（3）确定管廊的平面位置；

（4）提出管廊竖向设计的基本控制原则；

（5）提出主要工程数量表，满足估算编制的要求。

本阶段的关键在于入廊管线种类和规模的确定以及管廊断面确定。设计单位需要根据各管线专项规划资料和项目建设条件对入廊管线种类和规模以及管廊断面进行充分调研和论证分析。同时为保证综合管廊设计能够符合相关政策要求、总体规划以及管线权属单位的建设需求，在下一阶段设计工作开展之前，应将方案设计资料报给政府各职能部门以及管线权属单位审查，以获得各相关部门的认可和批准。

2. 初步设计阶段

初步设计阶段是在方案设计获得相关部门的认可和批准后，以方案设计资料作为依据对综合管廊进行细化设计。总体设计在本阶段的主要任务如下：

（1）细化管廊平面和竖向设计，确定管廊沿线敷设路径和敷设高程；

（2）确定管廊各类节点种类、布置和净空尺寸；

（3）明确管廊出线规模和形式；

（4）确定管廊支吊架种类和布置；

（5）提出主要工程数量表，满足概算编制和投资控制要求。

3. 施工图设计阶段

施工图设计阶段是在初步设计评审通过后，以初步设计资料为依据，进一步细化管廊设计，以满足土建施工、设备安装以及施工预算编制的要求。总体设计在本阶段的主要任务如下：

（1）明确管廊平面定位和竖向高程，满足施工放线要求；

（2）明确各类节点尺寸、定位及高程信息；

（3）明确各土建预留和预埋件的规格及定位；

（4）明确支吊架的规格和定位；

（5）明确各类孔口、盖板、爬梯和支墩等细部大样；

（6）提出工程数量表，满足施工预算编制的要求。

3.2 入廊管线分析

3.2.1 入廊适宜性分析

GB 50838 规定，给水、雨水、污水、再生水、天然气、热力、电力、通信等城市工程管线可纳入综合管廊，不含工业及其他类型管线；管廊项目建设过程中，电力、通信、给水、再生水、污水、雨水、天然气、热力等市政管线入廊较为常见；另外，在部分地区的综合管廊建设中，已有案例容纳垃圾真空运输管和区域性空调管线（供冷管线）等市政管线。现对常规市政管线入廊适宜性进行简要分析。

1. 电力、通信管线

电力、通信管线敷设空间要求较小，管线安装方便，且其日常维护较频繁，并存在扩容的可能性，因此纳入综合管廊具有较为明显的技术优势和经济效益，适宜纳入综合管廊。

2. 给水、再生水管线

给水、再生水管线为压力流管线，管线敷设灵活，安装方便，入廊后对管廊附属设施的要求较低，且给水管线为人民生命线，安全需求高，因此给水、再生水管线适宜纳入综合管廊。

3. 天然气管线

天然气管线为压力流管线，管线敷设灵活，安装方便，且其入廊后不仅可以解决天然气管线检修、敷设等带来的道路破挖问题，还可以有效保护天然气管道，使管道不易受到外界因素的干扰，减少工程施工及地质灾害对天然气管道的破坏。天然气舱室内的监控设备可以有效监测燃气管道的泄漏、破损等情况，并及时报警。因此，从城市防灾的角度考虑，把天然气管线纳入综合管廊，可以极大地提高管线的安全性，降低事故发生率。但由于天然气为易燃易爆气体，本身具有较大的安全隐患，入廊后对于管廊附属设施要求较高，且需独立成舱，增加了管廊建设的成本。因此，天然气管线是否纳入综合管廊宜通过技术经济分析后确定。

4. 排水管线

排水管线分为压力流管线和重力流管线。其中，压力流管线特点与给水、再生水管线较为相似，适宜纳入综合管廊。

重力流管线纳入综合管廊可减小检修管道开挖道路的频率，减少管线内雨污水的泄漏和地下水入渗，提高道路使用寿命，避免道路塌陷等安全事故。但是重力流管线的排水坡度要求会限制综合管廊纵断面坡度，加大综合管廊的覆土深度，且管廊内还需每隔一定距离设置通风设施和检修设施，并配备硫化氢、甲烷气体的监测与自动防护设备，增加了设计难度和建设成本。另外，重力流管线纳入综合管廊对其与规划排水出路之间的高程衔接需充分论证，必要时可通过调整该片区的排水规划，统筹考虑解决高程衔接问题。综上所述，重力流排水管线是否纳入综合管廊需通过技术经济分析后确定。

5. 热力管线

热力管线是输送蒸汽或热水等热能介质的管线。热力管线为压力流管线，安装敷设较为灵活，入廊后可以提高管线运行安全，减少道路开挖现象。但热力管线输送的介质温度高、压力大、流速快，需采取保温、补偿和固定等相关措施，且其对于同舱内其他管线敷设以及管廊附属设施均有特殊要求。因此，热力管线是否纳入综合管廊需通过技术经济分析后确定。

6. 其他管线

另外，其他市政管线还有垃圾真空运输管线和垃圾渗滤液管线等，因其通常为压力流，管线敷设安装方便，在工程项目中可根据管线实际情况和当地要求，通过技术经济分析后确定是否纳入综合管廊。

7. 小结

综上所述，根据管线自身特点，电力、通信、给水、再生水、压力排水以及热力管线纳入综合管廊的技术难度小，实际工程案例较多，可优先考虑纳入综合管廊。天然气、重力流排水以及其他管线，是否纳入综合管廊需通过技术经济分析后确定。

3.2.2 入廊管线确定的影响因素

入廊管线种类和规模的确定除考虑管线自身特点之外，通常还需根据管廊专项规划资料、管线专项规划和建设需求、施工难度与投资情况等几个方面进行分析和比较。

（1）管廊专项规划资料

入廊管线种类和规模宜与综合管廊专项规划资料相匹配。经技术经济分析后，对于规划资料中部分入廊管线存在异议的，应报业主、建设主管部门和规划部门审批。

（2）管线专项规划和建设需求

入廊管线种类和规模的确定应与各管线专项规划相协调；对于管线专项规划编制不完善的城市，入廊管线种类和规模应考虑各类管线现状情况和远期发展需求综合确定，并建议对各管线专项规划进行反馈优化。

（3）施工难度与投资情况

入廊管线种类和规模是确定综合管廊规模的主要因素，因此在确定入廊管线种类和规模时应统筹考虑项目建设条件和建设成本。

3.2.3 入廊管线确定步骤

在实际工程项目中，确定入廊管线种类和规模通常根据综合管廊规划资料、管线专项规划资料和现状管线资料，并结合业主、规划部门、建设主管部门以及管线权属单位的相关意见，综合考虑分析确定，具体阐述如下。

（1）根据管线专项规划资料和现状管线资料，确定项目建设范围内的管线建设需求。

（2）根据各管线的自身特点，优先考虑适合入廊的管线种类和规模。其余管线是否入廊则应结合当地地方标准和政策、项目建设条件以及投资情况，通过技术经济比较后确定。同时，对比综合管廊规划资料，初步拟定入廊管线种类和规模。

（3）将初步拟定的入廊管线种类和规模报业主、规划部门、建设主管部门以及管线权属单位审批后，取得相关认可和批准。

3.3 综合管廊断面设计

3.3.1 断面设计基本原则

（1）断面形式及尺寸应根据施工方法及容纳的管线种类、数量、分支等综合确定，并宜预留适当空间，以适应城市发展需求；

（2）综合管廊断面应满足管线安装、检修、维护等作业所需要的空间要求；

（3）综合管廊内管线布置应根据纳入管线的种类、规模及周边用地功能确定。

3.3.2 断面形状与形式

1. 断面形状

管廊断面形状可分为矩形、圆形或马蹄形，主要根据施工方式等因素分析确定。其中矩形断面空间利用率高、维修操作和空间结构分隔方便，因此当具备明挖施工条件时往往优先采用矩形断面；圆形断面和马蹄形断面空间利用率相对较低，但圆形断面受力性能好，采用顶管法或盾构法施工时易于施工。现对常用的管廊断面形状论述如下：

(1) 明挖施工宜采用矩形断面，矩形断面见图 3-1；当采用明挖装配式施工时，综合考虑断面利用、构件加工、现场拼装等因素，可采用矩形、圆形、马蹄形断面。圆形断面见图 3-2，马蹄形断面见图 3-3。

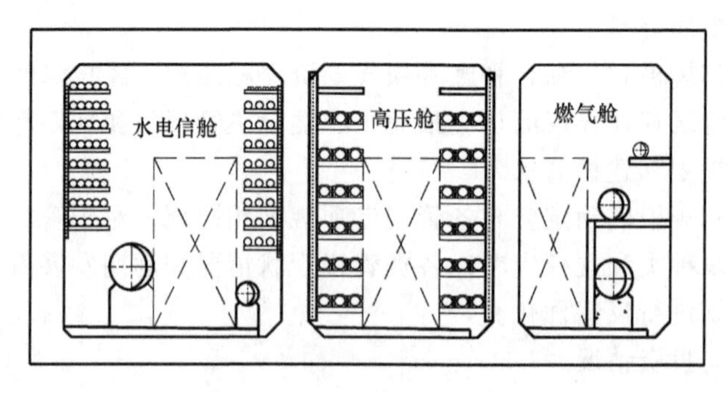

图 3-1 矩形断面

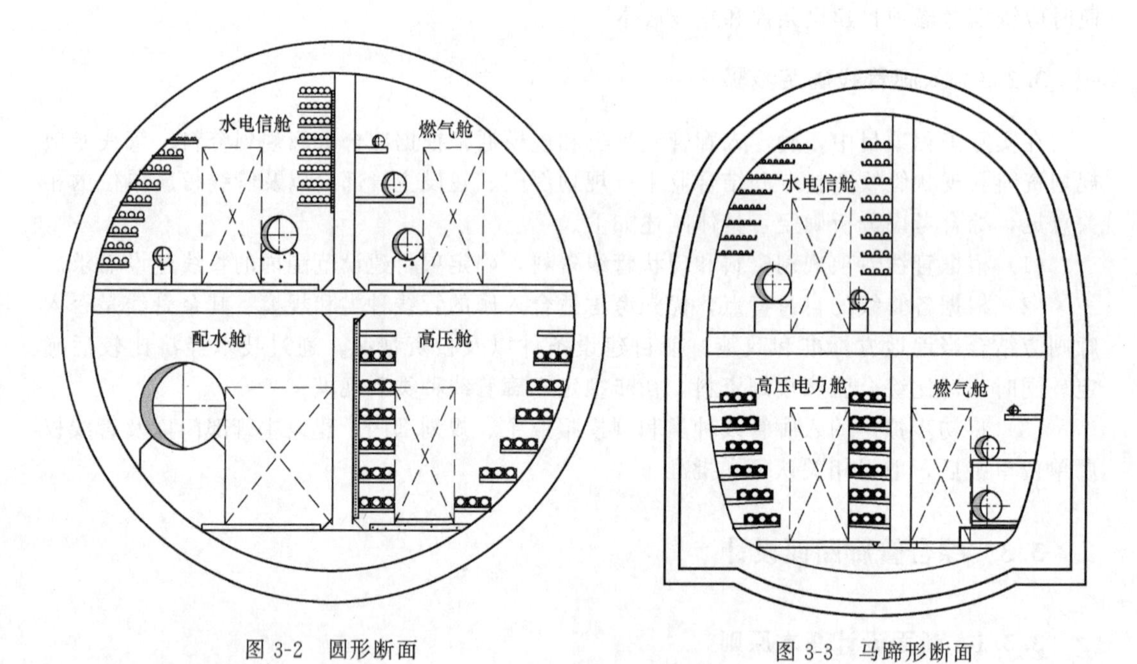

图 3-2 圆形断面

图 3-3 马蹄形断面

(2) 当施工条件受到制约必须采用非开挖技术如顶管法、盾构法施工综合管廊时，一般需要采用圆形断面。

(3) 当采用矿山法施工综合管廊时，宜采用马蹄形断面。

2. 断面形式

根据入廊管线的种类和规模、项目建设条件以及断面形状，管廊可布置为单舱和多舱的形式。其中，多舱管廊可按“一字形”、“田字形”或“L 字形”布置。另外，结合地下空间规划要求，管廊可考虑与城市地下隧道、综合体等地下建(构)筑物合建，但采取合建形式的综合管廊不应含天然气管道。“一字形”断面、“田字形”断面和与下穿隧道合建的管廊断面见图 3-4～图 3-6。

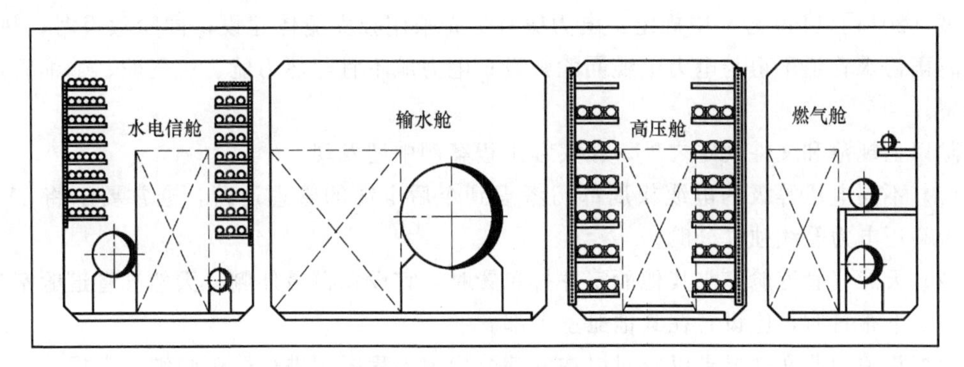

图 3-4 “一字形”断面

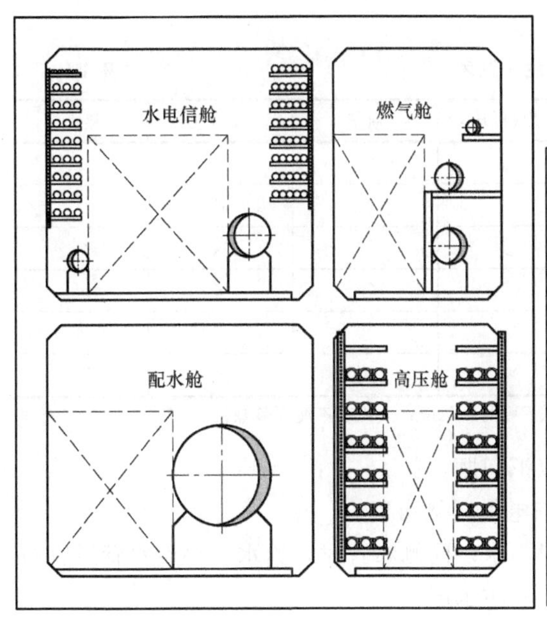

图 3-5 “田字形”断面

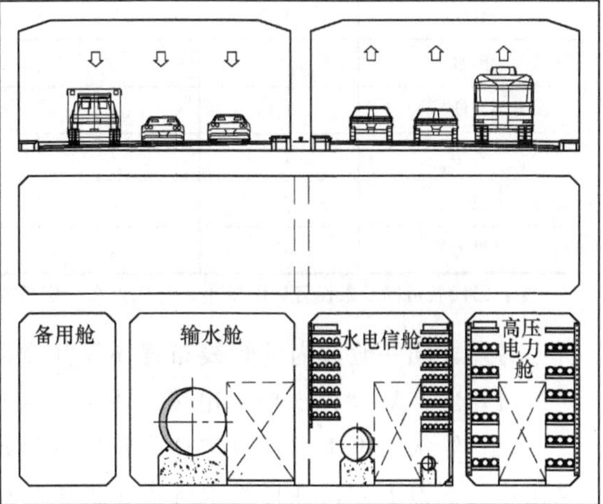

图 3-6 综合管廊与下穿隧道合建断面

采用矩形断面时，为减小综合管廊埋深，方便管廊节点的设置，断面宜布置成“一字形”。当管廊内入廊管线的种类较多、规模较大，且管廊平面敷设空间受限时，则宜将管廊布置成“田字形”或“L 字形”断面，以减少其占用平面空间，但是管廊埋设深度也会相应增加，建设成本相应提高。

采用圆形或马蹄形断面时，为充分利用断面空间，宜将舱室上下重叠布置成“田字形”。

3.3.3 舱室划分

GB 50838 中对于横断面分舱作出了比较详细的规定，具体如下：

(1) 天然气管道应在独立舱室内敷设；

(2) 热力管道采用蒸汽介质时应在独立舱室内敷设；

（3）热力管道不应与电力电缆同舱敷设。

国家电网公司文件《国家电网公司城市综合管廊电力舱规划建设指导意见》（国家电网发展［2014］1459号）中规定：电力舱宜优先采用独立舱体建设；同舱敷设时，热力、燃气、雨污水管道不得与电力电缆同舱敷设；电力舱不宜与热力舱、燃气舱、输油管道紧邻布置。

除以上规范和文件规定之外，在实际工程案例中还发现：

（1）不同电压等级的电缆权属部门考虑到今后电缆的管理运营，通常要求将110kV及以上高压电力管线独立分舱；

（2）天然气管道舱室与其他舱室并排布置时，宜设置在最外侧；天然气管道舱室与其他舱室上下布置时，应设置在其他舱室上部。

根据相关规范文件要求以及对以往的综合管廊工程案例进行简单归纳，常规的市政管线如电力（低压）、通信、给水、雨污水、天然气与热力管线之间的相容性可以概括为表3-1。

管线相容性一览表 **表3-1**

管线种类	给水	排水	电力(低压)	通信	天然气	热力
给水	○	△	○	○	×	△
排水	△	○	△	△	×	△
电力(低压)	○	△	○	○	×	×
通信	○	△	○	○	×	×
天然气	×	×	×	×	○	×
热力	△	△	×	×	×	○

注：○代表可同舱敷设且影响较小；△代表在一定条件下可同舱敷设；×代表不能同舱敷设。

另外，同一舱室内的管线布置还需注意以下问题：

（1）110kV及以上电力电缆，不应与通信电缆同侧布置；

（2）给水、再生水管道与热力管道（热媒为水）同侧布置时，给水、再生水管道宜布置在热力管道下方，并且给水管道应做绝热层和防水层；

（3）再生水管道与给水管道同侧布置时，再生水管道不宜位于给水管道正上方；

（4）综合管廊内带水管线位置不可设置在电缆类的上方；电力电缆、通信管线在同舱时，宜分两侧设置；

（5）进入综合管廊的排水管道应采用分流制，雨水纳入综合管廊可利用结构本体或采用管道排水方式。污水纳入综合管廊应采用管道排水方式，污水管道宜设置在综合管廊的底部。同时，当入廊排水管线需沿线收集地块雨污水时，为方便雨污水支管接入，雨污水管线宜布置在管廊外侧。容纳雨污水、给水、再生水和电力、通信管线的管廊断面见图3-7。

入廊管线各种类之间的相容性是舱室划分以及管线布置的一个重要因素。除此之外，断面结构同样是需要考虑的主要因素。在实际工程案例中，舱室布置时宜考虑舱室跨度过大而导致的顶板和底板厚度增大而造成的工程造价的提高。但是分舱的增多也会带来附属设施的增多，从而提高建设成本。因此，从结构上考虑，管廊舱室划分时宜进行经济技术

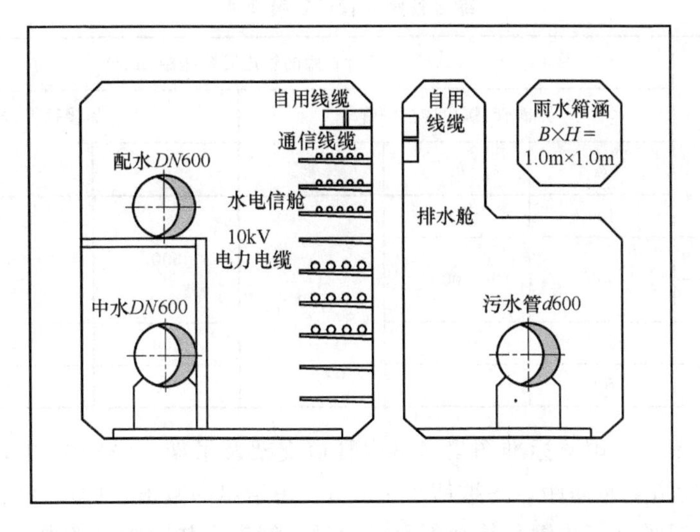

图 3-7　雨污水、给水、再生水、电力、通信管线人廊布置

分析后确定。

3.3.4　断面尺寸确定

综合管廊标准断面内部净空应根据管线的种类、规格、数量、运输、安装、运行和维护等要求的空间综合确定。

1. 高度

管廊断面高度需考虑头戴安全帽的工作人员在综合管廊内作业或巡视工作所需要的高度，并应考虑通风、照明、监控等因素，GB 50838 中规定不宜小于 2.4m。

2. 检修通道宽度

综合管廊通道净宽首先应满足管道安装及维护的要求。GB 50838 中对检修通道宽度有明确的规定。规定值为走道净宽度，需考虑管道支墩和支架对其净宽的影响。

（1）单侧设置支架或管道时，检修通道净宽不宜小于 0.9m；

（2）双侧设置支架或管道时，检修通道净宽不宜小于 1.0m；

（3）配备检修车时，检修通道净宽不宜小于 2.2m；

（4）管道一侧检修通道最小净宽不宜小于“管道外径＋0.3m”。

对于容纳输送性管道的综合管廊，宜在输送性管道舱设置主检修通道，用于管道的运输安装和检修维护。

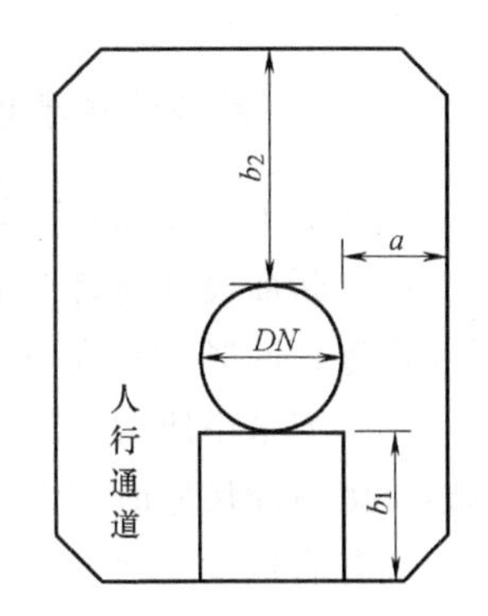

图 3-8　综合管廊的管道安装净距

3. 管线空间要求

管道周围操作空间应根据管道连接形式和管径而定，应预留管道排气阀、补偿器、阀门等附件安装、运行、维护所需要的空间。GB 50838 中对综合管廊管道安装最小净距做出了相应规定，见图 3-8 和表 3-2。

综合管廊的管道安装净距 **表 3-2**

<table>
<tr><th rowspan="3">DN(mm)</th><th colspan="6">综合管廊的管道安装净距(mm)</th></tr>
<tr><th colspan="3">铸铁管、螺栓连接钢管</th><th colspan="3">焊接钢管、塑料管</th></tr>
<tr><th>a</th><th>b₁</th><th>b₂</th><th>a</th><th>b₁</th><th>b₂</th></tr>
<tr><td>DN<400</td><td>400</td><td>400</td><td rowspan="5">800</td><td rowspan="3">500</td><td rowspan="3">500</td><td rowspan="5">800</td></tr>
<tr><td>400≤DN<800</td><td rowspan="2">500</td><td rowspan="2">500</td></tr>
<tr><td>800≤DN<1000</td></tr>
<tr><td>1000≤DN<1500</td><td>600</td><td>600</td><td>600</td><td>600</td></tr>
<tr><td>≥DN1500</td><td>700</td><td>700</td><td>700</td><td>700</td></tr>
</table>

值得一提的是，在国家标准图集《室内管道支架及吊架》03S402 中，规定了管径不大于 $DN400$ 的管道安装净距，该数值小于表 3-2 中给出的数值。因此在实际工程案例中，根据具体项目情况需进一步缩小管廊断面尺寸时，管道安装净距可考虑参考《室内管道支架及吊架》03S402 进行取舍。

4. 缆线敷设要求

电力、通信等线缆的支架层间距应满足线缆敷设、固定和更换的要求。电力电缆的支架间距应符合现行国家标准《电力工程电缆设计规范》GB 50217—2007 的有关规定。通信线缆的桥架间距应符合现行行业标准《光缆进线室设计规定》YD/T 5151—2007 的有关规定。

5. 其他要求

(1) 各管线之间的间距应满足各管线、管道附件安装空间要求，否则需在管道附件安装位置考虑局部扩大管廊断面；

(2) 综合管廊上层桥架需预留自用线缆支架；

(3) 当管廊消防设施采用高压细水雾灭火系统时，管廊顶部需预留消防给水管敷设空间。

3.3.5 其他注意事项

除考虑上述要点外，管廊断面设计时还需注意以下事项：

(1) 断面设计前首先应明确入廊管线的种类和规模，避免因入廊管线的变化引起断面反复调整。同时，管廊断面需要预留一定的空间，以满足远景发展需求。

(2) 当采用盾构法施工时，管廊断面布置时应优先采用标准的盾构机尺寸。同时，在确定管廊断面尺寸时宜考虑盾构机的资源共享，充分利用现有盾构机的残值率，优先采用当地现有盾构机尺寸。

(3) 在实际工程中，管廊断面尺寸的确定应尽量按 GB 50838 的推荐值设计。若受项目建设条件制约，可以考虑参考其他规范或标准。

(4) 天然气管道舱室地面应采用撞击时不产生火花的材料。

(5) 天然气管道舱室宜采用现场浇筑，不宜采用预制拼装。变形缝的防水和密封性能在管廊寿命期内应有保障。

3.4 综合管廊平面设计

3.4.1 平面设计基本原则

(1) 综合管廊平面设计应符合综合管廊专项规划要求。

(2) 管廊施工应不影响周边既有和新建建（构）筑物及管线的安全。

(3) 管廊的位置应与地下交通、地下商业开发、地下人防设施及其他相关建设项目协调。

(4) 管廊在道路下的位置，应结合道路横断面布置、地下管线及其他地下设施等综合确定。此外，在城市建成区尚应考虑与地下已有设施的位置关系。

(5) 管廊平面位置应便于通风口、吊装口、逃生口和人员出入口的设置，且方便运维人员进出和材料设备吊装。

3.4.2 平面位置

综合管廊可设置在机动车道、非机动车道、人行道和道路绿化带下，具体应根据项目情况（新建项目或改造项目）及管廊类型等因素综合考虑确定（图 3-9）。

在新建项目中，干线综合管廊因其内部均为输送性管线，出线较少，所以宜设置在机动车道和道路绿化带下；支线综合管廊内管线均为配送性管线，因此宜设置在道路绿化带、人行道或非机动车道下；缆线管廊宜设置在人行道下。管廊位于机动车道和非机动车道下的主要优点是不占用道路红线外的用地，节约地下空间；缺点是为满足孔口设置要

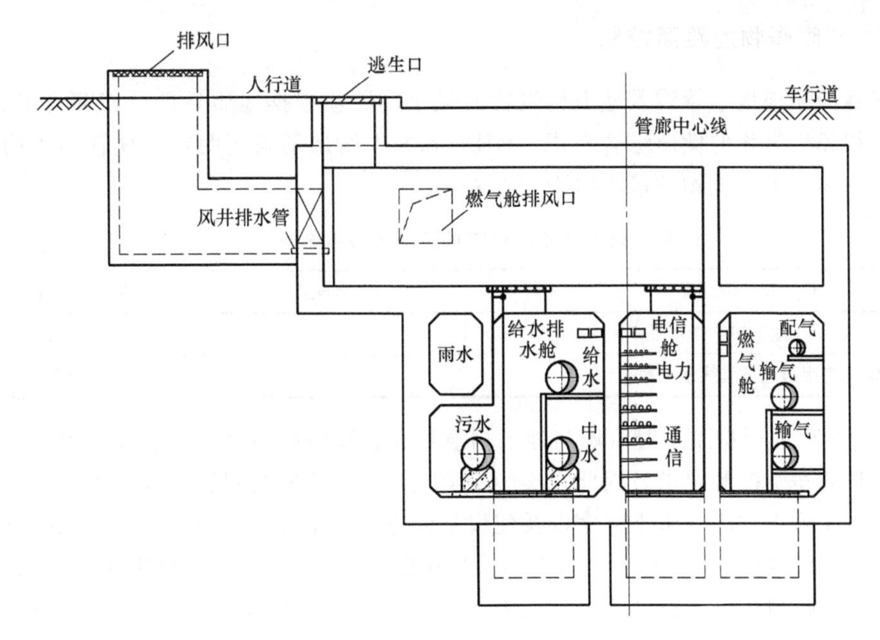

图 3-9 管廊节点剖面示意图

求，管廊节点的结构尺寸较大，增加建设成本，如图 3-9 所示。管廊位于人行道或者绿化带下的主要优点是通风口、逃生口和吊装口等孔口均可直接伸出地面，管廊节点设置方便，结构尺寸较小，且便于管廊的运行维护；但是其要求人行道和绿化带下有足够的地下空间敷设管廊，如图 3-10 所示。

图 3-10　节点效果示意图

在改造项目中，管廊平面位置应根据道路横断面、现状地下管线、现状地下空间利用情况综合确定，且需充分考虑管廊实施对于周边现状建（构）筑物和相关设施的影响。

3.4.3　与障碍物的距离控制

综合管廊与相邻地下管线及地下构筑物的最小净距应根据地质条件、管廊施工方法、施工顺序和相邻构筑物的性质综合考虑。GB 50838 中给出了采用明挖、顶管和盾构施工时，管廊与相邻地下构筑物的最小净距，见表 3-3。

综合管廊与相邻地下构筑物的最小净距　　表 3-3

相　邻　情　况	明挖施工	顶管、盾构施工
综合管廊与地下构筑物水平净距	1.0m	综合管廊外径
综合管廊与地下管线水平净距	1.0m	综合管廊外径

表 3-3 中给出的明挖施工时管廊与地下构筑物和管线的最小净距，是指采用钢板桩支护施工管廊时的净距控制要求。因此在实际工程项目中，不宜盲目套搬规范数值，而应根据所采用的具体施工方法、施工顺序以及建设条件进行技术经济分析，综合考虑确定管廊与地下构筑物和管线的净距。例如本书第 11.1 节的工程案例，综合管廊采用明挖法施工，基坑支护采用钻孔灌注桩支护，最大桩径为 1.2m，因此管廊与既有相邻构筑物和管线的水平净距需大于 1.2m，以满足支护桩的施工空间需求。

综合管廊与地下管线的水平净距除满足表 3-3 的要求以外，还需满足管线权属单位的要求以及相关行业标准的规定。同样对于本书第 11.1 节的工程案例，燃气管线权属单位要求现状次高压天然气管线两侧5m范围内不得开挖动土，因此管廊与现状次高压天然气管线的水平净距需大于5m。

另外，天然气管道舱室与周边建（构）筑物间距应符合现行国家标准《城镇燃气设计规范》GB 50028—2006的有关规定。

3.4.4 平面设计基本要点

管廊的敷设位置及其与相邻构筑物和管线的水平净距确定后，即可对管廊敷设路径进行设计，具体设计要点如下：

(1) 综合管廊平面中心线宜与道路、铁路、轨道交通、公路中心线平行。当管廊从道路、铁路、轨道交通和公路的一侧折转到另一侧时，往往会对其他的地下管线和构筑物建设造成影响，因而应尽可能避免。

(2) 综合管廊穿越城市快速路、主干路、铁路、轨道交通、公路时，宜垂直穿越；受条件限制时可斜向穿越，最小交叉角不宜小于60°，以减少交叉距离。

(3) 综合管廊最小转弯半径，应满足综合管廊内各种管线的转弯半径要求，同时还需考虑其对管线在管廊内进行水平运输的影响。

(4) 含天然气管道舱室的综合管廊严禁穿越地下商业中心、地下人防设施、地下地铁站（换乘站）等重要公共设施和其他人员密集场所；同时，严禁穿越堆积易燃易爆材料和具有腐蚀性液体的场所。

(5) 采用顶管和盾构施工的综合管廊平面线形设计应满足顶管和盾构相关规范要求。

3.5 综合管廊竖向设计

综合管廊的敷设高程是管廊设计的重要内容之一。管廊高程不仅影响管廊施工的难度和建设成本，也影响管廊内管线及附属设施的运行和日常运维工作开展。本节主要从管廊最小覆土深度控制、避让控制、坡度控制及其他要点等几个方面，对管廊竖向设计进行论述。

3.5.1 最小覆土深度控制

在确定管廊竖向时，应首先确定管廊标准断面沿线在无特殊避让情况下的最小覆土深度（相对于设计道路路面标高）。此覆土深度基本确定了管廊在竖向上的位置，直接影响到管廊建设成本。管廊的最小覆土深度应根据地下设施竖向规划、行车荷载、绿化种植、设计冻深以及综合井设置要求等因素综合确定，具体说明如下：

1. 地下设施竖向规划

最小覆土深度应当以地下设施竖向规划为依据，既要满足现状要求，又能适应城市远期发展。当管廊与地下交通、地下商业、地下人防设施等地下开发利用项目在空间上有交叉或者重叠时，应在设计时与上述项目在空间上统筹考虑，预先协调可能遇到的矛盾。

2. 外部因素

外部因素包括行车荷载、绿化种植、设计冻深、现状地下构筑物和交叉管线等。综合管廊的最小覆土深度应根据项目情况满足以上各因素所要求的最小覆土深度。其中行车荷载所要求的最小覆土深度应与道路专业协商，满足路面结构层的设置要求；绿化种植所要求的最小覆土深度应与景观专业协商，满足植物种植要求；设计冻深所要求的最小覆土深度应根据项目所在地查询相关资料确定；现状地下构筑物所要求的最小覆土深度一般可采取管廊局部避让的措施实现；交叉管线所要求的最小覆土深度应根据现状和规划管线资料综合分析确定。

3. 综合井设置要求

综合井的设置要求也是确定管廊覆土深度的主要控制因素。综合井作为管廊节点的一种类型，带有逃生、吊装、通风和人员出入等全部或部分功能，是综合管廊的重要组成部分。为满足 GB 50838 关于节点设计的相关要求，综合井通常在管廊沿线每隔一段距离（约 200m）设置一处，且一般为双层及以上结构。其中底层为管廊空间，上层为夹层空间。夹层空间主要用于放置管廊附属设施设备以及作为管线吊装和人员出入的转换平台。夹层空间净高在考虑人员通行的情况下应不小于 1.8m，宜不小于 2.0m。因此，管廊标准段的最小覆土深度应能确保综合井顶板结构的覆土深度能满足行车荷载、绿化种植和设计冻深的最小覆土深度要求。综上所述，考虑综合井的空间要求时，管廊标准段最小覆土深度＝综合井夹层空间净高＋综合井顶板厚度（D）＋综合井顶板最小覆土深度（H）＋富余量。举例说明如下：

（1）某管廊工程在非高冷高寒地区，管廊位于道路边绿化带内，其顶部覆土深度无行车荷载和设计冻深要求。综合井处绿化种植要求可通过局部堆土实现。因此，综合井顶板的覆土深度（相对于道路路面标高）可按不小于 0m 控制。综合井夹层空间净高不小于

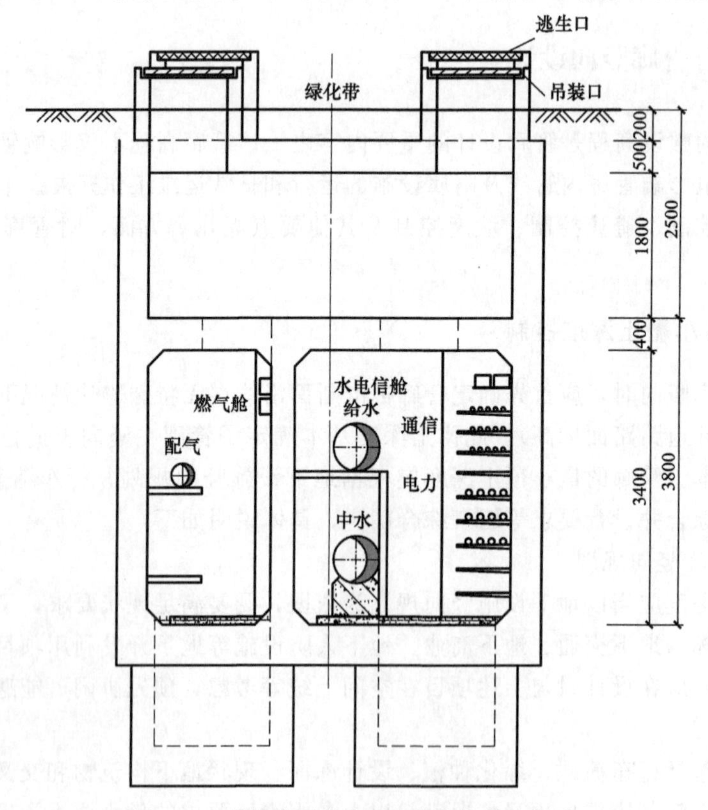

图 3-11　绿化带下节点覆土深度控制示意图

1.8m。综合井顶板厚度根据结构专业计算取0.5m。考虑一定的富余量后，管廊标准段最小覆土深度=1.8+0.5+0+0.2=2.5m。计算示意图见图3-11。

（2）某管廊工程在非高冷高寒地区，管廊位于车行道下，其顶部覆土深度无绿化种植和设计冻深要求。为满足行车荷载要求，综合井顶板的覆土深度可按不小于0.7m控制，以满足路面结构层的设置要求。综合井夹层空间净高不小于1.8m。综合井顶板厚度根据结构专业计算取0.6m。考虑一定的富余量后，管廊标准段最小覆土深度=1.8+0.6+0.7+0.2=3.3m。计算示意图见图3-12。

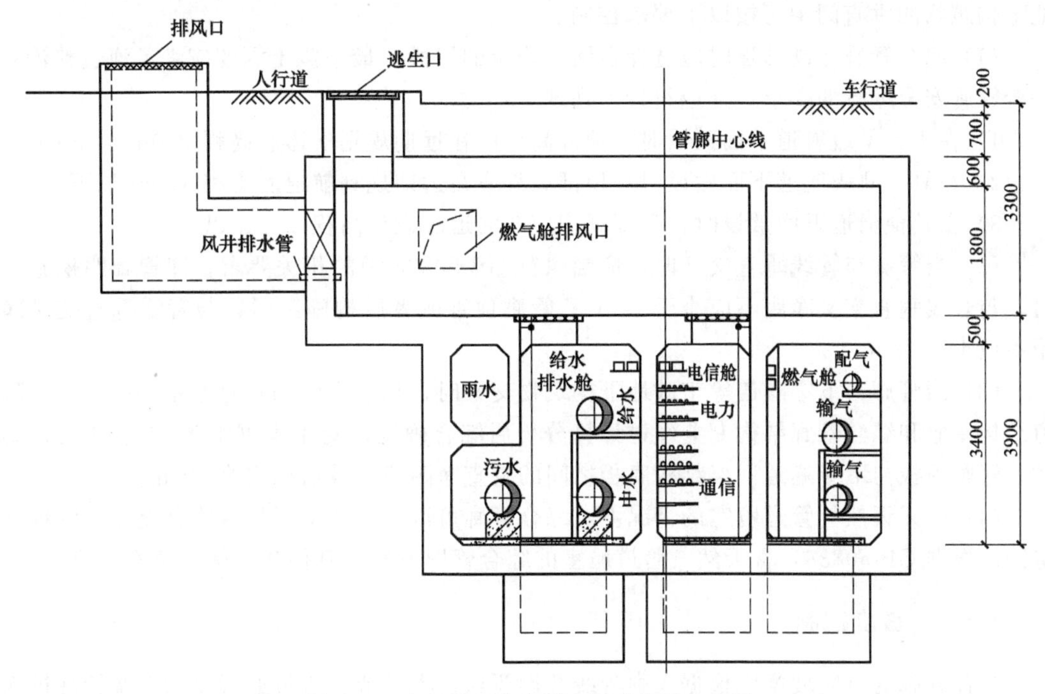

图3-12　车行道下节点覆土深度控制示意图

值得一提的是，若由于项目建设条件限制，需减小管廊标准段最小覆土深度时，可根据项目实际情况采取相应的措施，如综合井顶板周围设置搭板，以减小综合井顶部路面结构的厚度；或者优化管廊的设计，减小综合井的竖向空间需求等。

4. 其他

采用顶管和盾构施工的综合管廊最小覆土深度，除考虑以上因素外，还应满足顶管和盾构相关技术规范的要求。

3.5.2　避让控制

为保证工程可实施性以及管廊运行安全，在竖向上需与相邻地下建（构）筑物（如隧道、沟渠、人行下穿通道、既有河道、地铁等）及地下管线控制一定净距。

1. 避让原则

综合管廊与相邻地下管线及地下构筑物的最小净距应根据地质条件和相邻构筑物的性质确定。

（1）综合管廊与非重力流管道交叉时，非重力流管道避让综合管廊；

(2) 综合管廊与重力流管道交叉时，应根据项目建设条件，经过技术经济分析后确定避让方案；

(3) 综合管廊穿越河道、排洪渠或市政地下构筑物时，可从河道、排洪渠或地下构筑物的下部或上部穿越，具体穿越方式应根据项目建设条件经经济技术比选后确定；

(4) 综合管廊外给水管、雨污水支管、电力和通信管线原则上从综合管廊上部穿越。

2. 间距控制

根据 GB 50838 以及工程案例中的相关实践，综合管廊下穿河道、管线以及其他市政地下构筑物的垂直间距可按以下要求控制。

(1) 综合管廊穿越河道时应选择在河床稳定的河段，最小覆土深度应满足河道整治和综合管廊安全运行的要求，并应符合下列规定：

1) 在Ⅰ～Ⅴ级航道下面敷设时，顶部高程应在远期规划航道底高程 2.0m 以下；

2) 在Ⅵ、Ⅶ级航道下面敷设时，顶部高程应在远期规划航道底高程 1.0m 以下；

3) 在其他河道下面敷设时，顶部高程应在河道底设计高程 1.0m 以下。

(2) 当管廊与管线垂直交叉时，应当执行 GB 50838 中的相关要求。即管廊明挖施工时，与管线垂直交叉净距不应小于 0.5m；管廊顶管或者盾构施工时，与管线垂直交叉净距不应小于 1.0m。

(3) 当管廊与下穿隧道等市政地下构筑物交叉时，相互之间的垂直净距一般需下穿隧道结构专业和综合管廊结构专业经过计算分析后综合确定。对于本书第 11.1 节的工程案例，管廊顶板与下穿隧道框架结构底板之间的垂直净距经计算后确定为 50cm。

(4) 在无天然气管道舱室的情况下，综合管廊可以考虑与地下构筑物合建以节约地下空间。根据 GB 50838，含天然气管道舱室的综合管廊不应与其他建（构）筑物合建。

3.5.3 坡度控制

综合管廊的纵向坡度应根据入廊管线敷设要求、人员或者机械通行要求以及管廊排水系统要求等综合确定，并且尽量与道路同坡度敷设，以控制管廊埋深。

(1) 入廊管线敷设要求

当重力流管线入廊时，管廊设置的坡度和坡向都应结合整个项目排水片区规划以及排水管线过流能力等因素综合分析计算确定，确保管线入廊后的排水需求。

(2) 人员或者机械通行要求

GB 50838 规定，当综合管廊纵坡超过 10%时，在人员通道部位应设置防滑地坪或台阶。在某些工程案例中，管廊最大纵坡为 50%，并在管廊坡度大于 10%的部位设有台阶，以使管廊在下穿避让其他地下建（构）筑物时，减少管廊倒虹段长度。但是，当管廊内需采用机械运输时，管廊最大坡度应根据机械类型综合分析确定，以满足机械通行要求。

(3) 管廊排水系统要求

管廊内主要通过排水明沟收集输送廊内积水。GB 50838 规定综合管廊的排水明沟坡度不应小于 0.2%，而排水明沟坡度通常与综合管廊坡度一致。因此，综合管廊的最小坡度不应小于 0.2%。

(4) 施工要求

采用顶管和盾构施工的综合管廊纵向坡度，除考虑以上因素外，还应满足顶管和盾构相关技术规范的要求。

3.6 综合管廊节点设计

3.6.1 节点的定义

为满足综合管廊运营管理需求、管廊内附属设施安装需求、管廊内管线安装运行需求和管廊自身构造要求等，管廊沿线需设置各类节点。节点，是管廊中设置的能实现一种或若干种功能的构筑物单体，其前后通过伸缩缝与管廊标准段相连接。GB 50838 中规定管廊需设置的节点有：人员出入口、逃生口、吊装口、进风口、排风口和管线分支口。

节点是综合管廊的重要组成部分，其设置是综合管廊必需的功能性要求。节点的合理布置和设计不仅关系到综合管廊自身的正常运行和维护，同时在很大程度上影响管廊的建设成本和施工难度。因此，节点设计是综合管廊设计中的核心部分之一，也是设计难点之一。

3.6.2 节点的分类和设计基本原则

GB 50838 第 5.4.1 条规定：综合管廊的每个舱室应设置人员出入口、逃生口、吊装口、进风口、排风口、管线分支口等。除了上述节点以外，根据管廊总体布置、运行需求、项目实际情况和主管部门要求，管廊沿线还需设置管廊交叉口、端部节点、转换节点和附属用房等。这些节点的主要功能及设计基本原则如下：

（1）人员出入口是连接管廊内外的人行通道，通常设置成楼梯的形式通至廊外地面，主要供维修、检修作业人员以及参观人员进出，宜与逃生口、吊装口、进风口结合设置，且不应少于 2 个。有条件时，宜每隔 1～2km 设置人员出入口，见图 3-13。

图 3-13　人员出入口

（2）逃生口同样是管廊内外的连接通道，用于发生紧急情况时人员逃生以及消防人员救援进出，并作为临时检修用的出口，通常设置钢制爬梯。管廊逃生口的设置应符合下列规定：

1）敷设电力电缆的舱室，逃生口间距不宜大于 200m；

2）敷设天然气管道的舱室，逃生口间距不宜大于 200m；

3）敷设热力管道的舱室，逃生口间距不应大于400m；当热力管道采用蒸汽介质时，逃生口间距不应大于100m；

4）敷设其他管道的舱室，逃生口间距不宜大于400m；

5）逃生口尺寸不应小于1m×1m，当为圆形时，内径不应小于1m。

（3）吊装口用于施工期间以及运维期间向管廊内投入管线、材料以及附属设备等，并兼顾人员进出的功能。由于综合管廊内空间较小，管道运输距离不宜过大。吊装口最大间距不宜超过400m，其净尺寸应满足管线、设备、人员进出的最小允许限界要求。

（4）进、排风口又可称作通风口，是为管廊内外空气交换而设置的孔口，主要用于平时管廊的正常换气以及事故后排烟。进、排风口根据是否设置风机，分为机械通风口和自然通风口。设计时，进、排风口应结合防火分隔设置，以保证每个防火分区内的通风排烟，其净尺寸应满足通风设备进出的最小尺寸要求。天然气管道舱室的排风口与其他舱室的排风口、进风口、人员出入口以及周边建（构）筑物口部距离不应小于10m。

（5）管线分支口是综合管廊内部管线和外部直埋管线相衔接的部位，是根据规划要求而设置的管线引出节点，其间距应根据周边地块的管线需求进行设置。

（6）管廊交叉口通常设置在管廊与管廊衔接部位，以实现管廊内部人员以及入廊管线的互通。

（7）端部节点通常设置在管廊起终点，主要用于起终点处廊内管线与廊外直埋管线的衔接，并根据项目情况兼具人员逃生、通风和吊装的功能。

（8）转换节点设置于不同种类或尺寸断面的衔接部位，以实现不同断面下廊内人员以及管线的互通。

（9）附属设施用房是根据管廊附属设施要求而设置的地下空间，通常以节点的形式与管廊本体合建，充分利用管廊上部和侧部空间，以减少占地。常见的附属设施用房有分变电所、消防水泵房以及雨水处理间等，其设置数量和位置应根据管廊附属设施需求确定。分变电所见图3-14。

（10）根据GB 50838，以上节点在设计时均需符合以下规定：

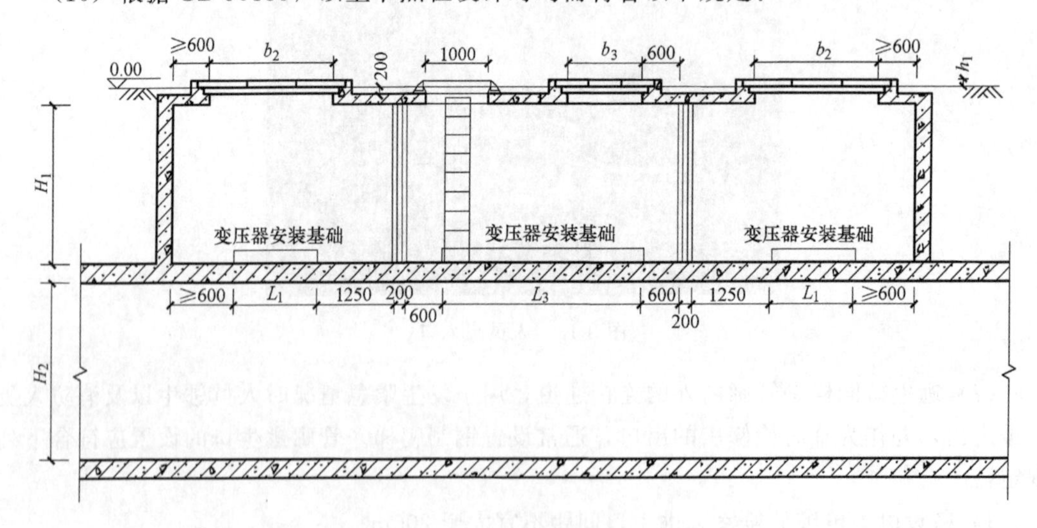

图3-14　分变电所

1）节点中需露出地面的构筑物应满足城市防洪要求，并应采取防止地面水倒灌及小动物进入的措施。

2）露出地面的各类孔口与构筑物外观应与周边城市景观和道路景观相协调，且尽可能减少各类孔口露出地面的尺寸与高度。

3）露出地面的各类孔口盖板应设置在内部使用时易于人力开启，且在外部使用时非专业人员难以开启的安全装置。

4）节点尺寸应满足人员或机械通行、管线敷设安装以及管线运行维护等空间要求。

5）天然气管道舱室的各类孔口不得与其他舱室连通，并应设置明显的安全警示标识。

（11）在布置和设计管廊节点时，宜尽量减少节点尺寸和数量，以减小管廊建设成本以及露出地面孔口对城市和道路景观的影响。在满足相关规范要求的前提下，可将人员出入口、逃生口、吊装口、通风口和附属设施用房结合设置。

综上所述，综合管廊的节点可分为综合井、管线分支口、交叉口、端部节点和转换节点，共五大类。本章将对以上节点设计要点进行一一论述。

3.6.3 节点设计要点

1. 综合井

综合井是管廊中具有人员出入口、逃生口、吊装口、通风口以及附属设施用房中两种以上功能的节点，根据综合井的功能又细分为不同类型。综合井的设计既要满足相关规范对于各类孔口间距和尺寸的要求，还需尽量合理布置，以减少综合井的种类和数量。

（1）综合井布置和分类原则

根据规范要求，综合管廊需进行防火分区的划分，并设置防火分隔。进、排风口和逃生口均需结合防火分区进行布置和设计。因此防火分隔的设置通常与综合井的设计统筹考虑。现以容纳电力电缆，不含热力管道的管廊为例进行说明。

根据综合井所实现的不同功能，将其分为A、B、C三种类型，具体见表3-4。A型综合井和B型综合井可按间隔不大于200m交替布置，以满足防火分隔、逃生口不大于200m，吊装口不大于400m的间距要求，同时进、排风口交替布置，满足管廊通风要求。C型综合井内含有附属设施用房，为便于人员检修和设备运输而与人员出入口结合设置。C型综合井的布置应根据附属用房服务半径以及项目建设条件综合考虑确定。因C型综合井同样具有A型综合井的功能，因此只需在适当位置将A型综合井替换成C型综合井即可。

综合井分类一览表 **表3-4**

综合井分类	功能						
	防火分隔	进风口	排风口	逃生口	吊装口	人员出入口	附属用房
A型综合井	√	√	×	√	×	×	×
B型综合井	√	×	√	√	√	×	×
C型综合井	√	√	×	×	×	√	√

注：√代表具备此种功能；×代表不具备此种功能。

（2）综合井设计要点

综合井的设计在满足管廊功能性需求的同时，还需解决人员通行、管线设备安装与敷设以及日常检修维护等方面的问题。基本的设计思路是在局部将管廊断面横向拓宽和加高，在管廊断面上方设置夹层空间，形成两层地下构筑物，上下两层开设进排风口、逃生口、人员出入口和吊装口等孔口连通，夹层顶板同样设置各类孔口与室外连通。见图3-15～图3-17。

现从防火分隔、管线及设备吊装、人员通行、通风、排水、电气设备安装以及附属设施用房等方面简述设计要点。

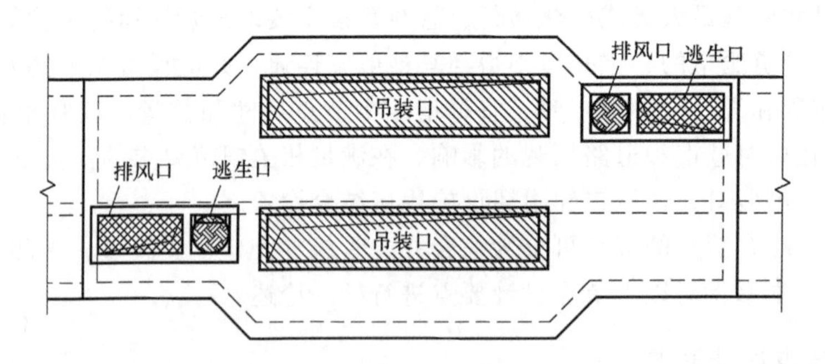

图 3-15　B型综合井顶层平面图

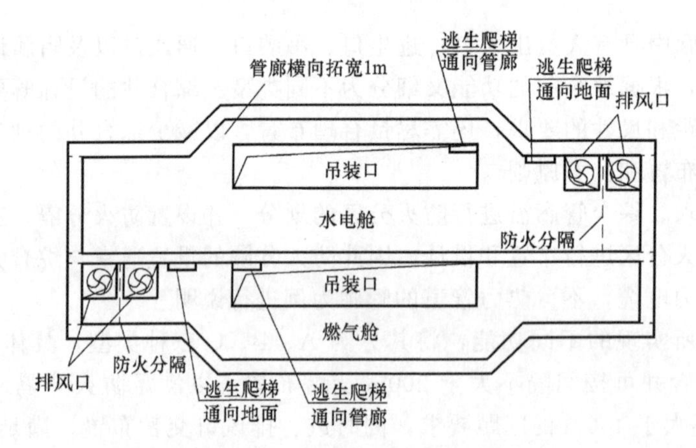

图 3-16　B型综合井夹层平面图

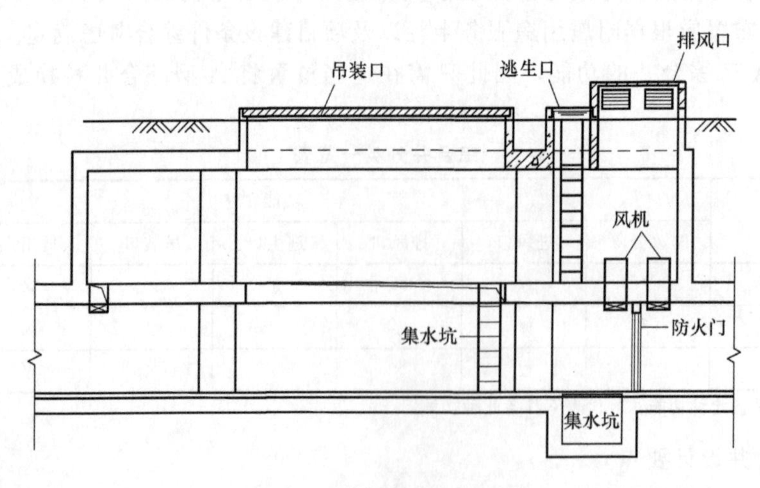

图 3-17　B型综合井剖面图

1）防火分隔

GB 50838 规定天然气管道舱及容纳电力电缆的舱室应每隔 200m 采用耐火极限不低于 3.0h 的不燃性墙体进行防火分隔，见图 3-18。防火分隔一般设置在综合井内，采用砖砌防火墙，墙上设有甲级防火门，并预留有电缆支架和管道穿越的孔洞。管线穿越防火分隔部位应采用阻火包等防火封堵措施进行严密封堵。

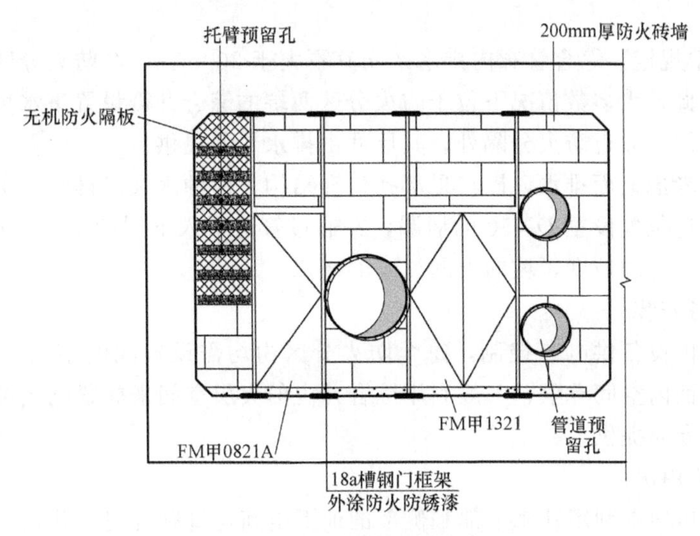

图 3-18　防火墙大样图

2）管线及设备吊装

有吊装功能的综合井，在夹层底板和顶板上需设置吊装口供管线及设备吊装和人员出入。夹层底板吊装口通向管廊层。夹层顶板吊装口与地面连通。夹层顶板吊装口宜布置在非机动车道、人行道或者绿化带内，见图 3-15～图 3-17。综合井夹层内上下两处吊装口宜在平面上对齐布置，且应正对管廊内检修通道，避免吊装时影响管廊内管线安全。当受建设条件制约，夹层顶板吊装口无法与走道对齐时，其位置可根据实际情况确定。

吊装口净尺寸应满足各类管线、管件、设备以及人员出入的最小允许限界要求。一般刚性管道按照 6m 长度考虑，电力电缆需考虑其入廊时的转弯半径要求，有检修车进出的吊装口尺寸应结合检修车的尺寸确定。为保证综合井内管道运输和人员通行空间，综合井的宽度可根据吊装口尺寸和实际情况在原有管廊断面宽度的基础上向两侧拓宽适当的空间。

3）人员通行

综合井应具有人员通行和逃生功能。因此，在综合井夹层底板和顶板上应设置逃生口。廊内人员可通过逃生口直接通向廊外地面。综合井内逃生口的布置应满足事故时人员紧急逃生的要求，逃生路径尽量顺畅无阻。通向地面的逃生口位置必须保证人员安全，无安全隐患。逃生口上设置的盖板应满足在内部使用时易于人力开启，在外部使用时非专业人员难以开启的要求。

4）通风

综合井内的通风口一般设置在防火分隔的两侧，分别服务于相邻两侧的防火分区。通过在一个防火分区两端的综合井内分别设置进风口和排风口，实现管廊内一个防火分区的通风要求。通风口处需根据项目情况和舱室通风要求设置风机，其位置应满足风机安装和检修维护的要求，见图 3-17。风机选型以及风口、风道和风亭尺寸均根据舱室通风量计算，由通风专业提供。通风口伸出地面的风亭可采用顶面通风和侧面通风的方式，并应设置格栅或者百叶窗，同时加设防止小动物进入的金属网格，网孔净尺寸不大于 10mm×10mm。

5）排水

GB 50838 中规定，综合管廊内排水区间宜不大于 200m。一个防火分区内的最低点需设置集水坑。因此，大多数情况下位于防火分区两端的综合井需设置集水坑。集水坑设置在综合井的管廊层，靠近防火分隔处。其尺寸由排水专业提供。

管廊夹层应考虑地面排水，以将顶部孔口和结构入渗的水及时排除。工程中通常的做法是在夹层的合适位置设置 *DN*50 的地漏，并通过管道引入下层的集水坑或者排水沟内。夹层地面需设置一定的坡度，坡向地漏。

6）电气设备安装

为满足管廊内设备供电与控制，每个防火分区内均需设置配电箱和控制柜等电气设备。管廊标准断面内空间有限，一般利用综合井内的夹层空间来放置电气设备。电气设备所需空间由电气专业提供。

7）附属设施用房

附属设施用房通常利用管廊上部和侧部的地下空间与管廊合建，并且设有通道以满足管廊和附属设施用房之间人员和管线的互通。见图 3-19。

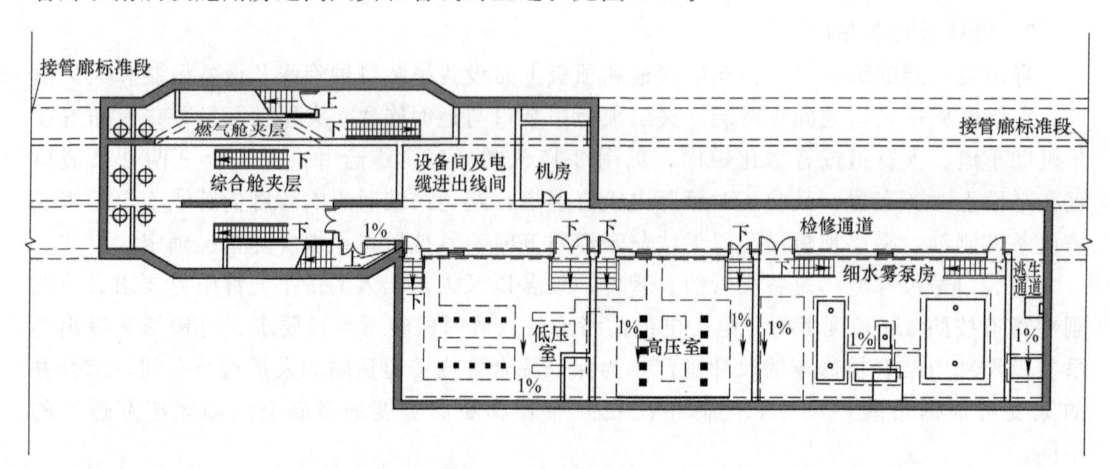

图 3-19　综合井结合人员出入口和附属设施用房平面图

主要设计要点如下：

① 综合井空间需满足附属设施用房的尺寸和净空要求以及楼梯的设置空间；

② 充分考虑人员通行的廊道和逃生通道，人员出入口应设置在绿化带内，并与周边环境相协调；

③ 各类附属设施用房的通排风设施和排水设施需单独考虑；

④ 管廊夹层与附属设施用房之间需设置防火分隔。

2. 管线分支口

管线分支口的设计应满足管线预留数量、管线进出、安装敷设作业的要求。管线分支口的设置位置需与周边地块管线需求相协调，并符合管线专项规划相关要求。管线分支口可分为管廊上部出线和下部出线两种形式，具体的出线形式应根据管廊覆土厚度以及外部衔接条件综合确定。

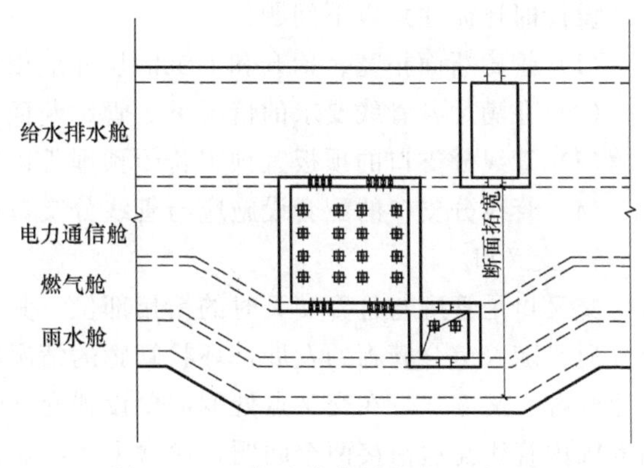

图 3-20　上部出线管线分支口平面图

(1) 上部出线

上部出线的管线分支口一般适用于管廊覆土较深、顶部空间足够的情况，通过管廊断面局部拓宽和抬升，以满足出线空间需求。廊内管线从管廊上部侧墙穿出与廊外管线相接。管廊断面抬升和拓宽的尺寸应根据出线的管道种类和规模进行确定。见图 3-20 和图 3-21。

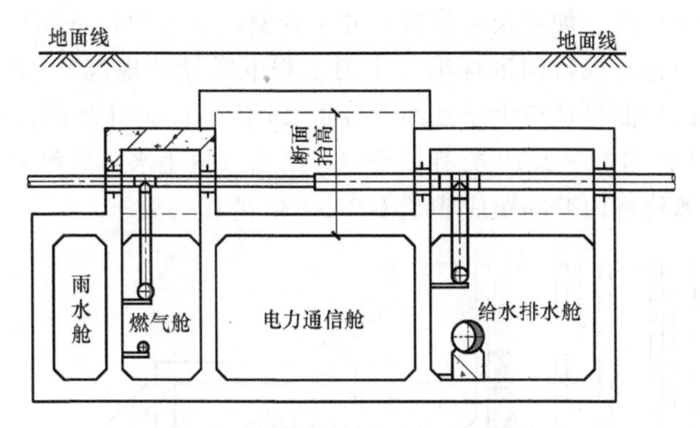

图 3-21　上部出线管线分支口剖面图

(2) 下部出线

下部出线一般适用于管廊覆土较浅、顶部空间不足的情况，通过将管廊局部拓宽和下沉，以满足出线空间要求。廊内管线从管廊下部侧壁穿出与廊外管线相接。见图 3-22。

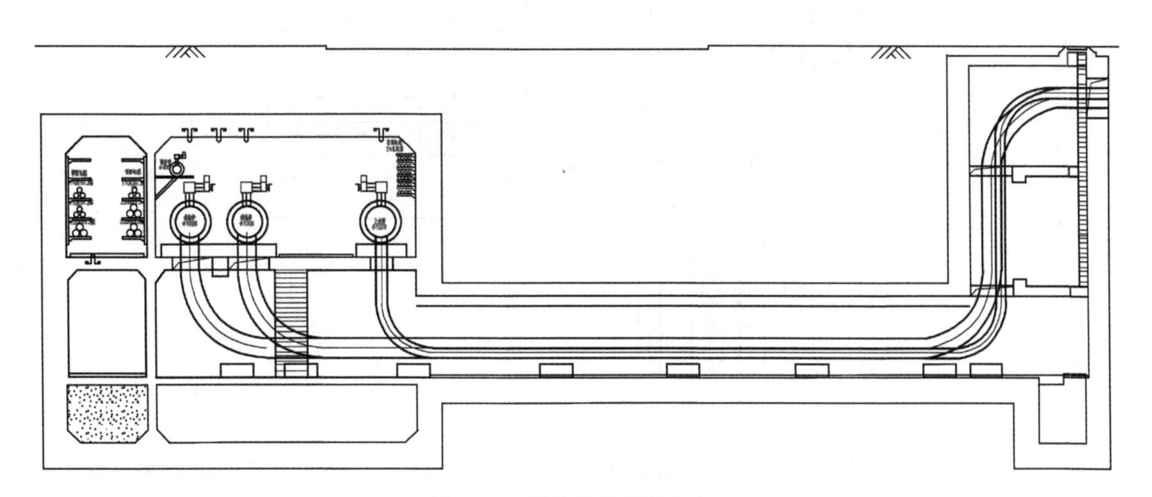
图 3-22　下部出线管线分支口

设计时还需注意以下问题：

(1) 管廊断面拓宽、抬升和下沉的尺寸应根据出线管线的种类和规模综合考虑确定；

(2) 在满足各管线要求的情况下，管廊断面尽量向一侧拓宽；

(3) 管线分支口的顶板宜预留若干预埋件以安装线缆和管道支架；

(4) 管线分支口的配套设施应与管线分支口同步设计，设计内容详见第 3.7 节。

3. 交叉口

交叉口是管廊与管廊交叉时的衔接部位，其作用是保证管廊交叉时人员和管线能够正常互通。随着综合管廊的发展，环状管廊的情况越来越多，管廊之间必然存在丁字形和十字形两种交叉方式，在交叉点处就需要设置交叉口进行衔接。交叉口主要需解决人员通行和管廊内管线互通衔接两个问题，通常采用的做法是在交叉处让两条管廊上下重叠，形成多层结构。管线和人员通过在重叠处开设孔洞进行连通。通常在交叉口处管廊结构需加宽、加高，以满足各类人员通行和管线连通的安装空间，如图 3-23 和图 3-24 所示。

具体设计时一般需遵循以下原则：

(1) 节点处管廊加高、加宽及夹层的尺寸与管廊内管线的数量和规格有关；电力线缆的弯曲半径和分层应符合现行国家标准《电力工程电缆设计规范》GB 50217—2007 的有关规定；通信线缆的弯曲半径应大于线缆直径的 15 倍，且应符合现行行业标准《通信线路工程设计规范》YD 5102—2010 的有关规定；给水（再生水）管等应预留焊接和阀门安装等操作空间，距离管廊内壁净距应满足 GB 50838 的相关要求。

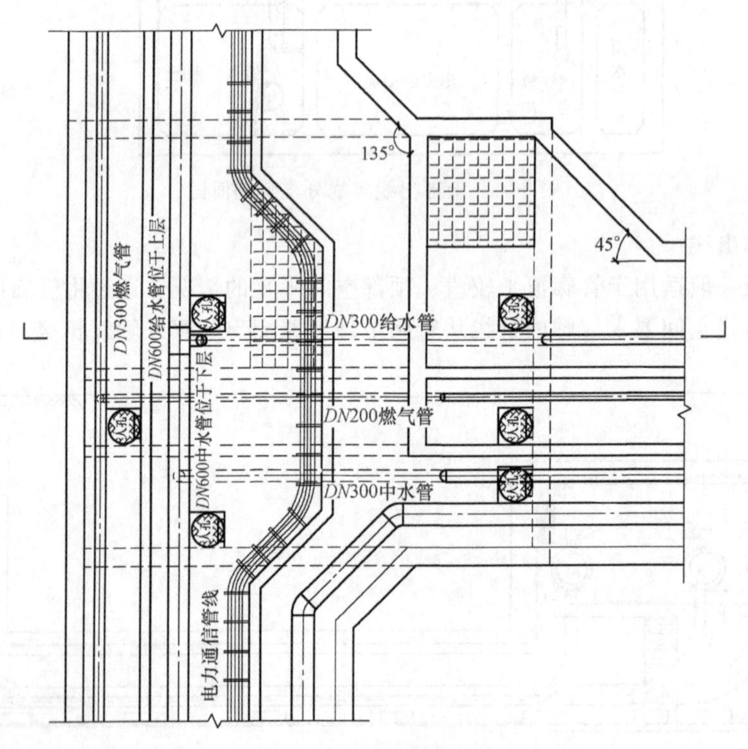

图 3-23 交叉口平面图

(2) 为便于维护管理，节点处管廊内市政管线多做上跨或下穿处理，尽量保证工作人员在管廊内可直接通行。热力舱、管廊内市政管线较多及规模较大者优先考虑直接通行。

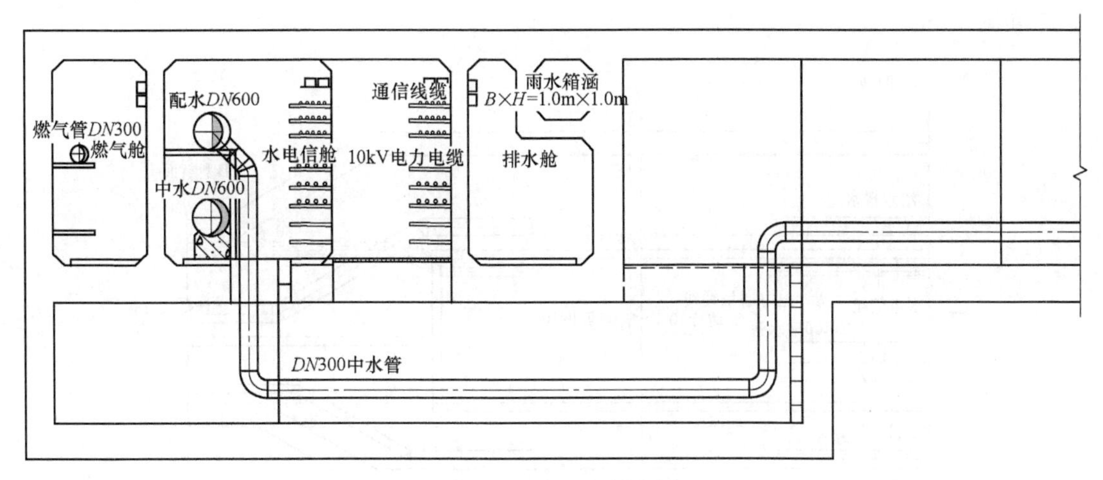

图 3-24　交叉口剖面图

无法保证直接通行时，楼梯的设置应尽量做到通行顺畅舒适。

（3）为了保证管线运行安全，综合管廊交叉口及各舱室交叉部位应采用耐火极限不低于 3.0h 的不燃性墙体进行防火分隔，当有人员通行需求时，防火分隔处的门应采用甲级防火门，管线穿越防火分隔部位应采用阻火包等防火封堵措施进行严密封堵。

（4）节点处逃生口的设置应符合 GB 50838 的相关要求。

4. 端部节点

为实现端部节点的功能，通常做法是在管廊端部将管廊断面适当拓宽和加高，以满足管线安装敷设空间需求，可参考管线分支口的设置要求。同时设置夹层，根据项目情况在夹层设置逃生口、通风口、吊装口和集水坑，具体设计要点可参考综合井的相关要求。见图 3-25 和图 3-26。

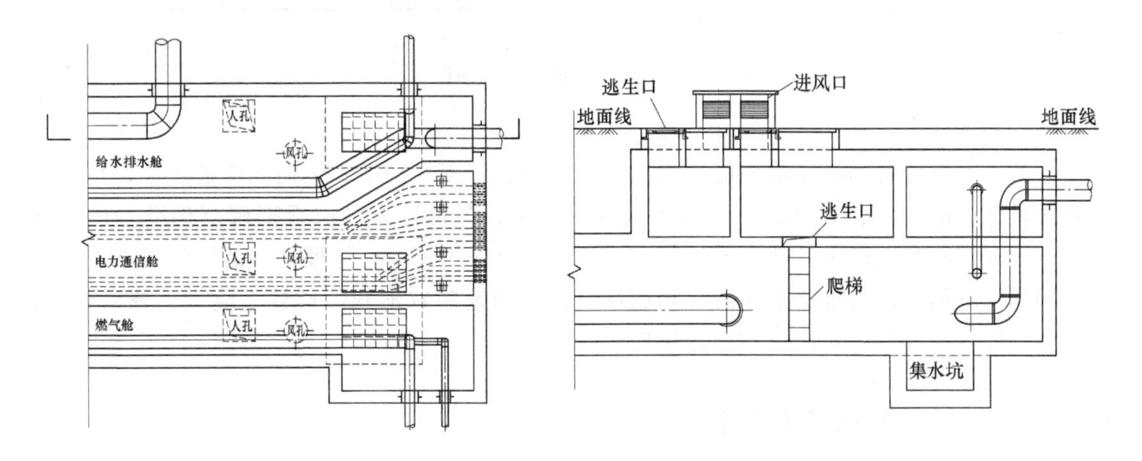

图 3-25　端部节点底层平面图

图 3-26　端部节点剖面图

5. 转换节点

转换节点在设计时，主要根据两个断面的结构形式，通过结构在平面或竖向的渐变来实现管廊的连通，同时实现不同断面之间的人员通行和管廊内管线的互通衔接。在考虑转换节点的净空尺寸时，应充分考虑管线安装敷设、人员通行和设备运输的空间要求。见图

3-27 和图 3-28。

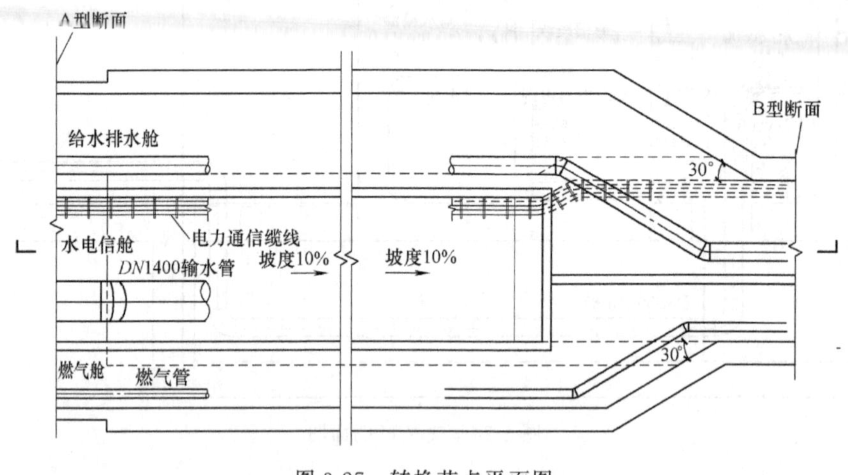

图 3-27 转换节点平面图

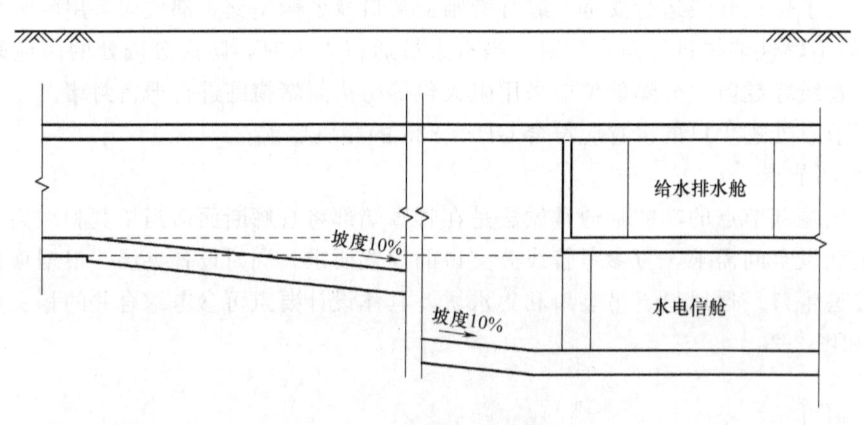

图 3-28 转换节点剖面图

6. 小结

节点是综合管廊必需的功能性需求，也是综合管廊区别于其他地下廊道之处，是综合管廊设计中的重点和难点之一。节点设计过程中，各设计人员应根据规范标准、建设条件、规划资料和上级主管部门意见等方面进行综合分析考虑，把握基本的设计要点，立足于实现管廊的功能需求、空间需求和运维需求，因地制宜地开展设计，应做到技术可行、经济合理，并具有可实施性和可操作性。

3.7 综合管廊出线设计

3.7.1 主要设计内容

入廊管线沿线有进出线需求，因此廊内管线每隔一定距离需从管廊内接至用户或路口处。GB 50838 中指出，在有些工程建设当中，虽然建设了综合管廊，但由于未能考虑到其他配套设施的同步建设，在道路路面施工完成后再建设，往往又会产生多次开挖路面或人行道的不良影响，因而要求实施管廊出线部分。管廊出线设计的范围是指管廊分支口（不包含分支口）至用户或者路口处接线井之间的管线及其附属构筑物（包含接线井），如图 3-29 中虚线框内所示。出线工程的规模与分支口的管线规模保持一致。

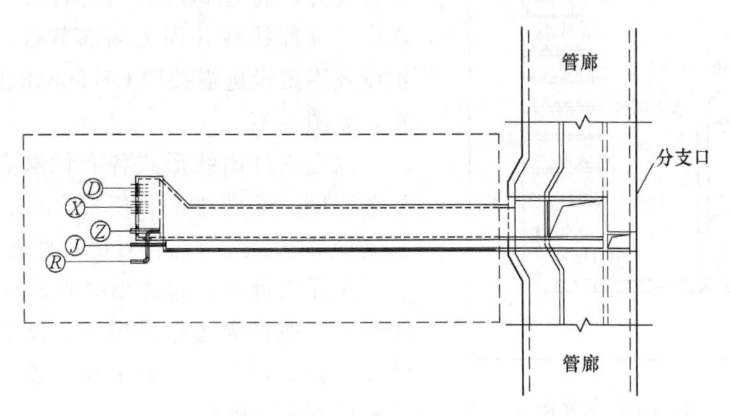

图 3-29　出线工程平面图

3.7.2　常见出线形式

常见的出线形式根据管线敷设方式可分为以下三种：

1. 直埋形式出线

直埋形式出线指接线井与分支口之间的管线采用直埋敷设。其中电力、通信线缆采用钢筋混凝土管块的形式，过路段其他管道采用套管进行保护。接线井根据管线种类的不同分别设置检查井供用户接线。

2. 管沟形式出线

管沟形式出线指接线井与分支口之间设置出线管沟，将管廊内引出的管线全部置于管沟内集中放置。管沟内仅设有支架和人员检修通道，无其他附属设施。管沟端部进行局部加宽和抬高，形成接线井，所有管线均在端部接线井处统一接至用户或者路口。见图3-30和图 3-31。

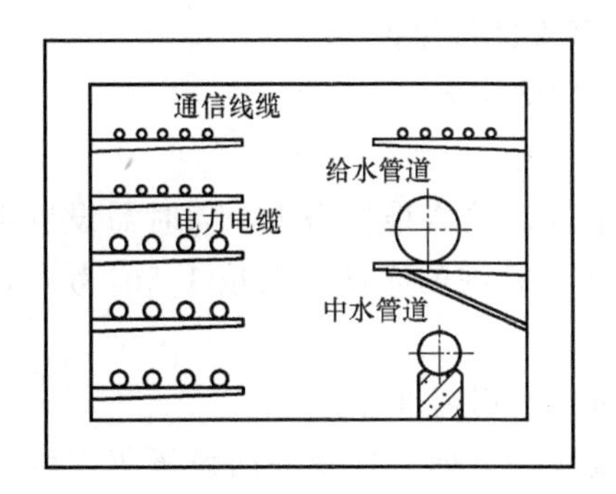

图 3-30　管沟出线断面图

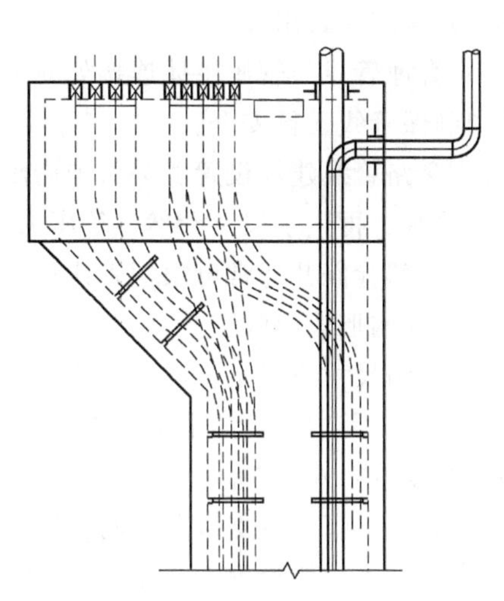

图 3-31　接线井平面图

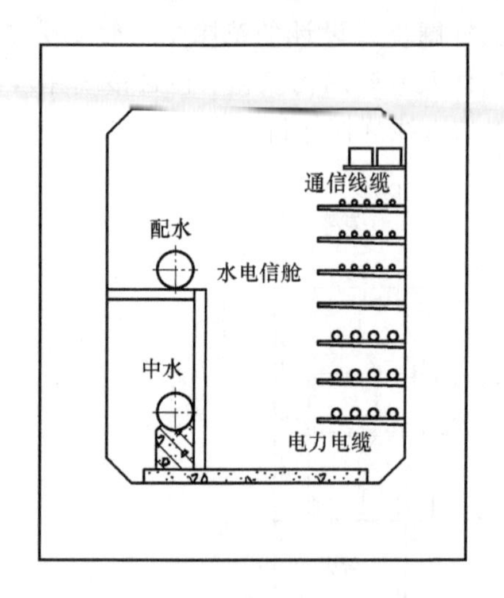

图 3-32　支廊出线断面图

3. 管廊形式出线

管廊形式出线指接线井与分支口之间设置综合管廊，将管廊内引出的管线全部置于管廊之中，端部接线井即为端部节点。管廊本体结构以及附属设施需按照 GB 50838 的相关要求设置，见图 3-32。

以上三种出线形式各有优缺点，现从出线复杂程度、运营维护、使用寿命、施工难度以及造价等方面进行综合对比，见表 3-5。

实际项目中，管廊出线形式应根据入廊管线情况、项目周边建设情况、投资情况进行经济技术分析，并结合业主和管理职能部门的相关意见等综合确定。

出线形式对比　　表 3-5

对比项目	直埋形式出线	管沟形式出线	管廊形式出线
出线复杂程度	简单	较复杂	复杂
运营维护	检修不便，每次检修存在开挖道路的可能	检修较方便，管道检修无需开挖道路	检修方便，管道检修无需开挖道路
使用寿命	管线运行环境差，使用寿命较短	管线运行环境较好，使用寿命较长	管线运行环境条件好，使用寿命最长
施工难度	最低	较低	高
造价	低	一般	高

3.7.3　设计要点

针对不同的出线形式，应注意以下几个设计要点：

(1) 直埋形式出线

1) 直埋管线与管廊主体连接处应采取密封和防止差异沉降的措施，避免地下水渗入管廊和确保管线运行安全。

2) 穿路管线建议设置相关保护措施。在工程案例中，电力通信管线采用钢筋混凝土管块，给水、再生水以及天然气等压力管道设置钢套管进行保护。

3) 端部检修井通常可根据管线种类，分别参照图集实施。

(2) 管沟形式出线

1) 管沟尺寸应满足各出线管线的安装敷设要求以及检修维护需求，同时需设置走道满足人员通行需求。例如本书第 11.1 节的工程案例，管沟的净高一般按 1.5m 考虑，检修通道宽度按 0.6m 考虑。

2) 管沟与管廊分支口节点间应设置伸缩缝，防止不均匀沉降。

3) 管沟内一般设置不小于 2‰的坡度，坡向接线井方向。接线井内设置集水坑，用于排出管沟内的积水。

4）管沟与管廊分支口相接处宜设置防火分隔。

5）接线井的尺寸需满足管沟内各管线接出的敷设需求，并设置检修盖板和检修爬梯以满足检修要求。检修盖板设置于地面，需采取措施防止地面水倒灌。

(3) 管廊形式出线

1）出线管廊与管廊本体之间应设置防火分隔；

2）出线管廊与管廊本体衔接处宜设置伸缩缝，防止不均匀沉降；

3）出线管廊本体结构以及附属设施等需按照 GB 50838 的相关要求执行。

第4章　综合管廊结构设计

4.1　综合管廊结构设计总则

4.1.1　管廊结构设计概述及分类

综合管廊结构设计是综合管廊工程设计中重要的一环。综合管廊的结构为纳入管廊内的城市工程管线和附属设施提供了地下空间和结构支撑，利用主体结构的刚度、强度、防水、抗震等性能保护了廊内管线及设施的安全运行，且不受廊外环境的影响，相比于直埋方式，有效地延长了廊内管线的使用寿命，使得综合管廊的综合效益得到体现。

综合管廊根据修筑方式主要分为明挖法管廊结构和暗挖法管廊结构。明挖法指由地面挖开的基坑中修筑地下管廊结构的方法。暗挖法指不挖开地面，采用在地下挖洞的方式进行综合管廊结构施工的方法。此外，受条件限制综合管廊无法从地下穿越沟谷、河流等地貌时，可采用架空穿越的管廊桥结构形式。

4.1.2　管廊结构设计主要技术标准

综合管廊结构设计应采用以概率论为基础的极限设计方法，应以可靠度指标度量结构构件的可靠度。除验算整体稳定性外，均应采用含分项系数的设计表达方式进行设计。综合管廊结构应根据所选用的工法及其对应的结构形式选择适合的荷载组合和结构设计方法。根据GB 50838的规定，管廊结构设计中的主要技术标准如下：

(1) 结构设计使用年限：100年。

(2) 结构安全等级：一级，结构中各类构件的安全等级宜与整个结构的安全等级相同。

(3) 结构防水等级：二级。

(4) 结构抗震设防类别：乙类（重点设防）。

(5) 结构重要性系数：1.1。

(6) 混凝土强度等级：钢筋混凝土结构的混凝土强度等级不应低于C30；预应力混凝土结构的混凝土强度等级不应低于C40。

根据成渝高速入城段综合管廊工程、宜宾县县城综合管廊等项目结构设计经验，混凝土强度等级采用C40较为经济合理。

(7) 混凝土抗渗等级：管廊结构宜采用自防水混凝土，设计抗渗等级应符合表4-1的规定。

根据成渝高速入城段综合管廊工程、宜宾县县城综合管廊等项目结构设计经验，管廊在交叉口处的埋深一般大于10m，当需避让涵洞、地铁时，管廊埋深也会大于10m，考虑

混凝土抗渗等级　表 4-1

管廊埋置深度 H(m)	设计抗渗等级
$H<10$	P6
$10\leqslant H<20$	P8
$20\leqslant H<30$	P10
$H\geqslant 30$	P12

到地下工程防水的重要性，混凝土自防水是整个工程的最后一道防水线，建议一般情况下管廊整体结构抗渗等级≥P8。

(8) 结构构件裂缝控制等级为三级，裂缝宽度不得大于 0.2mm，且不得贯通。《公路钢筋混凝土及预应力混凝土桥涵设计规范》JTG D62—2004 中对于不同环境类别的混凝土构件及预应力混凝土构件的最大裂缝宽度有不同要求，且裂缝宽度限值要求严于 GB 50838 及《混凝土结构设计规范》GB 50010—2010（2015 年版）。综合管廊的设计使用寿命为 100 年，裂缝宽度限值根据环境类别加以区分更加合理，建议根据《公路钢筋混凝土及预应力混凝土桥涵设计规范》JTG D62—2004 采用裂缝控制限值。

(9) 抗浮稳定性抗力系数不低于 1.05。

4.1.3 管廊结构上的作用

《建筑结构荷载规范》GB 50009—2012 中规定了建筑结构上的荷载按性质可分为永久荷载、可变荷载、偶然荷载。值得注意的是，GB 50838 第 8.3.1 条对综合管廊结构上的作用，按性质仅分类了永久作用和可变作用，在某些特殊情况下，如管廊兼具城市人防功能，或管廊与隧道共构，或兼作道路侧壁的挡墙时，应考虑如人防荷载、车辆撞击力等偶然荷载。

永久荷载是指在结构使用期间，其值不随时间变化，或其变化与平均值相比可忽略不计，或其变化是单调的并能趋于限值的荷载。它包括管廊结构的自重、竖向土压力、侧向土压力、预应力、地基的不均匀沉降作用等。

可变荷载是指在结构使用期间，其值随时间变化，且其变化与平均值相比不可以忽略不计的荷载。它包括地面人群荷载、地面堆积荷载、地面车辆荷载、地面车辆荷载引起的侧向土压力、温度作用等。地表水压力及地下水浮力从概念上看其值随时间变化，且变化幅度较大，《给水排水工程管道结构设计规范》GB 50332—2002 及 GB 50838 中明确指出地表水或地下水的作用属于可变作用，建议按此考虑。

偶然荷载是指设计使用年限内不一定出现，而一旦出现其量值很大，且持续时间很短的荷载。它包括车辆撞击荷载、人防荷载等。

从现行国家标准 GB 50838 来看，综合管廊结构上的作用并未考虑偶然作用，如前文所述，在某些特殊情况下，应考虑如人防荷载、车辆撞击力等偶然荷载，故建议偶然荷载的选取应根据工程项目的实际情况来采用。

地震作用本质上是一种特殊的偶然作用。按照《公路桥涵设计通用规范》JTG D60—2015 等行业规范的分类，作用按性质可分为永久作用、可变作用、偶然作用、地震作用四种作用。地震作用的取值及计算详见本章第 4.5 节。

管廊结构上的作用分类见表 4-2。

管廊结构上的作用分类 **表 4-2**

分　　类	名　　称
永久作用	结构的自重
	竖向土压力
	侧向土压力
	预应力
	地基的不均匀沉降作用
可变作用	地面人群荷载
	地面堆积荷载
	地面车辆荷载
	地面车辆荷载引起的侧向土压力
	地表水压力
	地下水浮力
	温度作用
偶然作用	人防荷载
	车辆撞击力
地震作用	地震作用

GB 50838 未明确作用在管廊结构上的作用取值，根据公路、市政行业的规定，对主要作用取值建议如下：

(1) 地面车辆荷载

汽车荷载的取值在《城市桥梁设计规范》CJJ 11—2011 和《公路桥涵设计通用规范》JTG D60—2015 中均有规定。《公路桥涵设计通用规范》JTG D60—2015 第 4.3.4 条规定，汽车荷载引起的土压力采用车辆荷载计算。采用车辆荷载计算时，城-A 级荷载大于公路-Ⅰ级车辆荷载标准值，且城市综合管廊一般位于城市市区及郊区，其汽车荷载采用城市车辆荷载更符合工程实际情况，故建议采用城-A 级荷载。

当管廊顶部的覆土厚度较薄时，应考虑车辆荷载对结构产生的竖向动力效应，一般采用静力学的方法计算这种动力效应，即车辆荷载乘以动力效应系数。《公路桥涵设计通用规范》JTG D60—2015 中规定这种系数为"冲击力系数"，覆土厚度大于等于 0.5m 时可不计"冲击力系数"的影响。《给水排水工程管道结构设计规范》GB 50332—2002 中规定这种系数为"动力系数"，覆土厚度大于 0.7m 时可不考虑"动力系数"。

建议按照《给水排水工程管道结构设计规范》GB 50332—2002 附录 C 选用车辆荷载的动力系数并计算地面车辆荷载对综合管廊的作用标准值。车辆荷载动力系数如表 4-3 所示。

车辆荷载动力系数 **表 4-3**

覆土厚度(m)	0.25	0.3	0.4	0.5	0.6	≥0.7
动力系数	1.3	1.25	1.2	1.15	1.05	1.00

表 4-4 摘自《给水排水工程结构设计手册》(第二版)，按照《给水排水工程管道结构

设计规范》GB 50332—2002 附录 C 计算的不同埋深下车辆荷载竖向压力标准值，供设计人员直接使用。

车辆荷载传递到不同埋深的竖向压力标准值　　表 4-4

城-A 级		
深度 z(m)	竖向压力标准值(kN/m^2)	压力面积(m^2)
0.7	48.10	1.23×3.38
0.8	41.47	1.37×3.52
0.9	39.19	1.51×6.76
1.0	35.13	1.65×6.90
1.2	28.87	1.93×7.18
1.4	24.26	2.21×7.46
1.5	22.40	2.35×7.60
1.6	20.75	2.49×7.74
1.8	18.01	2.77×8.02
2.0	15.80	3.05×8.30
2.2	14.00	3.33×8.58
2.4	12.51	3.61×8.86
2.6	11.15	3.89×9.14
2.8	10.18	4.17×9.42

注：《给水排水工程结构设计手册》（第二版）表格中城一A 级深度 0.7m、0.8m 的竖向压力标准值有误，本表已勘误。

（2）地面人群荷载

《给水排水工程管道结构设计规范》GB 50332—2002、《城市桥梁设计规范》CJJ 11—2011 及《公路桥涵设计通用规范》JTG D60—2015 对地面人群荷载在结构计算中的取值均有规定，其中《给水排水工程管道结构设计规范》GB 50332—2002 中取值最大，为 $4kN/m^2$。故按照不利原则建议采用 $4kN/m^2$。

（3）地面堆积荷载

建议按照《给水排水工程管道结构设计规范》GB 50332—2002 第 3.3.2 条，取 $10kN/m^2$。

（4）侧向土压力

GB 50838 中未提出侧向土压力的计算方法。一般综合管廊两侧土体向管廊施加的侧向土压力基本平衡，认为管廊无整体侧移发生，管廊各舱室的净空宽度一般为 2～5m，净空高度一般不超过 4m，侧壁厚度相对于净空高度而言较厚，管廊侧壁的刚度很大，侧壁在侧向土压力作用下的变形较小，故建议侧向土压力采用静止土压力计算。目前静止土压力的计算方法主要有两种：

1）根据《公路隧道设计规范》JTG D70—2004 附录 E，按照浅埋隧道的计算方法，采用该规范公式（E.0.2-7）及公式（E.0.2-8）计算侧压力系数，见公式（4-1）和公式（4-2）

$$\lambda=\frac{\tan\beta-\tan\varphi_c}{\tan\beta[1+\tan\beta(\tan\varphi_c-\tan\theta)+\tan\varphi_c\tan\theta]} \tag{4-1}$$

$$\tan\beta=\tan\varphi_c+\sqrt{\frac{(\tan^2\varphi_c+1)\tan\varphi_c}{\tan\varphi_c-\tan\theta}} \tag{4-2}$$

式中 λ——侧压力系数。

上述方法计算复杂，且其中的计算摩擦角 φ_c 无法通过勘察报告直接获取，需要将内摩擦角和黏聚力换算为计算摩擦角；滑面摩擦角 θ 一般也无实测资料，按照围岩级别经验取值。

2）根据《公路桥涵设计通用规范》JTG D60—2015 第 4.2.3 条计算：

$$e_j=\xi\gamma h \tag{4-3}$$

$$\xi=1-\sin\varphi \tag{4-4}$$

式中 e_j——任一高度 h 处的静止土压力，kPa；

ξ——压实土的静止土压力系数；

γ——土的重度，kN/m^3；

φ——土的内摩擦角，(°)；

h——填土顶面至任一点的高度，m。

比较以上两种方法，按照 $\varphi_c=\varphi=30°$，$\theta=0.7\varphi_c$ 进行计算。方法一计算得到的静止土压力系数为 0.45，方法二计算得到的静止土压力系数为 0.5。

综合比较，方法二得到的静止土压力系数较大，侧壁结构设计安全性更高，计算更简单。建议采用方法二即《公路桥涵设计通用规范》JTG D60—2015 中的公式计算。但需注意，采用静止土压力计算对于顶板的跨中弯矩计算是偏小的，设计时应综合考虑。

（5）膨胀土的膨胀力

对于膨胀土地区，如综合管廊未采取有效的措施消除膨胀土对结构的影响，则土体的压力应计入膨胀土的膨胀力。对于管廊顶部，膨胀土的膨胀力增加了土体的竖向压力；对于管廊侧壁，膨胀土的水平膨胀力增加了土体的侧向压力。膨胀土的膨胀力及水平膨胀力可根据试验资料或当地经验确定，试验的具体方法应根据《膨胀土地区建筑技术规范》GB 50112—2013 的有关规定执行。

（6）车辆撞击力

根据《公路桥涵设计通用规范》JTG D60—2015 第 4.4.3 条，汽车撞击力设计值在车辆行驶方向应取 1000kN，在车辆行驶垂直方向应取 500kN，两个方向的撞击力不同时考虑。撞击力应作用于行车道以上 1.2m 处。

（7）预应力

预应力综合管廊结构上的预应力标准值，应为预应力钢筋的张拉控制应力值扣除各项预应力损失后的有效预应力值。张拉控制应力值应按《混凝土结构设计规范》GB 50010—2010（2015 年版）的有关规定确定。

4.2 明挖综合管廊结构设计

4.2.1 明挖管廊结构分类

明挖法指由地面挖开的基坑中修筑地下管廊结构的方法。开挖后要修筑的地下管廊结构从材料、施工工艺上来分类，可将其主要分为明挖现浇混凝土结构、明挖预制装配式混凝土结构、明挖钢制波纹管结构三种结构形式。当前我国综合管廊建设主要采用明挖现浇混凝土结构，在具备运输条件的情况下采用明挖预制装配式混凝土结构，而明挖钢制波纹管结构尚处于起步阶段，国内少量试验段在采用。从我国未来的发展来看，绿色建筑是建筑工程的发展趋势，明挖预制装配式混凝土结构及明挖钢制波纹管结构均有很大的发展潜力。

4.2.2 明挖现浇混凝土管廊

明挖现浇混凝土管廊结构设计的主要依据是 GB 50838，但由于该规范关于现浇混凝土结构设计的规定较少，规定的内容不明确，因此对于结构设计人员无法给以直接的指导意见。本小节主要依据 GB 50838 进行梳理，结合《建筑结构荷载规范》GB 50009—2012、《给水排水工程管道结构设计规范》GB 50332—2002、《公路桥涵设计通用规范》JTG D60—2015 提出对结构设计方法的见解，抛砖引玉。

1. 荷载组合

GB 50838 规定“综合管廊结构设计应对承载力极限状态和正常使用极限状态进行计算”，GB 50838 第 8.3.2 条“永久作用应采用标准值作为代表值；可变作用应根据设计要求采用标准值、组合值或准永久值作为代表值”，第 8.3.3 条“在承载力极限状态设计或正常使用极限状态按短期效应标准值设计时，对可变作用应取标准值和组合值作为代表值”，第 8.3.4 条“当正常使用极限状态按长期效应标准值设计时，对可变作用应采用准永久值作为代表值”。

结合《建筑结构荷载规范》GB 50009—2012 理解，GB 50838 明确表达了承载力极限状态设计，应按荷载的基本组合计算；正常使用极限状态按短期效应设计，应按荷载的标准组合计算；正常使用极限状态按长期效应设计，应按荷载准永久组合计算。

从 GB 50838 的规定来看，其可变作用代表值的选择中缺少“频遇值”，这是由于本规范对管廊结构上的作用分类中缺少“偶然作用”，承载力极限状态设计缺少了偶然组合计算，偶然组合中第一个可变荷载的代表值为频遇值。鉴于应考虑偶然荷载，建议按《建筑结构荷载规范》GB 50009—2012 中承载力极限状态设计补充偶然组合计算。需要注意的是，多个偶然作用不同时参与组合。

GB 50838 中未给出荷载组合的各组合值系数，鉴于管廊结构本身的特点，本书主要依据《给水排水工程管道结构设计规范》GB 50332—2002，并参考《公路桥涵设计通用规范》JTG D60—2015 的要求，归纳主要荷载的分项系数、组合值系数、准永久值系数、频遇值系数，供参考借鉴。

（1）永久荷载分项系数

《给水排水工程管道结构设计规范》GB 50332—2002 取值如下：

结构自重：1.2（当作用效应对结构有利时取 1.0）；

土压力：1.27（当作用效应对结构有利时取 1.0）。

（2）可变荷载分项系数

《给水排水工程管道结构设计规范》GB 50332—2002 取值如下：

地表水或地下水压力：1.27（当作用效应对结构有利时取 0）；

其余可变作用如地面人群荷载、地面堆积荷载、地面车辆荷载：1.4（当作用效应对结构有利时取0）。

（3）可变荷载组合值系数

《给水排水工程管道结构设计规范》GB 50332—2002中采用0.9。注意：地面车辆荷载、地面人群荷载与地面堆积荷载不同时考虑，取三者较大值计算。

（4）准永久值系数

《给水排水工程管道结构设计规范》GB 50332—2002取值如下：

地面人群荷载：0.3；

地面堆积荷载：0.5；

地面车辆荷载：0.5。

（5）频遇值系数

《公路桥涵设计通用规范》JTG D60—2015取值如下：

地面人群荷载：1.0；

地面堆积荷载：1.0；

地面车辆荷载：0.7。当某个可变作用在组合中其效应值超过汽车荷载效应值时，则该作用取代汽车荷载。

需注意，《公路桥涵设计通用规范》JTG D60—2015中的设计基准期为100年，而《给水排水工程管道结构设计规范》GB 50332—2002及《建筑结构荷载规范》GB 50009—2012中的设计基准期为50年，以上所归纳的分项系数、组合值系数、准永久值系数、频遇值系数不可直接用于计算，应根据结构设计所采用的行业规范进行调整。

2. 变形缝设置

地下结构变形缝可分为伸（膨胀）缝、缩（收缩）缝、沉降缝三种。变形缝设置时应综合考虑，即所谓的三缝合一。变形缝的间距应按伸缩缝的最大间距要求设置，根据《混凝土结构设计规范》GB 50010—2010（2015年版）第8.1.1条的规定，土中现浇式地下结构最大伸缩缝距离为30m。变形缝的设置尚应考虑沉降缝的作用，一般应设置于标准段与各节点段相交处、地质情况变化处以及管廊纵坡边坡点处。节点处的变形缝为便于施工，不直接将缝设置于节点端部，应外接出一定长度的标准段，建议两端各接出1m长标准段。

由于地下结构的变形缝是防水防渗的薄弱部位，应尽可能少设，在变形缝采取以下措施的情况下，变形缝的间距可适当加大，但不宜大于40m：

（1）采取减小混凝土收缩或温度变化的措施；

（2）采用专门的预加应力或增配构造钢筋的措施；

（3）采用低收缩混凝土材料，采取跳仓浇筑、后浇带、控制缝等施工方法，并加强施工养护。

3. 结构计算

（1）标准段内力计算

标准段由于其结构长度远大于结构宽度和高度，且其截面沿结构长度不变，故内力计算采用平面框架计算模型。

现浇混凝土综合管廊结构的截面内力计算模型宜采用闭合框架模型，现浇综合管廊闭合框架计算模型见图4-1。作用于结构底板的基底反力分布应根据地基条件确定，并应符合下列规定：

1）地层较为坚硬或经加固处理的地基，基底反力可视为直线分布；

2）未经处理的软弱地基，基底反力应按弹性地基上的平面变形计算确定。

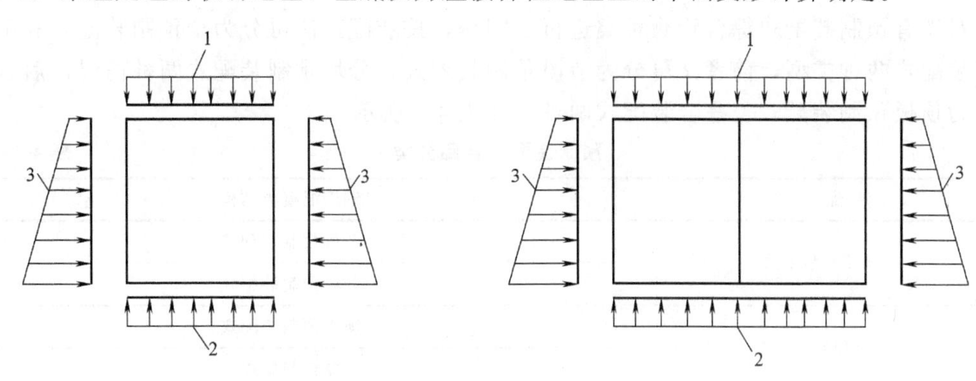

图 4-1 现浇综合管廊闭合框架计算模型

1—综合管廊顶板荷载；2—综合管廊地基反力；3—综合管廊侧向水土压力

（2）节点内力计算

综合管廊的节点埋于地下，由墙、柱、梁、板结构构件组成，结构构件之间、结构与土体间共同作用，边界条件复杂、荷载种类繁多，是一个复杂的空间结构体系。其受力的复杂性决定了采用平面框架计算模型并不能满足对于结果精确性的要求，故应进行空间受力整体分析。

（3）混凝土构件计算

GB 50838 第 8.4.2 条规定“现浇混凝土综合管廊结构设计应符合现行国家标准《混凝土结构设计规范》GB 50010—2010（2015 年版）、《纤维增强复合材料建设工程应用技术规范》GB 50608—2010 的有关规定。”本书认为现浇混凝土综合管廊结构构件的承载力极限状态（构件的正截面承载力、斜截面承载力、局部受压承载力等）及正常使用极限状态（裂缝验算、挠度验算）的计算，均应按《混凝土结构设计规范》GB 50010—2010（2015 年版）执行，不宜采用公路行业或给水排水行业等其他行业的规范进行混凝土构件计算。

4.2.3 明挖预制装配式混凝土管廊

随着我国制造工业的迅猛发展，预制装配式结构工厂化生产也实现了快速崛起，在交通业、建筑业以前的现浇施工领域，逐渐形成了标准的预制构件装配式施工，不仅提高了工效，也有效保证了质量。其中，预制装配式综合管廊也在近年得到了大的发展。

综合管廊的预制装配技术与普通建筑结构的预制装配技术类似，是将管廊部件预制后在现场拼装成整体结构的一种综合管廊施工方式。

预制装配式综合管廊与现浇式相比，具有以下优势：以预制管件结构为主体的管廊结构，不仅大大降低了材料消耗，而且管廊结构具有优异的整体质量，抗腐蚀能力强，使用寿命长；可实现标准化、工厂化预制件生产，不受自然环境影响，可以充分保证预制件质量和批量化生产；现场拼装施工可大大提高生产效率，降低建设成本；工厂化生产保证了管廊结构尺寸的准确性，同时也保证了预制装配式综合管廊安装的准确性；无需施工周转材料、无需占用大量材料堆场。简而言之，在综合管廊施工中采用预制装配技术，可有效缩短施工周期，减少人工成本，提高构件质量，减少对环境的影响，并且可以有效降低施工风险，被认为是综合管廊的“绿色建造”技术。

目前GB 50838中未对预制装配式混凝土综合管廊进行分类，结合国内行业专家的意见，对现有预制装配式综合管廊种类进行了归纳，按装配工法可分为全预制装配式和部分预制装配式两种类型，前者又可分为节段预制装配式、分块预制装配式两种情况，后者则可分为顶板预制装配式、叠合装配式两种，如表4-5所示。

预制装配式管廊分类 **表4-5**

装配工法	钢筋混凝土结构
全预制装配式	节段预制装配式
	分块预制装配式
部分预制装配式	顶板预制装配式
	叠合装配式

不论上述哪种预制装配式混凝土综合管廊，其结构设计依据、结构设计主要技术标准、结构上的荷载、荷载组合均与明挖现浇混凝土综合管廊一致，具体参见本章4.2.2小节。

上述4种明挖预制装配式管廊结构一般仅用于管廊的标准段，其节点一般仍采用现浇结构。现浇混凝土节点设计方法参见本章4.2.2小节的内容。从目前装配式技术的应用特点来看，节点采用装配式技术尚有一定的难度，因其节点的尺寸大、平面差异大，故采用整体阶段预制的方法难以运输，也难以体现其批量化生产的优势；如采用分块预制装配式，为解决运输问题和难以批量化生产的问题，则需将预制构件以板件的形式进行预制拼装，但其拼缝多，节点结构的整体性较差，抗震性能需要较多措施保证，且防水性能差。综上所述，当前综合管廊节点采用部分预制装配式技术较为合适。

本小节就4种类型的装配式管廊进行对比分析，明确各种类型的装配式综合管廊的优势，简要介绍结构设计方法，为装配式综合管廊的规划设计提供参考。

1. 节段预制装配式管廊

节段预制装配式技术是将综合管廊在长度方向上划分为多个节段，并在工厂将每个节段整体预制成型，运输到现场通过一定的连接方式将相邻节段进行拼装形成整体结构的一种技术，连接后管廊结构仅带纵向拼缝接头，如图4-2和图4-3所示。该技术在日本应用较早，且技术非常成熟，在国内最早的应用是2012年上海世博园综合管廊试验段中，后来在厦门综合管廊中也得到了大量的应用。

节段预制装配式技术的主要缺点：通常只能用于管廊标准断面范围，在宽度、高度有变化的非标准断面上尚无应用；预制需要专业化模具，部分管廊标准段长度较短，预制模具价格较高，经济性不高；对于大尺寸多舱室（3舱及以上）的综合管廊，由于其体积大、质量重，预制拼装法往往受到运输条件或现场起吊设备能力的制约，实施难度大，如在施工现场附近进行预制加工，其预制场地要求的环境严格，且预制场地占地面积较大，难以实施；相对于现浇结构，节段预制装配式管廊接口多，对接口的设计、制作、施工的抗渗要求较高。

节段预制装配式管廊结构设计的主要内容为接头设计、内力计算、构件及接头计算。

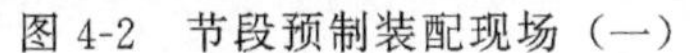

图 4-2 节段预制装配现场（一）

图 4-3 节段预制装配现场（二）

（1）接头设计

节段预制管廊间宜采用预应力钢筋连接接头、螺栓连接接头或承插式接头。当场地条件较差，或易发生不均匀沉降时，宜采用承插式接头。当节段间连接采用螺栓连接接头及承插式接头时，可不设置变形缝。

（2）内力计算

由于各节段整体预制成型，其截面内力计算模型采用与现浇混凝土综合管廊结构相同的闭合框架计算模型，见图 4-1。其基底反力分布及计算方法同现浇混凝土综合管廊标准段。

（3）构件及接头计算

GB 50838 第 8.5.4 条规定："预制拼装综合管廊结构中，现浇混凝土截面的受弯承载力、受剪承载力和最大裂缝宽度宜符合现行国家标准《混凝土结构设计规范》GB 50010—2010（2015 年版）的有关规定"；第 8.5.12 条规定："采用高强钢筋或钢绞线作为预应力筋的预制综合管廊结构的抗弯承载能力应按现行国家标准《混凝土结构设计规范》GB 50010—2010（2015 年版）的有关规定进行计算"；第 8.5.14 条规定："预制拼装综合管廊拼缝的受剪承载力应符合现行行业标准《装配式混凝土结构技术规程》JGJ 1—2014 的有关规定"；第 8.5.5 条规定："预制拼装综合管廊结构采用预应力钢筋连接接头或螺栓连接接头时，其拼缝接头的受弯承载力应符合下列公式要求"。《混凝土结构设计规范》GB 50010—2010（2015 年版）第 9.6.2 条规定："预制混凝土构件在生产、施工过程中应按实际工况的荷载、计算简图、混凝土实体强度进行施工阶段验算"；第 10.1.1 条规定："预应力混凝土结构构件，除应根据设计状况进行承载力计算及正常使用极限状态验算外，尚应对施工阶段进行验算"。

依据上述条文，归纳节段预制装配式管廊构件及接头主要应进行如下计算：

1）预制混凝土构件应进行受弯承载力、受剪承载力和最大裂缝宽度的计算，均应按现行国家标准《混凝土结构设计规范》GB 50010—2010（2015 年版）执行，不宜采用公路行业或给水排水行业等其他行业的规范进行混凝土构件计算；

2）预应力混凝土构件应进行受弯承载力、受剪承载力和最大裂缝宽度的计算，均应按现行国家标准《混凝土结构设计规范》GB 50010—2010（2015 年版）执行，不宜采用公路行业等其他行业的规范进行混凝土构件计算；

3）预制混凝土构件及预应力混凝土构件均应进行施工阶段的验算；

4）预制拼装综合管廊拼缝处应进行受剪承载力的计算，计算方法应按现行行业标准《装配式混凝土结构技术规程》JGJ 1—2014 执行；

5）预制拼装综合管廊拼缝采用预应力筋连接接头或螺栓连接接头时，应按 GB 50838 的规定进行接头受弯承载力计算。

2. 分块预制装配式管廊

分块预制装配式技术是将综合管廊在横断面上分块预制，然后运到现场进行拼装的一种施工技术，连接后管廊结构带纵、横向拼缝接头。一种便于制作和安装的分块方式是在侧墙中间断开，分成上下两部分，该分块方式对于高度较高的综合管廊非常实用。该方式在日本应用广泛并积累了丰富的工程经验，如图 4-4～图 4-6 所示。分块预制装配式综合管廊可大幅度降低运输和吊装难度及成本。

图 4-4　分块预制装配现场

图 4-5　横向错缝拼接

图 4-6　横向通缝拼接

与节段预制装配式相比，分块预制装配式既具有与其相同的地方，又具有独特的优势。其相同点在于两者均为全预制拼装式，现场几乎不需要湿作业，安装效率较高；两者的连接方式及连接接头的做法基本类似，在连接部位均可采用承插口形式、预应力钢筋连接或者螺杆连接；接头位置均可设置止水橡胶带进行接头防水。不同点在于，分块预制拼装可以缩小单个构件的尺寸以方便运输和安装，因此更加适用于断面较大的情况，而整节段预制拼装对于大断面的情况其生产施工成本急剧增加；但是分块预制拼装因为减小了单块的尺寸而使连接接头数量大增，对于部品的预制精度、施工安装的质量控制，均提出了更高的要求。该工法在国内综合管廊建设中应用较少。

分块预制装配式管廊结构设计的主要内容为接头设计、内力计算、构件及接头计算。

(1) 接头设计

其拼缝接头同节段预制装配式管廊，宜采用预应力钢筋连接接头、螺栓连接接头或承插式接头。当场地条件较差，或易发生不均匀沉降时，纵向拼缝连接宜采用承插式接头。当纵向拼缝连接采用螺栓连接接头及承插式连接接头时，可不设置变形缝。

(2) 内力计算

分块预制装配式综合管廊，其结构计算模型采用闭合框架计算模型，但由于拼缝刚度的影响，在计算时应考虑到拼缝刚度对内力折减的影响。分块预制管廊闭合框架计算模型见图 4-7。其基底反力分布确定同现浇混凝土综合管廊标准段。

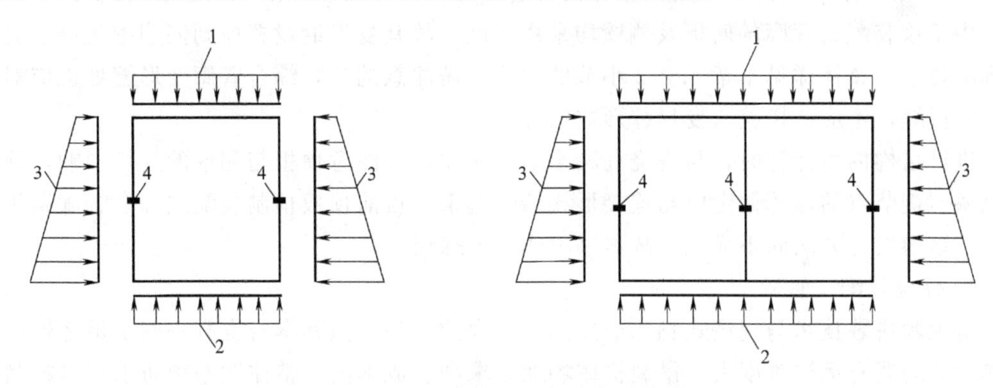

图 4-7 分块预制管廊闭合框架计算模型

1—综合管廊顶板荷载；2—综合管廊地基反力；3—综合管廊侧向水土压力；4—拼缝接头旋转弹簧

拼缝接头对截面内力的影响采用 $K-\zeta$ 法（旋转弹簧$-\zeta$ 法）计算，GB 50838 第 8.5.3 条为 $K-\zeta$ 法的具体计算公式。该方法用一个旋转弹簧模拟预制拼装综合管廊的横向拼缝接头，即在拼缝接头截面上设置一个旋转弹簧，并假定旋转弹簧的弯矩-转角关系满足 GB 50838 中公式（8.5.3-1），由此计算出结构的截面内力。根据结构横向拼缝拼装方式的不同，再按 GB 50838 中公式（8.5.3-2）、公式（8.5.3-3）对计算得到的弯矩进行调整。

(3) 构件及接头计算

GB 50838 第 8.5.6 条规定："带纵、横向拼缝接头的预制拼装综合管廊结构应按荷载效应的标准组合，并应考虑长期作用影响对拼缝接头的外缘张开量进行验算。"

结合 GB 50838 第 8.5.4 条、第 8.5.12 条、第 8.5.14 条、第 8.5.5 条，《混凝土结构设计规范》(GB 50010—2010)（2015 年版）第 9.6.2 条、第 10.1.1 条等条文，本书认为分块预制装配式管廊构件及接头除按照节段预制装配式管廊的计算要求外，应再进行如下计算：拼缝处应进行外缘张开量的验算，外缘张开量的计算应按 GB 50838 的规定执行，最大张开量不应超过 2mm。

3. 顶板预制装配式管廊

顶板预制拼装工艺是综合现浇工艺优势与预制工艺优势而研究提出的一种新型工艺，其工艺原理是管廊底板及侧墙采用现浇、顶板采用预制拼装的方式进行综合管廊主体结构的建造。该技术最大的优势在于将顶板采用预制装配式工法施工，可免除现浇式工法中顶板模板的安装及脚手架的拼装和拆除；在目前节段预制装配式工法整体技术尚不成熟、施工难度较大的情况下，这不失为一种折中的办法。

在包头市某综合管廊工程中，选取了标准断面区间的6m长试验段，对顶板预制装配式工法进行了验证。标准断面为双舱矩形断面，外轮廓尺寸为8050mm×3350mm。试验段预制顶板宽度取1.5m，共计4块，单块质量约为5～6t。预制顶板纵向采用企口接缝，接缝处设置遇水膨胀止水条，然后进行灌浆处理；顶板两侧与现浇段相接之处预留安装钢边止水带的后浇带。

目前顶板预制装配式综合管廊仅在试验段采用，GB 50838中未对该类型的装配式管廊结构设计进行规定，预制顶板与侧墙的拼缝接头做法尚未有规范给出明确的做法，按GB 50838的要求，宜主要采用预应力钢筋连接接头、螺栓连接接头或承插式接头。

由于该装配式管廊的底板及侧壁均采用现浇，故其变形缝设置原则同明挖现浇混凝土管廊的要求，具体详见本章4.2.2小节的内容。需注意的是，综合管廊变形缝处也应对应顶板的拼缝，不应使拼缝与变形缝形成错缝。

进行结构内力计算时，与现浇混凝土结构相比，应注意顶板与侧壁的连接影响，顶板与侧壁连接节点的计算假定应与连接形式结合起来。目前顶板预制装配式综合管廊属于新技术，结构设计方法尚不成熟，故本书不作深入探讨。

4. 叠合装配式管廊

全预制拼装技术与现浇式相比虽然具有很大的优势，但其本身也有一些不足之处，其中典型的问题有运输难度大、吊装机械场地要求高、成本高、整体性差和防水质量控制难等。为解决这些问题，预制叠合拼装技术应运而生。

预制叠合拼装技术即通过叠合式预制板的安装，辅以现浇叠合层及加强部位混凝土结构，形成共同工作大板构件，从而进一步形成综合管廊主体结构（结构示意图见图4-8），

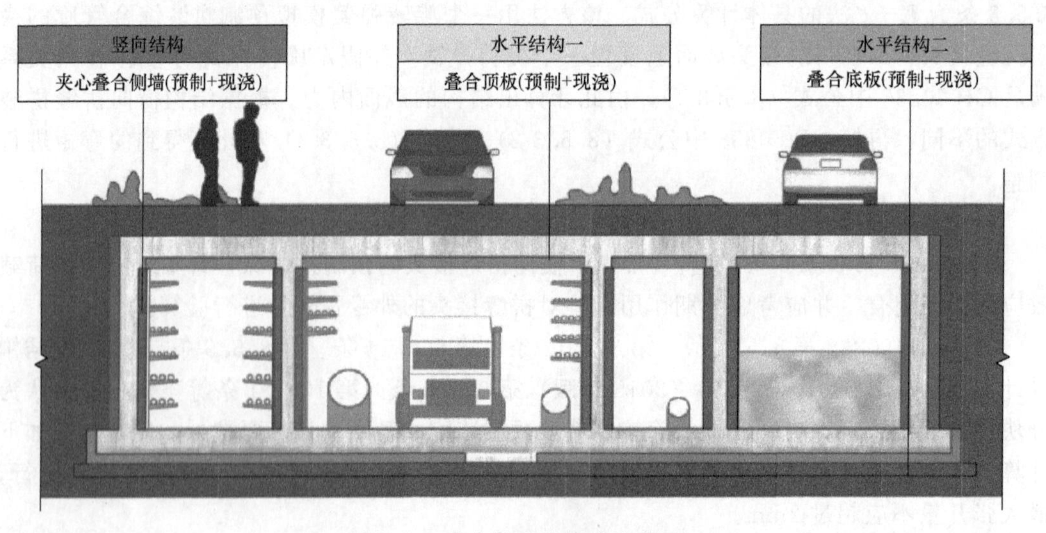

图4-8　叠合装配式管廊示意图

从结构整体性方面考虑，叠合装配式综合管廊通过底板现浇层、墙板现浇芯层以及顶板现浇层将主体结构连接成整体，可以做得与现浇结构同强度，即所谓的“等同现浇”，具有良好的整体性。乌鲁木齐市某综合管廊建设中采用预制叠合拼装技术，首先安装预制底板并绑扎底板钢筋，然后安装预制墙板和预制顶板，最后浇筑混凝土将所有预制板连接形成整体结构。现场拼装见图 4-9 和图 4-10。

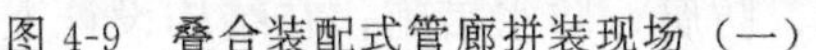

图 4-9　叠合装配式管廊拼装现场（一）

图 4-10　叠合装配式管廊拼装现场（二）

目前叠合装配式综合管廊属于新技术，其结构设计方法尚不成熟，主要的设计依据有《混凝土结构设计规范》GB 50100—2010（2015 年版）、《混凝土叠合楼盖装配整体式建筑技术规程》DBJ 43/T301—2013、《装配式混凝土结构连接节点构造（2015 年合订本）》G 310—1～2。本书不作深入探讨。

4.2.4　明挖钢制波纹管管廊

钢制波纹管是由波形金属板卷制成或用半圆波形钢片拼制成的管道，波纹形面板可增强管道的环向刚度，提高轴向的变形能力，使其能适应较大的沉降和变形，其用于公路管涵和桥涵已具有超过 100 年的历史。经过多年来的实际应用证明，金属波纹涵管在西北等一些干燥、寒冷地区完全满足道路施工建设当中的相关要求。

装配式钢制综合管廊结构采用波纹钢板（管），在公路桥涵应用中已经得到成功验证，它在变形协调方面具有良好的横纵向位移补偿功能，整体钢制管廊结构与土体共同作用，通过局部有益变形，最终形成环压状态。

当前，钢制波纹管综合管廊在河北省衡水市武邑县成功完成了 50m 示范段的建设，标志着我国钢制综合管廊研制成功，见图 4-11。经过试验段的实际测算，与传统混凝土结构相比，钢制波纹管综合管廊的成本降幅达 10％以上。另外，2017 年 7 月，全国首个装配式钢制综合管廊项目在河北省衡水市武邑县正式启动，这标志着钢制波纹管技术正式应用于综合管廊工程建设。

与传统的现浇混凝土管廊结构相比，其优点主要是：建造技术绿色，现场施工方便，施工周期短，工程造价低，主体结构材料环保，结构受力情况合理，能适应较大的沉降与变形。钢制波纹管综合管廊的缺点也同样明显，从其材料及结构特性上分析其主要缺点如下：

(1) 波纹钢材料的耐火性能较差，一旦发生火灾，钢材强度迅速下降，危及结构的整

图 4-11　钢制波纹管综合管廊

体安全；

(2) 波纹钢材料的耐腐蚀性差，应进行专门的耐腐蚀性处理，方可满足使用年限 100 年的要求；

(3) 波纹钢结构由于连接节点多，渗漏问题较多，防水效果难以保证；

(4) 波纹钢结构的断面以圆形、管拱形、椭圆形、马蹄形为主，其空间利用率不如矩形断面高；

(5) 虽然管廊结构本身能适应较大的沉降与变形，但廊内管线的变形要求是否满足尚需研究；

(6) 廊内管线支架作用在管廊壁上的局部变形对管廊结构具有较大影响，廊内的管线难以根据以后的发展进行较大的变动。

要解决上述的缺点，需要采取更高要求的防火、防腐、防水措施；在结构设计上要研究新的受力合理且空间利用率高的断面，在基础选择上要考虑与廊内管线的变形要求相适应的基础形式，管线的支架设计可考虑采取独立于管壁的支架体系。这也是目前制约钢制波纹管综合管廊发展的几个经济、技术问题。

相比传统的现浇混凝土综合管廊结构，钢制波纹管综合管廊的主体结构为柔性管道，其结构受力最大的特点是管廊结构与土体共同作用。在覆土和地面荷载等的作用下，埋地管道因受力而变形，由于管道左右侧壁和底部外凸挤压土体，引起了土体对管道的弹性抗力，约束了管壁向外变形，从而弥补了管壳刚度的不足。由此可见，管周土体不仅作为结构的荷载，同时也作为增强管廊结构强度和刚度的一种介质。《给水排水工程管道结构设计规范》GB 50332—2002 第 4.1.5 条明确要求“对埋设于地下的管道，尚应包括管周各部位回填土的密实度设计要求”，其条文说明中指出“管体的承载能力除了与基础构造密切相关外，管体外的回填土质量同样十分重要，尤其对柔性管更是如此，回填土的弹性抗力作用有助于提高管体的承载能力，因此对不同刚度的管体应采取不同密实度要求的回填土，柔性管两侧的回填土需要密实度较高的回填土，以提供可靠的弹性抗力”。

公路波纹管桥涵构件主要采用三种构件形式，分别为螺旋钢波纹圆管、环形钢波纹圆管、钢波纹板件（见图 4-12）。从公路行业的经验来看，一般情况下管径或跨径在 2m 以下宜采用螺旋钢波纹圆管或环形钢波纹圆管构件形式，管径或跨径在 2m 以上宜采用钢波纹板件构件形式。综合管廊的结构形式可参照公路行业的经验，根据运输条件选用不同的构件形式。

在国家标准层面上，目前尚无钢制波纹管综合管廊的设计规范。在公路行业，我国针对波纹钢管涵洞的技术规范主要是《公路桥涵用波形钢板》JT/T 710—2008 和《公路涵洞通道用波纹钢管（板）》JT/T 791—2010，这两个规范主要规定了波纹钢管的规格及材料工艺。《公路涵洞设计细则》JTG/T D65-04—2007 及《公路桥涵施工技术规范》JTG/T F50—2011 较为详细地规定了波纹钢管涵洞在施工过程中管节连接锚固、最小填土高度、填料要求等相关方面的内容，但上述规范并没有给出专门针对波纹钢管涵洞的设计计算方法。

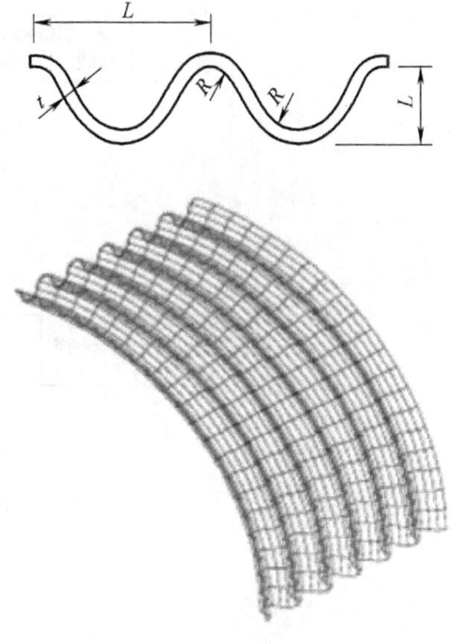

图 4-12　钢波纹板件

在地方标准层面上，《波纹钢综合管廊工程技术规程》DB13（J）/T 225—2017 已获河北省批准，于 2017 年 6 月 1 日起实施。此外，公路行业的地方标准有《波纹钢管涵洞设计与施工技术规范》DB22/T 2419—2015、《公路工程钢波纹管涵设计与施工技术规程》DB34/T 2747—2016 等。上述地方标准可供广大读者参考，本文不作深入探讨。

从现有公路行业的地方标准来看，波纹钢管结构设计应采用以概率理论为基础的极限状态设计方法，以可靠指标度量结构构件的可靠度。除验算整体稳定性外，均应采用含分项系数的设计表达式进行设计。波纹钢管的内力计算可采用极限状态法和环压应力法。极限状态法主要针对承载力极限状态，一般用来计算土压力和车辆荷载作用下波纹钢板的轴向压应力。环压应力法主要用来计算其环向压力。

此外，进行波纹钢管结构设计时，可参考加拿大公路桥涵设计规范（CHBDC 方法），CHBDC 方法确定波纹管涵管壁环向承载压应力时除需考虑填土压实度（与填土颗粒级配情形综合考虑并反映在土体变形模量 E_s 的取值上）外，还需考虑波纹管涵结构几何参数、波纹管涵与土体刚度之比等因素。

值得关注的是，目前由浙江大学童根树教授主编的《综合管廊波纹钢结构技术规程》CECS 初稿已完成，一旦该标准正式发布实施，必然能规范钢制波纹管综合管廊的设计，推动钢制波纹管综合管廊的工程应用。

4.2.5　明挖管廊地基处理

综合管廊为线性工程，长度一般为几百米至几千米，甚至几十千米，埋置深度一般为几米至十几米。因明挖综合管廊基坑纵向长度长，深度差异较大，沿线易遇到不同的地质情况，当地质条件较差时，基底的承载力和沉降不易满足设计的要求，因而要进行地基处理。

地基处理设计主要依据《建筑地基基础设计规范》GB 50007—2011 及《建筑地基处理技术规范》JGJ 79—2012 进行。对于特殊性岩土如湿陷性黄土、膨胀土，应按照《湿陷性黄土地区建筑规范》GB 50025—2004 及《膨胀土地区建筑技术规范》GB 50112—2013 的有关规定进行地基处理设计。

地基处理设计施工程序如图 4-13 所示。

地基处理应做到安全适用、技术先进、经济合理、确保质量、保护环境。处理的方式可按表 4-6 根据地基结构类型选取。

当场地内存在液化土层时，应根据地基的液化等级按照《建筑抗震设计规范》GB 50011—2010（2016 年版）第 4.3.6 条处理。抗液化地基处理措施见表 4-7。

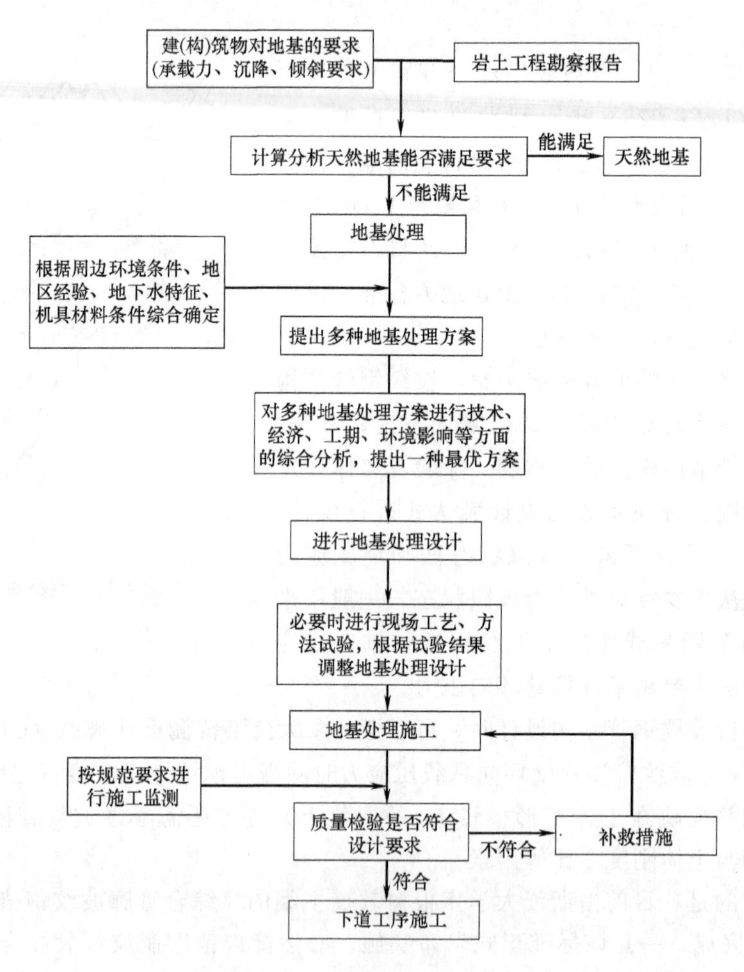

图 4-13　地基处理设计施工程序框图

地基处理方法　　　　**表 4-6**

土的种类	方法名称	适用条件	方法要点	作用及效果
岩石	褥垫法	基底局部基岩凸出地段	将基岩凿去 5～50cm，换填压缩性较高的土层	减少差异沉降
	灌浆法	裂隙性基岩，溶洞	利用压力灌入水泥、沥青或黏土泥浆等	防渗及加强地基
砂土	硅化法	渗透系数为 2～80m/d	注入硅酸钠和氯化钠溶液	防渗及加强地基
	振动法、振冲法、砂桩法、强夯法	饱和与非饱和松散砂层	浅层用振动法、深层用振冲法、强夯法及砂桩法	使地基密实，提高地基强度及抗液化能力
湿陷性黄土	换土垫层法	黄土	换去一定厚度的湿陷性土	提高地基强度，减少湿陷性
	重锤夯实法、强夯法	湿陷性黄土	重锤吊起一定高度自由落下	消除或减少湿陷性，提高强度

续表

土的种类	方法名称	适用条件	方法要点	作用及效果
湿陷性黄土	挤密土桩法	湿陷性黄土	桩管成孔，内填夯实素土或灰土	消除湿陷性，提高强度
	灰土井柱法	下有非湿陷性密实土层	挖井或钻探成孔，填以夯实灰土	消除湿陷性，提高强度
	硅化法、碱液加固法、热加固法	湿陷性黄土	向土中灌注化学溶液或加热	消除湿陷性，提高地基强度
软弱黏性土、淤泥质土	砂石垫层法	饱和和非饱和土	换掉一定深度的软土	提高地基强度，减少地基变形
	砂桩法	饱和和非饱和土	桩管成孔，孔内夯填砂砾	
	电动硅化法	饱和黏性土	电渗排水，硅化加固	
	旋咬注浆加固法	饱和软性土、松散砂土	强力将浆液与土搅拌混合，经凝固在土中形成固结体	增加地基强度，防渗、防液化、防基底隆起
	砂井排水法	饱和软黏性土	加速排水，缩短地基固结时间	提高地基强度，减少地基变形
	堆载预压法	软土地基	加速地基固结时间	提高地基强度，减少地基变形
杂填土	机械压实法	非饱和土	用机械方法进行压实	使地基密实，提高地基强度
	换土垫层法	饱和或非饱和土	挖去杂填土，换夯素土、灰土或砂砾	
	土桩法、砂桩法、灰土桩法、夯实水泥土法	饱和或非饱和土	桩管成孔，换填土、灰土或砂砾	
膨胀土	换土法	地基内有膨胀性土	挖去膨胀性土，换填非膨胀性土	消除膨胀性的危害
	封闭处理法	地基内有膨胀性土	防止地面水渗入，防止地基内水分散失	
各类土层	冻结法	地下水位以下地层	将冷气循环送入钻孔内	降低透水性，提高土的暂时强度
杂填土、素填土、新近沉积土	水泥土桩法、灰土桩法、夯实水泥土桩法、CFG 桩法等	非饱和土	人工或机械成孔，填入水泥土、灰土、CFG 料	提高地基强度，减少地基变形
	碎石桩法	饱和或非饱和土	机械成孔，填入碎石	

综合管廊抗震设防分类为乙类，应按照乙类抗震设防类别对土体液化进行处理。处理方法可查阅《建筑抗震设计规范》GB 50011—2010（2016 年版）。

在地基处理施工完成后，对地基处理效果进行检测，检测项目包括加固地基的承载力和加固体在水平方向和垂直方向的变化特征，采用的方法根据地基处理方法不同而有所选择，常采用的方法有载荷试验、标准贯入试验、动力触探试验、十字板剪切试验、土工试验等，其选用方法见表 4-8。

抗液化地基处理措施 表 4-7

建筑抗震设防类别	地基的液化等级		
	轻微	中等	严重
乙类	部分消除液化沉陷，或对基础和上部结构进行处理	全部消除液化沉陷，或部分消除液化沉陷且对基础和上部结构进行处理	全部消除液化沉陷

地基处理效果检测方法 表 4-8

地基处理方法	承载力检测	其他方法
换填垫层法	载荷试验	环刀法、贯入仪、标准贯入试验、动力触探试验、静力触探试验
预压法	载荷试验	十字板剪切试验、土工试验
强夯法	载荷试验	标准贯入试验、动力触探试验、静力触探试验、土工试验、波速测试
振冲法	载荷试验	标准贯入试验、动力触探试验
砂石桩法	载荷试验	标准贯入试验、动力触探试验、静力触探试验
CFG 桩法	载荷试验	低应变动力试验
夯实水泥土桩法	载荷试验	轻型动力触探试验
水泥土搅拌法	载荷试验	轻型动力触探试验、钻孔取芯
高压喷射法	载荷试验	标准贯入试验、钻孔取芯
灰土挤密桩法和土挤密桩法	载荷试验	轻型动力触探试验、土工试验
柱锤冲扩桩法	载荷试验	标准贯入试验、动力触探试验
单液硅化法和碱液法	静力触探试验	土工试验、沉降观测

4.2.6 管廊抗浮设计

1. 管廊抗浮概述

综合管廊一般埋深较深，当管廊位于抗浮设防水位以下时，结构设计应进行抗浮稳定性验算。综合管廊的抗浮稳定性关系到综合管廊的安全运营，如果抗浮不足将引起管廊上浮，破坏主体结构稳定，影响廊内管线安全运营，甚至引起重大安全事故。设计人员应对抗浮稳定设计给予足够的重视。

在实际工程中，管廊抗浮普遍采用自重抗浮，设计过程中需要对管廊进行合理的抗浮验算。如果管廊主体自重抗浮验算不满足要求，可采取配重抗浮、锚杆抗浮及抗拔桩抗浮等措施。

2. 管廊抗浮计算原则

《建筑地基基础设计规范》GB 50007—2011 规定当建筑物地下室或者构筑物受到地下水浮力影响时，要对建筑物地下室或构筑物进行浮力验算。

《岩土工程勘察规范》GB 50021—2001（2009 年版）规定对地下结构物，应考虑在最不利组合情况下，地下水对结构物的上浮作用；对于节理不发育的岩石和黏土水浮力计算要根据地方经验或者实测的数据来确定。

《高层建筑岩土工程勘察标准》JGJ/T 72—2017 中规定场地地下水抗浮设防水位在稳定地下水作用下所受的浮力应按静水压力计算。

GB 50838 规定对埋设在历史最高水位以下的综合管廊，应根据设计条件计算结构的抗浮稳定性。计算时不计入管廊内管线和设备的自重，其他各项作用应取标准值，并应满足抗浮稳定性抗力系数不低于 1.05。

3. 管廊抗浮设防水位

对于抗浮计算，抗浮设防水位是至关重要的计算参数。抗浮设防水位是否准确直接关系到管廊结构抗浮计算的正确性，影响主体结构布置，并且直接影响到造价投资。

管廊抗浮设计时，应考虑在管廊施工和使用阶段均应满足抗浮稳定性要求。

在管廊施工阶段，应根据施工期间的抗浮设防水位和抗力荷载进行抗浮验算，必要时采取可靠的降、排水措施以满足抗浮稳定性要求。在管廊使用阶段，应根据使用期间的抗浮设防水位进行抗浮验算。

勘察单位应在岩土工程勘察报告中提供用于计算水浮力的抗浮设防水位。抗浮设防水位是很重要的设计参数，影响因素众多，不仅与气候、水文地质等自然因素有关，有时还涉及地下水开采、上下游水量调配、跨流域调水和大量地下工程建设等复杂因素。对于情况复杂的重要工程，要在勘察期间预测建筑物使用期间水位可能发生的变化和最高水位有时相当困难。故现行国家标准《岩土工程勘察规范》GB 50021—2001（2009 年版）规定，对情况复杂的重要工程，需论证使用期间水位变化，提出抗浮设防水位时，应进行专门论证。

4. 管廊抗浮设计

根据公式：

$$\frac{G}{S} \geqslant K \tag{4-5}$$

式中 G——结构自重及其上作用的永久荷载标准值的总和，不包括活荷载；

S——地下水对管廊的浮力标准值；

K——管廊抗浮安全系数，不低于 1.05。

在地下水作用下，管廊底板应具有足够的强度和刚度，并应进行浮力作用下的抗弯、抗剪和抗冲切承载力验算。

当管廊抗浮安全系数低于 1.05 时，需采取必要的抗浮措施，保证基础安全。实际工程应用中可采用多种抗浮方法，如增加管廊结构自重或配重，设置抗浮桩、抗浮锚杆等。

增加自重、配重抗浮，即增大管廊截面尺寸，增加结构自重，或利用管廊外伸部分增加回填土重量，增加管廊的配重。当不影响管廊内部净空时，也可用块石混凝土或其他低强度等级的混凝土等填料来增加主体重量。

当管廊断面大、抗浮设防水位高，且在自重、配重抗浮设计较不经济时，可考虑在管廊底布置抗浮桩或者抗浮锚杆。利用抗浮桩或抗浮锚杆与土体间的摩阻力，增加管廊抗浮力，以满足抗浮要求，保障结构稳定。抗浮锚杆或抗浮桩可以均匀布置在底板下壁板轴线位置，也可以在整个底板下均匀布置。

当采用抗浮桩或抗浮锚杆措施后，应满足下式要求：

$$\frac{G+nR}{S}\geqslant K \tag{4-6}$$

式中 R——单根桩或锚杆抗浮承载力特征值，取群桩（群锚）基础呈整体破坏或抗拔力较小值；

n——抗浮桩或抗浮锚杆的数量；

S——地下水对管廊的浮力标准值；

K——管廊抗浮安全系数，不低于1.05。

4.3 暗挖综合管廊结构设计

随着管廊结构埋深的增加，采用明挖结构无论是经济性还是技术性，施工风险性都逐渐增加。同明挖管廊结构相比，暗挖管廊造价相对较高，施工风险较大，但施工时对地面的道路通行几乎没有什么影响，产生的粉尘、噪声等也很小，特别适用于城市核心区和一些埋深很深的结构。

暗挖管廊结构目前主要采用矿山法、盾构法以及顶管法来修筑。

4.3.1 矿山法结构设计

矿山法结构设计主要是指支护结构的设计，支护结构的设计应根据围岩条件（围岩的强度特性、初始地应力场等）和设计条件（断面形状、周边地形条件、环境条件等）选择合适的设计方法。

在设计支护构件、衬砌时，多采用根据以往工程实际经验确定的支护参数的设计方法。采用类比设计方法，应充分研究其设计条件及设计的妥当性，根据具体围岩的性质加以修正。

建议结构设计主要采用公路行业相关设计规范。

1. 对支护结构的基本要求

支护结构的基本作用在于：保持断面的使用净空；防止围岩质量进一步恶化；承受可能出现的各种荷载；使支护体系有足够的安全度。因此，任何一种类型的支护结构都应具有与上述作用相适应的构造、力学特性和施工可能性。

一个理想的支护结构应满足以下基本要求：

第一，必须能与周围围岩大面积地牢固接触，即保证支护-围岩体系作为一个统一的整体工作。接触状态的好坏，不仅改变了荷载的分布图形，也改变了两者之间相互作用的性质。

由于施工方法、支护类型的不同，两者的接触状态也是不同的。例如在通常的矿山法中，早期的临时支护多采用木支撑，它与围岩形成点即任意部位的接触；在喷射混凝土施工中，支护结构与围岩是全面而牢固地接触，这与模筑混凝土和围岩的接触状态（点的、局部的、松散的）是完全不同的，因而支护效果也有显著差异。

第二，重视初期支护的作用，并使初期支护与永久支护相互配合，协调一致地工作。

第三，要允许坑道-支护结构产生有限制的变形，以充分协调地发挥两者的共同作用，这就要求对支护结构的刚度、构造给予充分地注意，即要求支护结构有一定的柔性或可缩性。要允许坑道-支护结构产生一定的变形，这样可以充分发挥围岩的承载作用而减小支护结构的作用。综上，就是使二者更加协调地工作。因此，目前的支护结构，其刚度相对降低很多，即以采用柔性支护结构为主。

第四，必须保证支护结构架设及时。支护过晚会使围岩暴露，产生过度的位移而濒临破坏（极限平衡）。因此，应在围岩达到极限平衡之前开始发挥作用。

简而言之，支护结构设计应满足以下条件：

（1）应与开挖后的周边围岩成为一体；

（2）能够发挥初期支护的功能；

（3）支护构件应具备所需的性能，同时能安全、有效率地进行洞内作业。

2. 支护体系组成

支护体系一般是由围岩、初期支护、二次衬砌构成的，在某些条件下，还包括超前支护。其中初期支护有：喷射混凝土、锚杆和钢支撑或格栅。

考虑到综合管廊结构具有较高的使用及防水要求，一般都采用复合式衬砌结构。

3. 复合式衬砌结构设计

复合式衬砌结构是由初期支护和二次衬砌及中间夹防水层组合而成的衬砌形式。复合式衬砌结构设计应符合以下规定：

（1）初期支护宜采用锚喷支护，即由喷射混凝土、锚杆、钢筋网和钢架等支护形式单独或组合使用。锚杆宜采用全长粘结锚杆。

（2）二次衬砌宜采用模筑混凝土或模筑钢筋混凝土结构，衬砌截面宜采用连接圆顺的等厚衬砌断面，仰拱厚度宜与拱墙厚度相同。当采用钢筋混凝土衬砌结构时，混凝土强度等级不应小于C30，受力主筋的净保护层厚度不小于40mm。

（3）在确定开挖断面时，除应满足净空和结构尺寸外，还应考虑围岩及初期支护的变形，并预留适当的变形量。预留变形量的大小可根据围岩级别、断面大小、埋置深度、施工方法和支护情况等，采用工程类比法预测。可参照表4-9～表4-12选用，并应根据现场监控量测结果进行调整。

开挖宽度4m复合式衬砌的设计参数 **表4-9**

围岩级别	初期支护								二次衬砌厚度(cm)	
	喷射混凝土厚度(cm)		锚杆(m)			钢筋网(cm)	钢架	预留变形量(cm)	拱、墙混凝土	仰拱混凝土
	拱部、边墙	仰拱	位置	长度	间距					
Ⅱ	5	—	—	—	—	—	—	—	20	—
Ⅲ	6	—	局部	2.0	—	—	—	—	25	—
Ⅳ	8	—	局部	2.0	—	—	拱墙	3	25	—
Ⅴ	10	—	拱墙	2.0	1.2	拱墙@20×20	拱墙、仰拱	5	30	30

开挖宽度8m复合式衬砌的设计参数　表4-10

围岩级别	初期支护								二次衬砌厚度(cm)	
	喷射混凝土厚度(cm)		锚杆(m)			钢筋网(cm)	钢架	预留变形量(cm)	拱、墙混凝土	仰拱混凝土
	拱部、边墙	仰拱	位置	长度	间距					
Ⅱ	5	—	—	2.0	—	—	—	—	30	—
Ⅲ	20	—	—	2.0	1.0～1.2	局部@25×25	—	—	35(RC)	—
Ⅳ	22	—	拱墙	2.0	1.0～1.2	拱墙@25×25	拱墙	5	40(RC)	40(RC)
Ⅴ	24	—	拱墙	2.0	1.0～1.2	拱墙@20×20	拱墙、仰拱	8	40(RC)	40(RC)
Ⅵ	通过试验、计算确定									

开挖宽度12m复合式衬砌的设计参数　表4-11

围岩级别	初期支护								二次衬砌厚度(cm)	
	喷射混凝土厚度(cm)		锚杆(m)			钢筋网(cm)	钢架	预留变形量(cm)	拱、墙混凝土	仰拱混凝土
	拱部、边墙	仰拱	位置	长度	间距					
Ⅱ	5～8	—	局部	2.0～2.5	—	局部	—	—	30	—
Ⅲ	10～15	—	拱墙	2.0～3.0	1.0～1.5	局部@25×25	拱墙	5	35	—
Ⅳ	18～22	—	拱墙	2.5～3.0	1.0～1.2	拱墙@25×25	拱墙	8～10	40(局部RC)	40(局部RC)
Ⅴ	24～30	28～30	拱墙	3.0～4.0	0.8～1.0	拱墙@20×20	拱墙、仰拱	10～15	45～60(RC)	45～60(RC)
Ⅵ	通过试验、计算确定									

开挖宽度16m复合式衬砌的设计参数　表4-12

围岩级别	初期支护								二次衬砌厚度(cm)	
	喷射混凝土厚度(cm)		锚杆(m)			钢筋网(cm)	钢架	预留变形量(cm)	拱、墙混凝土	仰拱混凝土
	拱部、边墙	仰拱	位置	长度	间距					
Ⅱ	12	—	局部	2.5	—	局部	—	8	40	—
Ⅲ	20	—	拱墙	3.0～3.5	1.0～1.5	拱墙@25×25	拱墙	12	45	45
Ⅳ	24	—	拱墙	3.0～4.0	0.8～1.0	拱墙@20×20	拱墙、仰拱	15	50(RC)	50(RC)
Ⅴ	26～32	26～32	拱墙	3.5～4.0	0.5～1.0	拱墙(双层)@20×20	拱墙、仰拱	18	60(RC)	60(RC)
Ⅵ	通过试验、计算确定									

复合式衬砌可采用工程类比法进行设计，并通过理论分析进行验算。初期支护及二次衬砌的支护参数可参照表 4-9～表 4-12 选用，并根据现场围岩监控量测信息对设计支护参数进行必要的调整。

4.3.2 盾构法结构设计

采用盾构法施工的管廊结构，主要包括竖井设计、衬砌设计等。

1. 竖井

（1）始发竖井

始发竖井的任务是为盾构机出发提供场所，用于盾构机的固定、组装及设置附属设备，如反力座、引入线等；与此同时，也作为盾构机掘进中出渣、掘进物资器材供应的基地。因此，始发竖井的周围是盾构施工基地，必须要有搁置出渣设备、起重设备、管片储存、输变电设备、回填注浆设备和物资器材的场地。

在没有限制占地的情况下，始发竖井的功能越多越好，但功能越多费用就越高，因此一般都采用满足其功能所必需的最小净空。但是需要注意的是，这并不是功能上或计算上留有余度的尺寸，而必须是考虑了有关作业者能宽松、安全作业的空间尺寸。盾构的覆土随始发方法而异，一般竖井的大小按以下方法决定：

除盾构机外，还考虑承压墙、临时支护、始发洞口大小，另外再加上若干余量。竖井长度等于盾构机长加 3.5～5m。

（2）到达竖井

两条盾构区间的连接方式有到达竖井连接方式和盾构机与盾构机在地下对接的方式。其中，地下对接方式在特殊情况下采用，例如，连接段在海中难以建造竖井，或者没有场地设置竖井等。在正常情况下，一般都以到达竖井连接。

采用盾构修建的区间都应考虑按规范规定的间距设置人员出入口、通风口、吊装口等。因此，盾构的到达竖井常常既是盾构管道的连接段，又是这些设施的场所。因而，作为决定到达竖井尺寸的因素，与其说是由容纳盾构机的场所决定，不如说是由上述各设施所必需的尺寸决定。但是，为了容纳盾构机，到达竖井与盾构机路线轴垂直方向的宽度，应大于盾构机外径，这是必要条件。

（3）中间竖井

当盾构需要调转方向或线路在急曲线部位时，需要设置中间竖井和换向竖井。设计的换向竖井，既要作为到达竖井用，又要作为始发竖井用，所以，到达方向的内空长度等于盾构机长加富余量，始发方向的内空取出发所需要的长度。大直径盾构机不能用吊车转换方向时，要在竖井内用千斤顶使盾构机转换方向，所以必须考虑足够的空间。一般，换向长度等于盾构机的对角线长度加上 1.0m 以上的富余量。

其他需要设置换向竖井的场合，有设施方面要求的，如在下水道的汇流处、电力线的连接处等地方，常设置中间竖井。此时，竖井的尺寸由这些设施需要的空间决定。

目前，常用的竖井施工方法及竖井挡土墙施工方法中，沉箱系列的有压气沉箱法和开口沉箱法；基础挡土墙系列的有钢板桩法、SMW 法（注入水泥浆在原位混合，建成的薄排桩式连续墙）和地下连续墙法。

这些方法中，钢板桩法、SMW 法是与横撑固壁支护结合使用的方法。当地下连续墙为矩形形状时使用横撑固壁支护，为圆形时不设支护或使用圆形支护。压气沉箱和开口沉箱不需要横撑固壁。

根据土质条件竖井施工法有所不同，一般深度小于 12m 的竖井，多采用钢板桩法和 SMW 法施工。特别是要求低噪声、低振动的场合，且不需要拆除时，采用 SMW 法施工的较多。

深度超过 20m 的竖井，根据挡土墙的强度常采用地下连续墙法、开口沉箱法、压气沉箱法等方法施工。

2. 衬砌

(1) 常用的计算模型

1) 主动荷载模型。当地层较为软弱，或地层相对于结构的刚度较小，不足以约束结构的变形时，可以不考虑围岩对结构的弹性反力，称为主动荷载模型。

2) 假定弹性反力模型。根据工程实践和大量的计算结果得出的规律，可以先假定弹性反力的作用范围和分布规律，然后再计算结构的内力和变位，验证弹性反力图形分布范围的正确性。这种方法称为假定弹性反力图形的计算方法。

3) 计算弹性反力模型。将弹性反力作用范围内围岩对衬砌的连续约束离散为有限个作用在衬砌节点上的弹性支承，而弹性支承的弹性特性即为所代表地层范围内围岩的弹性特性，根据结构变形计算弹性反力作用范围和大小的计算方法，称为计算弹性反力图形的方法。该计算方法需要采用迭代的方式逐步逼近正确的弹性反力作用范围。

(2) 与结构形式相适应的计算方法

对于盾构法修建的地下结构，根据接头的刚度，常常将结构假定为整体结构或是多铰结构。在松软含水地层（如淤泥、流沙、饱和砂、塑形黏土及其他塑性土等）中，衬砌朝地层方向变形时，地层不会产生很大的弹性反力，可按自由变形圆环进行计算。若以地层的标准贯入度 N 来评价是否会对结构的变形产生约束作用时，当标准贯入度 $N>4$ 时可以考虑弹性反力对衬砌结构变形的约束作用，此时可以用假定弹性反力图形或弹性约束法计算圆环内力；当 $N<2$ 时，弹性反力几乎等于零，此时可以采用自由变形圆环的计算方法（见图 4-14）。

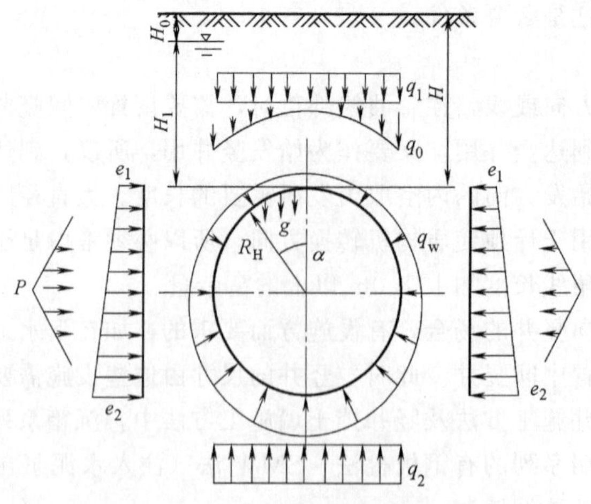

图 4-14　衬砌圆环计算简图

对于装配式衬砌，由于接缝上的刚度不足，往往采用衬砌环的错缝拼装以弥补，这种加强接缝刚度的处理，可以近似地将其看作匀质结构。但由于制造精度和拼装误差等因素，常使错缝拼装的衬砌产生应力，甚至出现裂缝，影响结构物的正常使用。在结构计算上仍可采用整体结构的计算方法，这是因为影响衬砌内力的因素相当复杂，如荷载的分布与大小、地层与衬砌的弹性性质、构件接头的连接情况等，这些因素计算时难以确定，且往往与实际有较大的出入，采用整体式圆形衬砌计算方法是近似可行的。

盾构法施工时衬砌是在盾尾外壳的保护下进行拼装的，在盾壳与正在拼装的衬砌间设有垫块，阻止衬砌自由变形，因此装配阶段的衬砌可按在自重作用下的自由变形圆环进行计算。

(3) 管片设计

1) 设计原则。①按施工工艺及工程水文地质特点确定设计荷载及边界条件，从结构和非结构两方面作出符合技术标准的设计。②构造形式的选择。根据结构的用途、土质条件及施工方法等因素选择管片的种类、构造、形式及强度。中小直径的上下水隧道、电力电信隧道多采用钢筋混凝土管片和钢管片。无论什么地层都应先对钢筋混凝土箱形和平板形管片的适应性进行论证。当存在特殊荷载作用时也可考虑铁铸管片和钢管片的适用性。在计算管环的断面应力时，应根据管片的种类、接头方式、接头的位置组合产生的接头效应等因素确切地评价衬砌构造特征。计算管环断面应力时，是把管环看作具有均质刚度的环还是看作多铰支环，或是看作具有转动弹簧和剪切弹簧的环来考虑，应根据结构的用途、地质土层、衬砌构造特征决定。③按允许应力法设计计算。管片设计须在充分满足与用途相对应的构造安全性的基础上，进而在选用合格材料、合理施工方法的前提下，按允许应力法进行设计计算。

2) 管片的外径。盾构法结构由于一次衬砌是采用管片拼装而成，因此习惯把盾构的外径称为管片的外径，管片的外径取决于净空和衬砌厚度（管片厚度、二次衬砌厚度等）。

3) 管片的厚度与幅宽。管片的厚度是指盾构一次衬砌的厚度。对于箱形管片，则为管片的主梁高。管片的幅宽是指一环管片在纵向的宽度。管片的厚度与断面大小的比，取决于土质条件、覆盖层的厚度等，最主要的是取决于荷载条件。一般情况下，管片厚度为管片外径的4%左右，但对于大直径的结构，尤其是箱形管片，管片厚度约为管片外径的5.5%。管片的幅宽应根据断面，结合实际施工经验，选择在经济性、施工性方面较合理的尺寸。从便于搬运、组装以及出于对曲线段上施工时盾尾长度的考虑，管片的幅宽小一些为好。但是，从降低管片制造成本、减少易出现漏水等缺陷的接头部数量、提高施工速度等方面考虑，幅宽大一些为好。根据目前的经验，视断面大小而异，幅宽一般在300～1500mm范围之内。采用钢管片时，多为750～1200mm；采用混凝土管片时，多为900～1200mm。

4) 管片的分块。盾构的衬砌由多块预制管片在盾尾内拼装而成，管片环的分块主要根据管片制作、运输、安装等方面的实践经验确定，但应满足受力要求。从过去的经验及实际运用情况来看，地铁隧道管片分块多为6～8块；上下水道、电力、通信等管片一般分为5～7块。管片由若干块A型管片、两块B型管片和一块封顶的K型管片组成，如图4-15所示。K型管片有从结构内侧插入的（沿半径方向插入型），也有从结构轴向插入的（沿轴向插入型，如图4-16所示）。

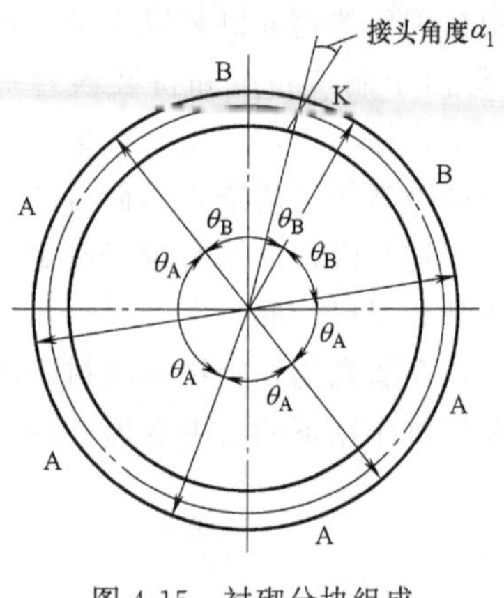

图 4-15 衬砌分块组成

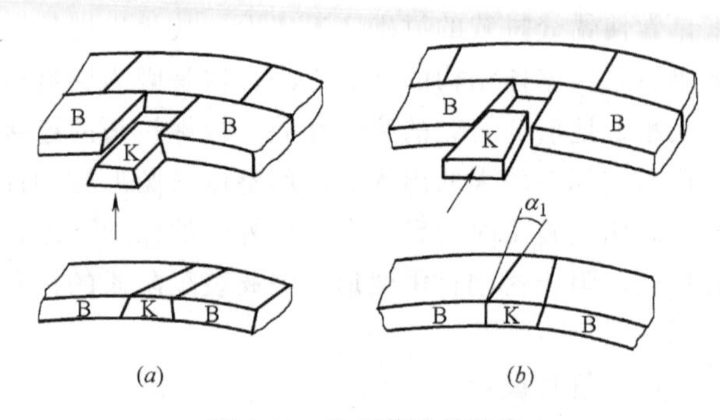

图 4-16 K 型管片的种类

(a) 沿半径方向插入型；(b) 沿轴向插入型

5）管片的楔形量。盾构在曲线段施工和蛇形修正时，需要使用一种幅宽不等的管片环，称为楔形管片环。当其宽度特别小呈窄板状时称为楔形垫板环。楔形管片环中最大宽度与最小宽度称为楔形量。通常，蛇形修正用楔形管片环数量大概是直线区间所需管片环数量的 3%～5%。如果是将蛇形修正楔形管片环作为缓曲线用楔形管片环使用，而且可以使用的缓曲线区间比较长时，楔形管片环的数量应为直线区间和这些缓曲线区间所需管片环数量之和的 3%～5%。楔形量除了根据管片种类、管片宽度、管片环外径、曲线区间楔形管片环使用比例、管片制作的方便性确定外，还应根据盾尾操作间隙而定。总结过去的使用经验，绝大多数混凝土管片环的楔形量在 75mm 以内。对于口径大于 10m 的或特殊形状的结构，楔形量的确定还需进一步计算校核。

6）盾构结构的拼装方式有两种，通缝拼装和错缝拼装。采用通缝拼装时，管片衬砌结构的整体刚度较小，导致变形较大、内力较小。而采用错缝拼装时，管片衬砌结构的整体刚度较大，导致变形较小、内力较大。错缝拼装时，要求纵向螺栓的布置能够进行一定角度的错缝拼装，因此，对于管片的分块设计要求比通缝拼装条件下要高。错缝拼装的偏转角度根据纵向螺栓的布置而定，可以两环一组错缝拼装，也可以三环一组错缝拼装，通常将 K 型管片放在拱顶 90°范围以内。一般情况下，一条线上需要三种管片环来模拟直线和曲线线形，但是为了减少管片模具、降低工程造价，而且方便管片的生产、运输和吊装等，因此提出了管片通用环的概念，将直线段上的管片环直接设计成楔形环，用两楔形环一组错缝拼装来模拟直线线形。其中基本拼装方式是：第一环 K 型管片在左侧水平位置（指的是 K 型管片的中心位置）；第二环 K 型管片在右侧水平位置（相当于第二环在第一环的基础上又转 180°）。同时还可以模拟曲线线形和用于蛇形修正。

4.3.3 顶管法结构设计

顶管技术最初主要用于下水道施工，随着城市建设的发展，其应用的领域也越来越广泛，目前广泛应用于城市给水排水管道、煤气管道、电力隧道等基础设施建设以及公路、铁路、隧道等交通运输的施工中。2016 年 10 月 19 日，包头市某综合管廊工程现场随着矩形顶管机机头缓缓驶出接收井钢洞圈，标志着全国首例城市地下综合管廊项目矩形顶管顺利贯通。

目前采用顶管施工的管廊结构设计尚无规范标准明确规定，建议顶管设计主要依据《给水排水工程顶管技术规程》CECS 246—2008及《给水排水管道工程施工及验收规范》GB 50268—2008进行。顶管法结构设计的主要内容包括工作井设计、顶力计算、管廊结构设计等。

1. 工作井设计

工作井是指顶管法施工时，从地面竖直开挖至管道底部的辅助通道，一般为方形或圆形的基坑。顶管施工常需设置两种形式的工作井，一种是顶管始发端放置顶进设备并进行作业的顶管工作井；一种是顶管终端接收顶管机的接收工作井。工作井的设计内容包括支护类型、平面布置、平面形状及尺寸、竖向深度、后背墙设计等。

（1）支护类型

工作井的支护类型类似普通基坑，可采用地下连续墙、灌注桩、沉井、SMW工法、钢板桩等。当工作井埋深较浅、地下水位较低、顶进距离较短时，宜选用钢板桩或SMW工法，工作井内的水平支撑应形成封闭式框架，在矩形工作井水平支撑的四角应设置斜撑；在顶管埋置较深、顶管顶力较大的软土地区，工作井宜采用沉井、灌注桩或地下连续墙；当场地狭小且周边建筑需要保护时，工作井宜优先选用地下连续墙；在地下水位较低或无地下水的地区，工作井宜优先选用灌注桩。

当采用钢板桩支护时，为确保后座土体稳定，一般采用单向顶进；当采用沉井作为工作井时，为减少顶管设备的转移，一般采用双向顶进。除沉井外其他形式的工作井，当顶力较大时，均应设置钢筋混凝土后座墙。

（2）平面布置

工作井的平面布置应按以下因素确定：

1）工作井的间距应根据综合管廊的结构尺寸、穿越土层地质情况进行顶进力估算，进而估算出顶管顶进长度后确定；工作井的布置应兼顾作为综合管廊节点的基坑支护，利用工作井进行节点施工；

2）应考虑施工过程中排水、出土和运输的方便；

3）为保证施工便利，工作井应靠近电源和水源；

4）为避免对周边环境的影响，应远离居民区；

5）为保证安全施工，应远离高压线；

6）当综合管廊的坡度较大时，工作井宜设置在管线埋置较深的一端；

7）在有曲线又有直线的顶管中，工作井宜设置在直线段一端。

（3）平面形状及尺寸

工作井可分为圆形、矩形和多边形三种。深度较大的工作井宜采用圆形，以减小侧向土压力对井壁的作用效应。

当工作井的位置兼顾综合管廊节点的基坑支护时，工作井的平面形状及尺寸应考虑管廊节点的形状及尺寸，为节点施工预留足够的施工操作距离。

1）工作井的最小长度确定

当工作井的最小长度按顶管机长度确定时，工作井的最小内净长度可按《给水排水工程顶管技术规程》CECS 246—2008中公式（10.4.1）计算，见公式（4-7）：

$$L \geqslant l_1 + l_3 + k \tag{4-7}$$

式中 L——工作井的最小内净长度，m；

l_1——顶管机下井时的最小长度，如采用刃口顶管机应包括接管长度，m；

l_3——千斤顶长度，一般可取 2.5m；

k——后座和顶铁的厚度及安装富余量，可取 1.6m。

当工作井的最小长度按下井管节长度确定时，工作井的最小内净长度可按《给水排水工程顶管技术规程》CECS 246—2008 中公式（10.4.2）计算，见公式（4-8）：

$$L \geqslant l_2 + l_3 + l_4 + k \tag{4-8}$$

式中 l_2——下井管节长度，m：

钢管一般可取 6.0m，长距离顶管时可取 8.0～10.0m；

钢筋混凝土管可取 2.5～3.0m；

玻璃纤维增强塑料夹砂管可取 3.0～6.0m。

l_4——留在井内的管道最小长度，可取 0.5m。

工作井的最小内净长度应按上述两种方法计算结果取大值。

2）工作井的最小宽度确定

浅工作井的内净宽度可按《给水排水工程顶管技术规程》CECS 246—2008 中公式（10.5.1）计算，见公式（4-9）：

$$B = D_1 + (2.0 \sim 2.4) \tag{4-9}$$

式中 B——工作井的内净宽度，m；

D_1——管道外径，m。

深工作井的内净宽度可按《给水排水工程顶管技术规程》CECS 246—2008 中公式（10.5.2）计算，见公式（4-10）：

$$B = 3D_1 + (2.0 \sim 2.4) \tag{4-10}$$

（4）竖向深度

工作井的竖向深度可按《给水排水工程顶管技术规程》CECS 246—2008 中公式（10.6.1）计算，见公式（4-11）：

$$H = H_s + D_1 + h \tag{4-11}$$

式中 H——工作井底板面最小深度，m；

H_s——管顶覆土层厚度，m；

h——管底操作空间，m：

钢管可取 0.70～0.80m；

玻璃纤维增强塑料夹砂管和钢筋混凝土管等可取 0.4～0.5m。

（5）后背墙设计

后背墙的主要功能是在顶管过程中承担顶进施工时的后座力。后背墙的最低强度要求是保证在设计顶力的作用下不被破坏，并留有较大的安全度。后背墙本身的压缩回弹量应最小，以利于充分发挥主顶设备的顶进效率。在设计和安装后背墙时，应满足以下要求：

1）强度要求：在顶进施工中，能承受主顶油缸的最大反作用力而不被破坏；

2）刚度要求：当受到反作用力时，后背墙受压缩变形，卸荷后要保证能及时恢复原状；

3）表面平直：后背墙表面应平直，并垂直于顶进管道轴线，避免产生偏心受压；

4）材质要求：后背墙的材质应均匀一致，避免承受较大后座力时因为材料压缩不均匀而出现倾斜现象；

5）结构要求：装配式或临时性后背墙要求采用普通材料，以方便安装和拆卸。

通常顶管工作井后背墙能承受的最大顶力取决于顶进管道所能承受的最大顶力，在最大顶力确定后，即可进行后背墙的设计。后背墙的尺寸取决于管径大小和后背土体的被动土压力。

2. 顶力计算

顶管施工中的顶力是指在施工中推动整个管道系统和相关机械设备向前运动的力。根据管廊轴向力平衡的原理，顶力在数值上等于顶进阻力。顶进阻力一般包括管廊结构前的迎面阻力和管土间的摩擦阻力。

顶力计算实质是估算。多年来的施工实践表明，影响顶力的主要因素是土的性质、管道弯曲大小和施工技术水平高低。在同样的土层中顶管，施工人员操作方法不同，顶力也有所不同，因此顶力计算公式有一定的误差。顶力计算公式可按《给水排水工程顶管技术规程》CECS 246—2008 中公式（12.4.1）计算，见公式（4-12）：

$$F_0 = \pi D_1 L f_k + N_F \tag{4-12}$$

式中 F_0——总顶力标准值，kN；

D_1——管道外径，m；

L——管道设计顶进长度，m；

f_k——管道外壁与土的平均摩擦阻力，kN/m^2；

N_F——顶管机的迎面阻力，kN。

公式中的总顶力由管土间摩擦阻力及顶管机迎面阻力组成。管道外壁与土的平均摩擦阻力按《给水排水工程顶管技术规程》CECS 246—2008 中表 12.6.14 采用，顶管机的迎面阻力按该规范的第 12.4.2 条计算。

在结构设计图纸中，应明确指出顶管施工的总顶力，避免施工顶力过大导致管壁及后背墙结构破坏。

3. 管廊结构设计

（1）作用在顶管结构上的荷载

作用在顶管结构上的可变作用主要是车辆荷载、人行荷载、地面堆载。无论是圆形顶管结构还是矩形顶管结构，其荷载的取值相同，可参见本章 4.1.3 小节的内容。

作用在顶管结构上的永久作用主要有结构自重、竖向土压力、侧向土压力。对于圆形顶管结构和矩形顶管结构，其竖向土压力、侧向土压力的计算不尽相同，应区别考虑。

对于圆形顶管结构，其竖向土压力按覆盖层厚度和土质确定：

1）当管顶覆土厚度不大于管外径或覆盖层均为淤泥土时，管顶的竖向土压力标准值可按管道上土体重量考虑；

2）当管顶覆盖层不属于上述情况时，其管顶覆土厚度较厚，顶管施工改变了地层中的原始应力状态，同时还形成了一定的超挖量，这不可避免地要引起管道上部和周围邻近土体的位移，形成土拱效应，顶管上的竖向土压力标准值可按《给水排水工程顶管技术规程》CECS 246—2008 中第 6.2.2 条第 2 款进行计算。

圆形顶管结构的侧向土压力应按如下原则确定：

1）当管廊位于地下水位以上时，侧向土压力标准值应按主动土压力计算；

2）当管廊位于地下水位以下时，侧向水土压力应采用水土分算。

对于矩形顶管结构，参考《四川省城市综合管廊工程技术规范》DBJ 51/T077—2017，本书认为作用在结构上的竖向土压力和侧向土压力同明挖现浇混凝土管廊的荷载取值，对于结构偏于安全考虑，不计土体的土拱效应。

当综合管廊兼具城市人防功能的，应考虑人防荷载作为偶然荷载。

（2）荷载组合

顶管结构应按承载力极限状态和正常使用极限状态进行计算。两种极限状态所对应的结构荷载作用效应的组合值可按本章4.2.2小节的荷载组合执行。

（3）结构计算

综合管廊圆形管节的内力计算可按《给水排水工程顶管技术规程》CECS 246—2008中第8.2.4条及附录B的规定进行。矩形管节的内力计算可按照本章4.2.2小节的要求进行。

管廊结构截面的受弯承载力、受剪承载力、最大裂缝宽度均应按现行国家标准《混凝土结构设计规范》GB 50010—2010（2015年版）的有关规定计算。

相比明挖预制装配式混凝土综合管廊结构，顶管结构设计的承载力极限状态应额外计算顶管结构纵向超过最大顶力破坏，这是由于顶管结构在纵向上受到顶进力作用的缘故。

对于圆形顶管来说，结构所能承担的最大顶力设计值可按《给水排水工程顶管技术规程》CECS 246—2008中第8.1.1条进行计算，结构最大顶力主要由结构断面尺寸决定。对于矩形顶管，其最大顶力设计值也可参照圆形顶管计算。需注意的是，最大顶力值为设计值，而顶力估算中的顶力值为标准值。顶力值、管廊断面、顶进距离、工作井的布置均相互影响又相互联系，设计时应综合考虑，既要结合工艺节点的位置考虑工作井的位置，又要考虑顶进距离，顶距过长则顶力过大，管廊断面也较大，如顶距过短则工作井数量较多，也不经济。

4.4 管廊桥结构设计

4.4.1 管廊桥概述

管廊桥是综合管廊以桥梁形式跨越河道、湖泊、公路、山谷等天然或人工障碍专用的构筑物。

目前国内外已建造有较多的管道桥，如表4-13所示，但管廊桥不同于传统管道桥，管道桥的特点是充分利用管道和高强度钢索的承载能力，以增加跨度，修建时以简单、经济、实用为主，通常钢管既是桥梁的上部结构，又是运输管道，因此整体截面尺寸小。而管廊桥是多舱室结构，管廊桥上需通过燃气、污水、给水、电力、通信等设施，并需要留有安装、检修、参观等通道，同时要承受管道安装车辆和人群等动载，因此为适应管线空间要求、检修通道的设置要求等，管廊桥断面通常较大，形成一个厢式的多舱室结构，规模介于一般管道桥与车行桥之间。

已有管道桥统计表 表 4-13

序号	桥名	总桥长(m)	最大单跨跨度(m)	最大梁高(m)	梁宽(m)	墩高(m)	桥型
1	肯尼亚管道桥	64	64	3	4		简支梁
2	第聂伯河悬索管道桥	150+720+210	720	直径 0.72		87	不对称自锚式悬索桥
3	涩宁兰管道八盘峡黄河悬索跨越	70+300+70	300	0.66	2.5	44	悬索桥
4	兰州石化黄河管道桥	51+3×63+51	63	3.2	3.5	8.4	连续钢桁架
5	西安灞桥公园圆笼造型钢管桁架景观桥	28+6×35+28	35	直径 7.42			连续钢桁架
6	威青线东风渠跨越	51	51	直径 0.72			简支梁
7	普光气田后河悬索跨越管道桥	40+175+27.5	175	0.5	2.6	26	悬索桥
8	北盘江管道桥	50+130+50	210	2.4	3		斜拉桥
9	野三河悬索管道桥	58+240+34	240	直径 1.01		42	不对称自锚式悬索桥
10	赤天线夹子口跨越	156	156	直径 0.426 与直径 0.325			多管组合拱

4.4.2 管廊桥分类

目前国内已建成的管廊桥较少，形式主要分为混凝土简支箱梁管廊桥和简支钢桁架管廊桥两类。

已建成的混凝土简支箱梁管廊桥有两座。第一座管廊桥位于六盘水市，该管廊桥上部结构采用 31m 预应力混凝土简支箱梁，跨中梁高 3.5m，支点梁高 4.6m，箱室内不设置横隔板，主梁采用单箱三室直腹板断面，顶板桥宽 12.4m。第二座为十堰市某管廊桥，该管廊桥全长 90m，分为四跨，其中最长的跨度达 36m，自重达到 1000t，管廊桥外廓宽 7.9m，外廓高 4m，分为两个舱，一个是热力舱，一个是综合舱。

混凝土简支箱梁管廊桥自重大，约等于同跨度普通桥梁质量的 2～3 倍，一般采用满堂支架现浇施工，施工中存在一定的难度，为高大模板支撑体系，支撑系统是难度比较大的部分，施工过程中还要消除支架的弹性变形和非弹性变形，保证桥没有沉降，有效避免拉裂。

简支钢桁架管廊桥重量较轻，通透性强，视觉上更美观，但管线处于室外环境中，会对管线造成一定的侵蚀，因此在桁架外侧应设置防雨结构，并应加强防雷措施。目前国内尚无已建成使用的简支钢桁架管廊桥，已完成设计待施工的有宜宾某管廊桥，桥体桁架采用 30m 一跨的简支梁结构，桁架梁截面采用三舱矩形框架式结构，宽度为 8.3m，是世界上最宽的钢桁架管廊桥。本书着重讲解钢桁架管廊桥的设计。

4.4.3 钢桁架管廊桥设计

在结构设计中，应根据管廊桥的实际荷载大小、施工条件选择合适的桁架体系。建议采用公路行业相关设计规范进行管廊桥设计。

1. 桁架类型

选择主桁架图式的原则是经济、构造简单、有利于标准化和便于制造安装。同时，管廊桥属于城市桥梁，设计时还应该适当考虑与周围环境相协调的美观问题。

根据腹杆几何图形的不同，管廊桥主桁架常见的几何图式可归纳为 4 种基本类型，如图 4-17 所示。下面对常用的几种基本图式做简要介绍。

(1) 三角形桁架

由斜腹杆与弦杆组成等腰三角形的桁架称为三角形桁架，如图 4-17 (*a*) 所示，它是目前世界上应用最广泛的一种桁架式样，适用于各种跨度的桥。其主要优点是：弦杆的规格和有斜杆交汇的大节点的个数较少；支承横梁的竖杆只承受局部荷载，内力很小而截面相同；不支承横梁的竖杆只起支承弦杆的作用，内力为零，有时可以省去。

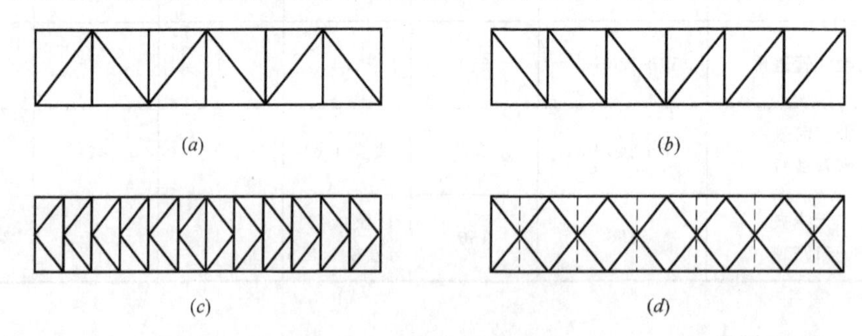

图 4-17 主桁架的常用类型

(*a*) 三角形桁架；(*b*) 斜杆形桁架；(*c*) K 形桁架；(*d*) 双重腹杆形桁架

总之，三角形桁架较其他类型的桁架构造简单，适应钢桁架管廊桥设计定型化，便于制造和安装。

(2) 斜杆形桁架

相邻斜杆互相平行的桁架称为斜杆形桁架，如图 4-17 (*b*) 所示。它与三角形桁架相比，其弦杆规格多，每个节间都有变化；竖杆不仅规格多，而且内力大，所有节点都有斜杆交汇，均为大节点。因此，在构造及用钢量方面都不及三角形桁架优越。

(3) K 形桁架

斜杆与竖杆构成 K 字形的桁架称为 K 形桁架，如图 4-17 (*c*) 所示。由于主桁架同一节间内的剪力由两根斜杆分担，其斜杆截面较上述两种类型要小。但这种桁架的杆件规格品种多、节点多、节间较短，纵、横梁的件数和连接较多，用于中小跨度时，构造显得复杂，偶尔在大跨度桥上采用。但 K 形桁架具有杆件较短、轻便的优点，故适宜于装拆式桥梁。

(4) 双重腹杆形桁架

双重腹杆形桁架是由两个不带竖杆的三角形桁架叠合而成，如图 4-17（*d*）所示。由于斜杆只承受节间剪力的一半，杆件短、截面小，如用于大跨度梁，受压斜杆短，对压曲稳定有利。斜杆截面小，则在节点板上的连接栓钉数也少，有助于解决大跨度桁架节点板尺寸过大与钢板供货尺寸有一定限制的矛盾。

2. 构件截面形式

钢桁架管廊桥的主桁架构件，主要是轴心受力构件和拉弯构件、压弯构件，其截面有多种形式。选型时要注意：(1) 形状应力求简单，以减少制造工作量；(2) 截面宜具有对称轴，使构件有良好的工作性能；(3) 要便于与其他构件连接；(4) 在同样截面积下应使其具有较大的惯性矩，亦即构件的材料宜向截面四周扩展，从而减小构件的长细比；(5) 尽可能使构件在截面两个主轴方向为等刚度。

常用的构件截面形式如图 4-18 所示。其中图 4-18（*a*）所示为轧制型钢截面，制造工作量最少是其优点。

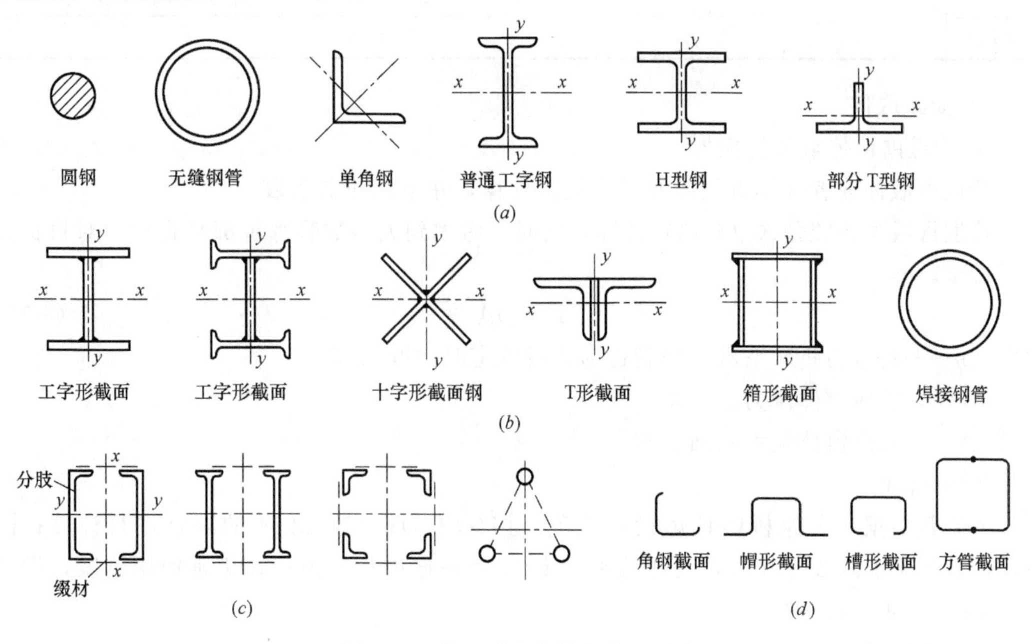

图 4-18　轴心受力构件的截面形式

（*a*）轧制型钢截面；（*b*）焊接实腹式组合截面；（*c*）格构式截面；（*d*）冷弯薄壁型钢截面

应用最多的是图 4-18（*b*）所示利用型钢或钢板焊接而成的实腹式组合截面，其具有整体连通的截面，构造简单、制作方便、整体受力和抗剪性能好，但截面尺寸较大时用钢量较多。

构件的荷载并不太大而长度较长时，为了加大截面的回转半径，可采用图 4-18（*c*）所示利用轧制型钢由缀件相连而成的格构式截面，缀件包括缀条和缀板两种，因它不是连续的，故图中以虚线表示。

在冷弯薄壁型钢中，常用作轴心受力构件的截面形式如图 4-18（*d*）所示，其设计应按《冷弯薄壁型钢结构技术规范》GB 50018—2002 进行。

3. 结构计算

(1) 荷载分类

1）荷载类型

管廊桥上常见荷载类型如表 4-14 所示。

管廊桥上常见荷载类型 **表 4-14**

序号	分　类	名　　称
1	永久作用	结构自重
2		桥面及栏杆自重
3		顶棚、线缆、管道及其支墩自重
4	可变作用	管道内流体重(考虑冲击系数)
5		管道盲板力
6		检修车辆荷载及检修人员荷载(考虑冲击系数)
7		风荷载
8		顶棚积灰和积雪
9		温度作用

2）荷载取值

① 管道内流体重及盲板力

管道内液体或者气体重量按照最大流量计算，并考虑冲击系数。

管道盲板力按照公式（4-13）计算，同时，考虑到大多数管廊桥都是直桥，对盲板力进行折减。

$$F=\eta\sigma A \tag{4-13}$$

式中 η——盲板力折减系数，当管道为直线管道时，取 0.25；

σ——管内流体压力；

A——管内流体最大断面面积。

② 风荷载

风荷载根据《公路桥梁抗风设计规范》JTG/T D60-01—2004 的规定进行计算；同时，在进行施工阶段计算时，设计风速按照 10 年一遇进行取值；在正常使用阶段，设计风速按照 50 年一遇进行取值。

③ 温度作用

管廊桥一般均采用桁架式结构，其主要由钢管构件拼装而成，因此，仅仅考虑整体升降温对于构件内力的影响，整体升降温均为 25℃。

（2）荷载组合

钢桁架管廊桥荷载组合参照《公路桥涵设计通用规范》JTG D60—2015。

（3）管廊桥中的计算假定

1）在分析梁的强度问题时，将钢材看作理想弹塑性体，忽略钢材的强化段。

2）计算拉弯、压弯构件强度时，根据不同情况按照边缘纤维屈服、全截面屈服、部分发展塑性三个准则进行计算。

3）轴心受压构件整体稳定计算时，按照理想轴心受压模型得到欧拉临界力并考虑非弹性稳定，再考虑一定的安全系数后即可得到轴心受压构件稳定极限承载力。

4）偏心受压构件面内整体失稳为极值型失稳，在达到构件极限承载能力时，构件已发生失稳破坏，因此，它的极限承载能力通常由丧失整体稳定性来确定。

5）对于宽厚比相当大的偏心受压构件截面，例如冷弯薄壁型钢构件，全截面发展塑性的可能性较小，一般以边缘纤维屈服准则作为构件稳定承载力的设计准则。

6）现阶段的偏心受压构件极限承载力主要依靠两种方法确定：一是根据大量试验数据，用统计的方法确定；二是根据力学模型，采用数值分析计算方法确定，并用必要的试验数据予以验算。

4. 节点设计

钢桁架管廊桥的各杆件在节点处通常是焊在一起的，但重型桁架如栓焊桥，则在节点处用高强螺栓连接。连接可以使用节点板（见图 4-19（*a*）），也可以不使用节点板，而将腹杆直接焊于弦杆上（见图 4-19（*b*））。节点设计的具体任务是确定节点的构造，连接焊缝及节点承载力的计算。使用节点板时，尚需确定节点板的形状和尺寸。节点的构造应传力路线明确、简洁，制作安装方便，节点板应该只在弦杆与腹杆之间传力，以免任务过重和厚度过大。弦杆如果在节点处断开，应设置拼接材料在两段弦杆之间直接传力。

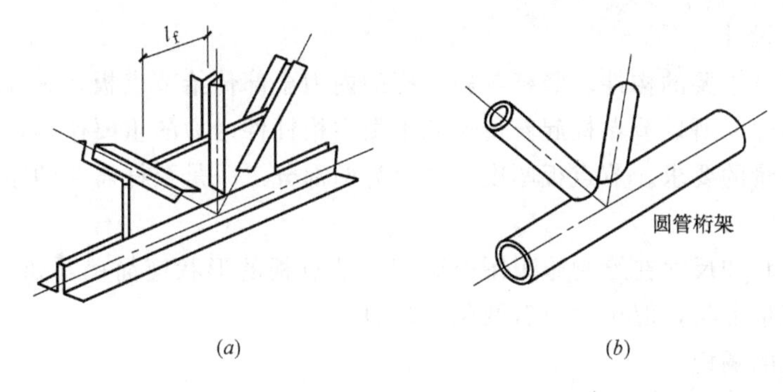

图 4-19　桁架节点

（*a*）使用节点板；（*b*）不使用节点板

（1）节点设计的一般原则

1）双角钢截面杆件在节点处以节点板相连，各杆轴线汇交于节点中心。理论上各杆轴线应是型钢的形心轴线，但杆件用双角钢时，因角钢截面的形心与肢背的距离常不是整数，为制造上的方便，焊接桁架中应将此距离调整成 5mm 的倍数（小角钢除外），用螺栓连接时应该用角钢的最小线距来汇交。汇交给杆件轴线力带来的偏心很小，计算时略去不计 。

2）角钢的切断面一般应与其轴线垂直，需要斜切以使此节点紧凑时只能切肢尖（图 4-20（*a*））。像图 4-20（*b*）那样切肢背是错误的，因为不能用机械切割且布置焊缝时将很不合理。

3）如弦杆截面需沿长度变化，截面改变点应在节点上，且应设置拼接材料。如系上弦杆，为方便安装雨棚等管廊桥顶部构件，应使角钢的肢背平齐。此时取两段角钢形心间的中线作为弦杆的轴线以减小偏心作用，如图 4-21 所示。

4）为方便施焊，且避免焊缝过分密集致使材质变脆，节点板上各杆件之间焊缝的净距不宜过小，用控制杆端间隙 a（见图 4-21）来保证。受静载时，$a \geqslant 10 \sim 20$mm；受动载时，$a \geqslant 50$mm；但也不宜过大，因为增大节点板将削弱节点的平面外刚度。

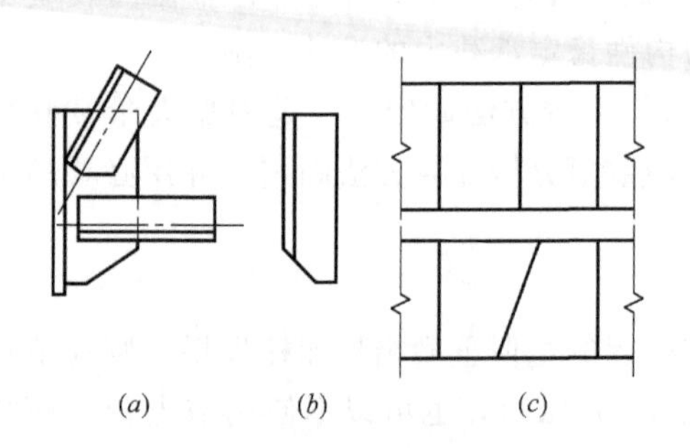

图 4-20　角钢及钢板的切割

(*a*) 角钢肢尖切割；(*b*) 角钢肢背切割；

(*c*) 钢板切割

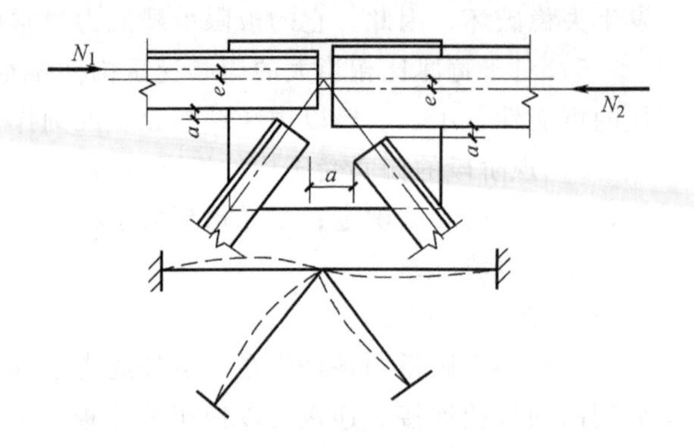

图 4-21　截面改变引起偏心的节点受力

注：弦杆拼接角钢未示出。

(2) 节点板设计

节点板是极其重要的构件。竖杆与斜腹杆的内力全部传给节点板，弦杆的部分内力也要经由节点板传递，所以节点板起着传递和平衡主桁杆件内力的重要作用，当然，它的厚度就会有一个定量的要求。节点板厚度计算分为两部分：一是弦杆需要的厚度；二是腹杆需要的厚度。

节点板的形状和尺寸在绘制施工图时确定，节点板的形状应简单，如矩形、梯形等，必要时也可用其他形状，但至少应有两条平行边。

(3) 节点内的隔板

在节点中心（弦杆与斜杆系统线交点）的弦杆范围内，任何情况下都要设置隔板。此隔板对于确保节点的整体性和弦杆几何尺寸，有不可替代的作用。同时，横梁的端反力也要通过它向外侧传递。

当节点中心的两块节点板之间没有竖杆时，也要设置隔板。此隔板除具有保证节点整体性和传递横梁端反力的作用外，对确保节点板间距的作用也是不可替代的。当既有竖杆插入，又有斜杆插入时，最好减少竖杆插入量，留出位置设置短隔板。采用整体桥面时尤其应当这样。

如前所述，弦杆拼接的螺栓网格外 200mm 左右处需设端隔板。除此之外，其他部位包括平联节点板两侧，都不需再设隔板（节间内有小横梁除外）。若制造厂需要在节间内增设少量隔板当然也可以，但那不是构造所必需的。

(4) 节点板强度验算

对节点板强度的验算 ，可分为三个部分：

1) 在斜杆与节点板连接处，应验算节点板的撕裂应力；

2) 应验算腹杆与弦杆之间的节点板水平截面的剪应力；

3) 应验算节点中心处节点板竖向截面上的法向应力。

5. 下部结构设计

钢桁架管廊桥的下部结构既可以选用钢管混凝土墩，也可以选用钢筋混凝土墩，设计时应根据实际情况进行选定。

（1）钢管混凝土墩

1）钢管混凝土墩优点

① 承载力高：试验和理论分析证明，钢管混凝土受压构件的承载力可以达到钢管和混凝土单独承载力之和的1.7～2.0倍。

② 具有良好的塑性和抗震性能，它的抗震性能大大优于钢筋混凝土墩。

③ 经济效果显著：与钢筋混凝土墩相比，可节约混凝土约70%，减少自重约70%，节省模板100%，而用钢量相等或略多。

④ 施工简单，可大大缩短工期。

2）钢管混凝土墩缺点

① 焊接、制作要求较高，钢管的对接是一个难点，结构要求焊后的管肢要平直，这就需要在焊接时采取相应的措施和特别注意焊接的顺序以及考虑到焊接变形的影响。

② 填充混凝土方面存在难度，难以填充密实。

③ 钢管混凝土的耐火性稍差。

④ 钢管需要定期保养。

（2）钢筋混凝土墩

1）钢筋混凝土墩优点

① 可模性好：新拌和的混凝土可塑性强，可根据需要制成各种形状和尺寸。

② 整体性好：现浇钢筋混凝土桥墩的整体性较好，设计合理时具有良好的抗震、抗爆和抗振动性能。

③ 耐火性好：钢筋混凝土结构与钢结构相比具有较好的耐火性。

④ 耐久性好：钢筋混凝土结构具有很好的耐久性，正常使用条件下不需要经常性的保养和维修。

2）钢筋混凝土墩缺点

① 自重大。钢筋混凝土的重力密度约为25kN/m^3，比砌体和木材的重度都大。尽管比钢材的重度小，但结构的截面尺寸较大，因而其自重远远超过相同高度的钢结构的重量。

② 抗裂性差。混凝土的抗拉强度非常低，因此，普通钢筋混凝土结构经常带裂缝工作。尽管裂缝的存在并不一定意味着结构发生破坏，但是它影响结构的耐久性和美观。当裂缝数量较多和开展较宽时，还将给人造成一种不安全感。

③ 性质脆。混凝土的脆性随混凝土强度等级的提高而加大。

4.5 综合管廊抗震设计

4.5.1 抗震设计总则

1. 抗震设防目标

为了加强对市政公用设施抗灾设防的监督管理，提高市政公用设施的抗灾能力，保障市政公用设施的运行安全，保护人民的生命财产安全，根据《中华人民共和国城乡规划法》、《中华人民共和国防震减灾法》、《中华人民共和国突发事件应对法》、《建设工程质量管理条例》等法律、行政法规，由住房和城乡建设部制定了《市政公用设施抗灾设防管理规定》（住房和城乡建设部令第1号)。《市政公用设施抗灾设防管理规定》第十四条明确提出，震后可能发生严重次生灾害的共同沟工程，建设单位应在初步设计阶段组织专家进行抗震专项论证。

根据《市政公用设施抗灾设防管理规定》，住房和城乡建设部组织制定了《市政公用设施抗震设防专项论证技术要点（地下工程篇)》（建质［2011］13号)，文件中明确提出了抗震设防目标：

(1) 当遭受低于设计工程抗震设防烈度的地震影响时，综合管廊不损坏，对周围环境和综合管廊工程正常运营无影响；

(2) 当遭受相当于设计工程抗震设防烈度的地震影响时，综合管廊不损坏或仅需对非重要结构部位进行一般修理，对周围环境影响轻微，不影响综合管廊工程正常运营；

(3) 当遭受高于设计工程抗震设防烈度的罕遇地震（高于设防烈度1度）影响时，综合管廊主要结构支撑体系不发生严重破坏且便于修复，对周围环境不产生严重影响，修复后的综合管廊工程仍能正常运营。

2. 抗震专项论证

抗震专项论证应由建设单位在初步设计阶段组织专家进行。建设单位组织抗震专项论证时，应至少有3名国家或工程所在地省、自治区、直辖市市政公用设施抗震专项论证专家库相关专业的成员参加，抗震专项论证的专家数量不宜少于5名。

(1) 抗震专项论证的技术资料

项目建设单位组织抗震专项论证时，应提供以下技术资料，并至少提前3天送交参加论证的专家：

1) 建设项目基本情况及相应的规划依据；

2) 建设项目的可行性研究报告（仅限已实施可行性研究的项目）及有关审批、核准文件；

3) 建设项目可行性研究阶段开展的工程场地地震安全性评价报告（仅限于根据有关法律法规应做地震安全性评价的项目)；

4) 建设项目的岩土工程勘察报告；

5) 建设项目的初步设计文件（含结构计算书)；

6) 当参考使用国内外有关设计标准、工程实例、震害资料、计算机程序及采用模型试验成果时，应提供必要的资料和说明；

7) 必要时应提交其他专项评价报告。

(2) 抗震专项论证的内容

抗震专项论证报告应由设计单位编写，抗震专项论证的主要内容包括：

1) 抗震设防类别的确定，设防烈度及设计地震动参数等抗震设防依据的采用情况；

2) 岩土工程勘察成果及不良地质情况；

3) 抗震基本要求；

4) 抗震计算、计算分析方法的适宜性和结构抗震性能评价；

5) 主要抗震构造措施和结构薄弱部位及其对应的工程判断分析；

6）可能的环境影响、次生灾害及防御和应对措施等。

抗震专项论证报告中，抗震计算、计算分析方法的适宜性和结构抗震性能评价应符合下列要求：

1）抗震分析方法应与地下结构的形式、体量和特点相适宜，结构布置方案应合理；

2）抗震分析计算模型和边界条件应合理；

3）所选取的各项参数及地震作用应合理；

4）地下结构地震响应（如变形、内力等）应合理；

5）复杂结构之间相互作用分析应合理，并要求采用两种以上的计算分析方法进行计算比较，可以用反应谱和时间历程输入计算作为参考；

6）不良地质作用对结构抗震影响分析应合理；

7）地震条件下对邻近重大基础设施和重要建（构）筑物的影响分析应合理；

8）结构抗震性能总体评价应合理。

抗震专项论证报告中，主要抗震构造措施和结构薄弱部位的工程判断应符合下列要求：

1）地下结构主要抗震构造措施应合理；

2）工程抗震薄弱部位的判断应准确，相关措施应合理。

4.5.2 明挖管廊抗震设计

1. 地震作用及抗震等级

GB 50838 第 8.1.5 条规定：综合管廊应按乙类建筑物进行抗震设计，并应满足国家现行标准的有关规定。对于乙类建工程筑应按本地区抗震设防烈度确定其地震作用。

《建筑工程抗震设防分类标准》GB 50223—2008 第 3.0.3 条规定：“重点设防类，应按高于本地区抗震设防烈度一度的要求加强其抗震措施；但抗震设防烈度为 9 度时应按比 9 度更高的要求采取抗震措施；同时，应按本地区抗震设防烈度确定其地震作用。”《建筑抗震设计规范》GB 50011—2010（2016 年版）第 3.3.2 条规定：“建筑场地为Ⅰ类时，甲、乙类建筑应允许仍按本地区抗震设防烈度的要求采取抗震构造措施；丙类建筑应允许按本地区抗震设防烈度降低一度的要求采取抗震构造措施，但抗震设防烈度为 6 度时仍应按本地区抗震设防烈度的要求采取抗震构造措施。”《建筑抗震设计规范》GB 50011—2010（2016 年版）第 3.3.3 条规定：“建筑场地为Ⅲ、Ⅳ类时，对设计基本加速度为 0.15g 和 0.30g 的地区，除本规范另有规定外，宜分别按抗震设防烈度 8 度（0.20g）和 9 度（0.40g）时各类建筑的要求采取抗震构造措施。”

根据上述条文，综合管廊抗震措施等级、抗震构造措施等级总结见表 4-15。

表 4-15 中 8＋及 9＋表示其“抗震措施”或“抗震构造措施”应符合比 8 度及 9 度抗震设防更高的要求。但规范并没有给出更高要求的规定，处理起来会有很多争议。从实际情况出发，当为 7.5 度Ⅲ、Ⅳ类场地时，如采用 8＋不好处理时，可用 9 度来代替。

2. 抗震计算方法

GB 50838 要求抗震设计“应满足国家现行标准的有关规定”，但未明确提出按照哪个行业的国家规范标准的抗震计算方法进行计算。当前综合管廊结构抗震设计一般参照《建筑抗震设计规范》GB 50011—2010（2016 年版）、《室外给水排水和燃气热力工程抗震设

综合管廊抗震措施等级、抗震构造措施等级 表 4-15

场地类别	6度(0.05g)	7度(0.10g)	7度(0.15g)	8度(0.2g)	8度(0.3g)	9度(0.4g)
Ⅰ类场地	7(6)	8(7)	8(7)	9(8)	9(8)	9+(9)
Ⅱ类场地	7(7)	8(8)	8(8)	9(9)	9(9)	9+(9+)
Ⅲ类场地	7(7)	8(8)	8(8+)	9(9)	9(9+)	9+(9+)
Ⅳ类场地	7(7)	8(8)	8(8+)	9(9)	9(9+)	9+(9+)

注：1. 7（6）表示抗震措施按设防烈度7度采用，抗震构造措施按设防烈度6度采用。
2. 8+、9+表示比设防烈度8度或9度更高的要求。

计规范》GB 50032—2003、《城市轨道交通结构抗震设计规范》GB 50909—2014、《公路工程抗震规范》JTG B02—2013进行抗震计算。

综合管廊除应进行抗震设防等级条件下的结构抗震分析外，尚应进行罕遇地震工况的结构抗震验算。

（1）标准段抗震计算方法

《建筑抗震设计规范》GB 50011—2010（2016年版）规定："地下建筑的抗震计算模型，应根据实际情况确定并符合下列要求：周围地层分布均匀、规则且具有对称轴的纵向较长的地下建筑，结构分析选择平面应变分析模型并采用反应位移法或等效水平地震加速度法、等效侧力法等；地震作用的方向应符合下列规定：按平面应变分析模型分析的地下结构，可仅计算横向水平地震作用。"

综合管廊标准段具备结构分布均匀、规则且纵向较长的特点，故其抗震计算方法可采用反应位移法或等效水平地震加速度法、等效侧力法等，且可仅计算横向水平地震作用。但是当遇到如下的情况时，还应在一定范围内计算纵向的水平地震力，分析对综合管廊纵向的影响：1）综合管廊纵向的断面变化较大或综合管廊在横向有结构连接；2）地质条件沿综合管廊纵向变化较大，软硬不均；3）综合管廊线路存在小半径曲线；4）遇有液化地层。

本节依据《城市轨道交通结构抗震设计规范》GB 50909—2014介绍反应位移法。反应位移法是地震时将地表产生的位移强制施加在构筑物上的方法。当采用反应位移法时，可将周围土体作为支撑结构的地基弹簧，结构可采用梁单元进行建模，横向地震反应位移法如图4-22所示。

当进行纵向地震反应位移计算时，同样可将周围土体作为支撑结构的地基弹簧，结构可采用梁单元进行建模，土层位移应施加在地基弹簧的非结构连接端。纵向地震反应位移法如图4-23所示。

从图中可以看出，计算模型考虑了由一维土层地震反应分析计算得到的土层相对位移、结构惯性力和结构周围剪力三种地震作用。地基弹簧刚度以地基基床系数为依据。

采用反应位移法计算地震时，应分析地层在地震作用下，在综合管廊不同深度产生的位移，调整地层的动抗力系数，计算综合管廊自身的惯性力，并直接作用于结构上分析结构的反应。具体计算方法可参见《城市轨道交通结构抗震设计规范》GB 50909—2014第6.6节、第6.8节及附录E。

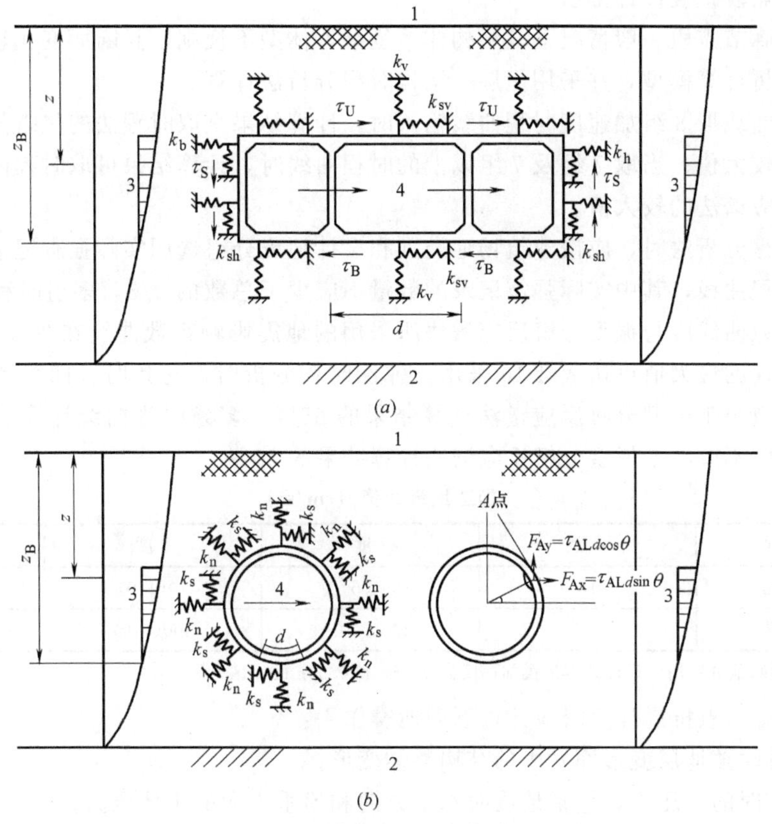

图 4-22 横向地震反应位移法

（a）矩形结构；（b）圆形结构

1—地面；2—设计地震作用基准面；3—土层位移；4—惯性力；k_v—结构顶底板压缩地基弹簧刚度；k_{av}—结构顶底板剪切地基弹簧刚度；k_h—结构侧壁压缩地基弹簧刚度；k_{sh}—结构侧壁剪切地基弹簧刚度；τ_U—结构顶板单位面积上作用的剪力；τ_B—结构底板单位面积上作用的剪力；τ_S—结构侧壁单位面积上作用的剪力；k_n—圆形结构侧壁压缩地基弹簧刚度；k_s—圆形结构侧壁剪切地基弹簧刚度；τ_A—点 A 处的剪应力；F_{AX}—作用于 A 点水平向的节点力；F_{AY}—作用于 A 点竖直向的节点力；θ—土与结构的界面 A 点处的法向与水平向的夹角；d—地基弹簧影响长度

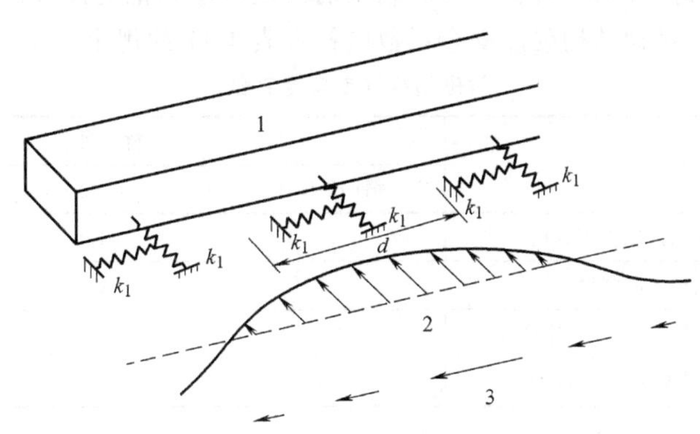

图 4-23 纵向地震反应位移法

1—隧道；2—横向土层位移；3—纵向土层位移；

k_1—沿隧道纵向侧壁剪切地基弹簧刚度；k_t—沿隧道纵向侧壁拉压地基弹簧刚度

(2) 节点段抗震设计方法

综合管廊节点段一般情况下其结构体系复杂，体型不规则，且断面变化较大，宜采用空间结构分析计算模型，并采用土层—结构时程分析法计算。

当时程曲线取3组加速度时程曲线输入时，计算结果宜取时程法的包络值和振型分解反应谱法的较大值；当取7组及7组以上的时程曲线时，计算结果可取时程法的平均值和振型分解反应谱法的较大值。

采用时程分析法时，应按建筑场地类别和设计地震分组选用实际强震记录和人工模拟的加速度时程曲线，其中实际强震记录的数量不应少于总数的2/3，多组时程曲线的平均地震影响系数曲线应与振型分解反应谱法所采用的地震影响系数曲线在统计意义上相符，其加速度时程的最大值可按表4-16采用。弹性时程分析时，每条时程曲线计算所得结构底部剪力不应小于振型分解反应谱法计算结果的65%，多条时程曲线计算所得结构底部剪力的平均值不应小于振型分解反应谱法计算结果的80%。

加速度最大值（cm/s^2） **表4-16**

地震影响	6度	7度	8度	9度
多遇地震	18	35(55)	70(110)	140
罕遇地震	125	220(310)	400(510)	620

注：括号内数值分别用于设计基本地震加速度为$0.15g$和$0.30g$的地区。

综合管廊节点抗震计算时应计入下列地震作用：

1）地震时随地层变形而发生的结构整体变形；

2）地震时的土压力，包括地震时水平方向和铅垂方向的土体压力；

3）综合管廊本身和土体的地震力；

4）地层液化的影响。

4.5.3 暗挖管廊抗震设计

1. 计算方法

对于暗挖结构，由于其四周均被围岩包裹，在地震过程中随土层一起变动，因此地震对支护结构的作用可按静力法计算。验算结构的抗震强度和稳定性时，地震作用应与结构重力和土压力组合，衬砌结构强度安全系数应符合表4-17的规定。

衬砌结构强度安全系数 **表4-17**

受力特征	材料种类		
	钢筋混凝土	混凝土	石砌体
混凝土或石砌体达到抗压极限强度		1.8	2.0
混凝土达到抗拉极限强度		2.5	
钢筋达到设计强度或混凝土抗压极限强度	1.5		
混凝土达到抗拉极限强度(主拉应力)	1.8		

验算结构地震作用时，水平地震系数及竖向地震系数可按表4-18取值。

当结构处于液化土层或软弱黏土层时，应采取措施防止地层液化、不均匀沉降以及震陷对结构的不利影响。

地震系数 **表 4-18**

项　　目	7度		8度		9度
地震动峰值加速度	0.10g	0.15g	0.20g	0.30g	0.40g
水平地震系数	0.10	0.15	0.20	0.30	0.40
竖向地震系数	0	0	0.10	0.17	0.25

2. 衬砌抗震设计

结构明暗交界处、浅埋偏压段、深埋段内软弱围岩段、断层破碎带等，为抗震设防地段，其设防长度可根据地形、地质条件确定，最小设防长度宜参照表 4-19 的规定采用。衬砌结构的设防范围宜适当向两端围岩质量较好的地段延伸 10～20m。

抗震设防范围的最小长度（m） **表 4-19**

地　段	围岩级别	地震动峰值加速度				
		0.10g	0.15g	0.20g	0.30g	0.40g
洞内段	Ⅲ～Ⅳ	15	15	20	20	20
	Ⅴ～Ⅵ	20	20	25	25	25
洞口段	Ⅲ～Ⅳ	15	20	25	25	30
	Ⅴ～Ⅵ	25	25	30	30	35

衬砌抗震设防构造应满足以下要求：

(1) 软弱围岩段衬砌应采用带仰拱的曲墙式衬砌。

(2) 明暗交界处、软硬岩交界处及断层破碎带，宜结合沉降缝、伸缩缝综合设置抗震缝。对于地震动峰值加速度为 (0.2～0.4)g 的地区，抗震缝的纵向间距可取 10～15m。

(3) 严禁衬砌背后存在空洞，衬砌背后的空洞应压注水泥砂浆进行填实。

(4) 当穿越地震断裂带时，衬砌净空断面应适当加大。

4.5.4 管廊桥抗震设计

1. 地震作用和结构抗震验算

(1) 管廊桥结构的地震作用，应符合下列规定：

1) 一般情况下，管廊桥结构可只考虑水平向地震作用，直线管廊桥可分别考虑顺桥向 X 和横桥向 Y 的地震作用；

2) 抗震设防烈度为 8 度和 9 度的长悬臂或者大跨度管廊桥应同时考虑顺桥向 X、横桥向 Y 和竖向 Z 的地震作用；

3) 采用反应谱或者功率谱法同时考虑三个正交方向的地震作用时，可分别单独计算 X 向地震作用产生的最大效应 E_x、Y 向地震作用产生的最大效应 E_y 与 Z 向地震作用产生的最大效应 E_z，总的设计最大地震作用效应 E 按照公式 (4-14) 计算。

$$E=\sqrt{E_x{}^2+E_y{}^2+E_z{}^2} \tag{4-14}$$

(2) 各类管廊桥结构的抗震计算，应采用下列方法：

1) 规则管廊桥的地震反应以第一阶阵型为主，因此可以采用简化计算公式进行分析，简化计算公式可参考《公路桥梁抗震设计细则》JTG/T B02-01—2008 第 6.7 节；

2）非规则管廊桥动力响应特征复杂，采用简化的计算方法不能很好地把握其动力响应特征，应采用多阵型反应谱或时程分析计算方法；

3）大多数管廊桥结构都是简支或者连续的桁架结构，都属于规则管廊桥；规则桥梁与非规则桥梁的定义可参照《公路桥梁抗震设计细则》JTG/T B02-01—2008 中的表 6.1.3。

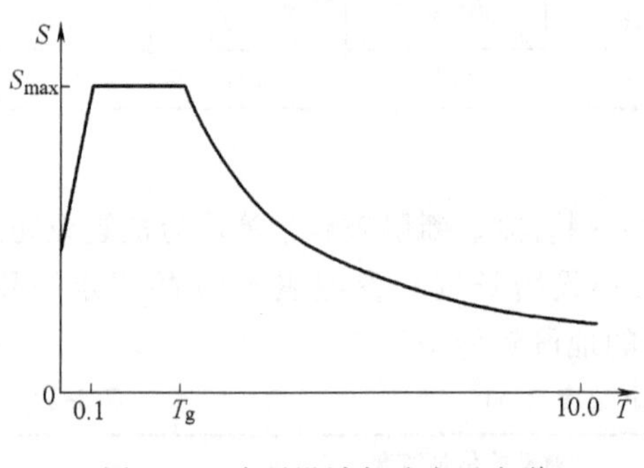

图 4-24　水平设计加速度反应谱

（3）水平设计加速度反应谱

管廊桥结构水平设计加速度反应谱，应根据设防水准、结构抗震重要性、场地类别、结构自振周期和抗震设防烈度确定，按照图 4-24 所示曲线取值，各个参数的取值参照《公路桥梁抗震设计细则》JTG/T B02-01—2008 第 5.2 节中的有关规定。

（4）竖向地震作用系数

竖向设计加速度反应谱由水平设计加速度反应谱乘以一个折减系数 R 得到，而 R 与场地类型以及结构自振周期有关。

基岩场地：$R=0.65$；

土层场地：
$$R=\begin{cases}1.0 & T<0.1\text{s}\\ 1.0-2.5(T-0.1) & 0.1\text{s}\leqslant T\leqslant 0.3\text{s}\\ 0.5 & T\geqslant 0.3\text{s}\end{cases} \tag{4-15}$$

式中　T——结构自振周期，s。

2. 基础及地基抗震

（1）桥位选择

1）桥位选择应在工程地质勘察和专门工程地质、水文地质调查的基础上，按地质构造的活动性、边坡稳定性和场地的地质条件等进行综合评价，查明对公路桥梁抗震有利、不利和危险的地段，充分利用对抗震有利的地段；

2）当抗震不利地段不设桥位时，宜对地基采取适当的抗震加固措施；

3）地震时可能因发生滑坡、崩塌而造成堰塞湖的地段，应估计淹没和溃决的影响范围，合理确定桥位。

（2）地基承载力

1）地基抗震验算时应采用地震作用效应与永久作用效应组合；

2）地基抗震承载力容许值应采用地基承载力容许值的修正值，修正公式见《公路桥梁抗震设计细则》JTG/T B02-01—2008 第 4.2.2 条；

3）桩基的地震抗震容许承载力调整值取 1.5，摩擦桩的地震抗震容许承载力修正公式及修正系数与地基抗震承载力容许值修正取值一致。

3. 结构验算

（1）强度验算

1）在 E1 地震作用下，顺桥向和横桥向地震作用于永久作用效应组合后，按照公路桥涵设计规范验算桥墩的强度；

2）在 E2 地震作用下，计算长度与矩形截面计算方向的尺寸之比小于 2.5 的矮墩，顺桥向和横桥向 E2 地震作用于永久作用效应组合后，按照公路桥涵设计规范验算桥墩的强度；反之，对于常规桥墩仅仅验算桥墩塑性铰区域沿顺桥向和横桥向的斜截面抗剪强度即可。

（2）变形验算

1）在 E2 地震作用下，应该验算墩柱潜在塑性铰区域沿顺桥向和横桥向的塑性转动能力；

2）对规则桥梁，可以仅仅验算桥墩墩顶位移而不用验算塑性铰区域的转动能力；

3）高宽比小于 2.5 的矮墩，可不验算桥墩的变形，但是需要验算其强度。

（3）支座验算

1）板式橡胶支座，在 E2 地震作用下，验算支座的厚度以及支座的抗滑移稳定性；

2）盆式橡胶支座，在 E2 地震作用下，验算活动盆式支座的水平位移和固定支座的水平力。

4.6 综合管廊防水设计

4.6.1 管廊防水概述

1. 管廊防水原则

综合管廊的防水设计应遵循“以防为主，刚柔结合，多道防线，因地制宜，综合治理，易于维护”的原则，采取与其相适应的防水措施，且应做到方案可靠、施工简便、耐久实用、经济合理。

“以防为主”，是因为城市地下工程的大量排水会引起地下水位降低、地面不均匀沉降、运营期间抽排水费用增加等问题；“刚柔结合”，体现为综合管廊防水中刚性防水材料和柔性防水材料的结合使用，以充分发挥两类防水材料各自的优势，形成互补；“因地制宜，综合治理”，是指勘察、设计、施工、管理和维修养护各个环节都要考虑防水要求，应根据工程及水文地质条件、管廊结构形式、施工技术水平、工程防水等级、材料来源和价格等因素，合理地选择适合的防水措施；“易于维护”，是指在设计中对后期防水失效修复创造易于维护的条件。

管廊防水设计应强调结构自防水为主，首先应保证混凝土、钢筋混凝土结构的自防水能力。为此应采取有效技术措施，保证防水混凝土达到规范规定的密实性、抗渗性、抗裂性、防腐性和耐久性。综合管廊的变形缝、施工缝和预制构件接缝、预留孔洞、预埋件等部位应加强防水措施。

2. 管廊防水要求

GB 50838 规定综合管廊的使用年限为 100 年，防水等级标准应为二级。

在实际设计中应根据项目的气候条件、水文地质状况、结构特点、施工方法和使用条件等因素进行防水设计，根据成渝高速入城段综合管廊工程、宜宾县县城综合管廊等项目工程经验，建议对于常水位高于管廊结构的工程，可加强防水措施并提高结构的防水等级，以满足结构的安全、耐久性和使用要求。

根据管廊施工工艺不同，将管廊防水设计分为明挖管廊防水设计和暗挖管廊防水设计。

4.6.2 明挖管廊防水设计

综合管廊设计使用年限均为 100 年，而一般的防水材料使用年限均为几年至几十年不等，因此管廊的防水主要是依靠管廊混凝土主体结构的自防水效果。现阶段为了提高管廊的防水效果，除了使用防水混凝土之外，通常会配合各种不同的防水材料，包括但不限于防水涂料、防水卷材、防水保护层、水泥基渗透结晶防水材料等。

1. 主体结构防水设计

在明挖现浇管廊防水中，可以分为内防水、外防水以及节点防水。内防水，即在管廊内部涂刷水泥基渗透结晶防水材料。外防水包括底板防水、侧墙防水以及顶板防水。节点防水包括穿墙套管防水、穿墙螺杆防水、预埋件防水、施工缝防水、变形缝防水、阴角防水以及阳角防水等。

明挖综合管廊结构应选用全外包防水，外设防水层的设计应符合下列要求：

(1) 宜采用能使防水层与主体结构满粘的材料及施工工艺；

(2) 两道或多道防水层叠合使用时，防水层之间应满粘；

(3) 不同种类的防水材料复合使用时，应考虑材料之间的相容性；

(4) 当只有一道外设防水层时，宜选用柔性防水层并设置在结构迎水层。

明挖预制拼装综合管廊结构的管节及节段应采用防水混凝土，管节及节段拼缝部位应设置预制成型弹性密封垫、遇水膨胀止水条等密封材料作为主要防水措施。

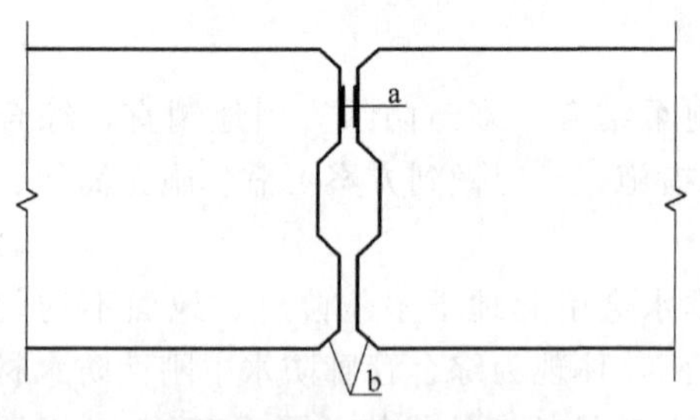

图 4-25 拼缝接头防水构造

a—弹性密封垫；b—嵌缝槽

拼缝弹性密封垫（见图 4-25）应沿环、纵向兜绕成框型。沟槽形式、截面尺寸应与弹性密封垫的形式和尺寸相匹配。

2. 细部构造防水设计

管廊顶板铺设防水材料之后，需要在顶部浇筑 30～100mm 厚的细石混凝土，以保护顶板防水材料不受顶部土压力荷载或施工荷载的影响。如果管廊顶板为种植顶板，则需使用耐根穿刺防水卷材。

管道穿过防水混凝土结构时，应加设防水套管及止水片（见图 4-26）。

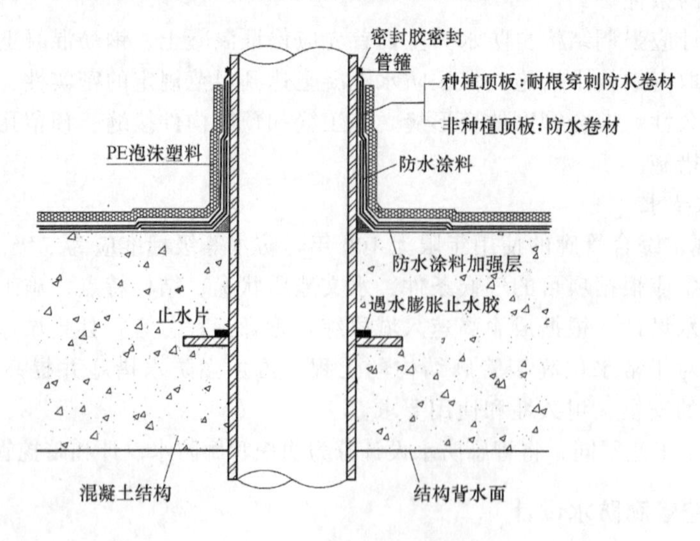

图 4-26 穿墙套管防水构造

施工缝和变形缝及其他细部构造应采用多道防水措施。变形缝处采用的防水措施应能满足接缝两端结构产生的差异沉降及纵向伸缩时的密封防水要求。如图 4-27 所示，变形缝处采用了具有一定变形能力的钢边橡胶止水带，同时设置了外贴式止水带。

施工缝防水构造如图 4-28 所示，常规做法可采用中埋式镀锌钢板止水带的措施，必要时可设置外贴式止水带，或在施工缝处涂刷水泥基渗透结晶型防水材料。

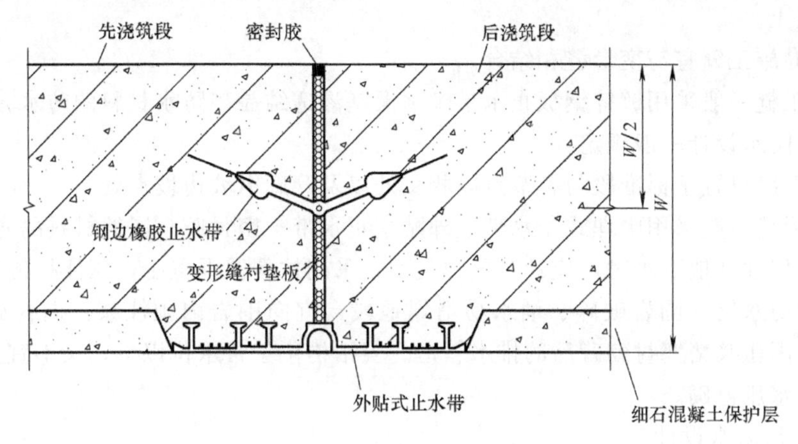

图 4-27　底板变形缝防水构造

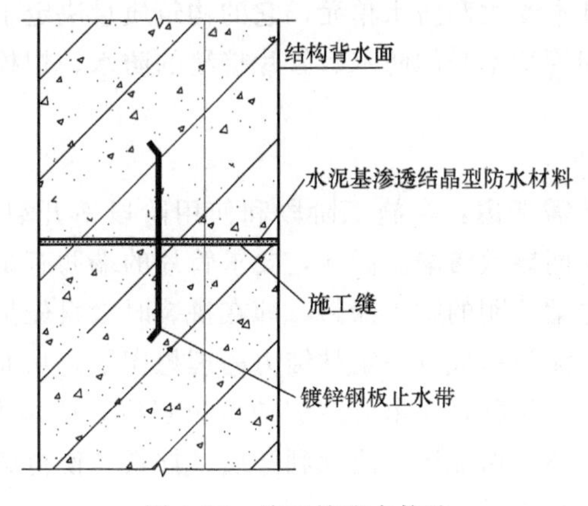

图 4-28　施工缝防水构造

4.6.3　暗挖管廊防水设计

1. 矿山法防水设计

(1) 当结构采用复合式衬砌时，在初期支护与二次衬砌之间应设置防水板及无纺布。且应满足以下要求：

1) 无纺布密度不小于 350g/m^2。

2) 防水板应采用易于焊接的防水卷材，厚度不小于 1.2mm，接缝搭接长度不小于 100mm。

同时衬砌应满足抗渗要求。混凝土的抗渗等级，有冻害地段及最冷月份平均气温低于 －15℃的地区不低于 P8，其余地区不低于 P6。

(2) 衬砌的施工缝、沉降缝、伸缩缝应采取可靠的防水措施。

施工缝防水设计一般规定：

1）墙体水平施工缝不应留在剪力最大处或底板与侧墙的交接处，墙体有预留孔洞时，施工缝距孔洞边缘不应小于300mm。

2）水平施工缝浇筑混凝土前，应将其表面浮浆和杂物清除，再施作防水结构，并及时浇筑混凝土。

3）环向施工缝宜与变形缝相结合。

4）施工缝一般采用镀锌钢板止水带＋水泥基渗透结晶型防水材料的防水方式。

变形缝防水设计一般规定：

1）变形缝设置于标准段与各节点段相交处以及管廊纵坡边坡点处；

2）变形缝一般采用中埋式止水带＋外贴式止水带＋密封胶＋嵌缝材料的防水方式。

(3) 有侵蚀性地下水时，应针对侵蚀类型，采用抗侵蚀混凝土，压注抗侵蚀浆液，或铺设抗侵蚀防水层。围岩破碎、涌水易坍塌地段，宜向围岩内预注浆。向衬砌背后压浆时，应防止因压浆堵塞衬砌背后的排水管道。当结构位于常水位以下，又不宜排泄时，可考虑采用抗水压衬砌。

2. 盾构法防水设计

用装配式钢筋混凝土管片作衬砌，是随盾构的顶进，用螺栓将管片连接拼装成圆环，因此，管片是衬砌环的基本受力和防水单元，它的构筑质量决定了盾构法施工的成败。管片的防水包括4部分，即管片本身的防水、管片接缝的防水、螺栓孔的防水以及衬砌内外的防水处理。

(1) 管片本身的防水

管片本身的防水设计需考虑：在施工阶段和使用阶段不开裂漏水，在特殊荷载作用下，接头不产生脆性破坏而导致渗漏。因此，要求管片的端肋有足够的抗裂、抗压强度和刚度。对于接缝宜采用先柔后刚的防水涂料，即在拼装时涂料先呈柔性，以减少衬砌的拼装内力。在衬砌受力时，涂料形成有一定粘结力的理想楔子，从而达到均匀有效地传递结构内力的目的。管片的环向接缝，要求有足够的抗裂强度，能承受盾构挤压时的作用力，不致破裂而漏水。同时，还要保证螺栓能顺利穿通、拧紧，使衬砌的环向接缝涂料充分挤密，形成可靠的受力和防水单元。

管片应采用防水混凝土、聚合混凝土或浸渍混凝土制作，以保证管片本身有较高的强度和高的抗渗性。管片要有足够的精度，减少拼装内力，确保在一定的涂料厚度下能使整个接缝中充填和挤密，为提高拼装质量和管片的防水性能创造条件。外表面涂刷防水涂料，提高管片的防水效果。

衬砌的纵向联系，要保证在受偏心力作用时，不会导致环向裂缝产生。同时，在使用时受不均匀沉降和温度变化的影响，仍不致产生漏水。

(2) 管片接缝的防水

装配式钢筋混凝土管片，其接缝是防水的薄弱环节，极容易产生漏水和渗水现象。因此，要提高管片的制作精度（如采用钢模），要解决好管片的结构和嵌缝材料。管片间可设密封防水沟槽。对接缝防水材料的要求：保证在设计水压下不漏水，能承受盾构千斤顶的推力、压注防水材料的压力、拧螺栓时的扭力、土压力和自重所产生衬砌结构的内力，并且要有足够的粘结力和流动性，要有一定的弹性，还要有耐久性和稳定性，而且安装后能立即承受荷载。

既能够满足以上要求，又能适应管片接缝间隙的改变，通常是在接缝部位采用一种特制的弹性密封垫防水。根据密封垫的部位分为接缝防水密封垫、承压传力衬垫和防水嵌料三部分。

（3）螺栓孔的防水

管片拼装后，常从螺栓孔产生渗漏水，可以采取以下措施：

1）防水密封圈。在环纵面的螺孔外设一浅沟槽，上置防水密封圈，靠拧紧螺帽的紧固力达到止水。

2）封孔止水。在肋腔内的螺栓孔中，放一倒锥形垫圈，拧紧螺帽，弹性倒锥形垫圈被挤入螺栓孔和螺栓四周，达到止水目的。

3）膨胀塞缝止水。在螺纹末端放入弹性垫圈，拧紧螺帽，弹性体被压实而止水。

4）加止水罩防水。在螺帽外加止水铝罩防止水从螺栓孔渗入。

（4）衬砌内外的防水处理

拼装完毕后，在工程趋于稳定的情况下，可进行防水处理，通常采用以下方法：

1）设置内衬套。构筑内衬前，通常先设置卷材防水层、喷涂防水层或喷射混凝土作防水层，然后构筑内衬套。内衬套的形式不一，有的是构筑混凝土整体内衬砌，其厚度根据防水需要确定；有的是设置各种轻型衬套。不管采用哪一种形式，在内外衬砌间均需设置防水材料。

2）设置防水槽。防水槽是在内防水层内侧预设螺孔，埋设螺栓连接件，如遇管片接缝漏水，即在渗漏处敷上导水板，导水板用预埋的螺栓固定，经导水板流入集水井，以便及时抽排掉，保持隧道内干燥。

3）衬砌外注浆。通常是压注水泥砂浆，注浆作业工艺需满足相关规范的要求。

3. 顶管法防水设计

顶管法施工中管节主体材料采用抗渗混凝土，在混凝土抗渗等级满足的情况下一般不易产生渗漏。其接缝是防水的薄弱环节，极容易产生漏水和渗水现象，故顶管法的防水设计主要是其管节间接缝的防水。

混凝土管节接头一般采用钢承口和双插口接头，如图 4-29 和图 4-30 所示。两种方式

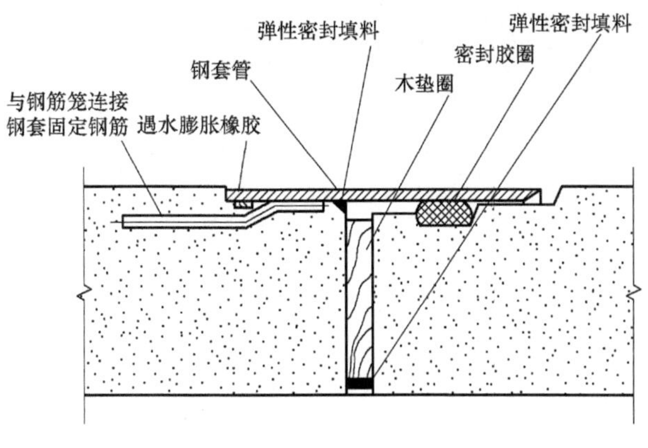

图 4-29　钢承口接头

中应优先选用钢承口接头。

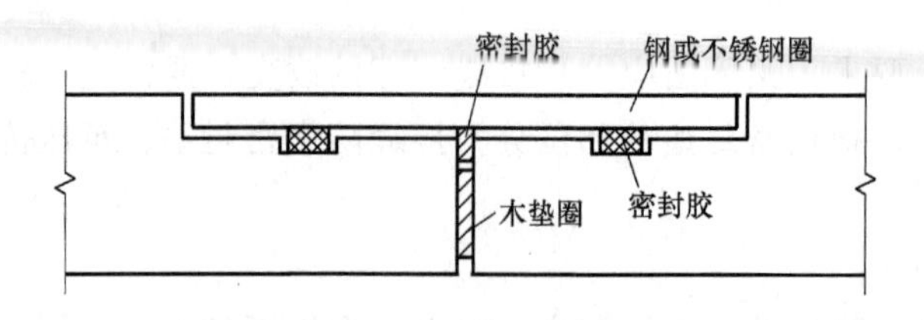

图 4-30　双插口接头

钢承口接头应注意，钢套管与混凝土的接缝应采用弹性密封填料勾缝，接头的钢套管必须具有良好的防腐措施。对于两种形式的接头，均应在混凝土管传力面上设置环形木垫圈，并用胶粘剂粘在传力面上。

第5章　入廊管线设计

纳入综合管廊的城市工程管线主要有给水、再生水、雨水、污水、天然气、热力、电力、通信等。纳入综合管廊的管线应进行专项管线设计，以综合管廊总体设计为依据，符合 GB 50838 及各专业管线相关规范的规定。

5.1　给水、再生水管道

5.1.1　设计原则

(1) 给水、再生水管道的设计应以满足用户用水服务需求、满足管廊运维要求并预留必要的发展空间为前提。

(2) 管廊内输水、配水管道的管径应通过计算确定，必要时还应进行配水管网平差计算，因规划阶段的设计深度有限，设计阶段需进行复核计算。考虑到管廊的使用期限较长，设计应考虑远期管径增加的可能性。

(3) 给水、再生水管道应考虑水锤的影响，必要时应进行水锤分析计算，并对管路系统采取水锤防护设计，根据管道纵向布置、管径、设计水量、功能要求，确定空气阀的数量、形式、口径。

5.1.2　管材、接口及支撑

1. 管材及接口

给水、再生水管道可选用钢管、球墨铸铁管、钢塑复合管、化学管材等。由于综合管廊内给水、再生水管道均为明装，管道需有一定的刚度以避免意外碰撞等外压对其造成的破坏，优先选用钢管和球墨铸铁管；若使用钢管，需进行可靠的防腐处理。但具体采用哪种管材应结合管径、造价、使用条件等因素经综合技术经济比较后确定。

受综合管廊投料口大小的限制，管廊中管材长度的选用与埋地管道有所不同，需根据投料口尺寸确定每节管段的长度。

综合管廊存在各种转向弯角，且各种管廊节点处给水、再生水管道需避让其他管道或进行出线，因此，综合管廊内的给水、再生水管道需设置各种弯管和三通、四通等，为满足其定位和设置要求，选择管材时需考虑所选用的管材是否可选用现有的成品管件。由于钢制管件具有现场制作容易且便于加工的特点，宜在综合管廊的给水设计中使用，钢制管件的制作可参照国家建筑标准图集《钢制管件》02S403。

管道接口宜采用刚性连接，管径小于 *DN*400 的钢管可采用沟槽式连接，球墨铸铁管采用柔性接口时可采用自锚式接口、法兰连接或支墩连接。

2. 防腐

给水、再生水管道采用金属管道时应采取防腐措施。

钢管内防腐可采用水泥砂浆内衬、环氧粉末涂层或塑料材料内衬等；外防腐可采用塑料粉末涂层及涂装防腐漆等，并应符合《给水排水管道工程施工及验收规范》GB 50268—2008 的有关规定。球墨铸铁管内防腐宜采用普通硅酸盐水泥衬里，也可采用水泥砂浆内衬加环氧密封涂层或聚氨酯涂层；外防腐采用锌层加合成树脂终饰层，并应符合相关标准的规定。

此外，给水管道的防腐应符合《生活饮用水输配水设备及防护材料的安全性评价标准》GB/T 17219—1998 的有关规定。

3. 支撑

给水、再生水管道应根据管廊断面布置、管径大小及管道连接方式等确定支撑形式，支撑形式可采用支（吊）架或支墩。

管道的支撑形式、间距、固定方式应根据不同管材特性及运行工况通过计算确定，并应符合《给水排水工程管道结构设计规范》GB 50332—2002 的有关规定。非整体连接管道在垂直和水平方向转弯、分支、管道端部堵头以及管径变化等处设置支（吊）架或支墩，应根据管径、转弯角度、管道设计内水压力和接口摩擦力等因素确定。

管线支（吊）架与主体结构的连接，应固定在对应预埋件、锚固件上。

5.1.3 管道布置

(1) 给水、再生水管道在综合管廊内的布置位置根据综合管廊断面设计确定，并应与综合管廊的线形保持一致；

(2) 给水、再生水管道与其他入廊管线在管廊内的分舱与布置原则见本书 3.3.3 小节；

(3) 给水、再生水管道与其他管线交叉时的最小垂直净距不宜小于 0.15m；

(4) 给水、再生水管道在管廊内的安装净距应满足 GB 50838 的要求，当管径等于或小于 *DN*400，并采用支架安装时，在满足安装净距的前提下，与管廊侧壁的净距可适当减小；

(5) 若特殊情况下再生水管道布置于给水管道上方时，应尽量避免再生水管道布置于给水管道的正上方，且接口不应重叠；

(6) 在综合管廊的各类节点处，为满足各种管道的安装及出线要求，给水、再生水管道等压力流管道宜避让重力流排水管道、小管径管道宜避让大管径管道、分支管线宜避让主干管线；

(7) 输水管一般不出线或仅在相交管廊（道路）交叉口分出支线，可通过管廊交叉口或管线分支口实现；而配水管需向周边地块用户配水，可通过管线分支口实现配水，配水管负有消防给水任务时，可采用从廊内配水管道上设置三通管件引出消防支管。

5.1.4 管廊节点管道布置

综合管廊断面为各专业工程管线平行布置的最小断面，在管线分支口、管廊交叉口、端部节点以及综合井处，管廊断面会局部拓宽、加高或下沉，各专业管线也需同时进行特殊处理后满足与廊内外管道的连接，给水、再生水管道以及其他专业管道在上述节点处的处理方式如下：

1. 管线分支口

管线分支口处管廊断面会局部拓宽、加高或下沉，给水、再生水管道通过三通引出支管至廊外。为避免管道压力损失较大及产生不必要的水锤，管廊内管道宜采用45°及以下角度的弯头。如图5-1～图5-3所示。

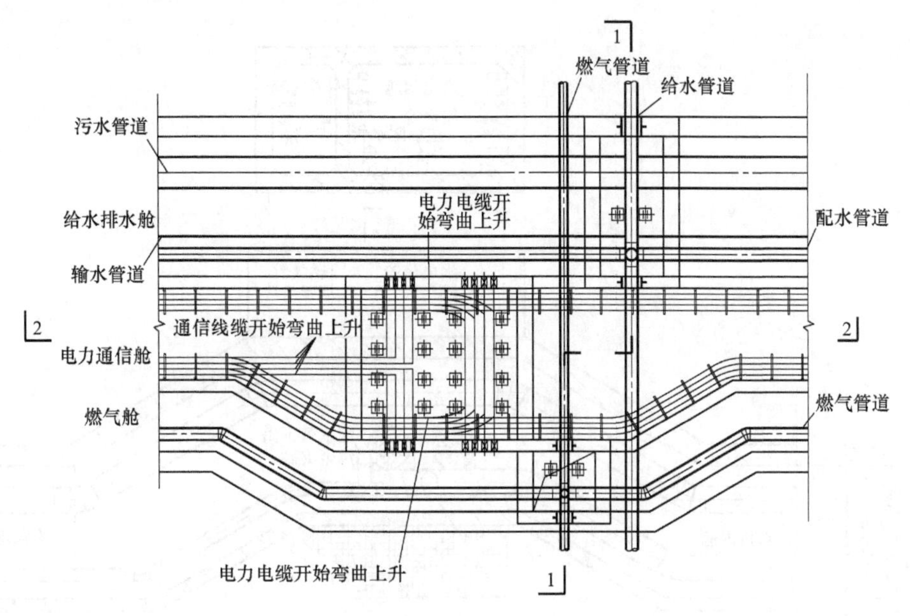

图5-1　管线分支口管道出线平面示意图

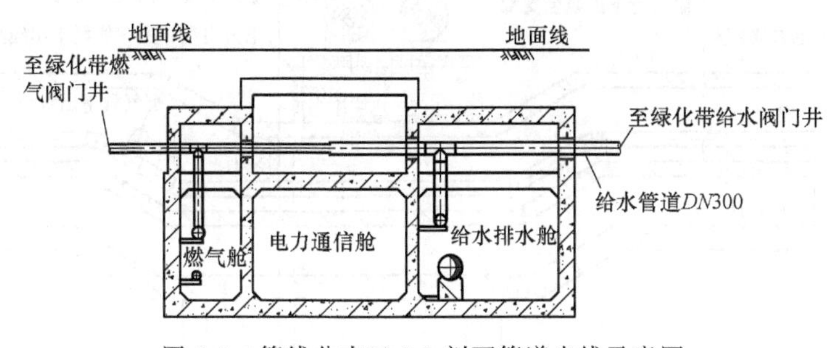

图5-2　管线分支口1-1剖面管道出线示意图

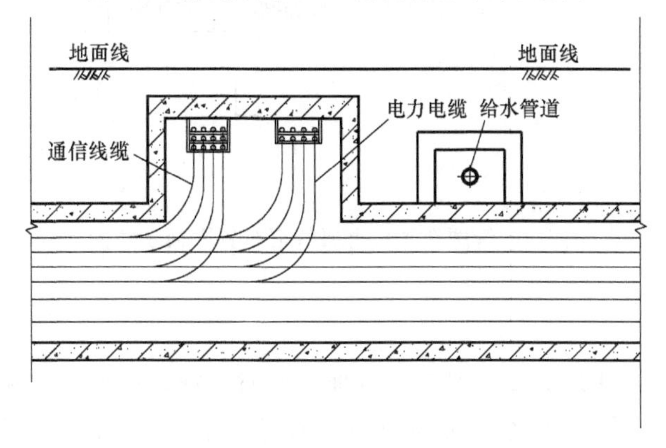

图5-3　管线分支口2-2剖面管道出线示意图

2. 管廊交叉口

管廊交叉口处两条管廊上下交叠，形成多层结构，且交叉口处管廊会局部横向扩宽，给水、再生水管道通过在重叠处开设的孔洞采取上翻或下卧的形式进行连接。如图 5-4～图 5-7 所示。

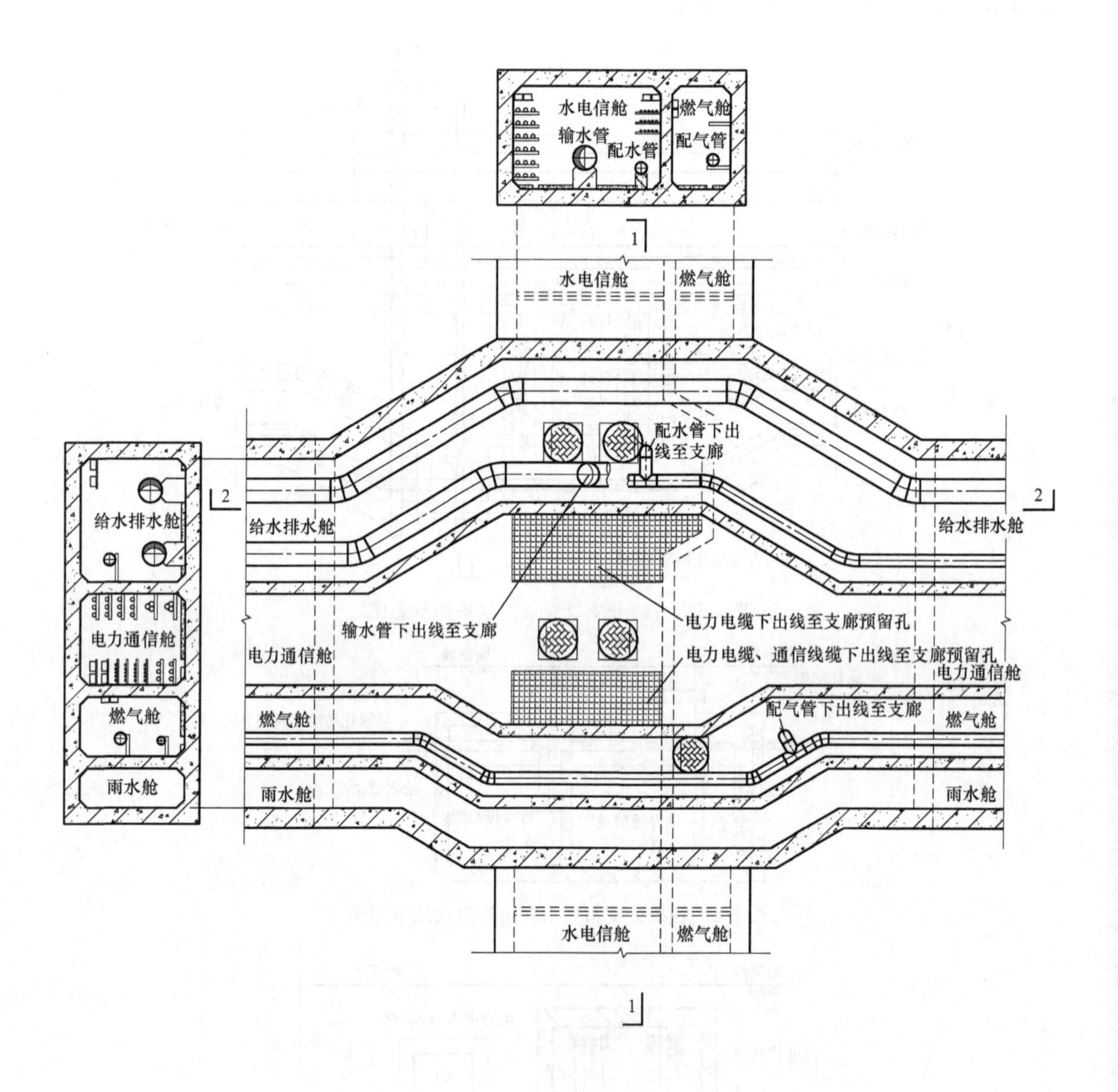

图 5-4　管廊交叉口上层管道布置平面示意图

3. 端部节点

综合管廊内管道的埋设深度一般会比直埋敷设时要深，因此，在端部节点处管廊会局部拓宽和加高，给水、再生水等压力流管道通过弯头将管道引至管廊外。如图 5-8 和图 5-9所示。

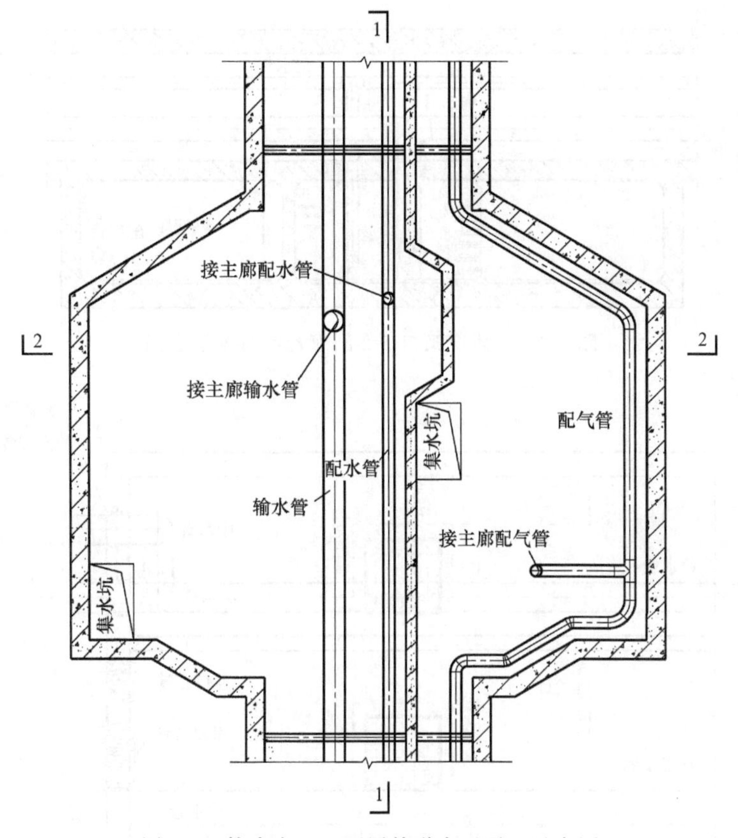

图 5-5　管廊交叉口下层管道布置平面示意图

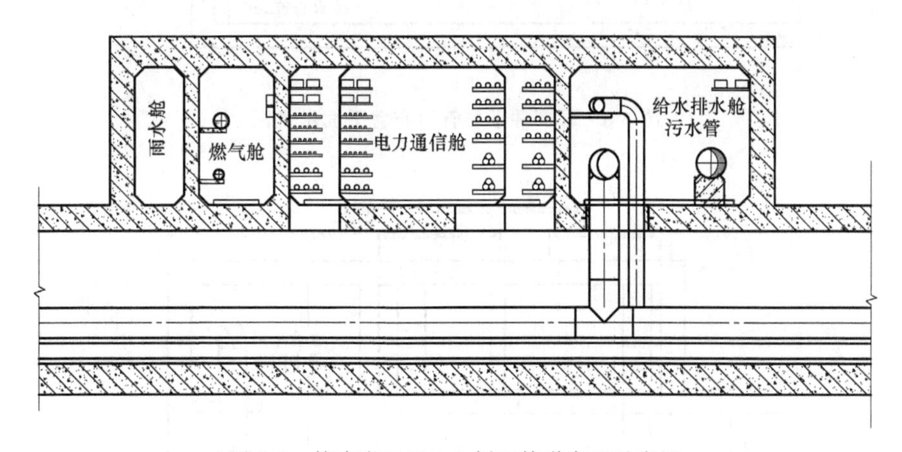

图 5-6　管廊交叉口 1-1 剖面管道布置示意图

4. 综合井

各类综合井处管廊断面一般会局部拓宽、加高或下沉，给水、再生水管道的避让方式与管廊交叉口及端部井处一致。

5.1.5　附属设施

给水、再生水管道在综合管廊内敷设时一般需设置阀门、排气阀、泄水阀、吊钩、伸

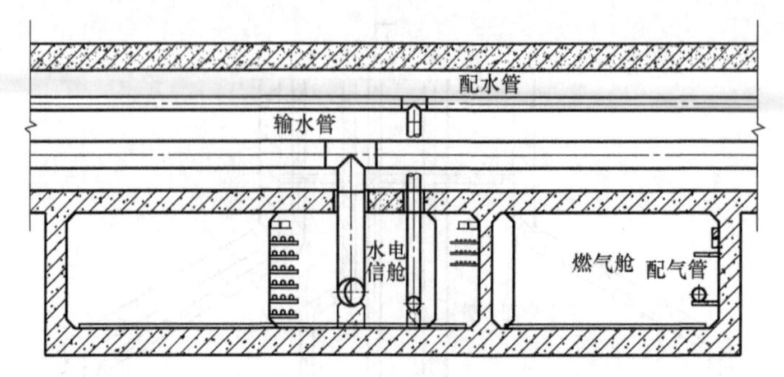

图 5-7　管廊交叉口 2-2 剖面管道布置示意图

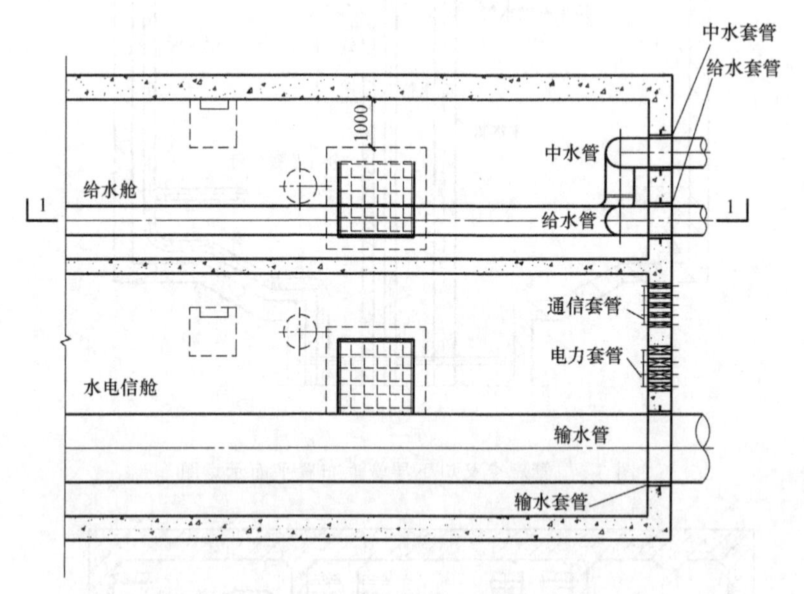

图 5-8　端部井下层管道布置平面示意图

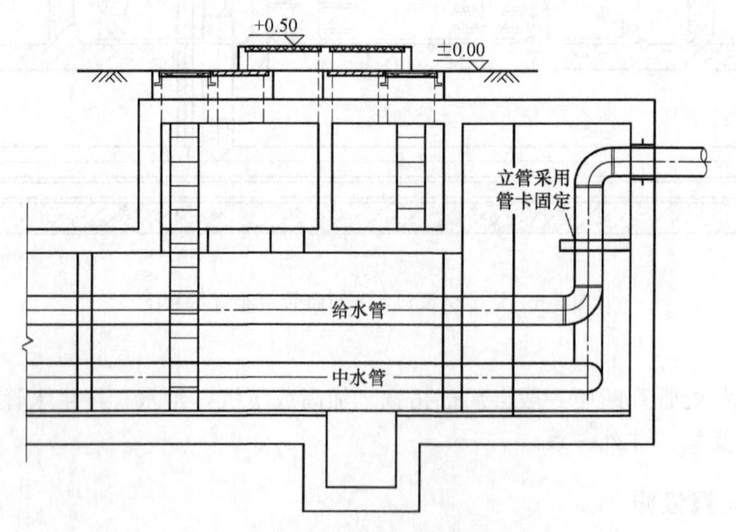

图 5-9　端部井管道布置剖面示意图

缩管配件、防水套管等附属设施，配水支管负有消防任务时需设置市政消火栓。

1. 阀门

给水、再生水管道在进出管廊处以及分支处一般需设置阀门。进出管廊处的阀门可根据当地自来水公司的要求设置在廊外或廊内；分支处的阀门一般设置在分支管道起端。给水、再生水管道通过管线分支口接出管廊后需设置阀门井。

输水管道还应考虑自身检修和事故维修的需要设置阀门，并考虑阀门拆卸方便。负有管廊外部消防任务的给水管道设有市政消火栓时，给水管道应采用阀门分成若干独立段，每段内室外消火栓的数量不宜超过5个。

为便于管道安装及维护，阀门宜设置在靠近投料口和管道分支处。

阀门宜选用电动阀门，以确保发生爆管事故时在最短时间内切断事故点周边水源。

2. 排气阀

给水、再生水输配水管道排气设施设置原则与室外给水管道相同。管道隆起点上应设排气装置，并根据管道竖向布置、管径、设计水量、功能要求，确定排气阀的数量、形式、口径。当管道竖向布置平缓时，宜间隔1000m左右设一处排气装置。配水管道可根据实际需要设置排气装置。

宜采用自动排气阀，管道间净距不够设置排气阀时，可采用管顶侧开叉的形式设置。

3. 泄水阀

给水、再生水输配水管道泄水设施设置与室外给水管道相同。给水、再生水管道应在低洼处及阀门间管段最低处设置泄水阀，并通过管道排至管廊排水边沟或集水坑中。泄水阀的直径，可根据放空管道中泄水所需要的时间通过计算确定。泄水阀大样如图5-10所示。

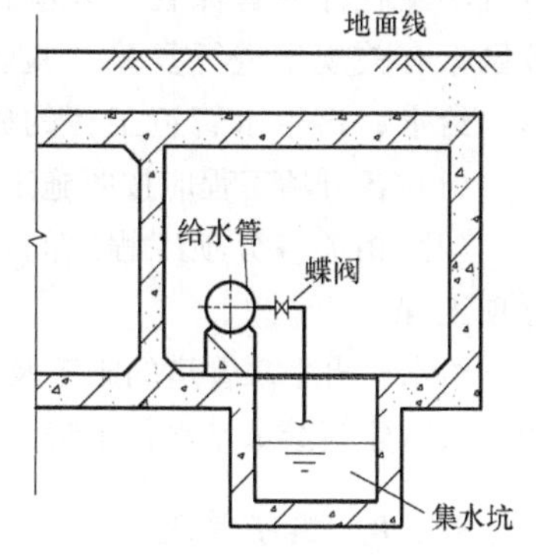

图 5-10　泄水阀大样图

4. 吊钩

综合管廊顶板处，应设置供给水、再生水管道及附件安装用的吊钩、拉环或导轨。吊钩、拉环间距不宜大于6m。

5. 伸缩管配件

整体连接的管道应根据伸缩量在适当间距单独或结合阀门安装伸缩管配件，以防止管道伸缩效应产生的不良影响。

6. 防水套管

给水、再生水管道穿越管廊壁时，应设置防水套管。防水套管具体结构形式选择应满足现行国家标准图集的要求。

管道穿管廊壁处会承受振动和管道伸缩变形，此外，综合管廊防水要求较高，宜采用柔性A型防水套管、Ⅱ型密封圈。

7. 压力检测

由于管廊是封闭式的结构，给水、再生水管道一旦发生爆管，必须马上停水抢修，否则将会出现水淹管廊的现象，严重时甚至会危及其他工程管线及配套附属设施的安全运行。因此需要分段对管道进行压力检测，以使监控人员能及时了解给水管网的运行状况，并根据管网压力的变化分析判断爆管点的位置，然后关闭爆管点两侧的分段阀门，组织抢修。

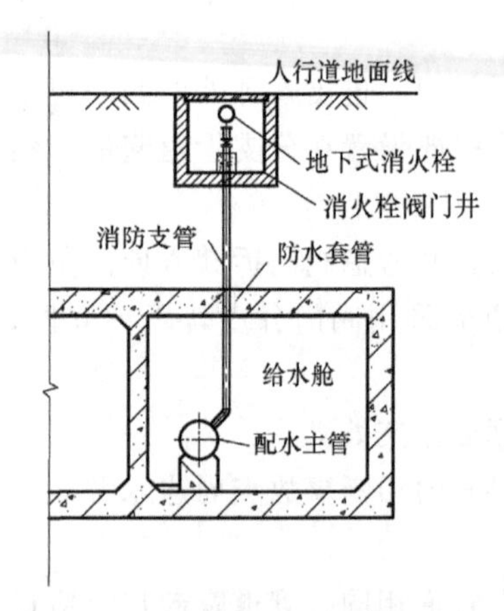

图 5-11 消火栓大样图

8. 消火栓

负有管廊外部消防任务的配水管道应每隔 80～120m 设置一处消火栓，每处消火栓从主管上设置三通管件引出 *DN*100 支管并通过在管廊顶部预留的防水套管伸出管廊，同时根据道路人行道、绿地及建筑外墙等设置消火栓井，并应符合《消防给水及消火栓系统技术规范》GB 50974—2014 及《室外给水管道工程及附属设施》07MS101—1 的相关要求。具体采用地上式消火栓还是地下式消火栓，需根据当地消防部门（或侧壁）及其他行政主管部门的意见进行选择。消火栓大样如图 5-11 所示。

5.1.6 水压试验

给水、再生水管道安装完成后应进行水压试验，水压试验应符合现行国家标准《给水排水管道工程施工及验收规范》GB 50268—2008 的有关规定。

5.1.7 施工及验收

工程所用的管材、管道附件、构（配）件和主要原材料等产品进入施工现场时必须进行进场验收并妥善保管，并应检查相关质量合格证书、性能检验报告、使用说明书等，并按国家有关规定进行复验，验收合格后方可使用。

给水、再生水管道工程的施工质量控制一般应符合下列规定：

（1）各分项工程应按照施工技术标准进行质量控制，各分项工程完成后，必须进行检验；

（2）相关各分项工程之间，必须进行交接检验，未经检验或验收不合格不得进行下道分项工程。

给水、再生水管道的施工及验收应符合《给水排水管道工程施工及验收规范》GB 50268—2008 及《建筑给水排水及采暖工程施工质量验收规范》GB 50242—2002 的有关规定。

5.1.8 维护管理

给水管道的维护管理应符合现行行业标准《城镇供水管网运行、维护及安全技术规程》CJJ 207—2013 的有关规定。

给水、再生水管线权属单位应确保各自管线的安全运营，同时配合综合管廊运营管理单位工作。

给水、再生水管线权属单位应编制年度管理维修计划，同时报送综合管廊运营管理单位，经协调后统一安排管线的维修时间。

5.2 排水管渠

5.2.1 设计原则

（1）排水管渠设计应与城市总体规划、综合管廊工程规划、雨水（含海绵城市专项规划、防涝综合专项规划）及污水专项规划相协调。

（2）排水管渠入廊应综合考虑路面高程、排水管道高程及坡度、管廊竖向高程，因地制宜地实施排水管渠入廊。

（3）纳入综合管廊的排水管渠，应以重力流为主，不设或少设提升泵站，当无法采用重力流或重力流不经济时，可采用压力流。

（4）排水管渠设计水量、断面尺寸及形状、坡度、充满度、流速、设计重现期等参数设计时应符合《室外排水设计规范》GB 50014—2006（2016 年版）的有关规定。排水管渠应按规划最高日最高时设计流量确定其断面尺寸，并应按近期流量校核流速，同时考虑远景发展的需要和为管道达到使用年限后进行改造实施预留断面空间。

（5）纳入综合管廊的排水管渠应采用分流制。

5.2.2 管材、接口及支撑

1. 管材及接口

排水管道可选用钢管、球墨铸铁管、塑料管和其他满足设计使用和敷设要求的管材。重力流排水管道应选择能承受一定内压的管材，排水管道的公称压力不宜低于 0.2MPa。压力管道宜采用刚性接口，管径小于 *DN*400 的钢管可采用沟槽式连接，球墨铸铁管采用柔性接口时可采用自锚式接口、法兰连接。

结合管廊工程实际，管材选择时应从使用寿命、抗渗性能、防腐能力、施工难易程度及管材价格等多方面进行分析，综合比选确定。见表 5-1。

管材性能比选一览表 **表 5-1**

管材性能	钢管	球墨铸铁管	新型化学管材(塑料管)
使用寿命	较短	较长	长
抗渗性能	较强	强	强
防腐能力	易锈蚀,防腐性能较弱	不易锈蚀,防腐性能好	不易锈蚀,防腐性能好
承受外压	可深埋,能承受较大外压	可深埋,能承受较大外压	较差,易变性
接口形式	现场焊接,刚性接口	自锚式接口,柔性接口	套筒接口,橡胶圈止水
粗糙度	n=0.013,水损大	n=0.011～0.013,水损较大	n=0.010,水损较小
重量及运输	重,运输、安装较麻烦	重,运输、安装较麻烦	轻,运输、安装方便灵活
综合单价	较高	高	高

2. 防腐

排水管道采用金属管道时应采取防腐措施，防腐措施应符合环保要求。钢管内防腐可采用环氧粉末涂层、铝酸盐水泥或塑料材料内衬等；外防腐可采用环氧粉末涂层及涂装防锈漆等，并应符合相关标准的规定。球墨铸铁管内防腐宜采用铝酸盐水泥内衬，也可采用聚氨酯涂层或环氧陶瓷涂层；外防腐宜采用锌层加合成树脂终饰层，并应符合相关标准的规定。

3. 支撑

排水管道的支撑形式、间距、固定方式应通过计算确定，并应符合现行国家标准《给水排水工程管道结构设计规范》GB 50332—2002 的有关规定。一般来讲，管廊内排水管道采用支架或支墩支撑的方式。在实际工程案例中，入廊排水管道若为压力流且管径较小时，通常可采用支架支撑的方式，布置于管廊上方；入廊排水管道为重力流且管径大于等于 $DN300$ 时，宜采用支墩支撑的方式，布置于管廊底部，并设置卡箍，避免将大口径排水管道采用支架支撑的形式或者悬吊的形式设置在舱室的上方或侧面。还需要注意的是，管道采用柔性连接时，应在水力推力产生处设置止推墩；承压式压力排水管道应根据管径、流速、转弯角度、试压标准和接口的摩擦力等，通过计算确定在垂直或水平方向转弯处设置支墩。

5.2.3 入廊排水管渠设计

在实际工程中，雨污水管线纳入管廊的要求不尽相同，雨水可采用管道或者利用管廊结构本体纳入管廊，一般雨水管管径较大，故雨水多考虑利用管廊结构本体纳入管廊的方式。利用管廊结构本体输送雨水时，可采用独立舱室或采用管渠与其他管道共舱，当与其他管道共舱时，雨水渠道结构空间应完全独立和严密，并应采取防止雨水倒灌或渗漏的措施，且应保证雨水舱室内壁光滑，粗糙度可参照钢筋混凝土管道粗糙度数值相关要求。然而对于污水管道，考虑到综合管廊结构寿命按照100年设计，且污水管道内污水容易产生 H_2S 等有害气体，溶解于水后会产生腐蚀性物质，缩短管道结构寿命，故污水多要求采用管道输送的方式入廊。

同时，还应将城市排水防涝与城市地下综合管廊、海绵城市建设协同推进，在进行综合管廊设计时做到与海绵城市“渗、滞、蓄、净、用、排”六大理念的有机结合，并充分发挥管廊对降雨的收排、适度调蓄功能。

1. 排水管渠平面设计

(1) 入廊排水管线的安装间距应符合 GB 50838 断面设计章节的有关规定；

(2) 排水管渠在综合管廊内的布置位置根据综合管廊断面设计确定，并应与综合管廊的线形保持一致；

(3) 一般而言，采用重力流方式入廊的排水管线布置于管廊底部，并综合考虑排水管渠的检查井、通风、冲洗设施布置需求；

(4) 压力流排水管道多用于泵房出水管或跨越河道等障碍物及其他情况，采用压力流的排水管线可选择布置于管廊上方，且由于流速较高，堵塞可能性较小，一般需考虑在高点设置排气装置，其余可参考给水管道进行设计。

2. 排水管渠竖向设计

(1) 重力流排水管渠宜与综合管廊同坡敷设；当受地形条件限制，综合管廊坡度无法满足排水管渠坡度要求时，局部排水管渠可与综合管廊非同坡敷设。当综合管廊坡度有起伏时，排水管渠应根据坡度，分析出路，分段排至下游雨污水管渠。

(2) 交叉处理

1) 管廊交叉口处理方案应结合排水管接入要求进行调整，两条管廊的排水管所在舱室宜平交处理，考虑到投资因素，其他舱室（均为非重力流管线）宜通过上弯或下弯形式避让排水管线所在舱室以实现连接，降低管廊交叉处的埋深。

2) 与廊外雨水管道竖向交叉时，通常情况下需要雨水管避让管廊，无法避让时，优先考虑廊外雨水管道倒虹避让方式。

3）与廊外其他管线竖向交叉时，通常情况下需要其他管线避让管廊。若其他管线无法避让，需管廊倒虹避让时，宜优先选用排水管道局部出舱避让的方式，若排水管道不具备局部出舱避让的条件，可采取排水管道跟随管廊倒虹避让的方式。

4）当雨污水管线有交叉时，应优先考虑雨水管线避让污水管线的方式。

5.2.4 附属构筑物

纳入综合管廊的排水管渠应根据需要设置检查井、检查口、清扫口、检修闸门/闸槽、雨水口、排气阀、排空装置等附属构筑物。

1. 检查井

综合管廊内的排水管渠应在管道转弯处、管径或坡度改变处以及直线管段上每隔一定距离处设置内置检查井。检查口或直接通至外部的检查井。内置检查井或检查口应严格密封，且在内置检查井或检查口处，宜设置供管道清通设备使用的用电插座。

（1）污水管道

污水检查井的设置通常兼具多种作用，如支管接入、通气、检修和清通等。结合实际工程案例及经验，污水管道入廊后，污水内置检查井设置方式归纳为以下两种方案：

方案一：采用市政排水模式，每隔一定距离于廊内设置污水检查井，廊内污水检查井直接竖直伸出地面，接户管从管廊顶部接入，管道堵塞时可从管廊外部进入检查井进行疏通，管道的维护可进入舱室进行（见图 5-12）。此方案将孔口全部设置在管廊外侧，保障了污水管道的正常使用与检修，但会造成舱室利用率比较低，且检查井设置过于频繁，会影响管廊的整体性，失去污水入廊的意义。

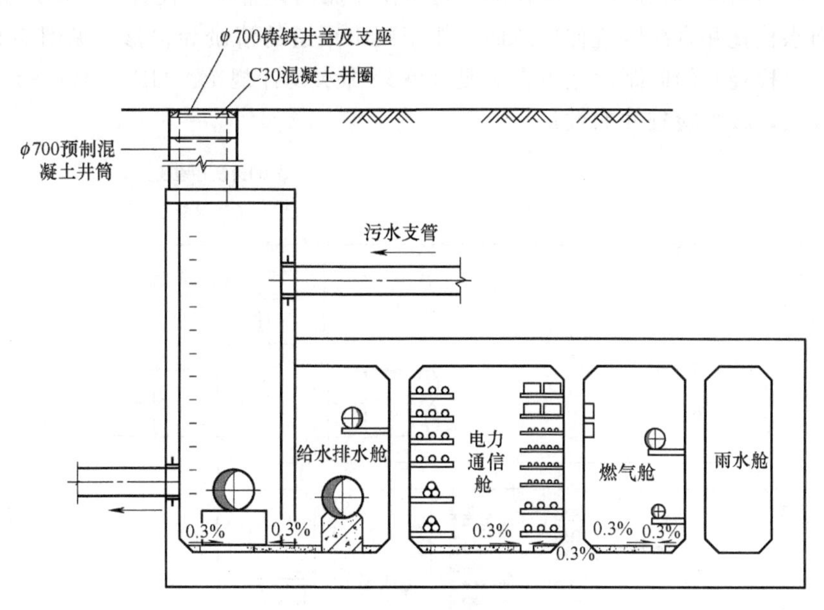

图 5-12　污水检查井大样图（一）

方案二：采用每隔一定距离于廊内设置立体三通密封检查井方式，起到污水支管与主管的连通，并兼具检查口与清扫口功能，保障管道日常检修与疏通，针对污水管道通气要求，设置通气管保持与大气连通（见图 5-13）。此方案可在管廊内部完成污水管道安装、检修与疏通，但是市政污水水质成分复杂、堵塞几率较大，一旦污水泄漏，会对廊内卫生环境产生较大影响。

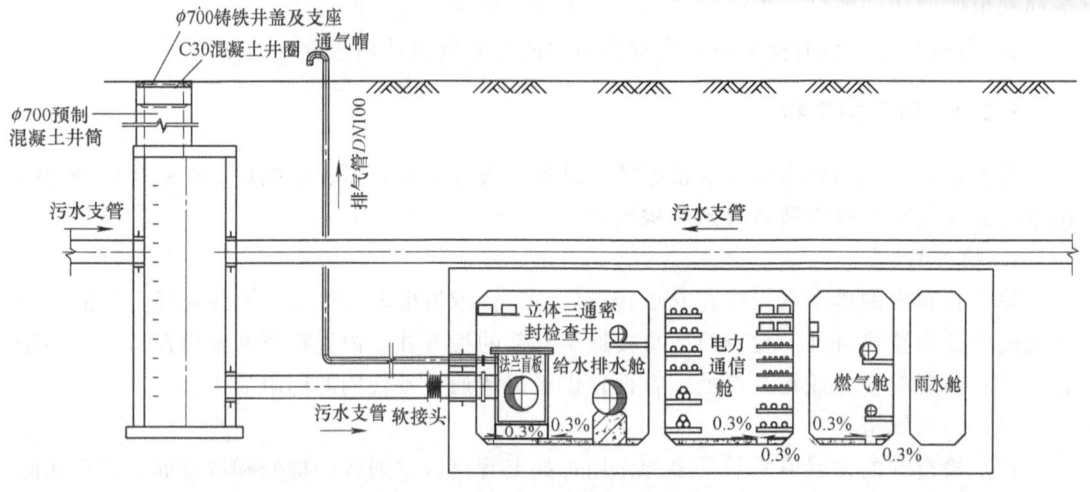

图 5-13　污水检查井大样图（二）

综合两种方案的特点，可在实际工程案例中结合各种功能的需求将两种方式进行整合设置。

（2）雨水管道

雨水纳入综合管廊当采用管道排水方式时，检查井的设置可参考污水检查井设置方法。利用管廊结构本体入廊时，应每隔一定距离于廊内设置雨水检查井，接户管从管廊顶部接入，雨水检查井直接竖直伸出地面，便于雨水渠道的清淤和检修（见图 5-14）。实际工程案例中，检查井的间距设置可在满足《室外排水设计规范》GB 50014—2006 的前提下，适当放大，减少检查井的数量。

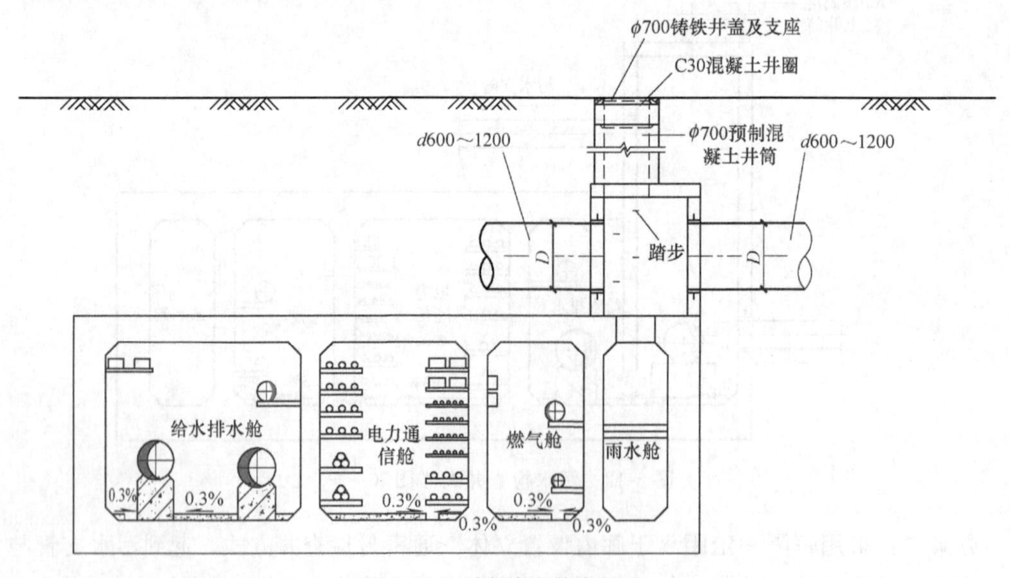

图 5-14　雨水检查井大样图

2. 检修闸门/闸槽

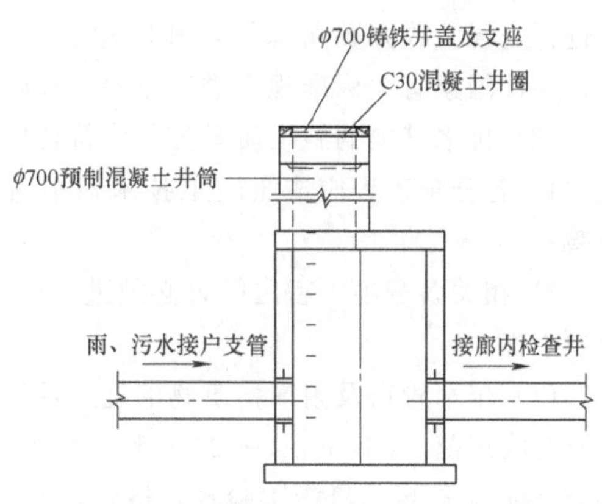

图 5-15 检修闸门/闸槽井大样图

排水管渠入廊后仍需按直埋敷设方式，每隔一定距离设置接户支管，故排水管渠进入综合管廊前，应设置检修闸门或闸槽（见图 5-15），以满足接户需求，并兼顾管渠事故检修、通风、清疏等功能。

同时，重力流污水管道进入综合管廊前应设置沉泥井，并考虑采取措施定期对管廊内的污水管进行冲洗防淤；有条件时，雨水管渠进入综合管廊前宜设置沉泥井。故在实际工程中，可将沉泥井与检修闸门或闸槽结合设置，即将检修闸门或闸槽井底部下降一定高度，达到沉泥的作用。

3. 通气装置

入廊排水管渠应注意考虑通气装置的设计，压力流管道高点处应设置排气阀，重力流管道的通气装置一般结合检查井一同设置。通气装置应直接引至综合管廊外部安全空间，并与周边环境相协调，避开人流密集或可能对环境造成影响的区域。当采用通气管伸出地面时，其高度不宜低于 2.0m。

4. 排空装置

综合管廊内的排水管渠应设置排空装置以便于检修，排空装置宜设置于管渠低点以及每隔一定距离处。并宜通过未入管廊的下游或周边排水管道排至管廊处。

污水管道无法自流排出时，可通过廊内检查井或排至外部设置的集水井经提升后排出；雨水管渠的排空可接至廊内集水坑，通过排水泵排出。

5. 雨水口

入廊前，仍采用以往直埋的方式，每隔一段距离，在道路两边设置雨水口用于收集雨水，雨水口布置间距应符合《室外排水设计规范》GB 50014—2006（2016 年版）的有关规定。在实际工程案例中，一般可将 2～3 个雨水口进行串联后接入管廊雨水检查井，并适当放大雨水口联络管管径，在雨水口内宜设置沉泥槽，以减少沉积物进入廊内雨水管渠。

5.2.5 闭水试验

纳入综合管廊的排水管渠和附属构筑物应保证其严密性，重力流排水管渠、检查井、检查口应进行闭水试验，压力流排水管道应进行水压试验。

排水管渠的功能性试验应符合现行国家标准《给水排水管道工程施工及验收规范》GB 50268—2008 的有关规定。

5.2.6 施工及验收

（1）从事排水管渠施工安装的单位应具备相应的施工资质，施工人员应具备相应的资格。

（2）工程所用的管材、管道附件、构（配）件和主要原材料等产品进入施工现场时必须进行进场验收并妥善保管，并应检查相关质量合格证书、性能检验报告、使用说明书等，并按国家有关标准规定进行复验，验收合格后方可使用。

(3) 排水管渠的施工质量控制应符合以下规定：

1) 各分项工程应按照施工技术标准进行质量控制，各分项工程完成后，必须进行检验；

2) 相关各分项工程之间，必须进行交接检验，未经检验或验收不合格不得进行下道分项工程。

(4) 排水管渠及附属构筑物的施工及验收应符合现行国家标准《给水排水管道工程施工及验收规范》GB 50268—2008 和《给水排水构筑物工程施工及验收规范》GB 50141—2008 的有关规定。经竣工验收合格后，方可投入使用。

5.2.7 维护管理

(1) 排水管渠的维护管理应符合现行行业标准《城镇排水管道维护安全技术规程》CJJ 6—2009 和《城镇排水管渠与泵站运行、维护及安全技术规程》CJJ 68—2016 的有关规定。

(2) 利用综合管廊结构本体的雨水渠，每年非雨季清通梳理不应少于两次。

(3) 应重视排水管渠对综合管廊内环境卫生的影响，运营管理单位应采取相应措施应对综合管廊内潮湿、有害气体对运营维护的风险，巡视维护人员应采取防护措施，配备防护装备。

(4) 纳入排水管渠的舱室内应设置环境检测设备，通过监控及时反馈，并对有毒有害气体进行预警，保障管廊内维护人员的安全。其中 H_2S、CH_4 气体探测仪宜设置在管廊内人员出入口和通风最不利处。

(5) 综合管廊运营管理单位对廊内排水管渠发生渗漏事故应有技术措施准备和具体应急操作预案。

(6) 排水管线权属单位应确保各自管线的安全运营，同时配合综合管廊运营管理单位工作。

(7) 排水管线权属单位应编制年度维护维修计划，同时报送综合管廊运营管理单位，经协调后统一安排管线的维修时间。

5.3 天然气管道

5.3.1 设计原则

(1) 纳入综合管廊的天然气管线一般为城镇天然气管线，目前鲜有将工业燃气管线纳入综合管廊的案例；

(2) 天然气管线设计应与城市天然气专项规划相协调，管径及供气规模应满足城市近期、远期及远景经济社会可持续发展的要求；

(3) 满足入廊管道功能的要求；

(4) 安全可靠、成熟先进、功能适用、利于实施以及运行经济的设计原则。

5.3.2 管道功能与设计参数

(1) 综合管廊内天然气管道功能应根据天然气发展规划、输配系统项目前期方案确定，入廊管道是区域天然气系统的组成部分，必须服从天然气利用整体规划与方案设计；

(2) 综合管廊内天然气管道设计参数中设计压力、运行压力、计算流量、管道规格由天然气利用整体规划与方案设计提供；

(3) 综合管廊内天然气管道设计及运行温度由气源条件、输配管网走向、管道介质运行温度、管廊环境温度等确定；

(4) 位于一级、二级地区的综合管廊内天然气管道的设计压力不宜大于 4.0MPa，位于三级地区的综合管廊内天然气管道的设计压力不应大于 1.6MPa，位于四级地区的综合管廊内天然气管道的设计压力不宜大于 0.4MPa，位于四级 A 类地区的综合管廊内天然气管道的设计压力不应大于 0.4MPa，低压管道不应进入综合管廊；

(5) 综合管廊内天然气管道应满足安装、检修、维护等作业要求。

5.3.3 天然气管道敷设要求

(1) 天然气管线与其他入廊管线在管廊内的分舱与布置原则见本书 3.3.3 小节；

(2) 综合管廊内的天然气管道宜为枝状供气；当为环状供气时，应能实现对天然气管网进行分片切断控制。

5.3.4 入廊天然气管道质量要求

城市地下综合管廊内敷设的天然气管道的输送介质应为符合现行国家标准《天然气》GB 17820—2012 的一类气或二类气，输送其他类别城镇天然气的管道不得进入。

5.3.5 管道强度

(1) 综合管廊内的天然气管道直管段壁厚应按公式 (5-1) 计算确定，且管道最小公称壁厚不应小于《城镇燃气设计规范》GB 50028—2006 的规定。

$$\delta=\frac{PD}{2\sigma_s F\phi} \tag{5-1}$$

式中 δ——钢管计算壁厚，mm；

P——设计压力，MPa；

D——钢管外径，mm；

δ_s——钢管的最低屈服强度，MPa；

F——强度设计系数，取 0.3；

ϕ——焊缝系数 。

(2) 综合管廊内用于改变方向的弯管弯曲后其外侧减薄处壁厚应不小于按公式 (5-1) 计算得到的计算厚度。

5.3.6 管材、连接方式及防腐

(1) 天然气管道应采用无缝钢管或埋弧焊接钢管，钢管的选用应符合现行国家标准

《石油天然气工业 管线输送系统用钢管》GB/T 9711—2017 的有关规定，钢管等级不应低于 PSL2，钢级不应低于 L245。管道和管道附件应进行冲击试验和落锤撕裂试验。

(2) 管廊内天然气管道之间及与分段阀门之间的连接应采用焊接，放散阀、放空阀、排水阀与管廊内天然气管道一端的连接应为焊接，另一端可为法兰连接。管道直径小于 50mm 的附件连接处，可采用螺纹连接。

(3) 钢质天然气管道宜进行 3PE 外防腐，并应符合现行行业标准《城镇燃气埋地钢质管道腐蚀控制技术规程》CJJ 95—2013 的有关规定。

5.3.7 管道布置

(1) 天然气管道外壁与舱壁间的净距不宜小于 200mm，管道管底与舱内地面的安装净距不应小于 0.3m。

(2) 天然气管道支架的间距应根据管道荷载、内压力及其他作用力等按照允许屈服强度进行计算，并在验算最大允许挠度后确定。

(3) 天然气管道宜采用低支墩（或支架）架空敷设，支墩（或支架）的设计宜满足管道抗浮的要求。

(4) 在引出的支状供气管道穿出舱壁处应采取防止舱室本体沉降损害管道的措施。

(5) 天然气管道进、出管廊和穿过防火隔墙时，应符合下列规定：

1) 天然气管道应敷设于套管中，且宜与套管同轴；

2) 套管内的天然气管道不应有焊接接头；

3) 套管内径应大于天然气管道外径 100mm 以上，套管与天然气管道之间的间隙应采用难燃且密封性能良好的柔性防腐、防水材料填实；

4) 套管应在管廊墙体内预埋，套管伸出管廊墙体表面的长度不应小于 200mm。

(6) 天然气管道沿线应设置标识在易于观察的位置，并能正确、明显地指示管道的走向和位置。设置位置应为管道转弯处、三通处、四通处、管道末端等。

5.3.8 管道补偿

(1) 综合管廊内的管道应进行柔性设计、应力计算等，合理设置管道支墩（架）等；

(2) 综合管廊内天然气管道敷设宜采用自然补偿。

5.3.9 阀门设置

(1) 阀门及管道附件等的压力级制应按管道设计压力提高一个等级选用。

(2) 管廊内的天然气管道应根据分段、分片切断的维护抢修需要设置截断阀门。分段阀门宜设置在管廊外；当设置在管廊内时，应选用全焊接球阀，且应具有远程控制功能。

(3) 舱内敷设的天然气管道进出舱室时，宜在舱室外设置具有远程控制功能的阀门。当由舱内敷设的天然气管道上引出支状供气管道时，支状管道应敷设在套管、支廊或管沟中，应在舱外设置支状管道阀门。

(4) 管廊内的天然气管道的两个截断阀门之间或一个切断片区单元内应设置放散管，并应在管廊外设置放散管阀门。

(5) 天然气舱内不应设置过滤、调压、计量等工艺设施。

（6）天然气管道进出天然气舱时，应在舱室外设置与舱外埋地敷设的天然气管道绝缘的装置。

（7）管廊内的天然气管道操作阀门手轮边缘与墙面净距不宜小于150mm。

5.3.10 检验规定及质量验收标准

（1）天然气管道施工及验收应符合现行行业标准《城镇燃气输配工程施工及验收规范》CJJ 33—2005的有关规定；

（2）天然气管道焊缝的射线探伤验收应符合现行行业标准《承压设备无损检测》NB/T 47013—2015的有关规定。

5.3.11 维护管理

（1）天然气管道系统运营应符合现行国家标准《燃气系统运行安全评价标准》GB/T 50811—2012的有关规定；

（2）综合管廊运营管理单位和天然气管道主体产权单位应制定完善的天然气管道的安全运行管理制度和操作规程、事故抢修制度和事故上报程序、分级审批制度和应急措施等，应符合现行行业标准《城镇燃气设施运行、维护和抢修安全技术规程》CJJ 51—2016的有关规定；

（3）综合管廊运营管理单位应配置呼吸器、通风式防毒面具、自动苏生器、担架、防爆测定仪、防爆对讲机、便携式泄漏气体测定仪、消防器材等设施，且应加强维护，使之始终处于完好状态；

（4）进入天然气管道舱室的人员应穿戴防静电工作服和无铁钉的鞋，严禁携带火种、非防爆型无线通信设施、非防爆机具和检测设备等进入天然气管道舱；

（5）综合管廊运营管理单位和天然气管道主体产权单位应定期与消防部门进行防火防爆应急预演，每年不应少于1次；

（6）天然气管道运行压力不应大于设计压力；

（7）对重大突发性事故，如火灾、爆炸事故、地震、洪灾、泄漏及爆管等紧急情况，必须及时采取应急措施，防止事态扩大，应协助公安消防及其他有关部门进行抢救；保护现场和疏散人员；

（8）天然气管道运行、管理人员应进行安全技术培训，经考试合格的人员方准上岗工作，以后每2年进行一次复审。

5.4 热力管道

5.4.1 设计原则

（1）热力管道的设计应与综合管廊及其他入廊管线相协调，管道的敷设应安全、合理，满足检修、通行以及其转弯半径的要求；

（2）热力管道与其他入廊管线在管廊内的分舱与布置原则见本书3.3.3小节；

（3）采用热水介质的热力管道可与给水管道、再生水管道、通信线路同舱敷设，但热力管道应高于给水管道、再生水管道，并且给水管道、再生水管道应做绝热层和防水层；

(4) 热力舱室内环境温度不应高于 40℃；

(5) 热力舱室应设独立的集水坑，集水坑内排水泵宜采用热水泵；

(6) 敷设输送介质为热水的热力管道时，逃生口间距不应大于 400m；当热力管道输送蒸汽或高温热水（水温超过 100℃）时，逃生口间距不应大于 100m。

5.4.2 管材及接口

热力管道应采用无缝钢管、保温层、外护管紧密结合成一体的预制管，预制管应符合国家现行标准《高密度聚乙烯外护管硬质聚氨酯泡沫塑料预制直埋保温管及管件》GB/T 29047—2012 和《玻璃纤维增强塑料外护层聚氨酯泡沫塑料预制直埋保温管》CJ/T 129—2000 的有关规定。

管道管材宜采用 Q235B、10 号钢、20 号钢，并应满足相应的设计压力、设计温度条件下的强度要求。

热力管道的连接应采用焊接，管道与设备、阀门等连接宜采用焊接；当设备、阀门等需要拆卸时，应采用法兰连接；公称直径小于或等于 25mm 的放气阀，可采用螺纹连接，但连接放气阀的管道应采用厚壁管。

5.4.3 附件与设施

1. 附件

热力管道应考虑热补偿，可采用自然补偿和管道补偿器两种形式。管道的温度变形应充分利用管道的转角管道进行自然补偿。

管道补偿器可采用套筒补偿器、波纹管补偿器、方形补偿器和旋转补偿器，选用管道补偿器时，应根据敷设条件采用维修工作量小、工作可靠和价格较低的补偿器。

补偿器应设置在两个固定支架之间，补偿器的补偿能力应满足两固定支架之间管段的热变形要求。

热力管道支座宜采用专业厂家预制生产的管道支座，避免采用施工现场加工、制作。

管道支座布置于支墩或钢结构支架上。

支吊架的设置和选型，应保证正确支吊管道，符合管道补偿、热位移和对设备（包括固定支架等）推力的要求，防止管道振动。

支吊架的装设应保证不影响设备检修以及其他管道的安装和扩建。

2. 设施

热力管网干线、支干线、支线的起点应安装关断阀门。

热力管道的关断阀门宜选用电动蝶阀，应具有远传功能，并可实现本地与远程操作，以便在热力管道发生泄漏时，及时关闭事故管段阀门，缩小事故影响范围。

热水热网干线应装设分段阀门。输送干线分段阀门的间距宜为 2000～3000m；输配干线分段阀门的间距宜为 1000～1500m；蒸汽管道可不安装分段阀门。

热水、凝结水管道的高点和低点（包括分段阀门划分的每个管段的高点和低点）应分别安装放气装置和泄水装置。

蒸汽管道的低点和垂直升高的管段前应设启动疏水和经常疏水装置。同一坡向的管段，顺坡时每隔 400～500m、逆坡时每隔 200～300m 应设启动疏水和经常疏水装置。

为了保证综合管廊内热力管道的安全正常运行，应对综合管廊内热力管道的压力、温度进行监测，一般阀门前后设本地压力表、温度计，并设置压力、温度变送器，将压力、温度参数上传至综合管廊集中控制中心。

5.4.4 保温与防腐

管道及附件必须进行保温，保温结构设计应符合国家现行标准《设备及管道绝热技术通则》GB/T 4272—2008、《设备及管道绝热设计导则》GB/T 8175—2008、《工业设备及管道绝热工程设计规范》GB 50264—2013 及《城镇供热管网设计规范》CJJ 34—2010 的有关规定。

管道及附件保温结构的表面温度不得超过 50℃。

热力管道及配件的保温材料应采用难燃材料或不燃材料。

保温层外应有性能良好的保护层，保护层的机械强度和防水性能应满足施工、运行的要求，预制保温结构还应满足运输的要求。

管道采用硬质保温材料保温时，支管段每隔 10～20m 及弯头处应预留伸缩缝，缝内应填充柔性保温材料，伸缩缝的外防水层应采用搭接。

热力管道应涂刷耐热、耐湿、防腐蚀性能良好的涂料，涂料的选用应符合国家现行标准《城镇供热管网设计规范》CJJ 34—2010 和《防腐蚀涂层涂装技术规范》HG/T 4077—2009 的有关规定。

常年运行的蒸汽管道及附件，可不涂刷防腐涂料。

5.4.5 压力试验

（1）压力试验方法和合格判定标准应符合《城镇供热管网工程施工及验收规范》CJJ 28—2014 的有关规定；

（2）热力管道压力试验应按强度试验、严密性试验的顺序进行；

（3）强度试验压力、严密性试验压力应按设计要求进行；设计无要求时应按照《城镇供热管网工程施工及验收规范》CJJ 28—2014 的规定执行；

（4）压力试验前，应确保试压管段范围内有可靠的排水设施。避免试压结束后管廊内积水。

5.4.6 施工及验收

（1）承担热力管道工程的施工单位应取得相应的施工资质，并应在资质许可范围内从事相应的管道施工。检验单位应取得相应的检验资质，且应在资质许可范围内从事相应的管道工程检验工作。

（2）工程开工前应根据工程规模、特点和施工环境条件，确定项目组织机构及管理体系，并应具备健全的质量管理制度和相应的施工技术标准。

（3）参加热力管道施工的人员和施工质量检查、检验的人员应具备相应的资格。

（4）热力管道施工及验收应符合现行行业标准《城镇供热管网工程施工及验收规范》

CJJ 28—2014 的有关规定。

(5) 工作压力大于 1.6MPa、介质温度大于 350℃ 的蒸汽管网和工作压力大于 2.5MPa、介质温度大于 200℃的热水管网的施工和验收应符合现行国家标准《工业金属管道工程施工规范》GB 50235—2010 和《工业金属管道工程施工质量验收规范》GB 50184—2011 的有关规定。

(6) 工作压力大于 1.6MPa、介质温度大于 350℃ 的蒸汽管网和工作压力大于 2.5MPa、介质温度大于 200℃的热水管网的绝热工程施工和验收应符合现行国家标准《工业设备及管道绝热工程施工规范》GB 50126—2008 和《工业设备及管道绝热工程施工质量验收规范》GB 50185—2010 的有关规定。

(7) 焊接工艺应符合现行国家标准《现场设备、工业管道焊接工程施工规范》GB 50236—2011 的有关规定。

5.4.7 维护管理

(1) 综合管廊热力管道舱室及管线应满足《通风与空调工程施工质量验收规范》GB 50234—2016 和《城镇供热管网工程施工及验收规范》CJJ 28—2014 的质量要求。

(2) 热力管道舱室应有照明设备和良好的通风，空气温度不得超过 40℃，一般可利用自然通风，但当自然通风不能满足要求时，可采用机械通风。排风塔和进风塔必须沿热力管道舱室长度方向交替设置，其截面尺寸应经计算确定，且正常通风换气次数不应少于 2 次/h，事故通风换气次数不应少于 6 次/h。

(3) 热力管道舱室应采用防潮的密封性灯具，安装高度低于 2.2m 的照明灯具应采用 24V 及以下安全电压供电。当采用 220V 电压供电时，应采取防止触电的安全措施，并应敷设灯具外壳专用接地线。

(4) 热水管线在采暖期间应每周检查一次。较长时期停止运行的管道，必须采取防冻、防水浸泡等措施，对管道设备及附件应进行除锈、防腐处理。热水管线停止运行后，应充水养护，充水量以保证最高点不倒空为宜。

(5) 必须进行夏季防汛及冬季防冻的检查，及时排除舱内集水。

(6) 综合管廊中的热力管道应设置检漏报警和数据采集系统。

5.5 电力电缆

5.5.1 设计原则

(1) 满足城市近期、远期及远景经济社会可持续发展的要求；

(2) 与电力专项规划相协调。

5.5.2 电力电缆舱要求

(1) 在进行城市电力规划时，已有地下综合管廊的区域，高压电力电缆线路应优先采用入廊敷设的方式。

(2) 电力电缆入廊时，管廊的最小转弯半径应满足电力电缆最小转弯半径的要求。

(3) 110kV 及以上电力电缆，不应与通信电缆同侧布置。

(4) 电力电缆不应与输送甲、乙、丙类液体的管道及热力管道同舱敷设。

(5) 综合管廊电力电缆舱断面应满足电缆安装、检修维护作业所需要的空间要求，电力电缆舱内通道宽度在单侧布置支架时不小于 900mm，双侧布置支架时不小于 1000mm。

(6) 电力电缆舱应每隔不大于 200m 采用耐火极限不低于 3.0h 的防火墙进行防火分隔，防火墙上的防火门应采用甲级防火门，管线穿越防火分隔部位应采用阻火包等防火措施进行严密封堵。

(7) 电力电缆舱内金属支架、金属管道以及电气设备金属外壳均应接地。高压电缆金属套、屏蔽层应按接地方式的要求接地。靠近高压电缆敷设的金属管道应计及高压电缆短路时引起工频过电压的影响，管道应隔一定距离接地以将感应电压限制在 50V 内。

(8) 电力电缆舱的接地系统宜采用综合管廊本体结构钢筋等形成环形接地网，应设置专用的接地干线，并宜采用截面积不小于 40mm×5mm 的镀锌扁钢。当电压等级为 110kV 及以上时，采用不小于 50mm×5mm 的扁铜带。

(9) 电缆支架的层间垂直间距应满足敷设电缆及其固定、安装接头的要求，同时应满足电缆纵向蛇形敷设幅宽及温度升高所产生的变形量要求。电缆支架的层间最小净距不宜小于表 5-2 的规定。

电缆支架的层间最小净距 表 5-2

电缆类型及敷设特征		支架层间最小净距(mm)
控制电缆		120
电力电缆	电力电缆每层多余一根	$2d+50$
	电力电缆每层一根	$d+50$
	电力电缆三根品字形布置	$2d+50$
	电缆敷设于槽盒内	$h+80$

注：h 表示槽盒外壳高度，d 表示电缆最大外径。

通常情况下，考虑支架本身的结构尺寸，10kV 电缆支架层间距按 300mm 考虑，110kV 及 220kV 电缆支架层间距按 500mm 考虑。综合管廊内的电力电缆支架可以按 650mm 长度考虑，除交流系统用单芯电缆外，电力电缆在放置时相互之间宜有 1 倍电缆外径的空隙。

5.5.3 电力电缆敷设

(1) 66kV 及以上高压电力电缆应采用单芯电缆，但对改造项目空间受限和需压缩电缆舱空间的新建地下管廊项目，可根据制造情况采用三芯电缆。35kV 及以下电力电缆如不受敷设条件限制应选用三芯电缆。

(2) 地下管廊内的高压电力电缆不应采用自容式充油电缆，宜采用挤包绝缘干式电缆。

(3) 66kV 及以上电压等级的电缆长距离敷设宜采用蛇形敷设方式。

（4）管廊内的电力电缆应采用阻燃电缆或者不燃电缆。应根据电缆的配置情况、所需防止的事故风险等级和经济合理的原则，选择合适的电缆阻燃等级。

（5）电缆穿越防火分区时、电缆贯穿隔墙及竖井的孔洞时，电缆管孔处均应进行防火封堵。用于耐火防护的材料产品，应按等效工程使用条件的燃烧试验满足耐火极限不低于1h的要求，且耐火温度不宜低于1000℃。

（6）电力电缆敷设安装应按支架形式设计，支架形式选择、支架间距应符合《电力工程电缆设计规范》GB 50217—2007的有关规定，并应复核下列规定：表面应光滑、平整，无损伤电缆绝缘的凸起、毛刺和尖角；应适应使用环境的耐久稳固；应满足所需的承载能力；应符合工程防火要求；当需布置电缆接头时，电缆支架层间距应能满足电缆接头放置和方便安装的要求。

（7）66kV及以上高压电缆宜设置金属套泄漏电流在线监测、电缆温度在线监测系统，电缆接口、中端处宜设置温度、局部放电在线监测系统。电缆在线监测系统应满足《高压交流电缆在线监测系统通用技术规范》DL/T 1506—2016的相关技术要求。电缆在线监测系统平台宜留出与管廊通信管理平台的接口。

5.5.4 施工验收及维护管理

（1）电力电缆施工及验收应符合现行国家标准《电气装置安装工程电缆线路施工及验收规范》GB 50168—2006的有关规定；

（2）电力电缆舱内电气装置接地施工及验收应符合现行国家标准《电气装置安装工程接地装置施工及验收规范》GB 50169—2016的有关规定；

（3）电缆舱内电力电缆防火封堵施工及验收应符合现行国家标准《电气装置安装工程电缆线路施工及验收规范》GB 50168—2006及现行行业标准《电缆防火措施设计和施工验收标准》DLGJ 154—2000的有关规定；

（4）电力电缆的维护管理应符合现行行业标准《电力电缆线路运行规程》DL/T 1253—2013的有关规定；

（5）电力电缆所属单位应配合综合管廊运营管理单位工作，确保综合管廊及电力电缆的安全运营；

（6）电力电缆所属单位应建立健全管理制度和电力电缆运行维护档案，同时报送综合管廊运营管理单位，经协调后统一安排电力电缆的巡视、试验及维修时间。

5.6 通信线缆

5.6.1 设计原则

（1）满足城市近期、远期及远景经济社会可持续发展的要求；

（2）与通信专项规划相协调。

5.6.2 通信线缆舱要求

（1）综合管廊中的通信线缆舱断面，应满足不同规模容量、不同规格型号的光（电）

缆敷设、检修及维护作业所需要的空间等相关要求。

（2）通信线缆入综合管廊时应充分考虑所辖区域的通信需求，结合已有的通信设施如机房、基站、管道、架空线缆等现状资源情况，合理测算通信线缆及其他信息线缆规模及分支节点位置。

（3）进、出综合管廊的通信管道及从管廊向外引出的各节点管道，应符合现行国家标准《通信管道与通道工程设计规范》GB 50373—2006 的有关规定。进、出管廊的管道容量及各节点引出的各分支管道容量，应结合所在区域市政规划和对通信业务的总体需求综合考虑确认，并统筹安排相应的节点配套设计。

（4）通信线缆不应与天然气管道、采用蒸汽介质的热力管道同舱敷设。

（5）通信线缆不宜与 110kV 及以上的高压电力电缆同舱敷设；遇特殊情况或受条件限制，通信线缆与 35kV 及以上的电力电缆不能分舱布置时，在同一舱内，通信线缆应与其分侧布置并满足《通信线路工程设计规范》GB 51158—2015 中直埋光（电）缆与其他建筑设施间的最小净距规定，同时在舱内设置安全隔离措施。

（6）通信线缆与其他管线同舱敷设时，其他管线与通信线缆间应满足《通信线路工程设计规范》GB 51158—2015 中直埋光（电）缆与其他建筑设施间的最小净距规定。管廊中的工作通道应靠近通信线缆桥架或支架一侧，工作通道宽度应大于 1000mm。

5.6.3 通信线缆敷设

（1）进入综合管廊的通信光（电）缆应选择阻燃的线缆；

（2）通信线缆敷设中统一规定廊内走线位置，线缆占用桥架或支架（拖线板）的层位应本着自下而上，先里侧、后外侧，按层分配的原则；

（3）通信线缆敷设完毕后，应采用阻燃扎带将线缆与拖线板绑扎固定；

（4）廊内通信线缆敷设完毕后，应将线缆与穿越防火墙的钢管之间的间隙及空闲的管孔进行可开启防火封堵；

（5）进入管廊的线缆外护套层应完整，无可见的损伤；光（电）缆接口在桥架上或支架（托线板）间应交错排列。

5.6.4 施工验收及维护管理

（1）进、出综合管廊的通信管道，其线缆在进出管道中所占用的管孔位置前、后应保持一致。

（2）光缆在施工过程中（非静止状态下）弯曲半径应大于线缆外径的 20 倍。光缆布放的牵引张力应不超过光缆允许张力的 80%。

（3）施工中应将线缆理顺调直，并对可能出现的拖、磨、刮、蹭线缆的位置采取保护措施，必要时采用无机润滑剂。敷设完的线缆在桥架上或支架（拖线板）上应排列整齐，不重叠、不交错，不出现上下穿越或蛇形现象。

（4）接入通信线缆舱的通信管道验收，应符合现行国家标准《通信管道工程施工及验收规范》GB 50374—2006 的有关规定。

（5）通信线缆维护部门应根据通信行业相关规范，对接入管廊线缆运行、安全、保护措施以及应急事件处理预案等方面，与线缆产权单位共同制定切实可行的管理措施和运行维护计划，并明确双方的责任和权限。

(6) 通信线缆维护人员在入廊巡检前，事先按照综合管廊运营管理单位的要求经提出申请并得到准许后方可入廊。通信线缆施工及维护人员入廊必须遵守“城市综合管廊运营管理技术标准”中的相关规定。

(7) 通信线缆维护管理的主要工作是确保通信线缆舱内安全运行，预防事故的发生，并能在第一时间通知到线缆产权单位，尽快排除障碍。

5.7 管道支吊架及支墩

5.7.1 概述

管道支吊架及支墩（以下简称“管架”的均表示“管道支吊架及支墩”）是用于地上架空敷设管道支撑的一种非结构构件，管架作为管道的支撑结构，根据管道的运转性能和布置要求，可分为固定管架和活动管架两种，活动管架又可分为滑动管架、导向管架和滚动管架。设置固定点的地方称为固定管架，这种管架与管道之间不能发生相对位移，管架应具有足够的刚度。设置中间支撑的地方采用活动管架，管道与管架之间允许产生相对位移，不约束管道的变形。

在管道设计时，正确选择和布置结构合理的管架，能够改善管道的应力分布和管道对管架的作用力，确保管道系统安全运行，并延长其使用寿命。

5.7.2 管道支吊架及支墩布置原则

管架需要根据廊内空间布置、管道规格尺寸选择不同的布置形式。

管廊设计过程中，给水、排水、热力等管道优先选择支墩，中水管道及预留管道优先选择单管水平成品托架。综合管廊内的电力、通信线缆等采用主架和层架相结合形式的支架安装。

管廊上管道和管架布置的基本原则是：大管径、荷载较大的管道靠近管廊暗柱布置或支撑在管廊暗柱上；高温管道、气体管道宜布置在上层；小管径管道布置在管廊中间；低温管道、带腐蚀性介质的管道宜布置在下层。仪表和电气电缆槽架敷设在管廊顶层，其净距不应小于1m，一般可用操作平台将两者隔开。

5.7.3 管道支吊架及支墩设计

1. 支吊架和支墩锚固连接方式

综合管廊支吊架和管廊锚固连接方式一般有两类，一类为管廊结构施工完成后以锚栓形式连接；另一类为管廊结构施工完成前预埋连接件。预埋件有板式预埋、预埋螺套和预埋槽道等形式。

早期综合管廊支架一般是在管廊结构施工完成后，设置锚栓连接。但是这样会带来如下问题：钻孔破坏混凝土结构，损害混凝土配筋，影响结构安全；管廊埋在地下，钻孔可能导致其地下水渗透、裂纹、漏水；钻孔安装时效率低下，经常发生孔位偏差，施工质量无法保证；钻孔使廊内粉尘量过大，不利于工人的安全。而预埋连接件可避免锚栓连接方式带来的问题，如果采用预埋槽道的形式，既方便后期管道安装，又可以灵活调节管道支架间距位置。

2. 管架荷载

管架荷载包括垂直荷载、水平荷载及特殊荷载，见表5-3。

管架荷载分类 **表5-3**

序号	项目		内容
1	垂直荷载	永久荷载	管道、内衬、保温层、管道附件重
			管道内介质重
			管道支吊架自重
		可变荷载	平台上活荷载
			管内沉积物、试压水重
			沉积荷载
2	水平荷载(可变)	纵向	管道补偿器反弹力
			管道的不平衡内压力
			活动管道支吊架的管道摩擦力
			活动管道支吊架的位移反弹力
		横向	拐弯管道或支吊架传来的水平推力
			管道横向位移的摩擦力
3	特殊荷载		事故水
			地震作用

3. 抗震支吊架设计

《建筑机电工程抗震设计规范》GB 50981—2014中规定，组成抗震支吊架的所有构件应采用成品构件。制造厂家应对其部件及支座系统按规范要求进行检验，并应提供合格证书。

管廊附属机电设备抗震原理是通过基座或连接件、抗震支吊系统构件将设备设施及管道承受的地震作用全部传递到管廊结构上。其中用以固定管廊附属机电设备预埋件、锚固件的部位，应采取加强措施，以承受附属机电设备传给主体结构的地震作用。

综合管廊内的抗震支吊架需根据《建筑机电工程抗震设计规范》GB 50981—2014和《建筑机电设备抗震支吊架通用技术条件》CJ/T 476—2015进行严格的抗震设计。

抗震支吊架还应遵循以下规定：

(1) 抗震支吊架系统采用工厂预制，应包括固定安卡锚栓及U型槽钢、全牙吊杆、抗震连接件、抗震管卡、减震绝缘胶垫等。

(2) 抗震构件为专门成品构件，安装时不能以任何非抗震专用构件形式替换。

(3) 管卡内需配绝缘内垫材料，以达到减小振动、降低噪声的效果。

(4) 抗震支吊架系统的材料应具备抗冲击荷载和耐火等级要求，以确保在特殊荷载下和在发生火灾情况下的安全，并提供整套支吊架系统的防火测试报告。

(5) 用于固定抗震支吊架系统的后置锚栓需满足抗震、抗冲击负载和适用于混凝土张力区的技术要求，并提供相应工况下的测试报告。

(6) 抗震支吊架最大设计间距须符合表 5-4 的规定。并根据规定要求进行验算，并调整抗震支吊架间距，直至各个节点均满足抗震荷载要求。

抗震支吊架最大间距 **表 5-4**

管道类别		抗震支吊架最大间距(m)	
		侧向	纵向
节水、热水及消防管道	新建工程刚性连接金属管道	12.0	24.0
	新建工程柔性连接金属管道；非金属管道及复合管道	6.0	12.0
燃气、热力管道	新建燃油管、燃气管、医用气体管、真空管、压缩空气管、蒸汽管、高温热气管及其他有害气体管道	6.0	12.0
通风及排烟管道	新建工程普通刚性材质风管	9.0	18.0
	新建工程普通非金属材质风管	4.5	9.0
电线套管及电缆梯架、电缆托盘和电缆槽盒	新建工程刚性材质电线套管、电缆梯架、电缆托盘和电缆槽盒	12.0	24.0
	新建工程非金属材质电线套管、电缆梯架、电缆托盘和电缆槽盒	6.0	12.0

注：改建工程最大抗震支吊架间距为上表数值的一半。

第6章　综合管廊附属设施设计

综合管廊附属设施是指依照国家、行业或地方技术标准的要求，在综合管廊中设置的消防系统、通风系统、供配电系统、照明系统、监控与报警系统、排水系统、标识系统、安全与防范系统及综合管理中心等设施，是综合管廊设计中非常重要的部分，是综合管廊正常运行的重要保障。综合管廊的附属设施应能满足日常运营和管理的需要，本章按各系统分别介绍。

6.1　综合管廊消防系统设计

一般消防工程系统包括：消防水系统、火灾自动报警系统、气体灭火系统、防排烟系统、应急照明系统、安全疏散系统、消防通信系统、消防广播系统、消防电源保障系统、防火分隔设施（防火门、防火卷帘）等。

综合管廊主体结构的燃烧性能应为不燃性，耐火极限不应低于3.0h；除嵌缝材料外，综合管廊内装修材料应采用不燃材料；不同舱室之间应采用耐火极限不低于3.0h的不燃烧体结构进行防火分隔；容纳电力电缆、天然气管道的综合管廊舱体内防火分区间距应不大于200m，容纳通信线缆、热力管道的综合管廊舱体内防火分区间距应不大于400m；防火分隔均应采用耐火极限不低于3.0h的不燃性结构；在交叉口及各舱室交叉部位应采用耐火极限不低于3.0h的防火隔墙、甲级防火门进行防火分隔；管线穿越防火分隔部位应采用阻火包等防火封堵措施进行严密封堵。

消防设施的主要作用是及时发现和扑救火灾、限制火灾蔓延的范围，为有效地扑救火灾和人员疏散创造有利条件，从而减少由火灾造成的财产损失和人员伤亡，是综合管廊设计的重要组成部分。

消防灭火设施的选择应根据当地国民经济、消防发展水平、建（构）筑物规模、火灾危险性大小、火灾类别等因素综合确定。给水、雨水、污水、再生水、天然气、热力、电力、通信等城市工程管线可纳入综合管廊，这些入廊管线中存在引起火灾的物质。

综合管廊舱室火灾危险性分类应符合表6-1的规定。

综合管廊舱室火灾危险性分类　　表6-1

舱室内容纳管线种类		舱室火灾危险性类别
天然气管道		甲
阻燃电力电缆		丙
通信线缆		丙
热力管道		丙
污水管道		丁
雨水管道、给水管道、再生水管道	塑料管等难燃管材	丁
	钢管、球墨铸铁管等不燃管材	戊

注：当舱室内含有两类及以上管线时，舱室火灾危险性类别应按火灾危险性较大的管线确定。

根据可燃物的性质、类型和燃烧特性，对火灾进行分类，见表 6-2。

火灾分类 表 6-2

火灾类别	可燃物特性
A类	固体物质火灾，如木材、棉麻等有机物质
B类	可燃液体或可融化固体物质火灾，如汽油、柴油等
C类	气体火灾，如甲烷、天然气和煤气等
D类	金属火灾，如钾、钠、镁等
E类	物体带电燃烧火灾

本节主要介绍综合管廊的消防灭火设施设计，消防系统中总体、结构、通风、供配电、照明、监控与报警、标识、安全与防范等内容详见相关专业章节。

6.1.1 消防灭火设施分类

综合管廊应在沿线、人员出入口、逃生口等处设置灭火器、黄沙箱等灭火器材；干线综合管廊中容纳电力电缆的舱室、支线综合管廊中容纳 6 根及以上电力电缆的舱室应设置自动灭火系统；其他容纳电力电缆的舱室宜设置自动灭火系统。自动灭火系统可采用水喷雾灭火系统、细水雾灭火系统、超细干粉灭火系统、气体灭火系统等。

1. 水喷雾灭火系统

水喷雾灭火系统是利用专门设计的水雾喷头，在压力作用下，将水流分解成粒径不超过 1mm 的细小水滴进行灭火或防护冷却的一种固定式灭火系统。

(1) 灭火机理

水喷雾的灭火机理主要是表面冷却、窒息、乳化和稀释作用。这 4 种作用在水雾喷射到燃烧物质表面时通常是以几种作用同时发生，达到灭火的目的。

(2) 适用范围

水喷雾灭火系统可用于扑救固体物质火灾、闪点高于 60℃ 的可燃液体火灾和电气火灾，并可用于可燃气体和甲、乙、丙类液体的生产、储存装置或装卸设施的防护冷却。但不得用于扑救遇水能发生化学反应造成燃烧、爆炸的火灾，以及水雾会对保护对象造成明显损害的火灾。

(3) 优缺点

优点：1) 对环境无污染；2) 可用于扑救带电设备火灾；3) 细水雾喷射时可净化火灾中的烟气，有利于安全疏散，适用于有人的场所；4) 水作为灭火剂来源广泛、价格低廉。

缺点：1) 系统较复杂，附属设施较多，占用安装空间较大；2) 存在一定的水渍损失，当用于保护电气设备时，系统动作前必须首先切断电源。

2. 细水雾灭火系统

细水雾灭火系统由供水装置、过滤装置、控制阀、细水雾喷头等组件和供水管道组成，能自动和人工启动并喷放细水雾进行灭火的固定灭火系统。按工作压力，可分为 3 类系统：低压细水雾灭火系统（工作压力≤1.21MPa）、中压细水雾灭火系统（1.21MPa<工作压力<3.45MPa）、高压细水雾灭火系统（工作压力≥3.45MPa）。

（1）灭火机理

细水雾的灭火机理主要是高效冷却、窒息、阻隔辐射热和稀释、乳化、浸润作用。

（2）适用范围

适用于扑救相对密闭空间内的可燃固体表面火灾、可燃固体火灾和带电设备火灾。不适用于扑救下列火灾：1）可燃固体的深位火灾；2）能与水发生剧烈反应或产生大量有害物质的活泼金属及其化合物的火灾；3）可燃气体的火灾。

（3）优缺点

1）优点：①灭火效能高，对环境无污染；②水雾雾滴直径很小，不连续，电绝缘性能好，可用于扑救带电设备火灾；③灭火用水量小，水渍损失甚微；④细水雾喷射时可净化火灾中的烟气，有利于安全疏散，适用于有人的场所；⑤水作为灭火剂来源广泛、价格低廉。

2）缺点：①系统较复杂，附属设施较多，占用安装空间较大；②一次性投资较高。

3. 超细干粉灭火系统

超细干粉灭火系统是由超细干粉供应源通过输送管道连接到固定的喷嘴上，再通过喷嘴喷放超细干粉灭火的系统。

（1）灭火机理

超细干粉的灭火机理以化学灭火为主，通过化学、物理双重灭火功效扑灭火焰。从物理上实现了被保护物与空气的隔绝，阻断再次燃烧所需的氧气，以物理方式防止复燃；化学方面，超细干粉灭火剂粉末通过与燃烧物火焰接触，产生化学反应迅速夺取燃烧自由基与热量，从而切断燃烧链实现对火焰的扑灭，灭火剂与火焰反应产生的大量玻璃状物质吸附在被保护物体表面形成一层隔离层。

（2）适用范围

可用于扑救下列火灾：灭火前可切断气源的气体火灾；易燃、可燃液体和可熔化固体火灾；可燃固体表面火灾；带电设备火灾。不得用于扑救下列火灾：硝化纤维、炸药等无空气仍能迅速氧化的化学物质与强氧化剂；钾、钠、镁、钛等活泼金属及其氢化物。

（3）优缺点

1）优点：① 能有效扑灭 A 类、B 类、C 类和电气火灾，可扑灭 A 类表面及深位火灾；② 灭火效率高，速度快；体积小，重量轻，系统简单，安装、调试及后期维护简单方便；③ 绿色环保。

2）缺点：① 超细干粉每 10 年需更换一次；② 在灭火过程释放气体过程中，能见度较低，可能会影响人员逃生。

4. 气体灭火系统

气体灭火系统是以一种或多种气体作为灭火介质，通过这些气体在整个防护区内或在保护对象周围的局部区域建立起灭火浓度实现灭火。常用类型有七氟丙烷气体灭火系统、IG－541 气体灭火系统、二氧化碳气体灭火系统、热气溶胶灭火系统等。

（1）灭火机理

气体灭火机理是冷却、窒息、隔离和化学抑制。前三种是物理作用，最后一种是化学作用。

（2）适用范围

适用于扑救固体表面火灾、液体火灾、灭火前能切断气源的气体火灾和电气火灾（除电缆隧道（夹层、井）及自备发电机房外，K型和其他型热气溶胶预制灭火系统不得用于其他电气火灾）。但不适用于扑救下列火灾：硝化纤维、硝酸钠等氧化剂或含氧化剂的化学制品火灾；钾、镁、钠、钛、镐、铀等活泼金属火灾；氢化钾、氢化钠等金属氢化物火灾；过氧化氢、联胺等能自行分解的化学物质火灾；可燃固体物质的深位火灾。

（3）优缺点

不同类型的气体灭火系统均有其独特之处，也有不足之处，应根据具体情况具体分析。

5. 灭火器

灭火器是一种轻便的灭火工具，它由筒体、器头、喷嘴等部件组成，借助驱动压力可将所充装的灭火剂喷出，达到灭火目的。

（1）灭火机理

灭火器的灭火机理是窒息和化学抑制。

（2）适用范围

不同类型的灭火器可用于不同火灾场所，详见《建筑灭火器配置设计规范》GB 50140—2005 的相关规定。

6.1.2 消防灭火设施设计

根据目前国内综合管廊消防设计案例，常用的灭火系统有水喷雾灭火系统、细水雾灭火系统、超细干粉灭火系统、气体灭火系统等。本节针对这几种类型作以下简要的介绍：

1. 水喷雾灭火系统

（1）系统工作原理详见相关规范和图集。

（2）基本水力计算公式

根据《水喷雾灭火系统技术规范》GB 50219—2014，系统的设计流量按下式计算：

$$q=K\sqrt{10P} \tag{6-1}$$

式中 q——喷头的设计流量，L/min；

K——喷头的流量系数，L/(min·MPa$^{1/2}$)；

P——喷头的设计工作压力，MPa。

保护对象所需水雾喷头的数量应按下式计算：

$$N=\frac{SW}{q} \tag{6-2}$$

式中 N——保护对象所需水雾喷头的数量，只；

S——保护对象的保护面积，m^2；

W——保护对象的设计供给强度，L/(min·m^2)。

系统的设计流量按下式计算：

$$Q_s=\frac{k}{60}\sum_{i=1}^{n}q_i \tag{6-3}$$

式中 Q_s——系统的设计流量，L/s；

q_i——水雾喷头的实际流量，L/min，应按水雾喷头的设计工作压力计算；

k——安全系数，不小于 1.05；

n——系统启动后同时喷雾的水雾喷头的数量，只。

2. 细水雾灭火系统

细水雾灭火系统中高压细水雾灭火系统占地面积最省，以下主要介绍高压细水雾灭火系统灭火设施相关设计。

(1) 系统工作原理

高压细水雾灭火系统工作原理见图 6-1。

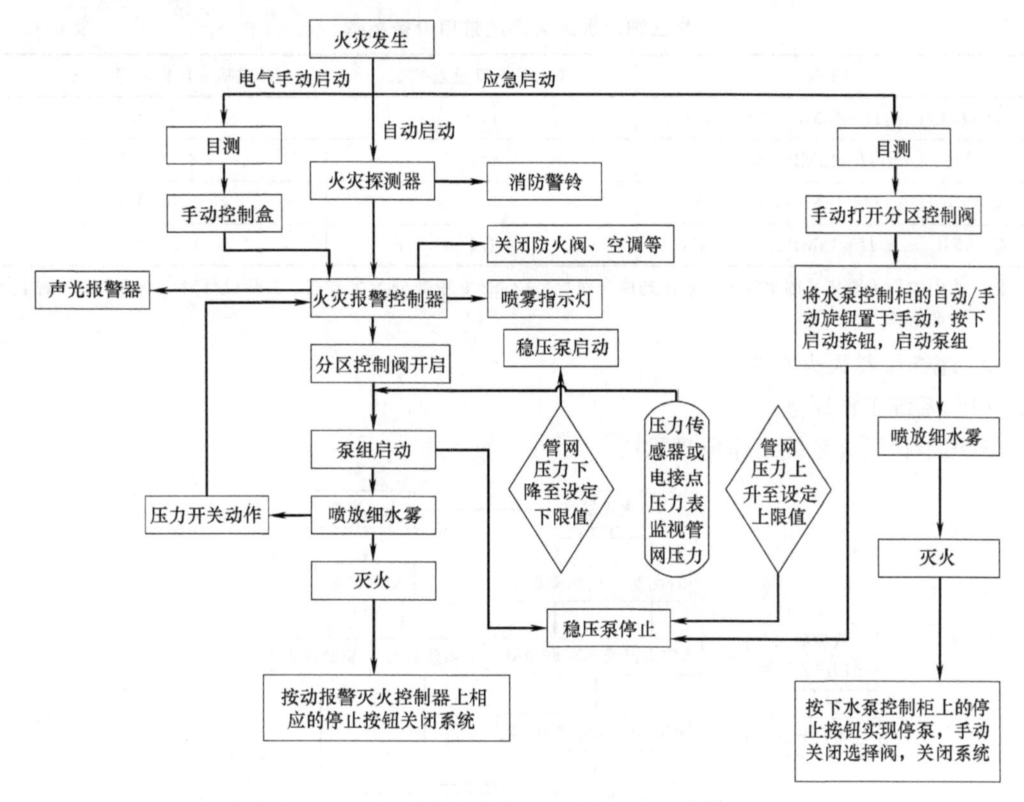

图 6-1 高压细水雾灭火系统工作原理图

(2) 基本水力计算公式

根据《细水雾灭火系统技术规范》GB 50898—2013，系统的喷雾强度、喷头的布置间距和安装高度，宜经实体火灾模拟试验确定。

系统的设计供水压力按下式计算：

$$P_t = \sum P_f + P_e + P_s \tag{6-4}$$

式中 P_t——系统的设计供水压力，MPa；

P_e——最不利点处喷头与储水箱或储水容器最低水位的高程差，MPa；

P_s——最不利点处喷头的工作压力，MPa；

P_f——系统管道的水头损失，MPa。

喷头的设计流量按公式 (6-1) 计算。

系统的设计流量按下式计算：

$$Q_s = \sum_{i=1}^{n} q_i$$

式中　Q_s——系统的设计流量，L/min；

n——计算喷头数；

q_i——计算喷头的设计流量，L/min。

（3）常用设备参数

高压细水雾灭火系统常用设备参数见表 6-3。

高压细水雾灭火系统常用设备参数　　**表 6-3**

消防主泵	开式喷头流量系数 K	开式喷头额定流量(L/min)
Q=86L/min,H=16MPa,N=30kW	0.5	4.5～5.5
Q=120L/min,H=12MPa,N=30kW	0.7	6.3～7.7
Q=75L/min,H=15MPa,N=22kW	0.9	8.0～9.9
Q=153L/min,H=13MPa,N=37kW	1.1	9.9～12.0

注：表中数据为图集《细水雾灭火系统选用与安装》12SS209 中部分参数节选，实际设计时应结合订货产品技术参数核算。

3. 超细干粉灭火系统

（1）系统工作原理

超细干粉灭火系统工作原理见图 6-2。

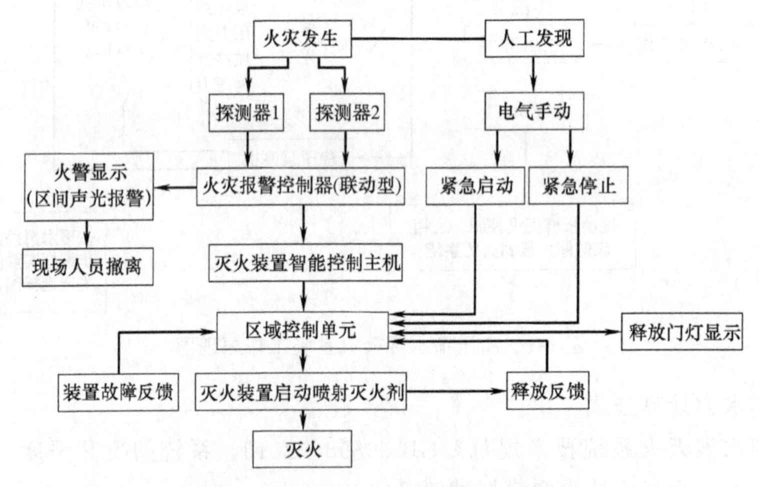

图 6-2　超细干粉灭火系统工作原理图

（2）基本计算公式

根据《干粉灭火装置技术规程》CECS 322—2012，采用全淹没应用方式时，干粉灭火装置配置数量不应小于按公式（6-5）计算的值。当计算值为小数时，应经圆整并取其上限。

$$N=\frac{V_1 C}{m} \tag{6-5}$$

式中　N——灭火装置的配置数量，具；

m——单具灭火装置的充装量，kg；

V_1——防护区净容积，m^3；

C——灭火设计浓度，kg/m³（不应小于经权威机构认证合格的灭火浓度的1.2倍）。

采用局部应用方式时，干粉灭火装置配置数量可用面积法或体积法计算。当计算值为小数时，应经圆整并取其上限。采用面积法计算时：

$$N=\frac{AC_{\mathrm{A}}}{m} \tag{6-6}$$

式中 A——计算面积，m²；

C_{A}——单位面积设计灭火用量，kg/m²。

采用体积法计算时：

$$N=\frac{V_2C}{m} \tag{6-7}$$

式中 V_2——计算体积，m³。

除满足上述公式外，还应满足《干粉灭火系统设计规范》GB 50347—2004及现行规范、规程的相关要求。

（3）常用设备参数

超细干粉灭火装置常用设备参数见表6-4。

超细干粉灭火装置常用设备参数 **表6-4**

参数名称	FZX-ACT4/1.2-JAD	FZX-ACT5/1.2-JAD	FZX-ACT6/1.2-JAD	FZX-ACT7/1.2-JAD	FZX-ACT8/1.2-JAD
干粉剂量(kg)	4	5	6	7	8
工作压力(MPa)	1.2				
有效喷射时间(s)	≤5				
灭火时间(s)	≤20				
启动方式	三种启动方式(温控玻璃球、热引发器、电引发器可选)				
启动电压	DC24V				
启动电流	≥0.8A				
驱动方式	氮气				
工作环境温度(℃)	−40～50				
喷头启动温度(℃)	68～141(选装)				
水压试验压力(MPa)	2.1				
全淹没保护空间(m³)	≤40	≤55	≤55	≤55	≤85
A类火保护面积(m³)	1.8	2	2	2	2.2
B类火保护面积(m³)	2	2.2	2.2	2.2	2.4
安装高度(m)	≤3.5	≤4	≤4.5	≤5	≤6
保护半径(m)	1.5	1.7	2	2	2.5
启动引发装置	温控玻璃球、热引发器、电引发器可选				
信号反馈	选装(无源开关量信号输出)				

注：表中数据为极安达相关产品参数。

4. 气体灭火系统（七氟丙烷灭火系统）

（1）系统工作原理详见相关规范和图集。

(2) 基本计算公式

根据《气体灭火系统设计规范》GB 50370—2005，防护区灭火设计用量或惰化设计用量应按下式计算：

$$W=\frac{KVC_1}{S(100-C_1)} \tag{6-8}$$

式中 W——灭火设计用量或惰化设计用量，kg；

C_1——灭火设计浓度或惰化设计浓度，%；

S——灭火剂过热蒸汽在 101kPa 大气压或防护区最低环境温度下的比容，m^3/kg；

V——防护区的净容积，m^3；

K——海拔高度修正系数，可按相关规范的规定取值。

5. 灭火器配置

(1) 常用设备参数

灭火器常用设备参数见表 6-5。

灭火器常用设备参数 **表 6-5**

参数名称	燃气舱	水电信舱、综合舱等	给水排水舱、排水舱等
危险等级分类	C 类严重危险级	E 类中危险级	A 类轻危险级
灭火器配置	MFZ/ABC5	MFZ/ABC4	MFZ/ABC3

注：灭火器推荐采用贮压式灭火器（采用《气体消防系统选用、安装与建筑灭火器配置》07S207 中最新数据，《建筑灭火器配置设计规范》GB 50140—2005 中为非贮压式）。

(2) 基本计算公式

根据《建筑灭火器配置设计规范》GB 50140—2005，灭火器配置的设计与计算应按计算单元进行；灭火器最小需配灭火级别和最少需配数量的计算值应进位取整。每个灭火器设置点实配灭火器的灭火级别和数量不得小于最小需配灭火级别和数量的计算值。灭火器设置点的位置和数量应根据灭火器的最大保护距离确定，并应保证最不利点至少在 1 具灭火器的保护范围内。

计算单元的最小需配灭火级别应按下式计算：

$$Q=K\frac{S}{U} \tag{6-9}$$

式中 Q——计算单元的最小需配灭火级别（A 或 B）；

S——计算单元的保护面积，m^2；

U——A 类或 B 类火灾场所单位灭火级别最大保护面积，m^2/A 或 m^2/B；

K——修正系数。按表 6-6 取值。

修正系数 **表 6-6**

计算单元	K
未设室内消火栓系统和灭火系统	1.0
设有室内消火栓系统	0.9
设有灭火系统	0.7

续表

计算单元	K
设有室内消火栓系统和灭火系统	0.5
可燃物露天堆场	0.3

计算单元中每个灭火器设置点的最小需配灭火级别应按下式计算：

$$Q_e = \frac{Q}{N} \tag{6-10}$$

式中　Q_e——计算单元中每个灭火器设置点的最小需配灭火级别（A 或 B）；

N——计算单元中的灭火器设置点数，个。

除满足上述公式外，还应满足《建筑灭火器配置设计规范》GB 50140—2005、GB 50838 及现行规范、规程的相关要求。

6.1.3　设计要点

1. 设计细节注意事项

(1) 高压细水雾灭火系统

1) 灭火方式的选择

根据综合管廊断面宽度及最长防火分区长度，确定采用全淹没应用方式或局部应用方式。

以本书第 11.1 节为例进行介绍。图 6-3 和图 6-4 为典型的三舱断面形式及双舱断面形式。

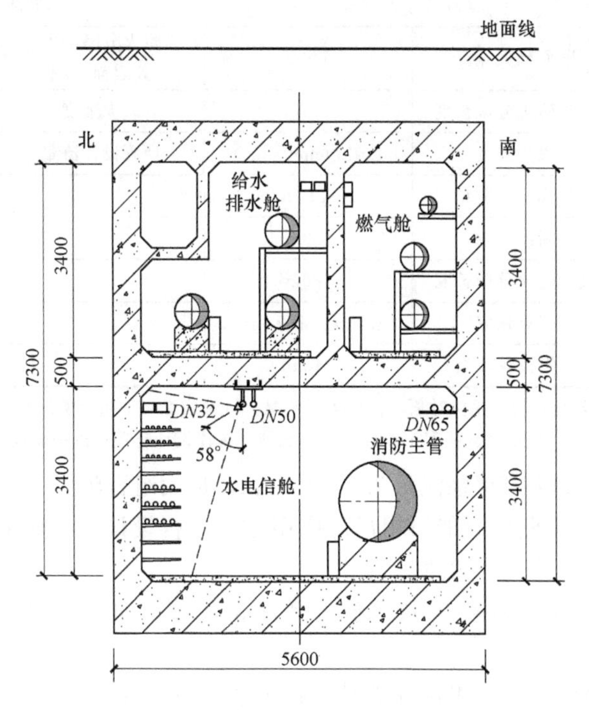

图 6-3　三舱 C 型断面

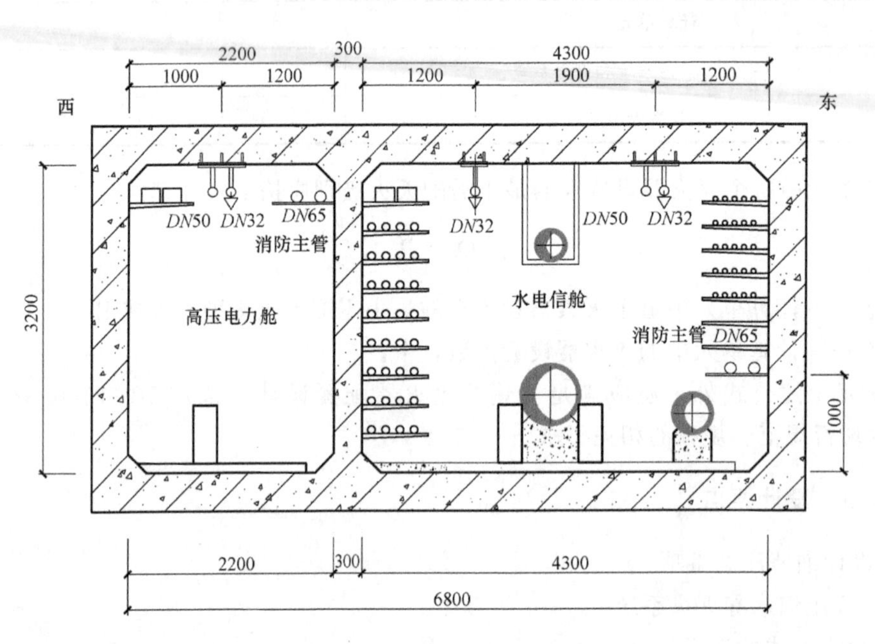

图 6-4 双舱 D 型断面

经计算，该综合管廊不同舱室对应的灭火方式技术参数见表 6-7。

不同灭火方式技术参数计算表 **表 6-7**

管廊形式	全淹没应用方式		局部应用方式	
三舱 C 型断面	断面最大宽度	5.6m	防火分隔最大外表面面积	3.4m×195m=663m²
	最长防火分区长度	195m	灭火强度	1.0L/(min·m²)
	灭火强度	1.0L/(min·m²)	计算设计流量	663L/min
	计算设计流量	1092L/min		
双舱 D 型断面	断面宽度	4.3m		
	最长防火分区长度	180m		
	灭火强度	1.0L/(min·m²)		
	计算设计流量	774L/min		

注：1. 局部应用方式若两侧均有保护对象，根据实际情况，可采取 2 组 7 用 1 备的泵组。
2. 安装高度≤3.0m，最小喷雾强度 1.0 L/(min·m²)。具体设计时还应进一步核实供货厂家的相关参数。

因高压细水雾消防主泵单泵流量为 112L/min，最大组合配置为 7 用 1 备（Q_{max}=784 L/min），因此三舱 C 型断面只能采用局部应用方式进行设计；双舱 D 型断面（两侧均有保护对象）采用全淹没应用方式进行设计。

2）消防流量 Q、水泵数量 N 及水泵扬程 H 的计算，如表 6-8 所示。

3）进水水源

若采用消防水箱供水，只需保证满足一路供水水源即可。

4）伸缩缝、沉降缝处的衔接

消防流量、水泵数量及水泵扬程计算表 **表 6-8**

主要参数	全淹没应用方式	局部应用方式
消防流量 Q	断面宽度×最长防火分区长度×灭火强度×k	外表面面积×灭火强度×最长防火分区长度×k
水泵数量 N	int(Q/112)+1	
水泵扬程 H	局部水头损失+沿程水头损失+最不利点最小工作压力	

注：k 为流量计算安全系数，应经水力计算确定；全淹没应用方式对应最小喷雾强度有规定，局部应用方式无最小喷雾强度规定，可参考全淹没应用方式。

根据《消防给水及消火栓系统技术规范》GB 50974—2014 第 12.3.19 条第 6 款，消防给水管穿过伸缩缝及沉降缝时，应采用波纹管和补偿器等技术措施。

5）支吊架及抗震支吊架

根据《细水雾灭火系统技术规范》GB 50898—2013 第 3.3.9 条，系统管道应采用防晃金属支吊架固定在建筑构件上，支吊架应能承受管道充满水时的重量及冲击，间距不应大于表 6-9 的规定。

支吊架应进行防腐蚀处理，并应采取防止与管道发生电化学腐蚀的措施。

管道支吊架设计间距 **表 6-9**

管道外径(mm)	≤16	20	24	28	32	40	48	60	76
最大间距(m)	1.5	1.8	2.0	2.2	2.5	2.8	2.8	3.2	3.8

6）管道附件

① 消防管道支吊架：《室内管道支架及吊架》03S402 总说明第 2 条，明确适用范围：系统运行工作压力≤1.6MPa。因此高压细水雾灭火系统的消防管道支吊架需进行专门设计。

② 高压金属软管：根据《消防给水及消火栓系统技术规范》GB 50974—2014 第 12.3.19 条第 6 款，消防给水管穿过伸缩缝及沉降缝时，应采用波纹管和补偿器等技术措施；应结合管廊总体的伸缩缝及沉降缝，设置高压金属软管。

（2）超细干粉灭火系统

1）根据《干粉灭火装置技术规程》CECS 322—2012 第 3.1.3 条，当用于保护同一防护区或同一保护对象时，应选用同一类型和规格的灭火装置。根据该规定，应结合管廊不同舱室最大高度对装置进行选型。

2）全淹没应用方式或局部应用方式：根据单个防火分区的体积计算采用超细干粉的剂量，同时需保证灭火装置的保护半径，合理选择超细干粉装置。

（3）灭火器配置

对于监控中心等特殊节点，应结合实际布置推车式灭火器。

2. 消防专业与其他专业衔接的注意事项

（1）消防专业前期参与：在确定入廊管线需求后布置舱室断面时消防专业参与，并确定消防灭火方式。

（2）总体专业给消防专业开放设计基础资料中的内容要求：

1）管廊横断面布置图，含入廊管线种类、数量、舱室构成及尺寸；

2）管廊平面布置图，含各舱室平面布置、防火隔断桩号位置、节点井平面布置；若为水灭火方式，还应包含消防泵房的节点井平面布置位置。

（3）消防专业给其他专业反馈设计基础资料的要求：

1）给总体专业反馈（主要是指水灭火系统），含消防泵房的组数、布置位置、泵房尺寸、水泵基础及预埋件、对防火分隔的调整要求等。

2）给建筑专业反馈（主要是指水灭火系统），含消防泵房的组数、布置位置、泵房尺寸、吊装孔等要求，调整节点井的建筑平面布置及相应的消防配套设计。

3）给结构专业反馈：

水灭火系统，含水泵基础尺寸、水泵静荷载、吊装孔、起吊装置、进出水管、支吊架埋件、消防水箱容积、水箱静荷载等。

气体灭火系统，含气体装置固定方式及埋件位置、静荷载等。

6.2 综合管廊通风系统设计

6.2.1 概述

综合管廊属于密闭式地下建筑，热空气和有害气体容易堆积，人员活动、设备运行均会导致其内部氧气含量下降；管廊内敷设的电缆、动力管线、热力管线自身会散发热量。管廊内部设置相应通风设施，可及时消除管廊内灰尘、有害、有毒气体和蒸汽、余热、余湿等危害，也可为检修人员提供新鲜空气。当管廊内发生火灾、燃气泄漏等事故时，通风设备可在第一时间动作，保证人员及时疏散撤离，降低损失。

6.2.2 通风方式

管廊内的通风方式分为三种，分别是自然通风、机械通风和自然机械结合通风。机械通风又分为自然进风机械排风、机械进风自然排风和机械进排风三种。

（1）自然通风，是指根据构筑物内外空气的密度差或室外大气运动引起的风压来引进新鲜空气达到通风换气作用的一种通风方式。自然通风投资费用少、简便易行、无需专人管理、无噪声，是一种较为经济的节能通风方式。但其对气候因素、室外风向、管廊结构、周围环境要求较高，且通风区间不宜过长，进排风井尺寸较大，布设难度过大。

（2）机械通风，是指利用机械风机克服管廊内的通风阻力，促使室外新鲜空气按照预定路线不断流入，并将管廊内的烟尘、热气、有害气体排出室外的通风方式。机械通风不受自然条件的限制，可以根据需要进行送风和排风，是一种较为连续及稳定的通风方式。但需设置动力设备（送排风机）及各类管道、控制附件和器材，初次投资和日常运行维护及管理费用较高。

（3）自然机械结合通风，是自然通风和机械通风二者兼用的一种通风方式。通风效果较好，同时解决了进、排风口距离受限的问题，还可减小进排风口尺寸。但仍需设置动力设备（送排风机）及各类管道、控制附件和器材，初次投资费用较高。

在进行管廊通风设计时，可根据项目情况及现场实际地形、周围环境、管廊内外自然条件等因素选择既合理又经济的通风方式。

6.2.3 通风设计

1. 通风量计算

(1) 通风分区、防火分区的设置

当管廊内发生火灾事故时，消防设施与通风设施联动；一般情况下每个防火分区不大于200m。一个防火分区可视为一个通风分区，每个分区内设置有一个进风口和一个排风口。根据管廊内舱室分类分别设置机械风机或机械排风机兼排烟风机。通风量应满足相关规范要求的换气次数，为人员巡视、维护提供安全舒适的环境。

(2) 通风量的计算

依据GB 50838的相关要求，管廊内通风量应根据通风分区、截面尺寸、换气次数经过计算得出相应数据。

通风量的计算公式如下：

$$Q=VN\varphi \tag{6-11}$$

式中 Q——通风量，m^3/h；

V——通风分区的体积，m^3；

N——换气次数，次/h；

φ——安全系数。

换气次数要求见表6-10。

换气次数要求 **表6-10**

舱室名称	正常通风(次/h)	事故通风(次/h)
综合舱	≥2	≥6
电力舱	≥2	≥6
燃气舱	≥6	≥12

2. 设计风速选择

管廊进排风口通常设置于人行道侧绿化带内，接近人行道。GB 50838中规定，通风口处出风风速不宜大于5m/s。通风系统需控制管廊内空气温度不高于40℃，管廊内部断面风速小于1.5m/s。

3. 风机选择

根据不同工况、不同舱室、风量计算数据，可选择普通风机、排烟风机、单速风机、双速风机；因风压、风速限制建议选择单速风机。

4. 通风工况

(1) 总体工况

正常运行工况、高温报警工况、巡视检修工况、事故通风工况。

1) 正常运行工况：所有风机、风阀全部打开，管廊内部空气温度始终不高于40℃，氧气含量始终不高于19%。

2) 高温报警工况：在管廊内设置温度探测器，当某一通风区间的空气温度超过设定值时，温度探测器报警，同时启动该通风区段通风设备投入使用，强制换气，直到温度下降到40℃，并维持30min以上自动关闭通风设备，通风系统返回一般运行工况。

3）巡视检修工况：打开相应风机，管廊内部空气温度始终不高于40℃，氧气含量始终不高于19%，满足人员巡视所需新鲜风量。

（2）具体工况（每个防火分区、不同舱室）

1）高压电力舱

正常工况：舱内空气温度低于40℃时，风机间断运行（换气次数不少于2次/h）；舱内空气温度超过40℃或线路检修时，风机连续运行；如有人员巡视及维修，新风量不小于$30m^3/(h\cdot 人)$。

事故工况：综合管廊分为若干个防火分隔，当任一舱某防火分隔内发生火灾时，该防火分隔及相邻两个防火分隔的送、排风机停止运行，并关闭送风机和排风机下防火阀，两端（常闭）防火门确保关闭，使着火区密闭缺氧，加速灭火，减少损失。等确认火灾熄灭后，开启该防火分隔及相邻防火分隔的风机和电动防火阀，排出剩余烟气。

2）水电综合舱

正常工况：舱内空气温度低于40℃时，风机间断运行（换气次数不少于2次/h）；舱内空气温度超过40℃或线路检修时，风机连续运行；如有人员巡视及维修，新风量不小于$30m^3/(h\cdot 人)$。

事故工况（非排烟）：综合管廊分为若干个防火分隔，当任一舱某防火分隔内发生火灾时，该防火分隔及相邻两个防火分隔的送、排风机停止运行，并关闭送风机和排风机下防火阀，两端（常闭）防火门确保关闭，使着火区密闭缺氧，加速灭火，减少损失。等确认火灾熄灭后，开启该防火分隔及相邻防火分隔的风机和电动防火阀，排出剩余烟气。

事故工况（兼排烟）：综合管廊分为若干个防火分隔，当任一舱某防火分隔内发生火灾或温度高于280℃时，风机风阀全部关闭；消防系统启动加速灭火，等确认火灾熄灭后，温度低于280℃、氧气含量低于19%，排烟防火阀、风机重新开启，进行强制排烟通风。

3）燃气舱

正常工况：当天然气报警浓度设定值（上限值）小于其爆炸下限值（体积分数）的20%，以及舱内空气温度低于40℃时，风机间断运行（换气次数不少于6次/h）；当舱内空气温度超过40℃或线路检修时，风机连续运行；如有人员巡视及维修，新风量不小于$30m^3/(h\cdot 人)$。

事故工况：当天然气浓度大于其爆炸下限值（体积分数）的20%时，自启动该事故段分区及相邻分区的送排风机和所有风阀，直到天然气浓度达到安全值时关闭通风设备。

5. 风机运行控制要求

（1）总体运行控制要求

高压电力舱、水电综合舱。正常工况下，高压电力舱、水电综合舱相邻分区的风机间断运行；高压电力舱事故工况下，与高压电力舱相邻分区的水电综合舱风机停止运行，待高压电力舱事故解除后恢复运行。风机设备的操作方式分为手动、自动两种方式，并在人员出入口及就近位置设置报警监控装置，根据温度、湿度、氧含量的监测结果来控制风机启停。

（2）具体运行控制要求

1）高压电力舱、水电综合舱

正常运行工况。风机为间断运行，由 PLC 远程控制，现场启停按钮主要用于设备调试，风机运行状态信号返回 PLC 系统。

事故（消防报警）运行工况。管廊内发生火灾，或温度超过 70℃，防火阀联动关闭风机（含该分区相邻分区）；确认火灾扑灭后，启动风机连续运行；消防状态为连续运行，优先级高于正常运行工况，由消防联动模块提供无源动合触点远控启动连续运行。

返回信号。风机运行状态信号返回 PLC 系统，运行状态信号、过负荷动作信号同时返给消防联动系统。

2）燃气舱

正常运行工况。风机由 PLC 远程控制，现场启停按钮主要用于设备调试，风机运行状态信号返回 PLC 系统。

事故（可燃气体报警）运行工况。当天然气报警浓度设定值（上限值）大于其爆炸下限值（体积分数）的 20%时，风机连续运行（含该分区相邻分区）；防火阀处温度超过 70℃时，防火阀联动关闭风机。

返回信号。风机运行状态信号返回 PLC 系统，运行状态信号、过负荷动作信号同时返给可燃气体联动系统。

6. 其他注意事项

（1）风管材质为镀锌钢板，排烟风道、事故通风风道及相关设备采用抗震支吊架。

（2）风井直通大气的送（排）风口处应上覆镀锌钢格栅板，并且格栅板底部必须装置防护网，网孔净尺寸不大于 1cm×1cm，以防止虫鼠进入。

（3）安装防火阀时，应严格按防火有关规程及厂家的产品安装指南进行，确认合格后方可安装。其气流方向必须与阀体上标志箭头方向一致，执行器应有检修空间，不得被其他管线及墙体阻挡。

（4）排风口的风口高度不宜小于 1.8m，且不应朝向人员密集、车流量多的地方。

（5）所有水平或垂直的风管必须设置必要的支吊架，其构造形式由安装单位在保证牢固、可靠的原则下，根据现场情况确定。

（6）风管与风机连接采用防火柔性风管连接，防火柔性风管安装后，应能充分伸展，伸展度宜大于或等于 60%。风管转弯处其截面不得缩小。

（7）设备及管路安装定位后，应进行外观检查及设备单机试运转，保证达到系统的试运行要求，并满足设计要求。

6.3 综合管廊供电与照明系统设计

管廊为地下构筑物，作为其中一项子系统的电气设计，则是其中重要的附属工程，为管廊内照明系统、监控与报警系统、消防系统、通风系统、排水系统等提供用电源。本节主要内容包含综合管廊内供电系统、照明系统、防雷接地系统。

6.3.1 供电系统

1. 负荷等级划分

根据 GB 50838 负荷等级规定划分管廊内各用电设备的负荷等级。管廊内主要负荷一般可分为二级负荷和三级负荷。

二级负荷：消防动力负荷、燃气阀负荷、监控电源负荷、应急照明负荷。

三级负荷：潜水泵、普通照明、检修电源等负荷。

2. 供电设计

(1) 较大规模管廊

在监控中心设置一座 10kV 管廊开关站，两路进线，进线电源由不同区域的变电所引来；而管廊内在每一个供电范围的负荷中心设置分变电所，由监控中心变电所引来两路 10kV 电源，管廊内供电采用环网结构，单侧供电双回路树干式。如图 6-5 所示。

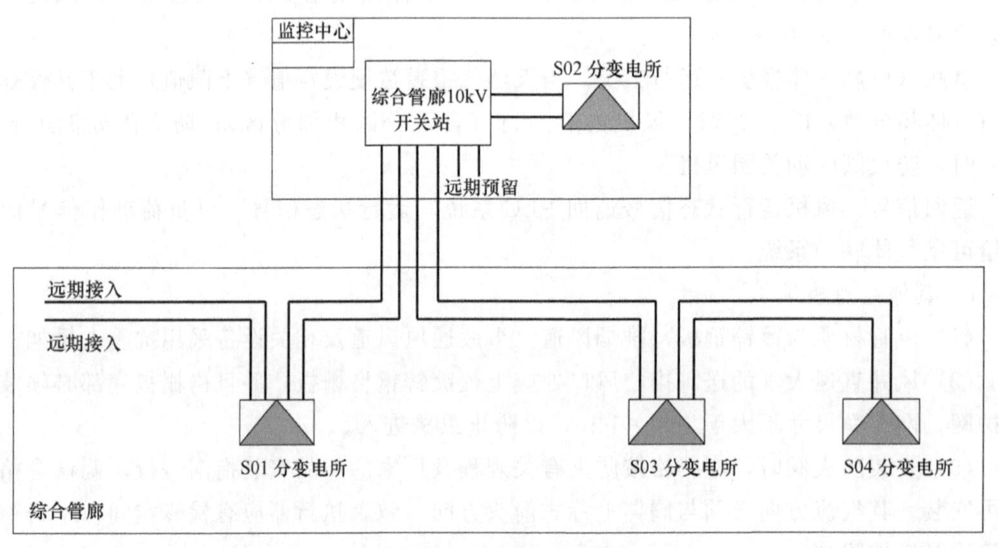

图 6-5 总体供电方案图

(2) 较小规模管廊

在供电范围的负荷中心设置变电所，两路 10kV 进线电源引自不同区域变电所或同一变电所中不同母线段。

3. 变电所的设置

根据管廊负荷分布，结合变压器供电距离，可按 8 个分区为一个供电范围，在其负荷中心设置变电所（地下布置），每个变电所设置成套变压器两套。每个变电所供电半径可按 600～800m 考虑。

变电所内变压器选用干式变压器，作为供电系统的关键设备，其过载能力强、防火性能及安全性高。

当管廊规模较大，管廊内用电设备负荷较多时，选用手车式开关门，便于维护、检修（见图 6-6）；当管廊规模较小时，变电所设置条件有限，可考虑采用紧凑型模块化开关设备，在变电所内设置非标型低压柜，各节点处设置消防与非消防总箱来为设备供电（见图 6-7）。

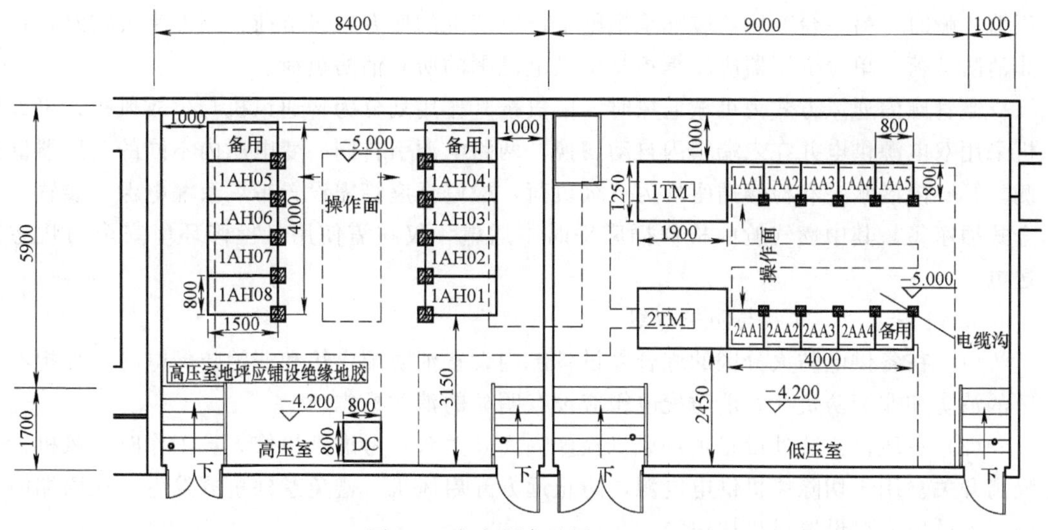

图 6-6　变电所布置图（一）

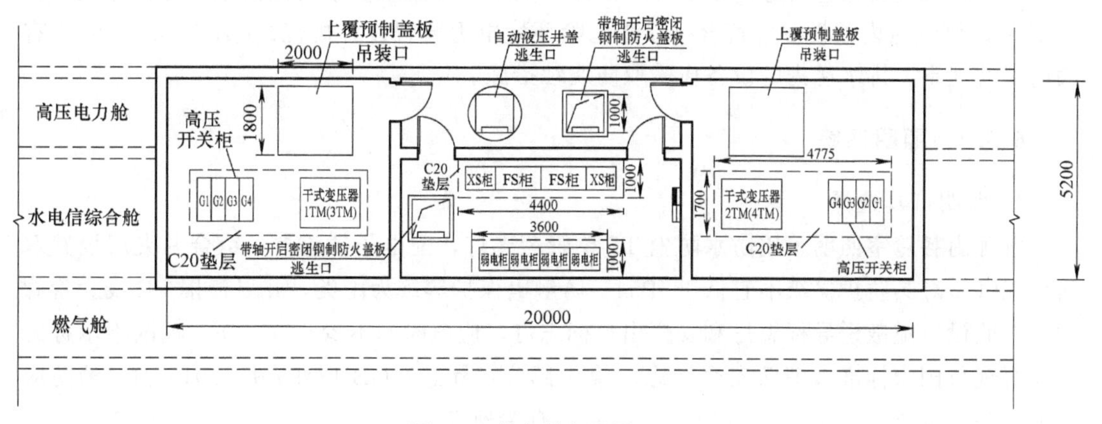

图 6-7　变电所布置图（二）

4. 高、低压接线及保护

（1）变电所高压侧采用单母线断路器分段运行，正常情况下，两路 10kV 电源为两常用，母联开关断开，当任何一路 10kV 电源故障或检修停运时，母联开关自动投入，另一路 10kV 电源能保证全部二级负荷的正常运行。

（2）高压配电采用微机综合继电保护装置（带监测），分散安装于各高压开关柜上，10kV 进线、环网出线、馈线保护装置为真空断路器，采用降低或抑制操作过电压措施，配置电流速断、过电流、低电压保护。

（3）干式变压器配置电流速断、过电流、过负荷、温度、单相接地保护。

（4）功率因数采用集中补偿方式，在变电所低压侧设功率因数自动补偿装置，要求补偿后的变压器侧功率因数在 0.95 以上。低压补偿柜内设功率因数控制器，可根据母线上负荷、电压波动及功率因数值自动控制各组电容器的投、切，防止过补偿及无功电力倒送。

5. 动力配电

管廊低压主接线采用单母线分段运行，正常情况下，两台变压器同时运行，当一台变压器故障时，另一台变压器应能承担整个供电范围的所有二级负荷；当发生火灾时，切除非消防负荷，单台变压器应能承担整个供电范围的所有消防负荷。

当管廊内通风方式为机械通风时，风机按其作用划分为普通风机与事故风机；事故风机采用双电源供电并在末端箱内自动切换，两路电源引自同一变电所内不同的变压器低压侧。管廊内潜水泵和检修插座均为三级负荷，检修插座箱需设置带剩余漏电保护装置的安全式插座箱，其中燃气舱内检修插座平时不通电，仅在需使用且检修环境安全的状态下送电。

6. 设备选择、安装与防护等级

（1）在各供电防火分区的综合井设备层内设置消防配电箱和非消防配电箱，承担本分区的消防和非消防负荷。消防配电箱应设有明显的消防标志。

（2）在风机安装处设置现场风机检修隔离开关盒；考虑到检修人员工作时，风机检修隔离开关盒用于切除风机供电电源，防止远方开启风机，避免意外事故发生；在两端防火门、人员出入口设置风机按钮箱。

（3）电气设备选择需适应地下环境的使用要求，并采取防水防潮措施，防护等级不低于 IP54。燃气舱内的设备应符合《爆炸危险环境电力装置设计规范》GB 50058—2014 有关防爆的规定，排水舱内的设备应采取防腐蚀措施。

6.3.2 照明系统

1. 照明灯具选择

管廊内各舱室照明采用防水防尘 T5 单管荧光灯，配电子镇流器；综合井夹层设置双管荧光灯。灯具防护等级不宜低于 IP54，防触电保护等级为Ⅰ类，并妥善接 PE 线。管廊内每个舱设置疏散诱导标志灯和安全出口标志灯，应急时间不少于 90min。疏散指示标志应符合现行国家标准《消防安全标志　第 1 部分：标志》GB 13495.1—2015 和《消防应急照明和疏散指示系统》GB 17945—2010 的有关规定。

2. 照明布置方式

（1）根据管廊断面形式采用单排布灯或双排布灯，灯具安装位置应考虑安装、检修方便，优先在人行道正上方吸顶安装。灯具可按普通照明、应急照明间错布置，正常时作为基本照明的一部分，事故时为应急照明；在人员出入口及设备安装处需加大灯具功率或加密灯具布置。

（2）安全出口指示灯在防火门上方安装时，底边距防火门框 0.2m；在逃生口、人员进出口处采用吊装，距地不小于 2.2m；管廊各舱室内疏散指示灯壁装或支架安装，底边设置在距地坪高度 1.0m 以下，间距不大于 20m。

3. 照明控制方式

照明灯具在照明配电箱上实现集中手动/自动控制，通过设置在防火分区两端防火门处及人员出入口处的照明就地按钮实现就地手动控制。照明也可由现场 I/O 站完成。当发生火灾时，强制点亮应急照明回路。在防火分区两端防火门处以及出入口处安装有控制该防火分区灯具的照明按钮箱。

6.3.3 防雷接地系统

（1）在配电系统中设置防感应雷过电压的保护装置。

（2）接地形式采用TN－S系统，采用联合接地，接地系统接地电阻要求不大于1Ω。

（3）接地体优先利用综合管廊结构内的主钢筋作为自然接地体。接地线干线在综合管廊电缆自用支架上敷设，并与各金属电缆支架焊接连接。综合管廊内所有外界可导金属、外露可导电金属和PE线等均应以最短的路径与接地干线做等电位联结。

（4）含有高压电缆的舱室需设置专用接地干线；应在不同的两点及以上就近与综合接地网相连接。

6.3.4 电气节能

1. 电气设备的节能

（1）根据用电性质、用电容量，选择合理的供电电压和供电方式。

（2）变配电所的位置接近负荷中心，减少变压级数，缩短供电半径，合理选择导线截面。

（3）控制总线损率及受电端电压在允许电压的偏差范围内。

（4）合理设置集中与就地无功补偿设备；变电所低压侧设置无功功率补偿装置，补偿后功率因数不低于0.95，降低电缆损耗。

（5）正确选择和配置变压器容量、台数、运行方式，合理调整负荷，实现变压器经济运行。

2. 电气照明的节能

（1）照明设计采用高光效光源，室内照度、统一眩光值、一般显色指数等指标应符合《建筑照明设计标准》GB 50034—2013的有关要求。

（2）采用电子镇流器，镇流器自身功耗不大于光源标称功率的10%；谐波含量不大于20%；荧光灯单灯功率因数不低于0.9。

（3）荧光灯配置节能型电子镇流器，灯具效率不低于70%。

3. 照明控制

管廊内功能照明控制：尽可能实行节能控制，如每个配电分区控制开关不少于2个，变电所、通风口、投料口处的照明采用就地设置照明开关控制。

6.3.5 设计要点

（1）电力电缆火灾是管廊主要危险点。与相关专业配合，在火灾工况下可靠限制火灾范围作为设计重点。

（2）二次回路设计：管廊内照明系统、通风系统、排水系统。在每个防火分区的设备箱内设计二次回路，其中照明正常情况下通过联动开启、关闭正常及应急照明，火灾时，能够强启应急照明。在管廊内温度过高时应能自启动风机运行，强制换气；火灾事故灭火后，能启动风机进行排烟，且消防风机的控制具有高于手动及自动系统的控制权限。

（3）燃气舱电缆线路严禁有中间接头。燃气舱内的所有设备应满足防爆设计要求。

（4）所有机电设备安装须满足《建筑机电工程抗震设计规范》GB 50981—2014中第

3 章、第 7 章有关抗震条文的要求。

(5) 所有消防设备均应满足国家强制性消防认证。

6.4 综合管廊监控与报警系统设计

6.4.1 设计概述

监控与报警系统的主要作用是实现管廊内各种机电设备的自动监测和管理，确保综合管廊能正常运营，提高综合管廊的安全性和应急应变能力，有效降低运营成本，提高管廊管理水平及服务品质等。

设计内容可分为综合管廊监控系统和报警系统。其中监控系统包括环境与设备监控系统、安防系统和通信系统；报警系统包括火灾报警系统及可燃气体报警系统。统一管理信息平台将综合管廊各个系统集成为一个相互关联和协调的综合系统，实现系统统一管理、信息共享及相互联动控制，如图 6-8 所示。

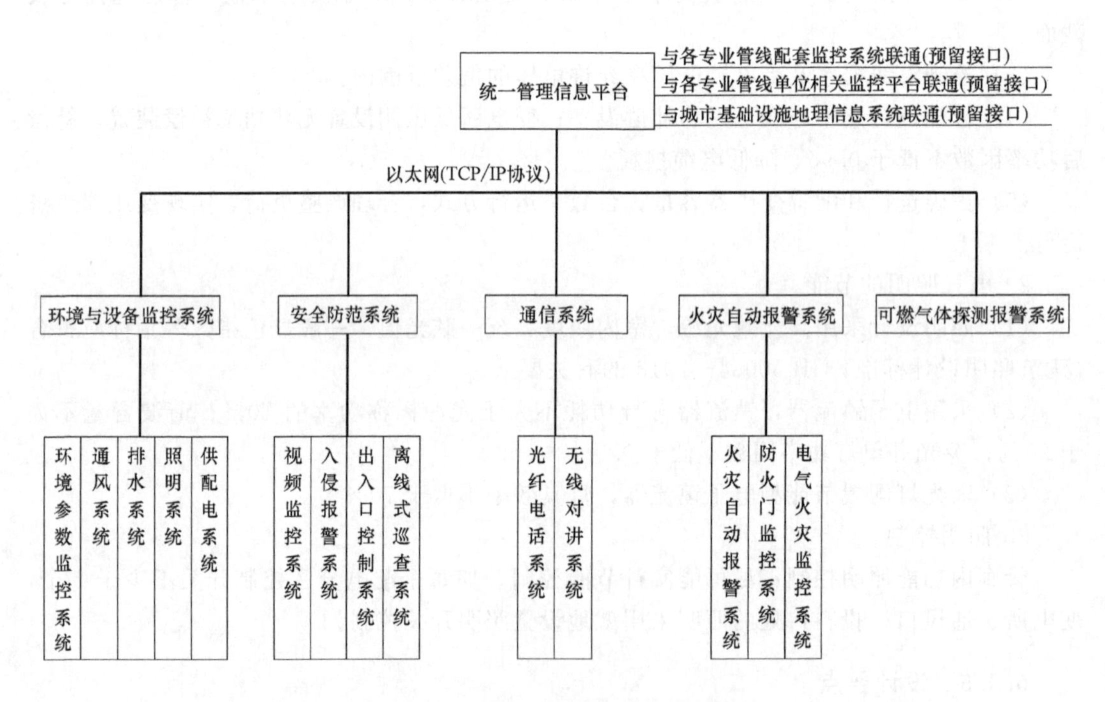

图 6-8 统一管理信息平台系统构成图

6.4.2 主要设计内容

1. 各子系统设计

(1) 环境与设备监控系统设计

在管廊沿线每个 10kV/0.4kV 分变电所内各设置一套汇聚监控柜，柜内设置一台千兆工业以太网交换机。在管廊的通风口设备层设置一套监控柜，柜内安装一台千兆工业以太网交换机、一套可编程控制器、一套 UPS，其系统构成见图 6-9。

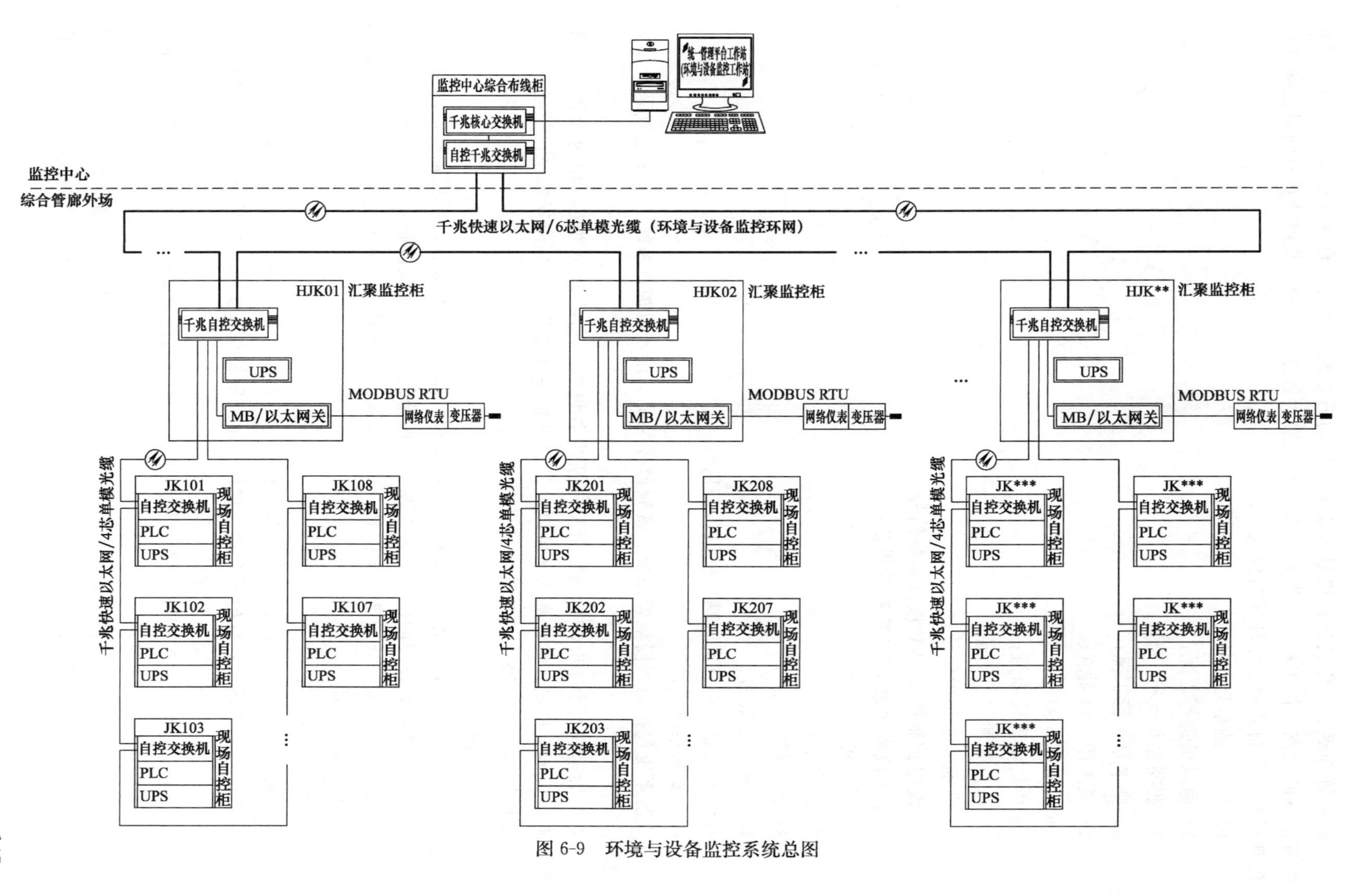

图 6-9 环境与设备监控系统总图

统一管理平台工作站计算机显示器上能生动形象地反映出综合管廊建筑模拟图、管廊内各设备的状态、仪表检测数据和动力配电的实时数据并报警。监控计算机同时还向现场控制器发出控制命令启停现场附属设备。

PLC采集的信息包括：

1）通风机运行工况；

2）照明系统运行工况；

3）排水泵运行工况；

4）氧气浓度检测值；

5）温湿度检测仪检测值；

6）甲烷浓度检测值；

7）液位检测仪检测值；

8）智能安全装置信号；

9）配电控制柜0.4kV进线运行信号。

每个区段内通过PLC控制的设备：

1）通风机；

2）排水泵；

3）区段照明系统；

4）智能安全装置。

每个区段监控柜负责所辖监控设备的供电。

（2）安防系统设计

安防系统包括防入侵报警系统、视频监控系统、出入口控制系统、电子巡查系统四大部分。

在管廊沿线每个10kV/0.4kV分变电所内各设置一套汇聚安防柜，柜内设置一台千兆工业以太网交换机。在管廊的通风口设备层设置一套安防柜，柜内安装一台千兆工业以太网交换机、一套UPS，其系统构成见图6-10。

1）防入侵报警系统

在每个人孔井位置设置双光束红外线自动对射探测器报警装置，用膨胀螺栓固定在管廊顶且不易被进入者发现的位置，其无源触点报警信号送现场安防柜，并通过安防系统以太网送至监控中心统一管理平台工作站，显示器画面上相应分区和位置的图像元素闪烁，并产生语音报警信号。

2）视频监控系统

在管廊投料口、分变电所设备安装处设置1套高清网络红外球机。在管廊内每个舱中部背靠背设置高清网络红外枪机2套。摄像机由安防柜负责供电，信号通过安防柜内以太网交换机送至监控中心统一管理平台工作站。

在每个变电所设置NVR，负责存储对应管理区域内的视频信号，单路图像的存储分辨率不小于1280×720像素。

视频监控系统与入侵报警系统、预警与报警系统、出入口控制系统、照明系统建立联动。当报警发生时，打开相应部位正常照明设备，报警现场画面切换到指定的图像显示设备，并全屏显示。

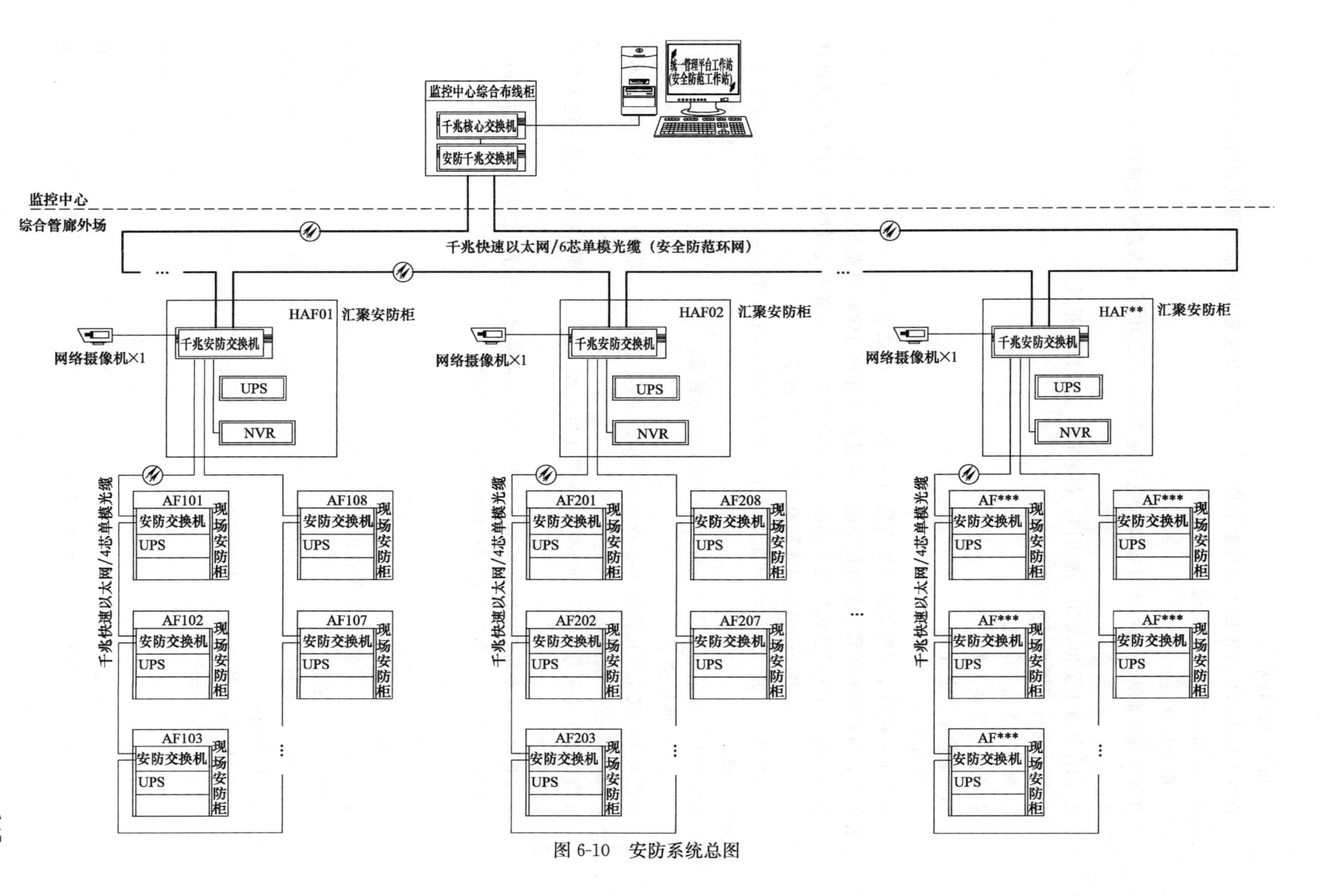
统一管理平台工作站
(安全防范工作站)
监控中心综合布线柜
千兆核心交换机
安防千兆交换机
监控中心
综合管廊外场
千兆快速以太网/6芯单模光缆（安全防范环网）
HAF01 汇聚安防柜
HAF02 汇聚安防柜
HAF** 汇聚安防柜
千兆安防交换机
UPS
NVR
网络摄像机×1
千兆快速以太网/4芯单模光缆
AF101
AF102
AF103
AF107
AF108
AF201
AF202
AF203
AF207
AF208
AF***
安防交换机
现场安防柜

图 6-10 安防系统总图

3）出入口控制系统

管廊人员出入口设置出入口控制装置，出入口控制装置状态信号通过安防柜内以太网交换机送至监控中心统一管理平台工作站。

4）电子巡查系统

在管廊每个舱内下列场所设置离线电子巡查点，离线电子巡查系统后台设在管廊监控中心内。

① 综合管廊人员出入口、逃生口、吊装口、进风口、排风口；

② 综合管廊附属设备安装处；

③ 管道上阀门安装处；

④ 电力电缆接头处。

（3）通信系统设计

1）电话系统

监控中心控制室配置电话系统通信柜一台，引入市话中继线（由电信公司负责），用于监控中心内对外电话联系及监控中心管廊电话话务台与管廊内光纤电话通信。

在每个防火分区的通风口设备层设置光纤电话主机，管廊内光纤电话主机通过光纤环网与监控中心电话系统通信柜内光纤电话接入主机通信。

在每个防火分区内按 50m 间距设置光纤电话副机，副机通过电话电缆接入对应分区的电话主机。

本电话系统和消防电话系统合用，应满足消防要求。

2）无线对讲系统

无线对讲系统主要由控制中心的无线控制器 AC、工作站、光纤环网、管廊现场无线 AP 及手持 VOIP 手机组成。

管廊内每个防火分区每隔 60～70m 配置 1 台无线 AP，变电所、通风口设备层内各设置 1 台无线 AP。

光纤环网利用安防系统既有环网，各无线 AP 通过网线（光纤）接入分区安防柜内的安防交换机。无线 AP 数量可视现场信号强度进行调整。

（4）火灾报警系统设计

1）火灾报警系统介绍

综合管廊火灾报警系统由下列三层组成：

① 在监控中心设置 1 台中心火灾报警控制柜，柜内设置 1 台火灾报警主机（联动型）、防火门监控主机；

② 在每个变电所内设置 1 台火灾报警控制柜，柜内设置 1 台区域火灾报警控制器、防火门监控分机；

③ 在每个分区的通风口设备层设置 1 台火灾报警控制柜，柜内设置 1 台区域火灾报警控制器和 1 台灭火控制器。

监控中心火灾报警联动主机与分变电所火灾报警联动主机通过单模光纤组成主干火灾报警通信网络；各分变电所火灾报警联动主机与分变电所供电范围内所有防火区间内的区域火灾报警控制器通过单模光纤组成子火灾报警通信网络。所有光纤通信网均采用环网形式。所有火灾报警控制柜完成所管辖区域内的火灾监视、报警、相关联动并将信息反馈至监控中心，其系统构成见图 6-11。

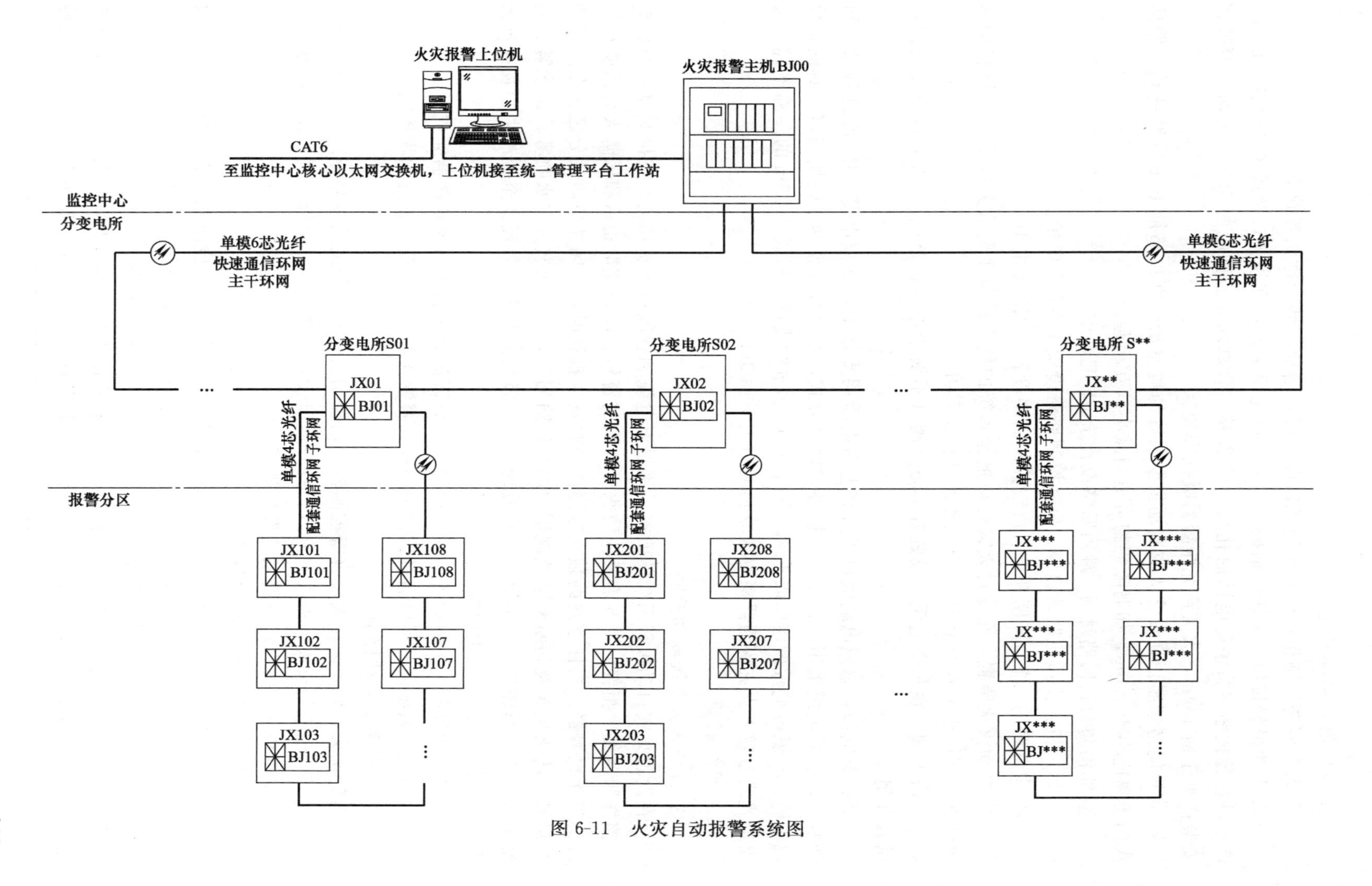

图 6-11　火灾自动报警系统图

2）火灾报警系统配置

① 火灾报警控制柜：设置于通风口设备层，落地安装于槽钢基础上。

② 手动报警按钮、消防电话插孔、火灾声光报警器：在投料口及通风口设备层设置1套手动报警按钮（带消防电话插孔）、1套警铃，管廊层布置间距约50m。手动报警按钮安装高度距地1.4m，火灾声光报警器吸顶安装。

③ 智能型烟感：在设置火灾自动报警系统的舱室沿管廊顶部每10m安装一档，距防火门距离应小于5.0m，如遇障碍物可适当减小以互相避让。

④ 非消防负荷回路跳闸：跳闸回路设置于FP配电柜。

⑤ 排风机：排风机联动启停、反馈控制回路设置于XP配电柜。

⑥ 应急照明：应急照明开启、反馈控制回路设置于XP配电柜。

⑦ 自动灭火装置：在设置火灾自动报警系统的舱室的每个防火分区设置一组自动灭火装置（不属于本专业范围），灭火控制器控制其开启。

⑧防火阀：在每个通风口设置若干防火阀（不属于本专业范围），火灾报警控制器控制其开闭。

⑨感温电缆：感温电缆敷设于所有电力电缆层支架上，感温电缆采用85度报警不可恢复式，感温电缆采用正弦波型、接触式敷设方式，在电缆支架两端使用固定卡具固定感温电缆。感温电缆敷设倍率取1.4，即相距1m的电缆支架间敷设1.25m的感温电缆。每组缆式线型感温火灾探测器探测区域长度不大于100m。

3）系统联动

① 自动灭火系统联动控制

在设置火灾自动报警系统的舱室采用感温电缆和智能型烟感作为火灾探测器，当任意一路探测器发生报警时，开启相应防火分区内的警铃、应急疏散指示和该防火分区防火门外的声光报警器。当任意两路独立探测器同时发生报警时，关闭相应防火分区正在运行的排风机、防火风阀及切断配电控制柜中的非消防回路，经灭火装置（水喷雾、细水雾、超细干粉、热气溶胶等）实施灭火。喷放动作信号及故障报警信号反馈至控制中心及火灾报警/灭火控制器，开启指示灯。

火灾探测设备与消防设备的联动通过每个分区的火灾报警区域控制器完成。

自动灭火系统同时可以通过监控中心火灾报警主机（联动型）进行远程控制。

② 通风系统联动控制

当确认火灾后，区域火灾报警控制器联动控制火灾防火分区及相邻分区的通风设备关闭，进行超细干粉灭火，灭火完成后，打开通风设备，排废气。事故后机械排烟的联动控制方式应符合《火灾自动报警系统设计规范》GB 50116—2013第4.5.1、4.5.2条的相关规定，并且防火阀与风机设电气连锁。

发生火灾时，应能通过监控中心火灾报警主机（联动型）控制电动防火阀、风机等设备的启动或停止。消防联动控制通风系统，优先级高于自动控制通风系统。

③ 应急照明、火灾声光报警器、应急疏散指示的联动控制

当任意一路火灾探测器发生报警时，开启相应防火分区内的火灾声光报警器、应急疏散指示。当确认火灾后，从发生火灾的报警区域的防火分区开始，顺序启动全部综合管廊内的消防应急照明，系统全部投入应急状态的启动时间不大于5s。疏散指示照明设置为

常明状态。

(5) 可燃气体报警系统设计

在每个分区通风口设备层设置1套可燃气体报警控制器，各分变电所区间内的可燃气体报警控制器通过光纤环网将数据上传至监控中心可燃气体报警控制主机，各分变电所内的可燃气体报警控制器通过现场总线汇聚所辖分区的可燃气体报警控制器的报警信息。

在天然气舱顶部和人员出入口、逃生口、吊装口、进风口、排风口等舱室内最高点气体易于聚集处设置天然气探测器，且设置间隔不大于15m。天然气探测器通过总线接入区间内的可燃气体报警控制器。防爆声光报警器吸顶安装，在燃气舱投料口及通风口设备层设置1套，管廊层布置间距约50m。

可燃气体报警联动控制由可燃气体报警控制器联动完成，其设计两档联动控制信号：天然气爆炸下限值（体积分数）的20%、天然气爆炸下限值（体积分数）的25%。

1) 当燃气舱室内天然气浓度达到其爆炸下限值（体积分数）的20%时，可燃气体报警控制器联动启动事故段分区及其相邻分区的事故通风设备，同时联动开启该区段的声光报警器。

2) 当燃气舱室内天然气浓度达到其爆炸下限值（体积分数）的25%时，现场可燃气体报警控制器联动控制紧急切断阀切断相应区段的天然气管道。防爆声光报警器、紧急切断阀的开、闭状态信号反馈至监控中心，通风设备的启、停以及故障信号也应反馈至监控中心。

(6) 巡检机器人系统设计

综合管廊把多种管线集于一体，运维情况复杂。地下管廊短则几千米、长则数十千米，巡检人员难以实时掌握地下管廊运行工况。因此引入机器人技术对地下管廊进行动态巡检与在线监测，对管廊内的电力、水力、通信管线设施进行表面外观与实时发热情况分析，并对燃气泄漏、水管破损泄漏情况进行综合监测与分析诊断，具有更为现实的应用意义，用科技手段辅助管廊监控，保障社会设施财产安全。全面监测市政隧道内各类能源设施设备状态，防患设备故障隐患，提高管廊管理效率。

系统主要包括：悬挂式轨道、巡检通道防火门、巡检机器人车体、搭载检测设备及传感器、移动式消防车、自动充电桩、变轨盘、无线通信设备、光纤网络、控制调度室、监控软件等。巡检机器人系统的设置可根据当地运维管理需求以及资金投入情况来选择，可重点选择先实施一个舱室，其他舱室预留空间。

2. 供电

每个区段监控柜负责所辖监控设备的供电，每个区段安防柜负责所辖安防设备的供电，详见监控柜和安防柜的配电系统图。

区域火灾报警控制器、电气火灾监控器、可燃气体报警控制器等消防弱电设备由该分区的XP箱供电。

区域火灾报警控制器等消防弱电设备均应自带蓄电池，蓄电池组的容量应保证火灾自动报警及联动控制系统在火灾状态同时工作负荷条件下连续工作3h以上。

3. 线缆敷设

(1) 光缆弯曲半径不小于光缆外径的15倍。管廊内电缆及光缆在自用桥架控制电缆线槽内敷设。没有桥架段，均采用穿管沿管廊顶、侧壁明敷。

(2) 在天然气舱敷设的电缆不应有中间接头，并按现行国家标准《爆炸危险环境电力装置设计规范》GB 50058—2014 规定的 2 区要求作防爆隔离密封处理。

(3) 变电所内低压配电柜电力网络仪表采用 MODBUS 总线电缆串联连接后与变电所汇聚监控柜内 MODBUS/以太网网关相连接。

(4) 防火分区配电控制柜电力网络仪表、智能安全装置、排水泵信号回路采用 MODBUS 总线电缆串联与监控柜连接。

(5) 网络摄像机采用六类网线与安防柜内交换机相连。连接距离不应大于 90m。如大于 90m 应增加光电转换器转换为光传输方式。

(6) 所有消防配电线路明敷时穿钢管或者封闭式金属线槽保护，钢管和封闭式金属线槽均外涂防火漆；暗敷时，应穿管并敷设在不燃性结构内且保护层厚度不应小于 30mm。

(7) 手动按钮（带消防电话插孔）、紧急启/停按钮安装高度离地 1.4m，声光报警器吸顶安装，主机安装及其他由供货商现场指导。

(8) 系统中用于切断非消防电源的控制模块输出为 DC24V 有源触点，由配电控制柜加装中间转换继电器。

4. 防雷接地

(1) 在配电系统中设置防雷电感应过电压的保护装置，并在综合管廊内设置等电位联结系统。

(2) 监控与报警系统功能接地与防雷接地、保护接地共用接地网，接地电阻不大于 1Ω。

(3) 屏蔽电缆的屏蔽线应采用单端接地的方式，进监控柜和安防柜的屏蔽电缆在靠近柜子侧单端接地。

6.4.3 设计要点

(1) 及时提供给总体专业每种综合井处夹层需安装的弱电柜所需的空间尺寸。强弱电配电柜摆放位置需综合统筹考虑，根据管廊自用弱电线槽的位置、穿管位置、安装检修的便利性来确定。

(2) 管线的预留预埋。综合井夹层放置较大强弱电配电柜，各专业预留管线的位置需综合考虑，特别注意强电与弱电、消防与非消防回路的不同路径选择，建议在符合要求的情况下多预留穿线管，方便施工的同时更便于后期设备的安装。

(3) 需特别注意变电所及每个分区综合井的消防措施，是否配套设置火灾自动灭火系统，是否需要联动。

(4) 与供电照明专业共同协商确定管廊的分区，管廊监控与报警的供电方向宜与供电与照明的供电方向保持一致。

(5) 与总体专业确认管廊防火门为常开型还是常闭型，不同类型的防火门对联动的要求不同。

6.5 综合管廊排水系统设计

6.5.1 设计概述

综合管廊运行中会产生管廊渗漏水、入廊管线检修的放空水等，因管廊一般埋深较深，无法通过重力外排，因此需设置排水系统将这些废水排至管廊外。

综合管廊内的废水主要包括：（1）给水排水管道连接处的漏水、检修时的放空水；（2）综合管廊内的冲洗水；（3）综合管廊结构缝处漏水；（4）综合管廊开口处漏水。综合管廊内的排水系统主要满足以上 4 点，未考虑管道爆管或消防情况下的排水要求。

6.5.2 排水系统设计

1. 排水系统的组成

包括排水边沟、集水坑、潜污泵、排水管道及其附件（止回阀、截止阀）等。

2. 设计原理

管廊内的废水通过排水边沟收集后流至集水坑，通过设置在集水坑内的潜污泵排至管廊外。

3. 设计内容

（1）每舱单侧设置排水边沟，排水边沟宽度可采用 200mm，最小深度不小于 100mm，为防止管廊内相邻防水分区串通，排水边沟在防火墙处断开。综合管廊内设 1%的横向坡度坡向排水边沟，排水边沟的纵坡与综合管廊的纵坡保持一致，但不小于 0.2%。

（2）管廊每个防火分区最低点处设置集水坑，集水坑与排水边沟相连，并且集水坑内放置潜污泵。

（3）入廊管线包括给水、中水等液体输送管道时，集水坑尺寸结合实际需求经计算确定，集水坑内安装 2 台潜污泵，平时 1 用 1 备，应急状态下 2 用。其他不含液体输送管道的舱室，集水坑内可安装 1 台潜污泵。

（4）潜污泵流量、扬程的选择应按现行国家标准《建筑给水排水设计规范》GB 50015—2003（2009 年版）、《室外排水设计规范》GB 50014—2006（2016 年版）的规定经计算确定。

（5）集水坑内设浮球液位开关或超声波液位计，潜污泵的运行与水位变化联动，纳入监控系统。

排水系统如图 6-12 和图 6-13 所示。

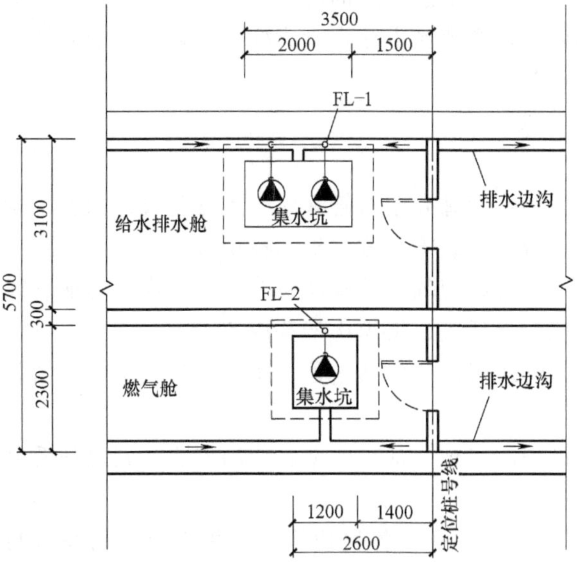

图 6-12 排水系统平面图

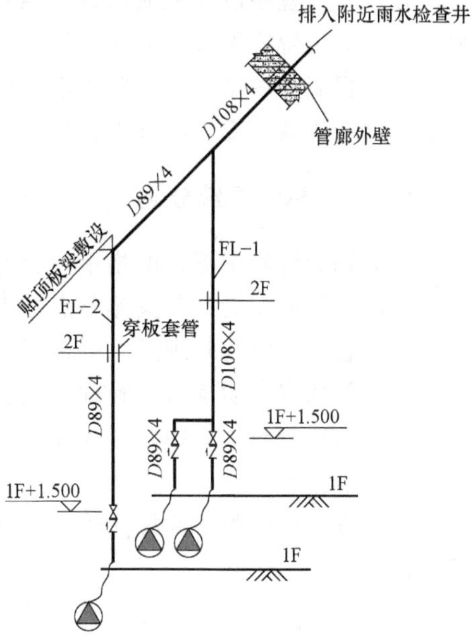

图 6-13 排水系统图

(6) 管材及连接方式

潜污泵的出水管采用热镀锌钢管，管径 $D>50$mm 的采用沟槽卡箍连接，管径 $D\leqslant 50$mm 的采用螺纹连接。阀门与管道间采用法兰连接，镀锌钢管与法兰的焊接处应二次镀锌。连接地漏的排水立管采用 UPVC 管，专用胶粘接。

(7) 管道敷设及防腐

1) 管道支架：潜水泵出水管和 UPVC 排水管采用支架固定，支架间距不得大于 3m。

2) 钢管内外防腐：具体做法参见《给水排水管道工程施工及验收规范》GB 50268—2008。钢管防腐前应进行除锈。

6.5.3 设计要点

(1) 燃气舱内集水坑应单独布置，且采用的潜污泵应具有防爆功能。

(2) 潜污泵的出水宜排至雨水检查井。

(3) 集水坑上敷设钢格栅盖板，均匀荷载能力不小于 5kN/m^2。

6.6 综合管廊标识系统设计

综合管廊工程是指在城市道路下面建造一个市政共用隧道，将电力、通信、给水、热力等多种市政管线集中在一起，实行“统一规划、统一建设、统一管理”，以做到地下空间的综合利用和资源共享。

标识系统需结合综合管廊内管线设置情况。通过标识系统提供准确的信息和引导，以便使用者能够快捷地找到对应管线的位置。

6.6.1 设计概述

在设计过程中以规范城市综合管廊标识系统为引导，实施过程中坚持以人为本的原则。标识的设置应综合考虑、布局合理，防止出现信息不足的现象。

为了提高对城市综合管廊内部结构的认识，规范城市综合管廊标识设计，增加对城市综合管廊标识系统安全的管理，故编制本章节。

6.6.2 标识系统分类

根据综合管廊中标识的指示内容将其分为：管廊介绍与管理牌、入廊管线标识牌、设备标识牌、管廊功能区与关键节点标识牌、警示标识牌、方位指示标识牌。

(1) 管廊介绍与管理牌主要标明片区综合管廊规划、管廊建设时间、规模、容纳管线基本情况等内容，明确管廊管理情况、单位、责任人、组织构架等内容。

(2) 入廊管线标识牌主要标注各类入廊管线属性，包括名称、规模、产权单位、紧急联系电话等内容。

(3) 设备标识牌主要标注管廊内各类设备的名称、基本数据、使用方法、紧急联系电话等内容。

(4) 管廊功能区与关键节点标识牌主要标注管廊中各类功能区及关键节点的编号与名称。

(5) 警示标识牌主要起警示、提示各类安全隐患的作用。

(6) 方位指示标识牌主要标注管廊运营里程、方向方位、参照点等内容。

6.6.3 标识系统板面设计

1. 管廊介绍与管理牌

管廊介绍与管理牌采用标牌雕刻专用白色塑料板制作，尺寸根据文字内容排版调整。白底绿字，文字居中布置，字间距根据字数调整，文字尺寸参考《湖南省城市综合管廊标准图集》湘 2015SZ102-3。距标识牌四周 10mm 位置用 10mm 绿色色带作为标识牌边框，底膜为Ⅱ类反光膜，文字采用雕刻，如图 6-14 所示。

图 6-14 管廊介绍与管理牌（示例）

2. 入廊管线标识牌

入廊管线标识牌采用 3mm 厚铝板制作，尺寸为 300mm×150mm。蓝底白字，文字居中布置，字间距根据字数调整，文字尺寸参考《湖南省城市综合管廊标准图集》湘 2015SZ102-3。距标识牌四周 10mm 位置用 2mm 白色色带作为标识牌边框，如图 6-15 所示。

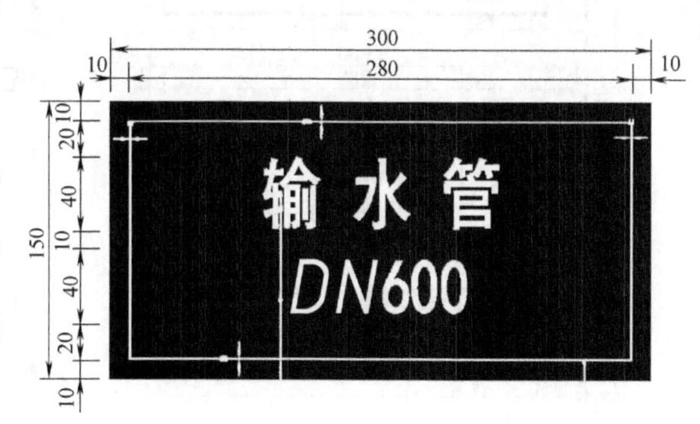

图 6-15 入廊管线标识牌（示例）

3. 设备标识牌

设备标识牌采用 3mm 厚铝板制作，尺寸为 300mm×150mm。绿底白字，文字居中布置，字间距根据字数调整，文字尺寸参考《湖南省城市综合管廊标准图集》湘 2015SZ102-3。距标识牌四周 10mm 位置用 2mm 白色色带作为标识牌边框，如图 6-16 所示。

4. 管廊功能区与关键节点标识牌

管廊功能区及关键节点标识牌采用 3mm 厚铝板制作，尺寸为 300mm×150mm。白底蓝字，文字居中布置，字间距根据字数调整，文字尺寸参考《湖南省城市综合管廊标准图集》湘 2015SZ102-3。距标识牌四周 10mm 位置用 2mm 蓝色色带作为标识牌边框，如图

6-17 所示。

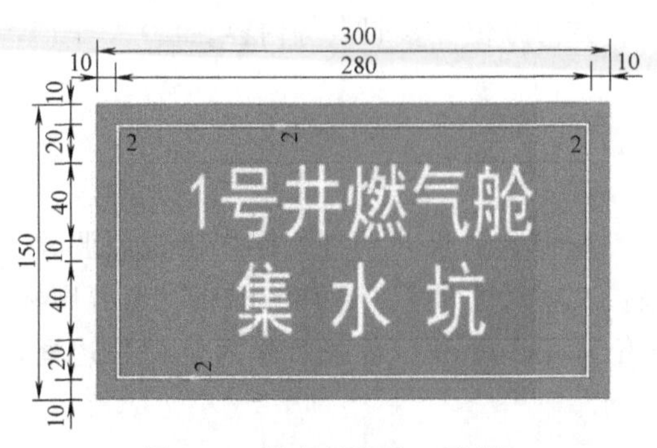

图 6-16　设备标识牌（示例）

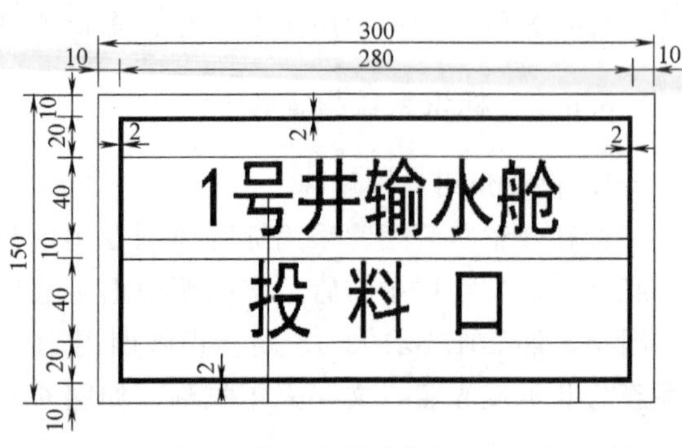

图 6-17　管廊功能区及关键节点标识牌（示例）

5. 警示标识牌

警示标识牌采用 3mm 厚铝板制作，尺寸为 300mm×200mm。红底白字，文字居中布置，字间距根据字数调整，文字尺寸参考《湖南省城市综合管廊标准图集》湘 2015SZ102—3，图案标识和文字相匹配。距标识牌四周 10mm 位置用 2mm 白色色带作为标识牌边框，如图 6-18 所示。

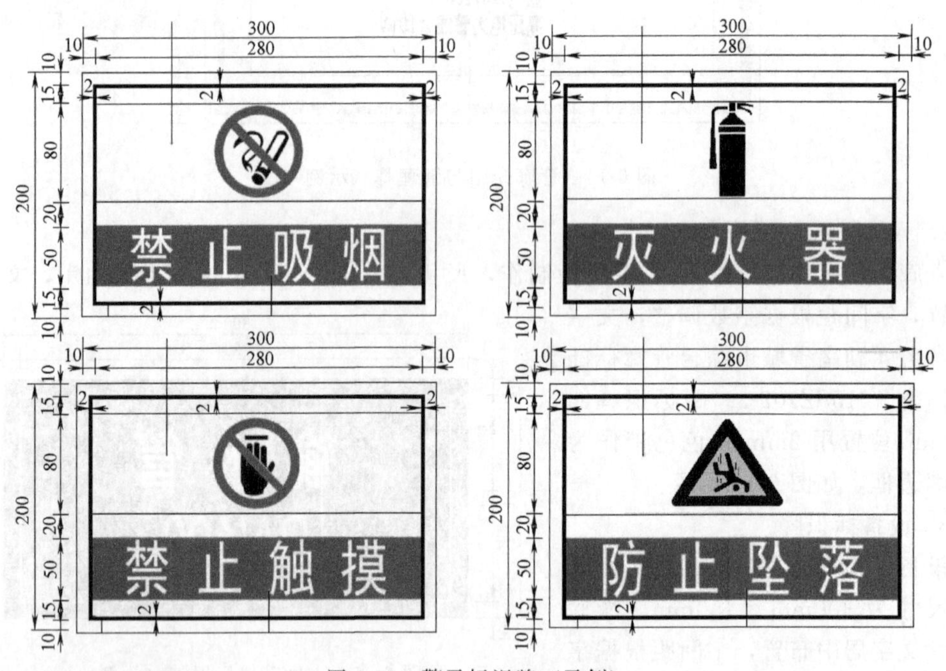

图 6-18　警示标识牌（示例）

6. 方位指示标识牌

方位指示标识牌采用 3mm 厚铝板制作，除里程桩号外，其余标识牌尺寸为 300mm×150mm。白底蓝字，文字居中布置，字间距根据字数调整，文字尺寸参考《湖南省城市综合管廊标准图集》湘 2015SZ102-3。距标识牌四周 10mm 位置用 2mm 蓝色色带作为标识牌边框，如图 6-19 所示。

7. 里程桩号标识牌

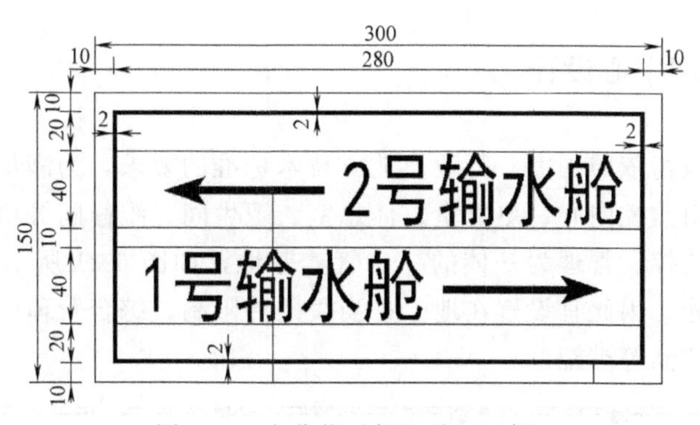

图 6-19　方位指示标识牌（示例）

里程桩号标识牌尺寸为 150mm×100mm。白底蓝字，文字居中布置，字间距根据字数调整，文字尺寸参考《湖南省城市综合管廊标准图集》湘 2015SZ102-3。距标识牌四周 5mm 位置用 1mm 蓝色色带作为标识牌边框，如图 6-20 所示。

6.6.4　标识系统色卡

参考《RAL 工业国际标准色卡对照表》。

绿色：ral 6024；

黄色：ral 1016；

棕色：ral 6008；

红色：ral 3001；

白色：ral 9010；

交通白色：ral 9011；

交通蓝色：ral 5017。

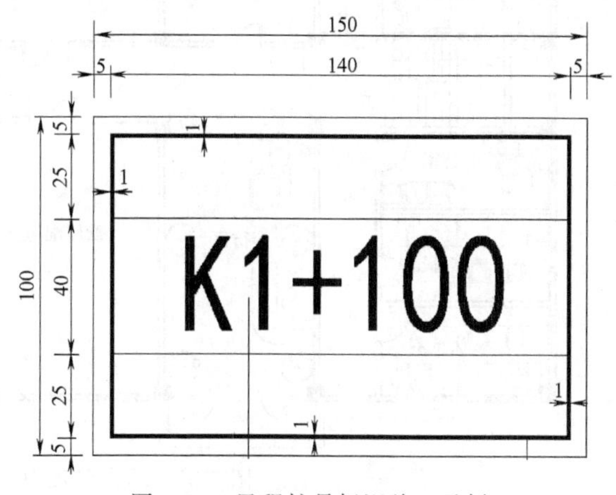

图 6-20　里程桩号标识牌（示例）

6.6.5　标识系统布设位置准则

(1) 管廊介绍与管理牌主要布设于主要出入口内和监控分中心入口处。

(2) 入廊管线标识牌主要布设于各类入廊管线上。每隔 100m 设置一组。

(3) 设备标识牌主要布设于各类设备周边。消防系统各设备标识和灭火器标识均以消防系统工程数量表为准。

(4) 管廊功能区与关键节点标识牌主要布设于各类功能区及关键节点处醒目位置。

(5) 警示标识牌主要布设于管廊内各危险隐患周边醒目位置。防火分区和综合井每层均要布设两块禁止吸烟标识牌；防火分区内高压电力舱要布设两块禁止触摸标识牌；综合井防坠落栏杆处均布设防止坠落标识牌。

(6) 方位指示标识牌主要布设于管廊内各关键位置节点。如：水信舱和燃气舱在防火门上方设置方位指示标识牌（安全出口）；在靠近防火门墙体上适当位置设置方位指示标识牌。

(7) 里程桩号标识牌沿管廊设计里程布设，其间距为 100m。

(8) 各类标识牌布设时均应保证其指示功能，并保证过往人员有良好的视线条件。

6.7 综合管理中心设计

综合管理中心是指依照国家、行业及地方技术标准的要求，为满足区域内综合管廊的管理需求，设置的由监控中心、更衣室、休息室、卫生间、维修间等功能房间组成的管理中心，是集办公、监控、管理为一体的综合管养基地，如图 6-21 所示。综合管理中心应有良好的通风、采光，因此宜设置在地上；当受条件限制，综合管理中心设在地下时，应采取通风、防涝、防潮等措施。

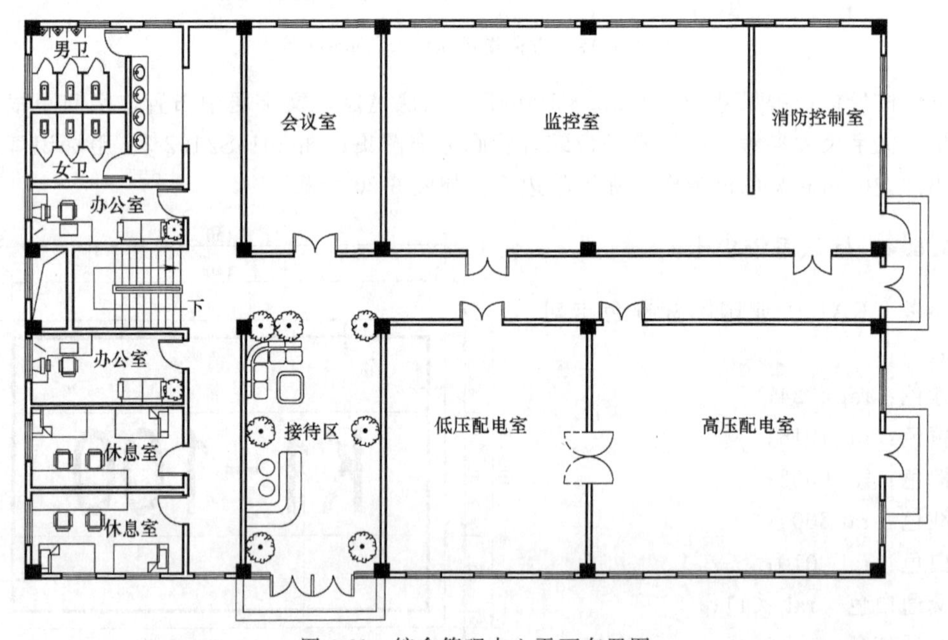

图 6-21 综合管理中心平面布置图

监控中心是综合管理中心的重要组成部分，是实现综合管理智慧化管理的重要保障措施。本节主要介绍监控中心的设计。

6.7.1 监控中心概述

城市地下综合管廊是城市生命线走廊，收容的管线种类多种多样，管廊自身功能使用的动力、照明、通风、排水等设备繁多。综合管廊监控中心是综合管廊的核心所在，不仅可使管廊管理者拥有及保持快速反应能力，实现管理的灵敏反应、有序协调和高效运转，其大屏幕在线监控、实时控制、现场应急指挥、调度的功能也是管廊工作的重要组成部分。

6.7.2 监控中心设计

为使管廊内各个智能化系统之间实现资源共享、联动控制、统一管理，需对各智能化系统进行集成。统一管理平台将综合管廊各个系统集成为一个相互关联和协调的综合系统，实现系统统一管理、信息共享及相互联动控制。统一管理平台宜顺应物联网、建筑信息模型（BIM）、地理信息系统（GIS）等技术的发展方向，满足智慧城市的建设要求。

综合管廊监控中心内的主要设备包括核心以太网交换机、自控以太网交换机、安防以太网交换机、统一管理平台工作站、数据/WEB/管理服务器、数据存储服务器、流媒体服务器、液晶拼接屏、火灾报警主机、防火门监控主机、电气火灾监控主机、可燃气体报警控制主机、光纤电话主机、UPS、彩色激光打印机。

监控中心应实现以下几个主要功能：

(1) 通过液晶拼接屏显示综合管廊内摄像机上传的图像。

(2) 通过统一管理平台工作站（安防工作站）对图像信息进行采集、管理，接收红外对射装置上传的报警信号，与视频监控系统进行联动。

(3) 通过视频存储服务器对重要的视频图像进行存储，包括夹层设备间的视频信息、管廊人员出入口的视频信息、发生异常情况报警对应分区的视频信息。

(4) 通过环境监控工作站对各防火分区 PLC 上传的数据进行收集、管理，并对管廊内的设备实现远程启停控制。

(5) 通过数据服务器对 PLC 上传的数据进行存储。

(6) 通过火灾报警工作站对各防火分区区域报警控制上传的数据进行收集、管理，并能对自动灭火装置进行远程控制。

6.7.3 监控中心作用与发展

(1) 监控中心作用

监控中心的建设对综合管廊内部的平稳运行及综合管廊后期的维护运营管理有着至关重要的作用，具体表现在以下几个方面：

1) 提升工作效率与管理效率：替代传统的人为巡检，让前端数据实现自动化、信息化，消除传统工作方式不可控因素的影响。保证问题实时发现，自动上传、及时处理和自动分析。

2) 增大受益人群，确保市民安全生活：覆盖大范围受益人群，确保地下设施的正常运行，提高市民的生活水平与生活质量。

3) 实现管廊人员配置管理：在监控系统整个工作过程中，可有效地对管廊进行全程监控，在控制中心区域以及远程控制区域均可进行结构或设备的参数设置。当管廊内部发生人事变动时，如系统维护管理人员或值班人员调配，可通过数据中心重新进行授权管理，实现管廊管理权限的重新配置。

4) 实现管廊安全管理：管廊系统在管理过程中本身拥有多级授权，根据授权层次的不同分配不同的口令，监控中心对不同口令实现的各种操作进行有效记录（同时具有自动备份与自动恢复功能），方便随时进行查询，实现管廊安全管理功能。

5) 实现管廊实时监控功能：随时随地收集管廊结构应力状态、管廊设备工作状态信息。对智能视频监控系统、电力监控系统、管道智能巡检系统、安防子系统、管线地理信息数据库系统等均可实现实时监控。

6) 实现管廊实时报警功能：如火灾自动报警系统、可燃气体报警系统、红外线智能报警系统等。整个系统报警功能可根据不同的需求进行配置，对不需报警功能的系统可自动过滤，对需报警的系统可进行同时性报警。

从综合管廊的“监、管、控、维”四方面出发，形成智慧管廊的管理模式，实现对不同区域管廊的远程控制，有效地降低安全隐患，保证管廊管线环境的安全，提升城市安全和管线安全的整体水平。

(2) 未来发展趋势

综合管廊运营平台通过物联网、三维可视化、智能传感器等技术，促进综合管廊的智慧化转型，实现对综合管廊的基础数据及动态信息共享、资源整合、精准管控及智能决策等，从而为综合管廊的管理提供有效支撑。通过先进的信息化手段，以安全保障为核心，提升综合管廊及相关配套设施监管水平，比如电缆温度实时在线监测、综合管廊防侵入在线监测、管网危险源气体实时在线监测、管廊结构应力变化监测、管道防腐蚀监测、结构伸缩及变形量统计、水位监测、视频监控等，使得管网及相关配套设施隐患早知道、早发现、早处理，减少事故发生，实现城市地下管网管理的制度化、规范化。

第 7 章　综合管廊基坑支护

7.1　综合管廊基坑支护概述

综合管廊采用明挖施工具有工程造价低、施工简单、方便等优点，应用较为广泛。基坑支护是综合管廊明挖施工的重要环节，关系到综合管廊施工期间的进度和安全，对工程投资也有较大影响。

随着城市化进程的加速发展，综合管廊结构尺寸越来越大、断面形式越来越复杂、埋深越来越深，这对综合管廊基坑支护技术提出了更高要求。与普通建筑基坑相比，综合管廊基坑工程具有如下特征：

(1) 综合管廊基坑为狭长形：综合管廊基坑为线性工程，长度一般为几百米至几千米，甚至十几千米，而横断面宽度一般仅几米、十几米，基坑长度远大于基坑宽度；

(2) 综合管廊基坑环境条件复杂：因管廊基坑纵向长，不同段落工程地质条件可能差异较大，加之管廊多建于城区较繁华地段，管廊周边存在大量管线及建筑，改建工程还需考虑道路保通、既有建筑保护等问题；

(3) 综合管廊基坑多属于深基坑工程：综合管廊在竖向设计时需考虑管廊节点空间需求、行车荷载以及绿化要求等因素，干线和支线综合管廊基底埋深一般都大于 5.0m，属于深基坑工程，施工单位在施工前需编制专项施工方案，并组织专家对专项施工方案进行论证。

综合管廊基坑支护不仅要确保基坑岩土体和支护结构的稳定，为管廊主体结构施工创造条件和保证施工安全，还要确保周围建筑物、地下设施及管线、道路的安全与正常使用。但基坑工程一般是临时性工程，设计时支护结构和构造未考虑耐久性问题，荷载及其分项系数按临时作用考虑，加之岩土体性质和地下水的复杂性以及计算理论的不完善，在施工过程中，应对基坑及支护结构进行严密、精细的实时监测，用监测获得的信息及时修正设计，并采取必要的工程措施以保证基坑安全。

1. 基坑支护结构安全等级和重要性系数

综合考虑基坑周边环境和地质条件的复杂程度、基坑深度等因素，按基坑破坏后果的严重程度，将基坑支护结构安全等级按表 7-1 进行分级，支护结构设计时根据不同安全等级选用重要性系数 γ_0。同一基坑的不同部位，可采用不同的安全等级，对应选取不同的基坑支护方案。对于不同安全等级的基坑支护结构，其设计计算和监测项目也有所不同。

2. 基础资料收集

综合管廊基坑支护设计前，应收集以下资料：

(1) 工程用地红线图和基坑周边环境状况资料，包括：规划用地红线范围；既有建筑物结构类型、层数、位置、基础形式和尺寸、埋深、用途；各种既有地下管线、地下构筑

基坑支护结构安全等级 **表 7-1**

安全等级	破坏后果	γ_0
一级	支护结构失效、土体过大变形对基坑周边环境或主体结构施工安全的影响很严重	1.1
二级	支护结构失效、土体过大变形对基坑周边环境或主体结构施工安全的影响严重	1.0
三级	支护结构失效、土体过大变形对基坑周边环境或主体结构施工安全的影响不严重	0.9

物的位置、尺寸、埋深、用途，对既有供水、污水、雨水等地下输水管线，尚应包括其使用状况及渗漏状况；道路类型、位置、宽度、最大车辆荷载；规划用地、管线、地下构筑物、道路的相关情况；确定基坑开挖与支护结构使用期内施工材料、施工设备荷载；雨季时场地周围地表水汇流和排泄条件等。

(2) 岩土工程勘察报告，报告内容包括：基坑工程影响范围内的土层分布、各岩土层的物理力学指标和含水层的埋深、厚度、分布、地下水类型、补给和排泄条件、腐蚀性评价等，当基坑需降水时，应提供各含水层的渗透系数。

(3) 综合管廊总体、结构设计图，包括：综合管廊平面布置图、纵断面图、标准横断面图、节点设计图等。

(4) 相邻地下工程施工情况，包括：地下工程支护体系设计图和施工组织计划等。

3. 基坑支护设计内容

综合管廊基坑支护设计一般包括以下内容：

(1) 根据收集的基础资料，对基坑支护方案进行比选，选用合理的基坑支护方案；

(2) 根据勘察报告提供的相关参数，对支护结构的强度、变形和抗渗进行计算，并验算基坑的稳定性；

(3) 根据场地工程地质条件、基坑周边环境要求及支护结构形式，选用截水、降水、集水明排方法或其组合方式，确定地下水控制方案；

(4) 提出基坑开挖施工组织、基坑回填和监测要求，确定相关报警值，并提出处理突发状况的应急措施。

综合管廊基坑支护设计成果包括：管廊基坑支护设计说明、基坑支护总平面图、基坑支护典型横断面图、支护结构和地下水控制施工详图以及监测方案图等。

7.2 综合管廊基坑支护结构类型

因各地工程地质条件、周边环境以及施工经验等具有一定差异，对支护结构类型及其适用条件要求也存在一定差异。综合管廊基坑开挖是否需要采用支护结构，采用何种类型的支护结构，应根据场地工程地质因素、基坑周边环境、开挖深度、施工场地条件、施工季节等因素，因地制宜地按照经济、技术、环境综合比较，合理选用支护结构类型。在满足基坑支护受力和周边环境保护要求的前提下，应优先选取技术成熟、经济合理、施工便捷、绿色环保的支护结构类型。当管廊采用预制拼装结构时，所采用的支护结构体系及布置应能满足管廊结构吊装和拼装的作业空间要求。

综合管廊基坑支护类型繁多（见图 7-1、图 7-2），每种类型在适用条件、工程经济性和工期等方面各有不同，主要基坑支护结构适用条件见表 7-2。在支护结构选用过程中应明确基坑支护的控制因素，如：基坑支护的主要矛盾是支护体系的稳定问题，还是变形问题；基坑支护体系不稳定因素主要来自土压力，还是来自地下水等。

图 7-1　基坑放坡开挖

图 7-2　支撑式支护结构

主要基坑支护结构适用条件　　表 7-2

<table>
<tr><th colspan="2" rowspan="2">支护结构类型</th><th colspan="3">适　用　条　件</th></tr>
<tr><th>安全等级</th><th colspan="2">基坑深度、环境条件、土类和地下水条件</th></tr>
<tr><td rowspan="5">支挡式结构</td><td>锚拉式结构</td><td rowspan="5">一级
二级
三级</td><td>适用于较深的基坑</td><td rowspan="5">1. 排桩适用于可采用降水或截水帷幕的基坑
2. 地下连续墙宜同时用作主体地下结构外墙，并用于截水
3. 锚杆不宜用在软土层和高水位的碎石土、砂土层中
4. 当邻近基坑有建筑物地下室、地下构筑物等，锚杆的有效锚固长度不足时，不应采用锚杆
5. 当锚杆施工会造成基坑周边建(构)筑物的损害或违反城市地下空间规划等规定时，不应采用锚杆</td></tr>
<tr><td>支撑式结构</td><td>适用于较深的基坑</td></tr>
<tr><td>悬臂式结构</td><td>适用于较浅的基坑</td></tr>
<tr><td>双排桩</td><td>当锚拉式、支撑式和悬臂式结构不适用时，可考虑采用双排桩</td></tr>
<tr><td>支护结构与主体结构结合的逆作法</td><td>适用于基坑周边环境条件很复杂的深基坑</td></tr>
<tr><td rowspan="4">土钉墙</td><td>单一土钉墙</td><td rowspan="4">二级
三级</td><td>适用于地下水位以上或经降水的非软土基坑，且基坑深度不宜大于 12m</td><td rowspan="4">当基坑潜在滑动面内有建筑物、重要地下管线时，不宜采用土钉墙</td></tr>
<tr><td>预应力锚杆复合土钉墙</td><td>适用于地下水位以上或经降水的非软土基坑，且基坑深度不宜大于 15m</td></tr>
<tr><td>水泥土桩复合土钉墙</td><td>用于非软土基坑时，基坑深度不宜大于 12m；用于淤泥质土基坑时，基坑深度不宜大于 6m；不宜用在高水位的碎石土、砂土层中</td></tr>
<tr><td>微型桩复合土钉墙</td><td>适用于地下水位以上或降水的基坑，用于非软土基坑时，基坑深度不宜大于 12m；用于淤泥质土基坑时，基坑深度不宜大于 6m</td></tr>
<tr><td colspan="2">重力式水泥土墙</td><td>二级
三级</td><td colspan="2">适用于淤泥质土、淤泥基坑，且基坑深度不宜大于 7m</td></tr>
<tr><td colspan="2">放坡</td><td>三级</td><td colspan="2">1. 施工场地应满足放坡条件
2. 放坡与上述支护结构形式结合</td></tr>
</table>

注：1. 当基坑不同部位的周边环境条件、土层性状、基坑深度等不同时，可在不同部位分别采用不同的支护形式。
2. 支护结构可采用上、下部以不同结构类型组合的形式。

7.2.1　放坡开挖

当场地地层条件、水文条件及周边环境条件许可时，放坡开挖是最为经济、快捷、简单的基坑开挖方法，同一工程可视场地具体条件采用局部放坡或全深度、全范围放坡开挖，采用放坡开挖需要满足以下条件：

(1) 地层条件：基坑地层岩性为一般黏性土、粉土、碎石土和风化岩石；

(2) 水文条件：基坑坑底在地下水位以上，或者通过人工降水将地下水位降至坑底以下；

(3) 周边环境条件：场地具有可放坡的空间，基坑周围有堆放土料、机具的空间和交通道路，并且放坡对相邻建筑和市政设施不会产生不利影响。

放坡开挖坡率可参照表 7-3 和表 7-4 选取，开挖坡脚与管廊外墙净距应满足管廊结构、防水等施工要求，且不宜小于 0.6m。对于砂土和填充物为砂土的碎石土，坡高小于 5m 时，边坡坡率允许值宜按自然休止角确定。当坡顶有超载时，特别是有动荷载时，应适当放缓边坡坡度。对于深度大于 5m 的基坑，宜分级开挖，并设分级平台，平台宽度一般为 1～1.5m。基坑周围地面应采用抹砂浆、设排水沟等地面防护措施，防止雨水入渗，在影响边坡稳定的范围内不得有积水。对于土质边坡或易风化的岩质边坡，在开挖时应采取相应的排水和坡面保护措施。

当土质边坡放坡开挖高度大于 5m、有可能发生岩土体滑移的软弱面、坡顶有可能超载时，应对边坡整体稳定性进行验算，对于稳定性稍差或不能自稳的边坡，应求出潜在滑动面及不平衡力，采取适当的补强加固措施，确保基坑边坡稳定。

土质边坡坡率允许值 **表 7-3**

土质类别	密实度或状态	坡率允许值(高宽比)	
		坡高 5m 以内	坡高 5～10m
碎石土	密实	1∶0.35～1∶0.50	1∶0.50～1∶0.75
	中实	1∶0.50～1∶0.75	1∶0.75～1∶1.00
	稍实	1∶0.75～1∶1.00	1∶1.00～1∶1.25
粉土	饱和度 $Sr\leqslant 0.5$	1∶1.00～1∶1.25	1∶1.25～1∶1.50
粉质黏土	坚硬	1∶0.75～1∶1.00	
	硬塑	1∶1.00～1∶1.25	
	可塑	1∶1.25～1∶1.50	
黏性土	坚硬	1∶0.75～1∶1.00	1∶1.00～1∶1.25
	硬塑	1∶1.00～1∶1.25	1∶1.25～1∶1.50
花岗岩残积黏性土	硬塑	1∶0.75～1∶1.00	
	可塑	1∶1.00～1∶1.25	

注：表中碎石土的填充物应为坚硬和硬塑状态的黏性土。

岩质边坡坡率允许值 **表 7-4**

岩土类别	风化程度	坡率允许值(高宽比)	
		坡高 8m 以内	坡高 8～15m
硬质岩	微风化	1∶0.10～1∶0.20	1∶0.20～1∶0.35
	中等风化	1∶0.20～1∶0.35	1∶0.35～1∶0.50
	强风化	1∶0.35～1∶0.50	1∶0.50～1∶0.75

续表

岩土类别	风化程度	坡率允许值(高宽比)	
		坡高 8m 以内	坡高 8～15m
软质岩	微风化	1∶0.35～1∶0.50	1∶0.50～1∶0.75
	中等风化	1∶0.50～1∶0.75	1∶0.75～1∶1.00
	强风化	1∶0.75～1∶1.00	1∶1.00～1∶1.25

注：本表不适合于由外倾软弱结构面控制的边坡和倾倒崩塌型破坏的边坡。

例如，某综合管廊地层以粉质黏土、泥岩夹砂岩为主；地下水位在管廊基底以下；管廊附近房屋及构筑物均将在施工前拆除，开挖不受建（构）筑物影响；基坑采用放坡开挖（见图 7-3），因泥岩易风化，坡面采用挂网锚喷封闭（见图 7-4），并设泄水孔排水。

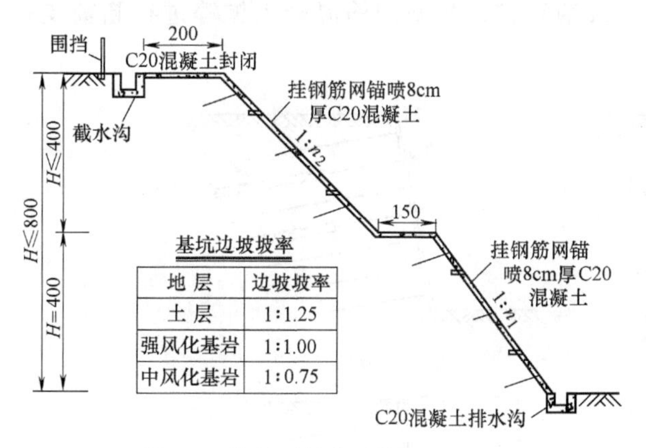

图 7-3　放坡开挖典型断面（cm）

图 7-4　坡面挂钢筋网喷射混凝土封闭

7.2.2　土钉墙

当基坑周围不具备放坡条件，地下水位较低或坑外有降水条件，且周边无重要建筑物或地下管线，基坑外地下空间允许土钉占用时，可采用土钉墙支护。土钉墙支护是以较密排列的插筋作为土体主要补强手段，通过插筋锚体与土体和喷射混凝土面层共同工作，形成补强复合土体，以稳定基坑边坡；土钉墙与各种截水帷幕、微型桩及预应力锚杆等构件结合起来，可形成复合土钉墙。土钉墙支护具有如下主要特点：

（1）充分利用了土体自身强度及自稳能力，可形成主动制约体系；

（2）支护结构轻，柔性大，具有良好的抗震性，密封性好；施工设备及工艺简单，对基坑形状适应性强，经济性较好，坑内无支撑体系，可实现敞开式开挖；

（3）施工所需场地小，移动灵活，支护结构基本不单独占用场地内的空间；

（4）边开挖边支护便于信息化施工，能够根据现场监测数据及开挖暴露的地质条件及时调整土钉参数；

（5）土的侧壁须在竖直或近竖直无支挡条件下自稳一定时间而不倒塌，对土质及地下水条件有较高要求；土钉墙需要在土体发生一定量变形后，才能充分发挥其抗力，因而产生的位移和周围地面的沉降变形偏大，不适用于对变形要求严格的场地；

（6）需占用坑外地下空间；土钉施工与土方开挖交叉进行，对现场施工组织要求较高。

土钉墙（见图 7-5（*a*））适用于地下水位以上或经人工降水后的人工填土、黏性土、粉土和非松散砂土、卵石土等深度不大于 12m 的基坑；有较大粒径的卵石、漂石、块石地层成孔困难，应慎用；不宜用于淤泥质土、饱和软土及未经降水处理地下水位以下的土层。

土钉墙适用的地层有很大局限性，为拓宽土钉墙使用范围，在工程实践中，将其他一些工程技术手段应用于土钉墙，创造出复合土钉墙这种新型支护形式。如果基坑开挖可能引起周围环境不允许的变形与沉降，则可采用土钉与预应力锚杆联合使用（见图 7-5（*b*））；如果土层含有地下水，并且人工降水受限制，可以预先完成旋喷、深层搅拌等水泥土截水帷幕后，再进行土钉施工（见图 7-5（*c*））；当地基土存在软土层时，在植入土钉和挂网喷浆之前侧壁难以自稳，可以打入钢管桩、微型钢筋混凝土桩等进行超前支护（见图 7-5（*d*））。

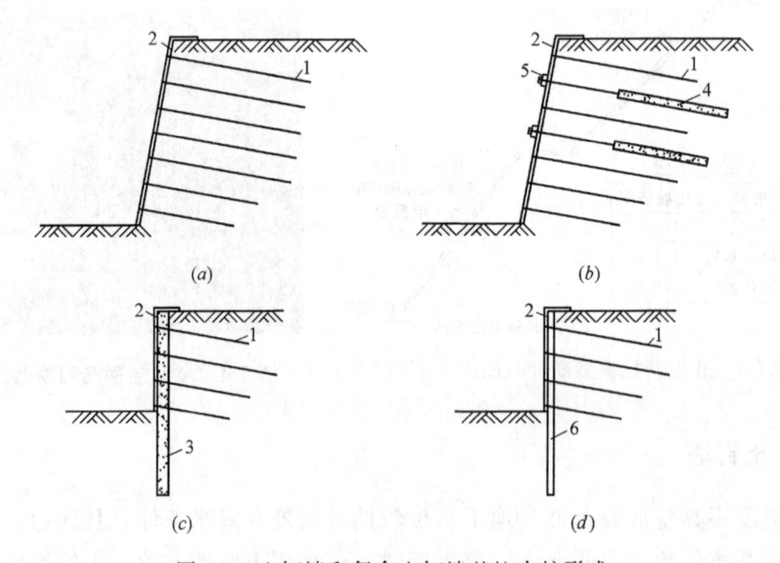

图 7-5　土钉墙和复合土钉墙基坑支护形式

（*a*）土钉墙；（*b*）预应力锚杆复合土钉墙；（*c*）截水帷幕复合土钉墙；（*d*）微型桩复合土钉墙

1—土钉；2—喷射混凝土面层；3—截水帷幕；4—预应力锚杆；5—围檩；6—微型桩

管廊基坑支护设计时应根据基坑周边条件、工程地质资料及使用要求等，确定土钉墙支护的适用性，然后计算确定土钉墙的结构尺寸，土钉墙结构应满足以下构造要求：

（1）面坡坡度：土钉墙抗超挖能力较弱，开挖面倾斜对边坡稳定性大有好处，条件许可时，应尽可能采用较缓坡率以提高安全性并节约工程造价；土钉墙、预应力锚杆复合土钉墙的坡度不宜陡于 1：0.2，太陡容易在开挖过程中造成局部土方坍塌，当基坑较深、土体抗剪强度较低时，宜取较缓坡度；对砂土、碎石土、松散填土，确定土钉墙坡度时尚应考虑开挖时坡面局部自稳能力；微型桩、水泥土桩复合土钉墙，应采用面层贴合的垂直墙面。

（2）土钉：土钉墙宜采用洛阳铲成孔的钢筋土钉，成孔直径宜取 70～120mm，钢筋宜采用 HRB400、HRB500 级钢筋，钢筋直径宜取 16～32mm；对易塌孔的松散或稍密的砂土、稍密的粉土、填土或易缩径的软土宜采用打入式钢管土钉，钢管外径不宜小于

48mm，壁厚不宜小于3mm，钢管的注浆孔应设置在钢管末端（1/2～2/3）l 范围内，每个注浆截面的注浆孔宜取2个，且应对称布置，注浆孔孔径宜取5～8mm，注浆孔外应设置保护倒刺；对洛阳铲成孔或钢管土钉打入困难的土层，宜采用机械成孔的钢筋土钉（见图7-6）。

图7-6 土钉机械成孔

图7-7 土钉墙面层钢筋网及喷射混凝土

（3）土钉间距和长度：一般第一排土钉距地表垂直距离为0.5～2m，土钉水平间距和竖向间距宜为1～2m，当基坑较深、土体抗剪强度较低时，土钉间距应取小值；土钉倾角宜为5°～20°，其夹角应根据土质和施工条件确定；土钉长度应按各层土钉受力均匀、各土钉拉力与相应土钉极限承载力的比值近于相等的原则确定，土钉长度一般为3～12m，软弱土层中适当加长。

（4）注浆材料：土钉孔注浆材料可采用水泥浆或水泥砂浆，其强度不宜低于20MPa。

（5）面层：喷射混凝土面层厚度宜取80～100mm（见图7-7），混凝土设计强度等级不宜低于C20；面层中应配置钢筋网和通长的加强钢筋，钢筋网宜采用HPB300级钢筋，钢筋直径宜取6～10mm，钢筋网间距宜取150～250mm，钢筋网间搭接长度应大于300mm；加强钢筋直径宜取14～20mm，当充分利用土钉杆体的抗拉强度时，加强钢筋截面面积不应小于土钉杆体截面面积的1/2，土钉与加强钢筋宜采用焊接连接，其连接应满足承受土钉拉力的要求。

（6）排水系统：当土钉墙后存在滞水时，应在含水层部位的墙面设置泄水孔或采取其他疏水措施，泄水孔一般采用PVC管，直径不小于40mm，长度为400～600mm，埋设在土中的部分钻有透水孔，透水孔直径为10～15mm，开孔率为5%～20%，外包透水土工布，纵横间距为1.5～3m，砂层等水量较大的区域局部加密，喷射混凝土时应将泄水管孔口临时封堵，防止混凝土进入。

土钉墙应对基坑开挖的各工况进行整体滑动稳定性验算；基坑底面下有软土层时，应进行坑底隆起稳定性验算；土钉墙与截水帷幕结合时，应进行地下水渗透稳定性验算；土钉墙稳定性及土钉承载力应满足规范要求。

7.2.3 重力式水泥土墙

重力式水泥土墙是以水泥为固化剂，通过搅拌机械采用喷浆施工将固化剂和地基土强行搅拌，形成具有一定厚度、连续搭接的水泥土柱状加固体挡墙，目前常用的施工机械包括：双轴水泥土搅拌机、三轴水泥土搅拌机和高压喷射注浆机。

重力式水泥土墙具有最大限度地利用原地基土，不需要内支撑（便于土方开挖和管廊施工）、材料和施工设备单一等特点，无振动、无噪声，对周边建（构）筑物影响较小，并具有止水和支护双重作用的优点，但由于无支撑，变形较大。重力式水泥土墙适用条件如下：

(1) 基坑开挖深度：鉴于目前施工机械、工艺和控制质量的水平，基坑开挖深度不宜超出 7m；由于重力式水泥土墙侧向位移控制能力在很大程度上取决于桩身的搅拌均匀性和强度指标，相比其他基坑支护类型，位移控制能力较弱，在基坑周边环境保护要求较高的情况下，若采用水泥土重力式围护墙，基坑深度应控制在 5m 范围以内，降低工程风险。

(2) 地层条件：适用于加固淤泥质土、含水量较高而地基承载力小于 120kPa 的黏土、粉土、砂土等软土地基，对于地基承载力较高、黏性较大或较密实的黏土或砂土，可采用先行钻孔套打、添加外加剂或其他辅助方法施工；当用于泥炭土或土中有机质含量较高，酸碱度较低（pH 值<7）及地下水有侵蚀性时，宜通过试验确定其适用性；当地表杂填土层厚度大或土层中含直径大于 100mm 的石块时，宜慎重采用搅拌桩。

(3) 环境条件：重力式水泥土墙的体量一般较大，搅拌桩施工过程中由于注浆压力的挤压作用，周边土体会产生一定的隆起或侧移，且基坑开挖阶段墙体的侧向位移较大，会使坑外一定范围内的土体产生沉降和变形，当基坑周边距离 1～2 倍开挖深度范围内存在对沉降和变形较敏感的建（构）筑物时应慎重使用。

重力式水泥土墙平面布置有满堂布置、格栅型布置和宽窄结合的锯齿形布置等，常用形式为格栅型布置（见图 7-8），可节省工程量，格栅面积置换率应满足以下要求：淤泥质土不宜小于 0.7，淤泥不宜小于 0.8，一般黏性土、砂土不宜小于 0.6，格栅内侧的长宽比不宜大于 2；水泥土搅拌桩的搭接宽度不宜小于 150mm。

重力式水泥土墙坑底以下的插入深度一般可取开挖深度的 0.7～1.4 倍，淤泥质土不宜小于 1.2 倍，淤泥不宜小于 1.3 倍，断面布置有等断面布置、台阶形布置等，常见的布置形式为台阶形布置（见图 7-9）。重力式水泥土墙的墙体宽度可按经验确定，一般墙宽 B 可取开挖深度的 0.7～1.0 倍，淤泥质土不宜小于 0.7 倍，淤泥不宜小于 0.8 倍。重力式水泥土墙顶面宜设置混凝土连接面板，面板厚度不宜小于 150mm，混凝土强度等级不宜低于 C15。

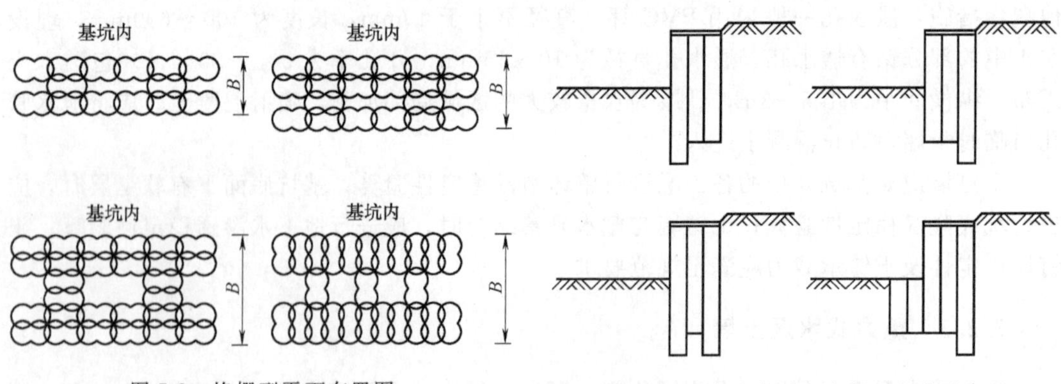

图 7-8　格栅型平面布置图

图 7-9　重力式水泥土墙断面台阶形布置

重力式水泥土墙的土压力可按朗金理论计算，在此基础上对挡墙进行抗倾覆验算、抗滑移验算和墙身强度验算，并按圆弧滑动法进行边坡整体稳定性验算；当基坑底涉及流砂或管涌问题时，尚须进行抗渗流验算；在验算中如发现所选用的挡墙截面尺寸或强度不足或过高时，应作调整后再进行验算，以满足基坑安全系数为原则。

7.2.4 灌注桩排桩

排桩支护体系是由排桩、排桩加锚杆或支撑组成的支护结构体系的统称，其结构类型可分为：悬臂式排桩、锚拉式排桩、支撑式排桩和双排桩等（见图 7-10）。排桩支护体系受力明确，计算方法和工程实践相对成熟，是目前国内基坑工程中应用最多的支护结构形式之一。排桩通常采用混凝土灌注桩，也可采用型钢桩、钢管桩、钢板桩、预制桩和预应力管桩等。

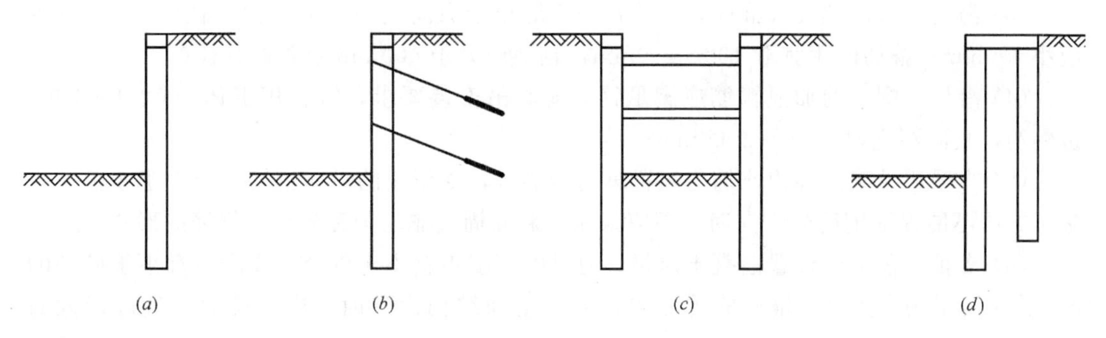

图 7-10 排桩支护结构类型

(a) 悬臂式排桩；(b) 锚拉式排桩；(c) 支撑式排桩；(d) 双排桩

灌注桩排桩地层适用性广，从软黏土到粉砂性土、卵砾石土、岩层中的基坑均适用，并且施工工艺简单、成熟，质量易控制，造价经济，噪声小，无振动，无挤土效应，施工时对周边环境影响小，可根据基坑变形控制要求灵活调整支护桩刚度，变形小，结构稳定性好。

灌注桩排桩采用悬臂式时，基坑深度不宜超过 6m，否则既不经济，侧壁也容易发生较大位移（见图 7-11）；当基坑较深时，常常加设一道或几道土层锚杆或内支撑（见图 7-12）；在平面上，桩可以是一根根紧密排列，也可以间隔布置，桩的中心距不宜大于桩直径的 2 倍，一般采用单排布置，特殊情况下也可采用双排布置。

图 7-11 悬臂式灌注桩排桩

图 7-12 支撑式灌注桩排桩

灌注桩排桩一般为钻孔灌注桩，有时也采用人工挖孔桩；采用钻孔灌注桩时，悬臂式灌注桩的桩径宜大于或等于600mm，锚拉式或支撑式灌注桩的桩径宜大于或等于400mm；采用人工挖孔桩时，桩径不小于800mm，并且应在地下水位以上或采用人工降水。

灌注桩桩身混凝土强度等级、钢筋配置、混凝土保护层厚度、冠梁和桩间土防护措施应满足以下要求：

(1) 桩身混凝土强度等级不宜低于C30；纵向受力钢筋的保护层厚度不应小于35mm，采用水下灌注混凝土工艺时，不应小于50mm；

(2) 支护桩的纵向受力钢筋宜选用HRB400、HRB500级钢筋，单桩的纵向受力钢筋不宜少于8根，其净间距不应小于60mm；支护桩顶部设置钢筋混凝土构造冠梁时，纵向钢筋锚入冠梁的长度宜取冠梁厚度；

(3) 箍筋可采用螺旋式箍筋，箍筋直径不应小于纵向受力钢筋最大直径的1/4，且不应小于6mm；箍筋间距宜取100～200mm，且不应大于400mm及桩的直径；

(4) 沿桩身配置的加强箍筋应满足钢筋笼起吊安装要求，宜选用HPB300、HRB400级钢筋，其间距宜取1000～2000mm；

(5) 当采用沿截面周边非均匀配置纵向钢筋时，受压区的纵向钢筋不应少于5根；当施工方法不能保证钢筋的方向时，不应采用沿截面周边非均匀配置纵向钢筋的形式；

(6) 支护桩顶部应设置混凝土冠梁，冠梁的宽度不宜小于桩径，高度不宜小于桩径的0.6倍；冠梁用作支撑或锚杆的传力构件或按空间结构设计时，应按受力构件进行截面设计；

(7) 桩间土防护措施宜采用内置钢筋网或钢丝网的喷射混凝土面层；喷射混凝土面层的厚度不宜小于50mm，混凝土强度等级不宜低于C20，混凝土面层内配置的钢筋网的纵横向间距不宜大于200mm。

例如本书第11.1节的工程案例，管廊基坑开挖深度一般为8.0～11.0m，局部达18.0m；开挖深度范围内主要为黏性土，属膨胀性土，膨胀潜势为弱～中，局部有少量的黏土夹卵石，基坑底部以下5m范围内地层分布不均匀，黏性土、卵石夹黏土、强风化泥岩均有出露；基坑周边存在受影响的重要建筑物、道路、管线及给水管道。基坑工程安全等级为一级，基坑侧壁重要性系数为1.1。基坑支护采用支撑式灌注桩排桩（见图7-13），桩径为1.0～1.2m，桩中心距为1.8～2.0m，桩长11.0～21.5m，采用C30混凝土浇筑，桩顶设置冠梁；根据开挖深度不同，设置1～4道钢管内支撑ϕ609@4～6m；桩间采用挂网喷射混凝土。

7.2.5 钢板桩

钢板桩是一种带锁口或钳口的热轧（或冷弯）型钢，钢板桩打入后靠锁口或钳口相互连接咬合，形成连续的钢板桩围护墙，用来挡土和挡水，具有高强、轻型、施工快捷、环保、美观、可循环利用等优点，其具体特征及适用条件如下：

(1) 具有轻型、施工快捷的特点，并且可以循环利用，经济性较好；

(2) 在防水要求不高的工程中，可采用自身防水，在防水要求高的工程中，需另行设置截水帷幕；

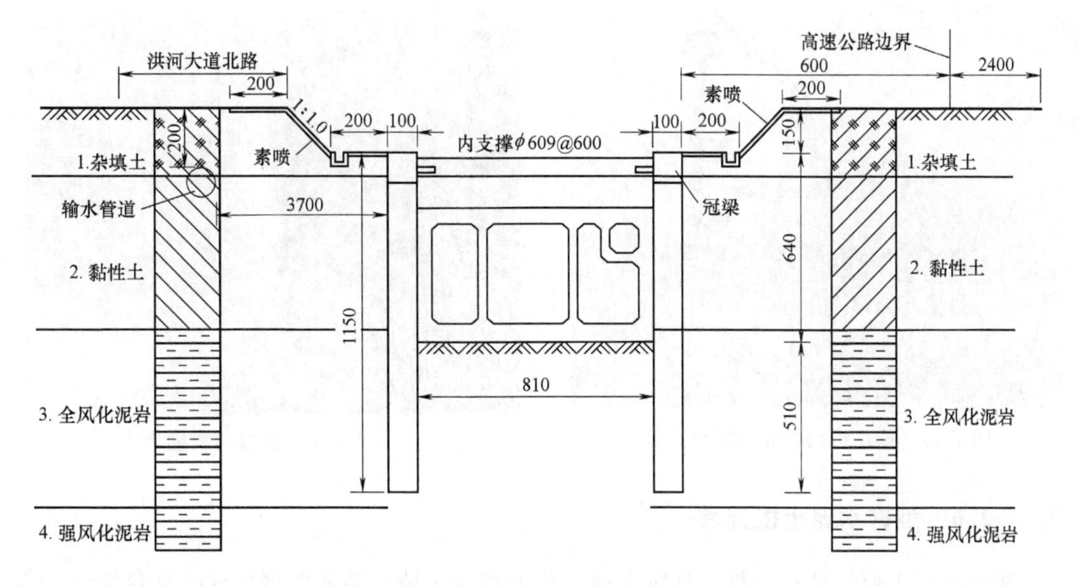

图 7-13　综合管廊基坑支护典型断面（cm）

(3) 适用的土层为黏性土、粉土、砂土和素填土，以及厚度不大的淤泥和淤泥质土，含有大颗粒的土和坚硬土层不宜使用；

(4) 钢板桩刚度相对较小，变形较大，一般适用于开挖深度不大于 7m、周边环境保护要求不高的基坑工程；

(5) 钢板桩打入和拔除对土体扰动较大，基坑周边有对变形敏感的建（构）筑物时不宜采用，钢板桩拔除后需对土体中留下的孔隙进行回填处理。

钢板桩截面形式有 U 型、Z 型、直线型及组合型等（见图 7-14），目前国内常用 U 型钢板桩，又称拉森钢板桩，桩长一般为 6m、9m、12m、15m；常用的沉桩方式有冲击沉桩、振动沉桩和静力压桩（见图 7-15）；对于较浅的基坑，可采用悬臂式钢板桩，对于较深的基坑，可采用带内支撑或外部锚锭的钢板桩（见图 7-16）。

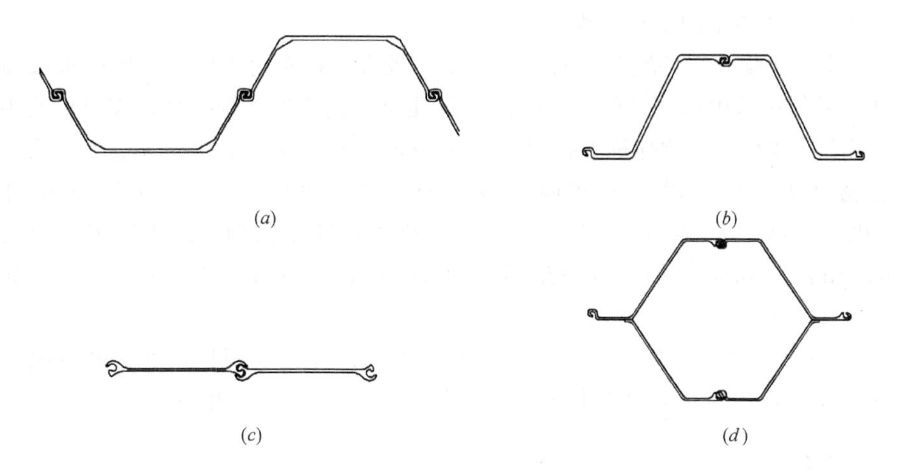

图 7-14　钢板桩截面形式

(a) U 型；(b) Z 型；(c) 直线型；(d) 组合型

图 7-15　拉森钢板桩静力压桩施工

图 7-16　拉森钢板桩

7.2.6　型钢水泥土搅拌墙

型钢水泥土搅拌墙是一种在连续套接形成的水泥土墙内插入型钢形成的复合挡土、隔水结构，国内常采用三轴水泥土搅拌桩内插型钢实施（SWM 工法）和等厚度水泥搅拌墙内插型钢实施（TRD 工法）。其主要特点和适用条件如下：

(1) 适用土层范围广，从黏性土到砂性土，从软弱的淤泥和淤泥质土到较硬、较密实的砂性土，甚至在含有砂卵石的地层中经过适当处理都能够进行施工，软土地区一般用于开挖深度不大于 13.0m 的基坑工程；

(2) 受力结构与截水帷幕合一，支护结构占用空间小，工艺简单、成桩速度快，施工工期短，对周围环境影响小；

(3) 采用套接一孔施工，实现了相邻桩体完全无缝衔接，墙体防渗性能好；

(4) 三轴水泥土搅拌桩施工过程无需回收处理泥浆，且基坑施工完毕后型钢可拔除，实现型钢的重复利用，经济性较好，节能环保；

(5) 适用于施工场地狭小，或距离用地红线、建筑物等较近时，采用排桩结合隔水帷幕体系无法满足空间要求的基坑工程；

(6) 型钢水泥土搅拌墙的刚度相对较小，变形较大，在对周边环境保护要求较高的工程中，如基坑紧邻运营中的地铁隧道、历史保护建筑、重要地下管线时，应慎重选用。

SWM 工法三轴水泥土搅拌桩的桩径分为 650mm、850mm、1000mm 三种，型钢常规布置形式有密插型、插二跳一型和插一跳一型三种（见图 7-17），H 型钢分别插入 Φ650mm、Φ850mm、Φ1000mm 三轴水泥土搅拌桩内，H 型钢的间距为：密插型间距为 450mm、600mm、750mm，插二跳一型间距为 675mm、900mm、1125mm，插一跳一型间距为 900mm、1200mm、1500mm。

TRD 工法等厚度水泥搅拌墙内插型钢间距可根据计算要求调整，不受模数限制，但为保证型钢顺利回收，相邻型钢翼缘间净距不宜小于 200mm（见图 7-18）。

7.2.7　内支撑

基坑开挖中采用内支撑系统的支护方式已得到广泛应用，特别是对于软土地区基坑面

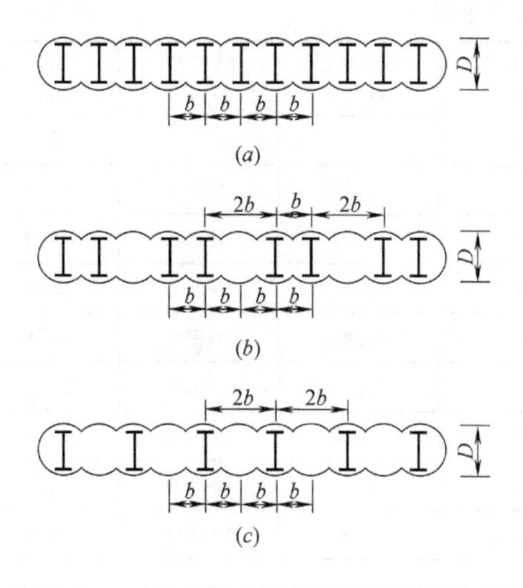

图 7-17　三轴水泥土搅拌桩内插型钢布置图
（a）密插型；（b）插二跳一型；（c）插一跳一型

图 7-18　等厚度水泥搅拌墙内插型钢

积大、开挖深度深的情况，内支撑系统由于具有无需占用基坑外侧地下空间资源、可提高整个支护体系的整体强度和刚度以及可有效控制基坑变形的特点而得到了大量应用。内支撑系统包括围檩、支撑、立柱及其他附属构件，其关键部分为支撑结构。内支撑材料可以采用钢或混凝土，也可以根据实际情况采用钢和混凝土组合的支撑形式。

钢结构支撑具有自重轻、安装和拆除方便、施工速度快以及可以重复使用等优点，而且安装后能立即发挥支撑作用，对减少由于时间效应而增加的基坑位移是十分有效的，如有条件应优先采用钢结构支撑。但是钢支撑的节点构造和安装相对比较复杂，如处理不当，会由于节点的变形或节点传力的不直接而引起基坑过大的位移，因此提高节点的整体性和施工技术水平是至关重要的。表 7-5 和表 7-6 为常用 H 型钢和钢管支撑规格技术参数。

常用 H 型钢支撑规格技术参数　　　　**表 7-5**

简图	尺寸（mm）	单位质量（kg/m）	截面面积（cm^2）	惯性半径（cm）		惯性矩（cm^4）		截面模数（cm^3）	
	$h\times b\times t_1\times t_2$	w	A	i_x	i_y	I_x	I_y	W_x	W_y
	400×400×13×21	172	218.7	17.5	10.1	66600	22400	3330	1120
	488×300×11×18	125	159.2	20.8	7.13	68900	8110	2820	540
	588×300×12×20	147	187.2	24.7	6.93	114000	9010	3890	601
	700×300×13×24	182	231.5	29.2	6.83	197000	10800	5640	721
	800×300×14×26	207	263.5	33.0	6.66	286000	11700	7160	781

常用钢管支撑规格技术参数 表 7-6

简图	尺寸 (mm)	单位重量 (kg/m)	截面面积 (cm^2)	惯性半径 (cm)	惯性矩 (cm^4)	截面模数 (cm^3)
	$D\times t$	w	A	i_x	I_x	W_x
	325×10	77.7	98.9	11.14	12286	1512
	325×14	107.4	136.7	11.01	16570	2039
	406×12	116.6	148.5	13.93	28849	2842
	406×16	153.9	196.0	13.80	37333	3678
	580×12	168.0	214.1	20.09	86393	5958
	580×16	223.5	283.4	19.95	112815	7780
	609×12	176.7	225.0	21.11	100309	6588
	609×16	233.9	298.0	20.97	131117	8611

现浇混凝土支撑由于其刚度大，整体性好，可以采取灵活的布置方式适应不同形状的基坑，而且不会因节点松动而引起基坑的位移，施工质量相对容易得到保证，所以使用面也较广。但混凝土支撑在现场需要较长的制作和养护时间，制作后不能立即发挥支撑作用，需要达到一定的强度后，才能进行其下土方作业，施工周期相对较长。同时，混凝土支撑采用爆破方法拆除时，对周围环境也有一定的影响，爆破后清理工作量很大，支撑材料不能重复利用。

相邻支撑水平间距应满足土方开挖施工要求，采用机械挖土时，应满足挖土机械作业空间要求，且不宜小于4m。支撑至基底净高不宜小于3m，采用多层水平支撑时，各层水平支撑宜布置在同一竖向平面内，层间净高不宜小于3m。

钢支撑受压杆件长细比不应大于150，受拉杆件长细比不应大于200。混凝土支撑的混凝土强度等级不应低于C25；支撑构件截面高度不宜小于其竖向平面内计算长度的1/20，腰梁截面高度（水平尺寸）不宜小于其水平方向计算跨度的1/10，截面宽度（竖向尺寸）不应小于支撑截面高度。

7.2.8 锚杆

锚杆作为一种支护形式用于基坑支护工程已近五十年，它一端与支护结构连接，另一端锚固在稳定地层中，使作用在支护结构上的水土压力通过自由段传递到锚固段，再由锚固段将锚杆拉力传递到稳定地层中去（见图7-19）。

与设置内支撑的支护形式相比，采用锚杆支护形式，节省了大量内支撑和竖向支撑钢立柱的设置和拆除，因此经济性相对于内支撑支护形式具有较大优势，而且由于锚杆设置在支护结构的背后，为基坑工程土方开挖、管廊结构施工创造了开阔的空间，有利于提高施工效率。但锚杆支护受到地层条件和环境条件的限制：传力地层的地质条件影响锚杆力能否有效地传递；锚杆有可能超越用地红线，对红线以外的既有建（构）筑物造成不利影响；或者形成将来地下空间开发的障碍等。

锚杆常与土钉墙、灌注桩、钢板桩等支护结构结合使用（见图7-20），可大大减小支护结构上的内力，减小支护结构变形和周边地面沉降。锚拉结构宜采用钢绞线锚杆；当设计锚杆抗拔承载力较低时，也可采用普通钢筋锚杆；当环境保护不允许在支护结构使用功

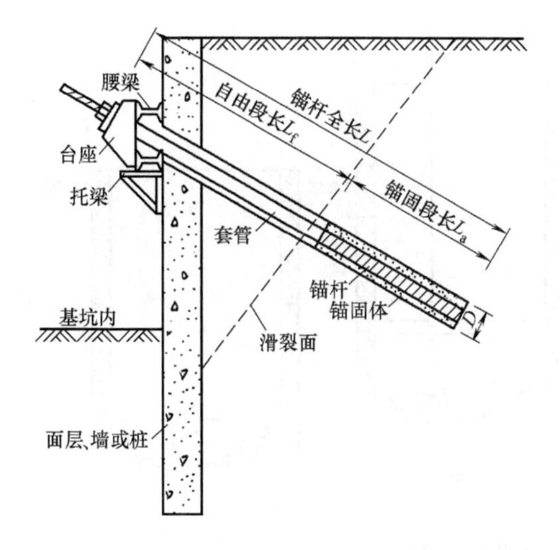

图 7-19　锚杆构造图

图 7-20　锚杆与灌注桩组合

能完成后锚杆杆体滞留于基坑周边地层内时，应采用可拆芯钢绞线锚杆。锚杆布置及构造应符合下列规定：

（1）锚杆水平间距不宜小于 1.5m；多层锚杆竖向间距不宜小于 2.0m；当锚杆间距小于 1.5m 时，应根据群锚效应对锚杆抗拔承载力进行折减或相邻锚杆应取不同的倾角；

（2）锚杆成孔直径宜取 100～150mm；锚杆倾角宜取 15°～25°，且不应大于 45°或小于 10°；锚固段宜设置在粘结强度高的土层内；当锚杆所穿越地层上方存在天然地基建筑物或地下构筑物时，宜避开易塌孔、变形的地层；

（3）锚杆自由段长度不应小于 5m，且穿过潜在滑动面进入稳定土层的长度不应小于 1.5m；钢绞线、钢筋杆体在自由段应设置隔离套管；

（4）土层中锚固段长度不宜小于 6m；锚固段上覆土厚度不宜小于 4.0m；

（5）钢绞线应符合现行国家标准的有关规定；钢筋锚杆的杆体宜选用预应力螺纹钢筋或 HRB400、HRB500 螺纹钢筋；

（6）锚杆注浆应采用水泥浆或水泥砂浆，注浆固结体强度不宜低于 20MPa；

（7）锚杆锁定拉力值一般宜取锚杆轴向拉力标准值的 0.75～0.9 倍。

7.2.9　沉井

综合管廊采用盾构、顶管施工时，其工作井基坑可采用沉井支护，沉井是井筒状结构物，它是以井内挖土，依靠自身重力及其他辅助措施克服井壁摩阻力后逐步下沉到设计标高，再浇筑混凝土封底、施工结构物，从而完成地下工程的建设，其主要施工流程见图 7-21。

沉井支护占地面积小、挖土量少、成本低、可靠性好、施工深度大（最大深度可达 100m）；适用土质范围广，淤泥土、砂土、黏土、砾砂等均可施工；施工引起周围土体位移变形小，对邻近建筑物的影响小。

沉井可采用混凝土、钢筋混凝土、钢及组合材料制作，一般采用钢筋混凝土沉井。沉井平面宜对称布置，矩形沉井的长宽比不宜大于 2，高宽比不宜大于 2.5，平面重心位置宜布置在对称轴上，平面重心的竖向连线宜为竖直线；为便于沉井制作和井内挖土、出

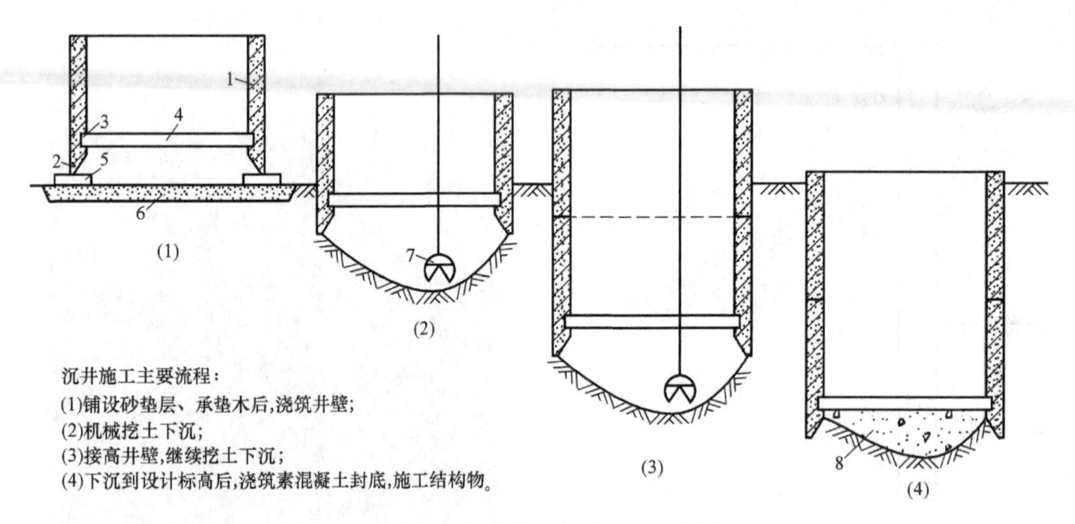

图 7-21　沉井施工主要流程示意图

1—井壁；2—刃脚；3—凹槽；4—底横梁；5—承垫木；6—砂垫层；7—抓斗；8—素混凝土封底

土，沉井应分节制作，每节高度宜采用5～6m，底节沉井高度宜采用4～6m；现浇钢筋混凝土沉井井壁板厚度不宜小于300mm。

7.3　综合管廊基坑地下水控制

为避免基坑产生流砂、管涌和坑底突涌，防止坑壁土体坍塌，保持坑底干燥，保证施工安全和减少基坑开挖对周围环境的影响，当基坑开挖深度内存在饱和软土层和含水层及坑底以下存在承压含水层时，需要进行基坑地下水控制，主要方法包括截水、集水明排和降水三大类。

目前常用地下水控制措施适用条件见表7-7，应根据基坑规模、环境条件、各土层渗透性和降低水位的深度等合理选择地下水控制措施。当降水不会对基坑周边环境造成损害，并符合国家和地方法规要求时，可优先考虑降水措施；当降水会对基坑周边建（构）筑物、地下管线、道路等造成危害或对环境造成长期不利影响时，应采用截水方法控制地下水。

常用地下水控制措施适用条件　　表 7-7

地下水控制措施		降水深度(m)	渗透系数(cm/s)	适用地层
截水		不限	不限	黏土、粉土、砂土、碎石土
集水明排		<5	$1\times10^{-7}\sim2\times10^{-4}$	填土、粉土、黏性土
降水	轻型井点	<6	$1\times10^{-7}\sim2\times10^{-4}$	含薄层粉砂的粉质黏土、黏质粉土、砂质粉土、粉细砂
	多级轻型井点	6～10		
	喷射井点	8～20		
	砂(砾)渗井	按下卧导水层性质确定	$>5\times10^{-7}$	
	电渗井点	根据选定的井点确定	$<1\times10^{-7}$	黏土、淤泥质黏土、粉质黏土
	管井	>6	$>1\times10^{-6}$	含薄层粉砂的粉质黏土、砂质粉土,各类砂土、砂砾、卵石

7.3.1 截水

在基坑开挖之前，为防止地下水渗入基坑内，可在基坑四周构造连续、封闭的截水帷幕，其主要作用是阻隔地下水或延长其渗流路径，防止基坑发生渗透破坏，同时避免基坑周边发生过大的沉降变形。

根据场地工程地质条件、地下水类型、水文地质特征，并结合基坑周边环境条件等因素综合考虑，可采用水泥土搅拌桩帷幕、高压旋喷或摆喷注浆帷幕、地下连续墙帷幕和SMW工法帷幕等截水措施。采用截水帷幕将增加排桩、锚杆等的受力，同时需采取防止渗透破坏和坑底突涌的措施，从而增加基坑支护工程造价，并且存在渗漏的风险。截水帷幕主要适用于以下两种情况：

(1) 基坑周边存在对沉降变形敏感的建（构）筑物、地下管网或道路等设施，为避免渗透破坏和因降水引发过大的附加沉降影响其正常使用或安全性，须采用截水帷幕方法截水；

(2) 部分地区地下水资源紧缺，降水会造成地下水大量流失、浪费，从环境保护角度，有的地方政府已实施限制基坑降水的地方行政法规，为使基坑顺利开挖，有关部门要求采用截水措施。

7.3.2 集水明排

集水明排是基坑开挖时，先在地表采用截水、导流措施，然后在坑底设置集水井，沿坑底周围开挖排水沟，通过排水沟汇集坑壁及坑底渗水，并引向集水井，采用水泵抽出坑外的降水方法（见图7-22）。该方法适用于收集、排除地表雨水和填土、黏性土、粉土等土体内水量有限的上层滞水、潜水，并且土层不会发生渗透破坏的情况。集水明排可单独采用，也可与其他地下水控制方法组合使用，单独使用时，降水深度不大于5m。

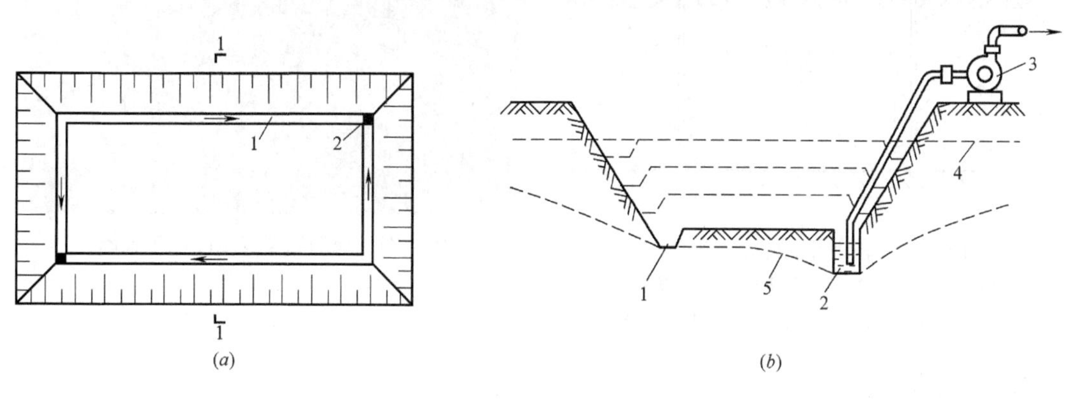

图7-22 集水明排布置示意图

(a) 平面布置示意图；(b) 典型剖面图

1—排水沟；2—集水井；3—抽水泵；4—原地下水位线；5—降水后的地下水位线

坑内排水沟比挖土面低0.3～0.4m，纵坡不宜小于0.3%；集水井应设置在管廊基础范围以外地下水流的上游，宜每隔30～50m设置一个，井底比沟底低0.5m以上。排水沟、集水井的截面应根据排水量确定，设计排水量应大于等于基坑总涌水量的1.5倍。抽水设备可以是离心泵和潜水泵，根据排水量大小和基坑深度确定，可设置多级抽水系统。

7.3.3 降水

基坑降水可根据土层类别、渗透系数和降水深度等条件采用轻型井点、喷射井点、电渗井点、管井等方法，降水后基坑内的水位应低于坑底0.5m。降水井在平面布置上应沿基坑周边形成闭合状，对于管廊的狭长形基坑，降水井也可在一侧布置；当地下水流速较小时，降水井宜等间距布置；当地下水流速较大时，在地下水补给方向宜适当减小降水井间距。

1. 轻型井点

轻型井点设备主要由井点管、滤管、集水总管、抽水泵、真空泵等组成；井点管中的水通过集水总管用真空泵抽至集水箱，然后用离心泵排出。轻型井点降水一般适用于粉质黏土、粉土、粉细砂等透水性较小的弱含水层中。由于它是靠真空泵吸水，降水深度单级小于6m，多级为6～10m。轻型井点降水能有效拦截地下水流入基坑内，减少残留滞水层厚度，有利于基坑边坡的稳定，降水效果较好；其缺点是：占地大、设备多、造价高、维护管理复杂等。

轻型井点布置见图7-23、图7-24，井点一般布置在距坑壁外缘0.5～1.0m处，井点管宜采用金属管，直径应根据单井设计流量确定，宜取38～55mm，井点管水平间距宜为0.8～1.6m，排距不宜大于20m，井点管内真空度不应小于65kPa。

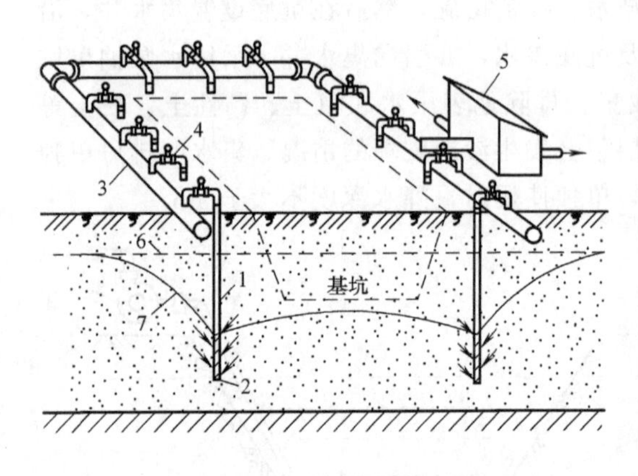

图7-23 轻型井点降水布置图

1—井点管；2—滤管；3—集水总管；4—弯联管；5—水泵房；6—原地下水位；7—降低后地下水位

图7-24 现场轻型井点降水布置图

2. 喷射井点

喷射井点系统由高压水泵、供水总管、井点管、排水总管及循环水箱等组成；主要适用于渗透系数较小的含水层和降水深度较大（8～20m）的降水工程，但由于需要双层井点管，喷射器设在井孔底部，有两根总管与各井点管相连，地面管网敷设复杂，工作效率低，成本高，管理困难。井点管排距不宜大于40m，井点深度应比基坑开挖深度大3～5m；井点管直径宜为75～100mm，井点管水平间距一般为2～3m，成孔孔径不应小于400mm，成孔深度应大于滤管底端埋深1m。

3. 电渗井点

对于渗透系数小于 1×10^{-7}m/s 的饱和黏土、粉质黏土，特别是淤泥和淤泥质黏土中的降水，使用单一的轻型井点或喷射井点降水往往达不到预期降水目的，可配合采用电渗井点法。电渗井点排水是利用井点管（轻型井点管或喷射井点管）本身作阴极，沿基坑外围布置，以钢管或钢筋作阳极，垂直埋设在井点内侧，阴阳极分别用电线连接成通路，并对阳极施加强直流电电流，应用电压比降使带负电的土粒向阳极移动（即电泳作用），带正电荷的孔隙水则向阴极方向集中产生电渗现象。在电渗与真空的双重作用下，强制土中的水在井点管附近积集，由井点管快速排出，使井点管连续抽水，地下水位逐渐降低；而电极间的土层，则形成电帷幕，由于电场作用，从而阻止地下水从四面流入坑内。

4. 管井法

利用钻孔成井，多采用单井单泵抽取地下水的降水方法，一般由管井、抽水泵（潜水泵、深井泵、深井潜水泵或真空深井泵等）、泵管、排水总管、排水设施等组成。管井井点直径较大，出水量大，适用于中、强透水含水层，如砂砾、砂卵石、基岩裂隙等含水层，可满足大降深、大面积降水要求。

管井井点位置宜距离基坑边缘 1m 以外，管井井点的间距应按相应的降水设计计算确定，井间距一般为 10～20m。管井由井孔、井管、滤管、沉淀管、填砾层、止水封闭层等组成，井管一般采用钢管、铸铁管、水泥管等，内径不应小于 200mm，且应大于抽水泵体最大外径 50mm 以上，成孔孔径应大于井管外径 300mm 以上。

7.4 综合管廊基坑开挖、回填与监测

7.4.1 基坑开挖与回填

基坑开挖是基坑施工的重要组成部分，开挖前应根据工程地质条件、支护类型、施工工艺、施工场地条件和地面荷载等因素，遵循“分层、分段、对称、均衡、适时”和“先撑后挖、限时支撑、严禁超挖”的原则编制基坑开挖专项施工方案，并履行相关审批手续。

基坑周边施工材料、设施或车辆荷载严禁超过设计要求的地面荷载限制；雨期施工时，应在坑顶、坑底采取有效的截排水措施，对地势低洼的基坑，应考虑周边汇水区域地面径流向基坑汇水的影响。基坑开挖应符合下列要求：

（1）采用支护结构时，应在支护结构构件强度达到设计要求后，方可开挖基坑；对土钉墙，应在土钉、喷射混凝土面层的养护时间大于 2d 后，方可开挖基坑；

（2）基坑开挖应根据设计工况、基坑安全等级和环境保护等级，结合支护结构设计规定的施工顺序和开挖深度分层开挖；机械挖土宜挖至坑底以上 20～30cm，余下土方应采用人工修底；挖至坑底时，应避免扰动基底持力层的原状结构；

（3）锚杆、土钉的施工作业面与锚杆、土钉的高差不宜大于 50cm；

（4）当地下水位埋深较浅，采用降水时，在降水后开挖基坑原地下水位以下土方；

（5）开挖过程中，若实际地层岩性或地下水情况与设计明显不符或出现异常现象时，应停止开挖，在采取相应处理措施后方可继续开挖；

(6) 基坑开挖应实行信息管理和动态监测，确保信息化施工。

综合管廊结构工程及防水工程验收合格后，应及时回填基坑，回填材料宜采用强度高、容易密实、透水性好的砂、砾等填料，管廊两侧应对称、分层、均匀回填，顶板上部1.0m范围内回填材料应采用人工分层夯实，大型碾压机不得直接在管廊顶板上部施工。当综合管廊埋深较浅时，应加强管廊台背回填处理，以减小因路基刚度不同而产生的差异沉降，避免路面出现大量纵向裂缝。回填土压实度应符合表7-8的规定，当管廊位于路基范围内时，压实度应同时满足路基相应部位的压实度要求。

综合管廊回填土压实度要求　　表7-8

序号	管廊位置	压实度(%)	检查频率		检查方法
			范围	组数	
1	绿化带下	≥90	管廊两侧回填土按50延米/层	1(三点)	环刀法
2	人行道、车行道下	≥95		1(三点)	环刀法

注：表中压实度为重型击实标准。

7.4.2 基坑监测

因岩土体性质的复杂性和多变性，仅依靠理论分析和经验估计很难准确计算基坑支护结构和周围土体在施工过程中的实时变化，且基坑支护结构在施工期间和使用期间可能出现土层含水量、基坑周边荷载、施工条件等自然因素和人为因素的变化。大量工程实践表明，多数基坑工程事故是有征兆的，通过基坑监测可以及时掌握支护结构受力和变形状态、基坑周边受保护对象变形状态是否在正常设计状态之内，以便在出现异常时，及时采取应急措施。

综合管廊基坑监测项目　　表7-9

监测项目	支护结构安全等级		
	一级	二级	三级
支护结构(边坡)顶部水平位移	应测	应测	应测
支护结构(边坡)顶部竖向位移	应测	应测	应测
深层水平位移	应测	应测	宜测
支护结构内力	宜测	可测	可测
支撑内力	应测	宜测	可测
锚杆内力	应测	宜测	可测
土钉内力	宜测	可测	可测
坑底隆起(回弹)	宜测	可测	可测
支护结构侧向土压力	宜测	可测	可测
孔隙水压力	宜测	可测	可测
地下水位	应测	应测	应测
土体分层竖向位移	宜测	可测	可测

续表

监测项目		支护结构安全等级		
		一级	二级	三级
周边地表竖向位移		应测	应测	宜测
周边建筑物	竖向位移	应测	应测	应测
	倾斜	应测	宜测	可测
	水平位移	应测	宜测	可测
周边管线变形		应测	应测	应测

注：表内各监测项目中，仅选择实际基坑支护形式所含有的内容。安全等级为一级、二级的支护结构，在基坑开挖过程与支护结构使用期内，必须进行支护结构的水平位移监测和基坑开挖影响范围内建筑物、地面的竖向位移监测。

1. 监测内容

基坑监测内容主要包括两部分，一是支护结构本身的稳定性，二是周边环境的变化。基坑工程的现场监测应采用仪器监测与巡视检查相结合的方法，仪器监测项目应根据表7-9进行选择。监测项目应与基坑工程设计方案、施工方案相匹配，应针对监测对象的关键部位，做到重点观测、项目配套，并形成有效的、完整的监测系统。

2. 监测频率

基坑监测应贯穿于整个管廊施工过程中，监测期应从基坑工程施工前开始，直至基坑土方回填完毕为止，监测频率应满足能够系统反映监测对象所测项目的重要变化过程而又不遗漏其变化时刻的要求。监测频率不是一成不变的，应根据基坑开挖及管廊主体结构工程的施工进程、施工工况以及其他外部环境影响因素的变化及时作出调整。一般在基坑开挖期间，地基土处于卸荷阶段，支护体系处于逐渐加荷状态，应适当加密监测；当基坑开挖完后一段时间，监测值相对稳定时，可适当降低监测频率。当出现异常现象和数据，或临近报警状态时，应提高监测频率，甚至连续监测。对于应测项目，在无数据异常和事故征兆的情况下，开挖后仪器监测频率可按表7-10确定。

现场仪器监测频率 **表 7-10**

基坑类别	施工进程		基坑设计深度(m)			
			≤5	5～10	10～15	>15
一级	开挖深度(m)	≤5	1次/1d	1次/2d	1次/2d	1次/2d
		5～10		1次/1d	1次/1d	1次/1d
		>10			2次/1d	2次/1d
	底板浇筑后时间(d)	≤7	1次/1d	1次/1d	2次/1d	2次/1d
		7～14	1次/3d	1次/2d	1次/1d	1次/1d
		14～28	1次/5d	1次/3d	1次/2d	1次/1d
		>28	1次/7d	1次/5d	1次/3d	1次/3d
二级	开挖深度(m)	≤5	1次/2d	1次/2d		
		5～10		1次/1d		
	底板浇筑后时间(d)	≤7	1次/2d	1次/2d		
		7～14	1次/3d	1次/3d		
		14～28	1次/7d	1次/5d		
		>28	1次/10d	1次/10d		

注：1. 有支撑的支护结构各道支撑开始拆除到拆除完成后3d内监测频率应为1次/1d。
2. 基坑工程施工至开挖前的监测频率视具体情况确定。
3. 当基坑类别为三级时，监测频率可视具体情况适当降低。
4. 宜测、可测项目的仪器监测频率可视具体情况适当降低。

3. 监测报警值

基坑工程监测必须确定监测报警值，监测报警值应满足基坑工程设计、管廊结构设计以及周边环境中被保护对象的控制要求。合理限定的报警值，可作为判断位移或受力状况是否会超过允许的范围，工程施工是否安全可靠，以及是否需要调整施工顺序或优化原设计方案的重要依据。确定基坑工程监测项目的监测报警值是一个十分严肃、复杂的课题，建立一个定量化报警指标体系对于基坑工程安全监控意义重大。但是由于设计理论的不尽完善以及基坑工程地质、环境差异性及复杂性，人们认知能力和经验还十分不足，在确定监测报警值时还需要综合考虑各种影响因素，实际工程中主要参照设计预估值、现行相关规范标准的规定值和有关部门的规定以及工程经验类比值这三个方面的数据和资料确定。对于支护结构与地下管线等的报警值有如下经验数值供参考：

(1) 支护结构变形：如果只是为了确保基坑自身的安全，支护结构的最大水平位移一般应小于 80mm，位移速率小于 10mm/d，当周围有需要保护的建筑物与地下管线时，应根据保护对象的要求确定；

(2) 煤气管道变形：沉降或水平位移不得超过 10mm，位移速率不超过 2mm/d；

(3) 自来水管道变形：沉降或水平位移不得超过 30mm，位移速率不超过 5mm/d；

(4) 基坑外水位：坑内降水或基坑开挖引起的坑外地下水位下降不得超过 1000mm，下降速率不得超过 500mm/d；

(5) 支护结构弯矩及轴力：根据设计确定，一般报警值控制在设计容许最大值的 80% 以内；

(6) 对于测斜、围护结构纵深弯矩等光滑的变化曲线，若曲线上出现明显的折点变化，也应作出报警处理。

4. 应急处置措施

当基坑变形过大或环境条件不允许等危险情况出现时，应立即停止开挖，并根据危险产生的原因和可能进一步发展的破坏形式，采取控制或加固措施：可增设临时支撑、地面卸土或在坑底被动区用沙袋土压重，当流砂严重、情况紧急时，可采用坑内充水。

第 8 章　综合管廊施工方法

合理选择综合管廊施工方法对实现管廊各项功能、确保工程质量、控制工程风险、控制工程投资都具有十分重要的意义。

综合管廊施工方法的选择主要考虑因素一般有工程费用、结构埋置深度、地层岩性、周围环境、结构形状和规模、工期、施工队伍的技术水平及施工机具等，通过综合比选研究来确定。目前我国综合管廊的施工方法可分为明挖法和暗挖法两大类，如图 8-1 所示。不同施工方法修建综合管廊的比较见表 8-1。

综合管廊施工方法
- 明挖法
  - 基坑放坡开挖
  - 基坑支挡开挖
  - 盖挖法
- 暗挖法
  - 矿山法
  - 盾构法
  - 顶管法

图 8-1　综合管廊施工方法分类

不同施工方法修建综合管廊比较　　**表 8-1**

项目	明挖法	矿山法	盾构法	顶管法
技术及工艺	施工工艺简单，但设备依赖性与围护结构选型直接相关	施工工艺复杂，工程较小时无需大型机械	施工工艺复杂，需有盾构机及其配套设备，一次掘进长度可达到 3～5km；目前国内有 2.94～16m 直径盾构机	施工工艺复杂，不易长距离掘进(一般不大于 200m)，管径常在 2～3m 之间；国内顶管设备较少
劳动强度、施工环境及安全性	施工条件一般，安全可控性一般	机械化程度低，施工人员依赖性高，作业环境较差，劳动强度高；安全不易保证	机械化程度高，施工人员少，作业环境好，劳动强度相对小；安全可控性好	机械化程度高，施工人员少，作业环境好，劳动强度相对小；安全可控性好
施工速度	快，根据现场组织可调节施工速度	作业面小，施工速度较慢	快，一般为矿山法速度的 3～8 倍	快，与盾构法相当
辅助施工措施	明挖基坑需对地下水采取相应处理措施，软土地区需考虑基础承载力	软弱围岩需有超前支护，地层特差时还需采取较强的围岩预加固措施	除盾构始发、到达段外，一般不对围岩进行预加固	除顶管始发、到达段外，一般不对围岩进行预加固
地表沉降控制及环境影响	地层因素影响较大，软土地区不易控制地层变形及地表沉降；采用明挖施工需要大面积破除路面、交通疏解，管线迁改量大	对于含水软弱围岩，施工期间止水较困难，地层变形不易控制；不需要破除道路及进行管线迁改	受地质因素影响小，能有效控制地层变形及地表沉降；不需要破除道路及进行管线迁改	受地质因素影响小，能有效控制地层变形及地表沉降；不需要破除道路及进行管线迁改

续表

项目	明挖法	矿山法	盾构法	顶管法
施工用地	隧道范围及两侧需要占用较大场地	施工竖井位置仅临时占用少量施工场地	盾构始发需要临时占用较大施工场地	顶管始发场地较大，当隧道较长、分段施工时需要多次始发
工程造价	隧道埋深较浅时工程造价低，但工程措施费用高（如交通疏解、道路破除与恢复、管线迁改），总体工程造价高	围岩基本无水、工程地质较好时，造价低；围岩含水量大、软弱、浅埋时，造价较高	工程造价低于顶管法；隧道本身工程造价较明挖法高，但工程措施费用低，总体低于明挖隧道；围岩较好时工程造价高于矿山法，富水软土地层造价低于矿山法	工程造价较高

8.1 综合管廊明挖法

明挖法即先从地表向下开挖基坑直至设计标高后，再修筑结构物，完成主体结构后进行土方回填的施工方法的总称。明挖法施工具有历史悠久、应用广泛的特点。

明挖法的优点是施工技术简单、快速、经济及主体结构受力条件较好等，在不受地面交通和环境等条件限制时，其适用性较好。但其缺点也很明显，即对周边环境影响大、阻断交通、产生较大的噪声和污染。随着结构埋深的增加，明挖法的工程费用、工期都将增大。且在管线迁改方面，明挖法相较暗挖法其拆迁量都过大。在地下水位较高的地层中，明挖法降水及加固地层的费用占比很高。

明挖法又可细分为：基坑放坡开挖、基坑支挡开挖及盖挖法。

8.1.1 基坑放坡开挖

基坑放坡开挖是指基坑采取放坡开挖不进行基坑支护，根据相应的地层条件采取相应的边坡坡度，分部开挖至设计位置进行结构施工，完成后进行回填，再将地面恢复到原来状态。

1. 适用条件

在没有建筑物的空旷地段，以及便于采用高效率的挖土机及翻斗卡车的情况下，常采用放坡开挖的方法。

采用此种方法工程造价较低，但占地宽、拆迁量大、土方挖填量大，工程区域的交通被中断，在道路狭窄和交通繁忙地区是不可行的。因此，在市中心地区采用本方法施工的不多。地质情况的好坏、渗水量的多少以及开挖深度等条件，是这种方法能否采用的重要影响因素。

根据地基基础设计规范并结合城市地下工程施工经验，边坡坡率取值见本书第7章相关内容。

2. 基坑开挖施工

由于放坡开挖的基坑一般都是针对浅埋地下工程而设的，土方开挖工程量大，若采用人工开挖，其劳动强度大，工期在工程总工期中所占的比例达25%～30%，成为影响施工进度的重要因素。所以，尽可能采用生产效率高的大型挖土和运输机械施工。

对于放坡开挖，常用的方法有人工开挖、小型机械开挖和大型机械开挖。

人工开挖效率低，劳动强度大，一般只在土方量小，如修坡或缺乏机械开挖的情况下采用。

小型机械常见的有蟹斗、绳索拉铲等简易挖土机械，小型机械一般在施工空间受限制而无法采用大型机械的情况下采用。

对于大面积的土方开挖，采用大型机械如单斗挖土机、铲运机。大型机械工作效率很高，一台大型机械可以代替数百人的劳动，可以大大节约人力，加快工程进度。

机械挖土对土的扰动较大，且不能准确地将基底挖平，容易出现超挖现象，要求施工中机械挖土只能挖至基底以上20～30cm的位置，其余20～30cm的土方采用人工或其他方法挖除。

3. 基坑开挖注意事项

(1) 根据土层的物理力学性质确定基坑边坡坡度，并于不同土层处做成折线形或留置台阶；

(2) 不要在基坑边坡堆加过重荷载，若需在坡顶堆载或行驶车辆时，必须对边坡稳定性进行核算，控制堆载指标；

(3) 施工组织设计应有利于维持基坑边坡稳定，如土方出土宜从已开挖部分向未开挖方向后退，不宜沿已开挖边坡顶部出土，应采用由上至下的开挖顺序，不得先切除坡脚；

(4) 注意地表水的合理排放，防止地表水流入基坑或渗入边坡；

(5) 采用井点等排水措施，降低地下水位；

(6) 注意现场观测，发现边坡失稳先兆（如产生裂纹时）立即停工，并采取有效措施提高施工边坡的稳定性，待符合安全度要求后方可继续施工；

(7) 基坑开挖过程中，随挖随刷边坡，不得挖反坡；

(8) 暴露时间在1年以上的基坑，一般可采取护坡措施。

8.1.2 基坑支挡开挖

在城市街道狭窄或周边控制条件较多的情况下，基坑宽度应尽可能小，这时常采用支挡结构同基坑降水相结合的直槽支护基坑形式。基坑在支护的保护下进行开挖，随着基坑开挖，应保证支护结构在地层土侧压力作用下的强度与稳定性。各类支护结构的特点见表8-2。

各类支护结构的特点 **表8-2**

支护结构类型	特　点
简易支挡	一般用于局部开挖、短时期、小规模。 方法：一边自稳开挖，一边用木挡板和纵梁控制地层坍塌。 特点：刚性小、易变形、透水
桩板式墙	H型钢的间距在1.2～1.5m。 造价低、施工简单，有障碍物时可改变间距。 止水性差，地下水位高的地方不适用

续表

支护结构类型	特　点
钢板桩墙	成品制作，可以反复使用。施工简便，但施工有噪声。 刚度小、变形大，与多道支撑结合，在软弱土层中也可以采用。 新建的时候止水性尚好，如有漏水现象，需加防水措施
钢管桩	截面刚度大于钢板桩，在软弱土层中开挖深度可较大。 须有防水措施相配合
预制混凝土板桩	施工简便，但施工有噪声。需辅以止水措施。 自重大，受起吊设备限制，不适合深大基坑
灌注桩	刚度大，可用在深大基坑。施工对周边地层、环境影响小。 需和止水措施配合使用，如搅拌桩、旋喷桩等
地下连续墙	刚度大、开挖深度大，适用于所有地层。 强度大、变位小、隔水性好，同时可兼作主体结构的一部分。 可邻近建(构)筑物使用，环境影响小，造价高
SMW 工法	强度大，止水性好。内插的型钢可拔出反复使用，经济性好
水泥搅拌桩挡墙	无支撑，墙体止水性好，造价低。墙体变位大

支护体系是用来支挡围护墙体，承受墙背侧土层及地面超载施加在围护墙上的侧压力。支撑体系由支撑、围檩和立柱 3 部分组成，围檩和立柱是根据基坑具体规模、变形要求的不同而设置的。支撑材料应根据周边环境要求、基坑变形要求、施工技术条件和施工设备的情况来确定。表 8-3 列出了不同支撑材料的优缺点。

各类支撑材料的优缺点　　**表 8-3**

支撑材料	优　点	缺　点
钢支撑	安装、拆除方便，且可施加预应力	刚度小，墙体变形大，安装偏离会产生弯矩
钢筋混凝土支撑	刚度大、变形小，平面布置灵活	钢筋混凝土支撑达到强度需时间，拆除需要爆破，制作与拆除时间比钢支撑长，且不能预加轴力，自重大
钢与钢筋混凝土混合支撑	利用了钢和钢筋混凝土各自的优点	宽大的基坑不太适用
拉锚	施工面空间大	软弱地层承载力小，锚多而密，且多数不能回收，成本高

8.1.3　盖挖法

盖挖法施工，结构的水平位移小，安全系数高，对地面的影响小，只在短时间内封锁地面交通，施工受外界环境的影响小。盖板建好后，后续的开挖作业不受地面条件的限制。另外，开挖对邻近建筑物影响较小，结构可延伸到地下水位以下，适用于覆盖高度较小的地下结构。它的缺点是：盖板上不允许留下过多的竖井，故后续开挖的土方需要采用水平运输；工期较长，作业空间较小，与基坑开挖、支挡开挖相比费用较高。

盖挖法最早在 20 世纪 60 年代用于西班牙马德里城市隧道，随后在很多城市的隧道建造中被采用，并且在建造方式、结构形式等方面也有所改变。盖挖法适用于松散的地质条件及地下结构处于地下水位线以上的情况。当结构处于地下水位线以下时，需附建排水设施。

盖挖法按施工顺序的不同，分为盖挖顺作法和盖挖逆作法。

1. 盖挖顺作法

结构物的施工顺序是在开挖到预定深度后，按底板→侧墙（中柱或中墙）→顶板的顺序修筑，是明挖法的标准方法。盖挖顺作法施工步骤如图 8-2 所示。

在地面交通不能长期中断的道路下修建地下构筑物时，可采用盖挖顺作法。

该方法是于现有道路上，按所需的宽度，由地表面完成挡土结构后，以定型的预制标准覆盖结构（包括纵、横梁和路面板）置于挡土结构上维持交通，往下反复进行开挖和加设横撑，直至设计标高。依序自下而上建造主体结构和防水措施，回填土并恢复管线路或埋设新的管线路。最后，视需要拆除挡土结构的外露部分及时恢复道路。

盖挖顺作法主要依赖坚固的挡土结构，根据现场条件、地下水位高低、开挖深度以及周围建筑物的邻近程度，可以选择钢筋混凝土钻（挖）孔灌注桩或地下连续墙。对于饱和的软弱底层，应以刚度大、止水性能好的地下连续墙为首选方案。随着施工技术的不断进步，工程质量和精度更易于掌握，故现在盖挖顺作法中的挡土结构常用来作为主体结构边墙体的一部分或全部。

如开挖宽度很大，为了缩短横撑的自由长度，防止横撑失稳，并承受横撑倾斜时产生的垂直分力以及行驶于覆盖结构上的车辆荷载和吊挂于覆盖结构下的管线重量，经常需要在建造挡土结构的同时建造中间桩柱以支承横撑。中间桩柱可以是钢筋混凝土钻（挖）孔灌注桩，也可以采用预制的打入桩（钢或钢筋混凝土的）。中间桩柱一般为临时性结构，在主体结构完成时将其拆除。为了增加中间桩柱的承载力或减少其入土深度，可以采用底部扩孔桩或挤扩桩。

定型的预制覆盖结构一般由型钢纵、横梁和钢-混凝土复合路面板组成。路面板通常厚 200mm、宽 300～500mm、长 1500～2000mm。为了便于安装和拆卸，路面板上均设有吊装孔。

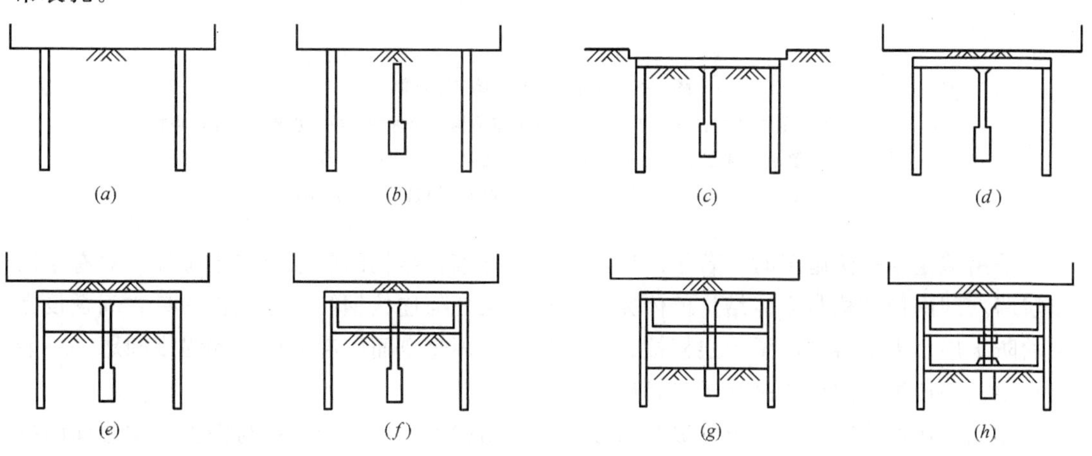

图 8-2　盖挖顺作法施工步骤

(a) 步骤 1；(b) 步骤 2；(c) 步骤 3；(d) 步骤 4；
(e) 步骤 5；(f) 步骤 6；(g) 步骤 7；(h) 步骤 8

2. 盖挖逆作法

盖挖逆作法是从上部开挖，在底板和中层板、侧墙修筑之前，先行修筑顶板或中层板的方法，为了使其稳定要使用挡土支撑，并待开挖到指定深度后修筑主体结构，盖挖逆作法施工步骤如图 8-3 所示。

其适用条件主要为：接近开挖地点有重要结构物；有强大的土压力和其他水平力作用，用一般挡土支撑不稳定，而需要强度和刚度都很大的支撑；开挖深度大，开挖或修筑主体结构需较长时间，特别需要保证施工安全；因进度上的原因，需要在底板施工前修筑顶板，以便进行上部回填和开放路面。

本方法的缺点是，因顶板是先行修筑的，而后的开挖、材料的进出、结构物的修筑都要在顶板上开口进行作业，作业效率比较低。

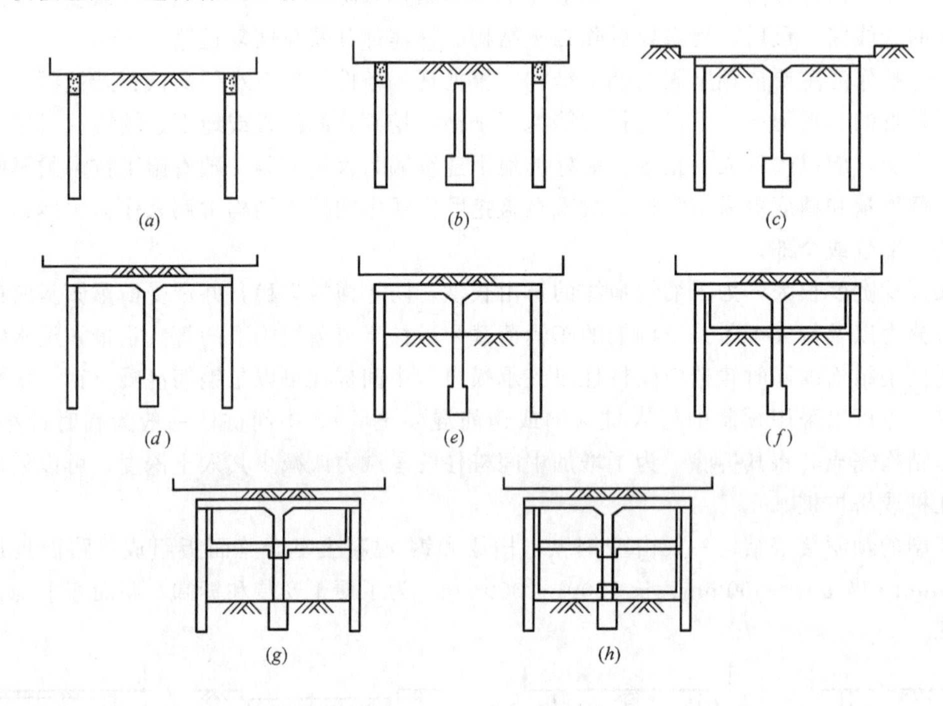

图 8-3　盖挖逆作法施工步骤

(a) 步骤 1：构筑围护结构；(b) 步骤 2：构筑主体结构中间桩柱；(c) 步骤 3：构筑顶板；(d) 步骤 4：回填土，恢复路面；(e) 步骤 5：开挖中层土；(f) 步骤 6：构筑上层结构；(g) 步骤 7：开挖下层土；(h) 步骤 8：构筑下层主体结构

采用盖挖逆作法施工时，若采用单层墙或复合墙，结构的防水层较难做好。只有采用双层墙，即围护结构与主体结构墙体完全分离，无任何连接钢筋，才能在两者之间敷设完整的防水层。需要特别注意中层楼板在施工过程中因悬空而引起的稳定和强度问题，一般可在顶板和楼板之间设置吊杆予以解决。

盖挖逆作法施工时，顶板一般都搭接在围护结构上，以增加顶板与围护结构之间的抗剪能力和便于敷设防水层。所以，需将围护结构外露部分凿除，或将围护结构仅做到顶板搭接处，其余高度用便于拆除的临时围挡结构围护。

盖挖顺作法与明挖顺作法在施工顺序上和技术难度上差别不大，仅挖土和出土工作因受覆盖板的限制，无法使用大型机具，需要采用特殊的小型、高效机具和精心组织施工。而盖挖逆作法和明挖顺作法相比，除施工顺序不同外，还具有以下特点：

（1）对围护结构和中间桩柱的沉降量控制严格，以免对上部结构受力造成不良影响；

（2）中间桩柱如为永久结构，则其安装就位困难，施工精度要求高；

（3）为了保证不同时期施工的构件相互间的连接能达到预期的设计状态，必须将各种施工误差控制在较小范围内，并有可靠的连接构造措施；

（4）除在非常软弱的地层中，一般不需要再设置临时横撑，不仅可节省大量钢材，也为施工提供了方便；

（5）由于是自上而下分层建筑主体结构，故可利用土模技术，可以节省大量模板和支架；

（6）和盖挖顺作法一样，其挖土和出土往往成为决定工程进度的关键工序，但同时又因为施工是在顶板和边墙保护下进行的，安全可靠，且不受天气条件的影响。

尽管明挖覆盖施工法有很多特点和应注意的地方，但其基本工序的施工方法、技术要求和明挖顺作法大同小异。

8.2 综合管廊暗挖法

综合管廊工程施工时，须先开挖出相应的空间，然后在其中修筑结构。施工方法的选择，应以地质、地形及环境条件以及埋置深度为主要依据，其中对施工方法有决定性影响的是埋置深度。当埋深超过一定限度后，明挖法不再适用，而要改用暗挖法。

暗挖法即不挖开地面，而采用在地下挖掘的方式施工的工法。矿山法、盾构法和顶管法等均属暗挖法。

8.2.1 矿山法

矿山法，顾名思义，即沿用矿山中开拓巷道的方法，因而称为矿山法。矿山法施工时，将整个断面分部开挖至设计轮廓，并随即进行支护。按地质条件不同，开挖可采用钻眼爆破方法或挖掘机具进行。分部开挖的主要目的是减少对围岩的扰动，方便支撑，以保安全，因此，分部的大小与多少就要按地质条件、断面大小、开挖和支护手段、对周围环境的影响等条件而定。

1. 开挖方法比选

矿山法又可分为全断面法、台阶法和分部开挖法三大类施工方法（见图 8-4）。施工方法应根据施工条件、围岩类别、埋置深度、断面大小以及环境条件等，并考虑安全、经济、工期等要求选择。选择施工方法时，应以安全为前提，综合考虑工程地质及水文条件、断面尺寸、埋置深度、施工机械装备、工期和经济的可行性等决定。各施工方法基本条件的比较见表 8-4。

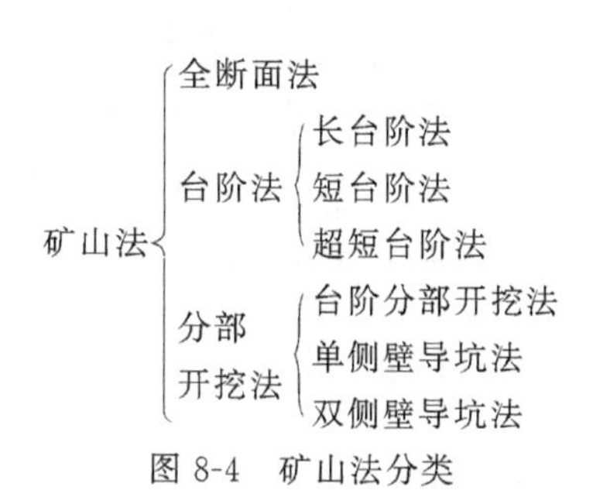

图 8-4 矿山法分类

各施工方法基本条件的比较　　表 8-4

条件	全断面法	台阶法	单侧壁导坑法	双侧壁导坑法
围岩条件	Ⅰ～Ⅲ	Ⅳ,Ⅴ	土质、松软地层	土质、松软地层
安全性	一般	一般	较安全	最安全
施工机械	大型	大型或中型	中型或小型	小型
施工工序及工期	工序简单、工期快	工序简单、工期较快	工序较多、工期较慢	工序复杂、工期慢
造价	低	低	较高	高
施工管线布置	很方便	方便	较方便	不方便
配合辅助支护措施	不容易	很容易	一般	一般
对关键部位支护的时效性	一般	好	较好	较好

2. 矿山法支护技术

目前，矿山法支护形式主要有锚喷衬砌、整体式衬砌和复合式衬砌 3 种：锚喷衬砌一般由锚杆、喷射混凝土、钢筋网等组成；整体式衬砌由临时支撑（施工支护）和永久衬砌组成；复合式衬砌由初期支护和二次衬砌组成。临时支撑（施工支护）和初期支护一般由锚杆、钢筋网、钢支撑、喷射混凝土等组成。永久衬砌和二次衬砌一般为模筑混凝土。当开挖后围岩自稳时，常采用预加固工法。

支护结构的基本作用在于：保持坑道断面的使用净空；防止围岩质量的进一步恶化；承受可能出现的各种荷载；使支护体系具有足够的安全度。

支护结构应满足以下条件：应与开挖后的周边围岩成为一体；能够发挥初期支护的功能；支护构件应具备所需的性能，同时能安全、有效率地进行作业。

选择支护体系的大致标准见表 8-5。

选择支护体系的大致标准　　表 8-5

围岩种类	特征	支护对象	支护构件					辅助工法	备注
			喷射混凝土	锚杆	钢支撑	衬砌：二次衬砌	衬砌：仰拱		
硬岩	裂隙不发育	掉落岩块							二次衬砌不承受荷载
硬岩	裂隙发育但没有黏土填充	掉落岩块 松弛压力	△	○	△				钢支撑只设在上半断面
硬岩	裂隙发育、破碎	掉落岩块 松弛压力 形变压力	○	○	○		△	掌子面稳定对策（正面、拱顶）	最好设置仰拱
软岩	围岩强度比大	掉落岩块	△	△			○		原则上设置仰拱
软岩	围岩强度比小	松弛压力 形变压力	○	○	○	△	○		仰拱要及早施工
软岩	围岩强度比极小	松弛压力 形变压力	○	○	○		○	掌子面稳定对策（正面稳定）	断面要及早闭合，采用高强喷射混凝土，考虑设置变形富余量

续表

围岩种类	特征	支护对象	支护构件					辅助工法	备注
			喷射混凝土	锚杆	钢支撑	衬砌			
						二次衬砌	仰拱		
膨胀性围岩		松弛压力 形变压力 膨胀压力	○	○	○	○	○	掌子面稳定对策（正面稳定、脚部补强）	断面要及早闭合，采用高强喷射混凝土，考虑设置变形富余量
土砂围岩		松弛压力 控制下沉	○	△	○	○	○	掌子面稳定、地表下沉、近接施工	断面要及早闭合，衬砌按承载构件进行设计

注：△必要时需要设置的；○一般需要设置的。

初期支护的作用也是选择支护类型的重要依据。

喷射混凝土：直接控制围岩的松弛，用其强度抵抗发生位移的围岩，通过与围岩的粘结把轴力传递到围岩。这说明喷射混凝土在直接防止围岩松弛的增大和不稳定岩块掉落的同时，给予围岩内压，使围岩成为一体。除了衬砌以外，喷射混凝土与其他支护相比，是内压力最大的支护方式。

喷射混凝土的问题是材料强度和弹性系数的出现需要一定时间，因此，在设计上一定要强调喷射混凝土的初期强度，其出现时间要有明确的规定，通常都规定 1d 的强度值。

喷射混凝土与围岩表面是密封的，这一点与其他支护不同，是一个重要特征，也是喷射混凝土发挥支护作用的关键。此外，喷射混凝土还可以把压力传递到锚杆和钢支撑上，反过来看，喷射混凝土也可以提高锚杆和钢支撑的支护效果。因此，在支护组成上，任何情况下都不能缺少喷射混凝土。

锚杆：从伸入围岩支护这一点上看，在补强裂隙岩体薄弱部分和改良围岩为均匀围岩方面，是与其他支护不同的。

在硬岩、中硬岩中，锚杆能确保岩块的咬合，抑制不稳定岩块的崩落，控制沿裂隙的位移等，从而确保松弛围岩的一体化。因此，在围岩没有移动或位移的场合，锚杆中是不产生应力的。

在软岩中，开挖引起围岩强度降低，松弛范围增大。锚杆可以一边追随围岩的变形，一边约束围岩防止其崩落，确保围岩的一体化。但在内摩擦角小的围岩中单独采用锚杆的效果是比较小的。

锚杆是在锚固材料的强度出现后才发挥作用的。因此，为了让锚杆的作用及早发挥，应该在锚固材料的应用方面多做工作。

锚杆是一个棒状、线形的构件，与围岩是在内部紧密接触的，围岩只要出现变形，锚杆的作用就得到体现，锚杆不仅增强了围岩的抗剪强度，也提高了围岩屈服后的残余强度。

钢支撑或格栅：基本上与喷射混凝土具有同样的功能，可补充喷射混凝土初期强度的不足，直接承受松弛荷载，与喷射混凝土成为一体，给予内压，确保围岩的一体化。

钢支撑施工后可以发挥100%的材料强度，在这一点上，是锚杆和喷射混凝土不能比拟的。它可以在喷射混凝土和锚杆的强度体现之前承受荷载，在喷射混凝土和锚杆强度体现后，钢支撑因具有较大的弯曲韧性，可以继续发挥其作用。特别是在喷射混凝土发生开裂后。钢支撑是一个线形的构件，其自身与围岩的密封是通过喷射混凝土实现的。

衬砌（包括仰拱）：衬砌作为支护结构具有特殊的性质。衬砌是确保结构稳定的最终阶段，主要在下述场合中采用：

(1) 对结构稳定性安全系数要求高的场合：几乎所有的场合都属于此种情况。在这种场合，为了有效地利用围岩强度，用最小限度的支护结构来确保围岩的稳定是最重要的。同时考虑到围岩的不确定性和地下水对围岩性质的长期影响，必须提高安全系数。

(2) 用其他支护结构控制变形有困难，为控制变形需要很大内压的场合：因为围岩强度比小，即使产生变形也不能满足土压减轻的场合，要用衬砌约束变形，使结构稳定，因此要在变形没有收敛阶段的适当时期修筑衬砌。对产生数百毫米位移的围岩，多采用临时仰拱约束变形，在需要衬砌约束变形的场合，要很好地研究衬砌的设计和实施时间。

(3) 埋深小，为了将地表下沉控制在最小限度以内，以及需要采用较大刚性结构的场合：埋深小的场合有时需防止开挖影响涉及地表的情况，或不能满足拱效应而把位移限制在最小限度之内的场合，衬砌在开挖后要尽快施工，衬砌应考虑承受全部埋深荷载。

3. 预加固工法

在施工过程中，如果围岩不能自稳，是不可能继续进行施工的，因此，控制围岩（包括掌子面）稳定性就成为开挖技术中的重要问题。常用的方法是预加固工法，包括超前锚杆法、小管棚法、大管棚法、注浆法等。

(1) 超前锚杆法

超前锚杆作为支护结构的一部分而发挥其作用，以改善拱顶斜上方的围岩。一般采用ϕ22～28的锚杆，环向间距约为30～40cm，多用在易崩塌的围岩中，作为支护拱顶的辅助方法。斜锚杆通常与系统锚杆同时施工。它是沿纵向在拱上部开挖轮廓线外一定范围内向前上方倾斜一定外插角，或者沿横向在拱脚附近向下方倾斜一定角度的密排砂浆锚杆。前者称拱部超前锚杆，后者称边墙超前锚杆。拱部超前锚杆用以支托拱上部临空的围岩，起插板作用；边墙超前锚杆将起拱线附近的岩体所承受的较大拱部荷载传递至深部围岩，从而提高施工中围岩的稳定性。

超前锚杆的力学作用同小管棚，一般适用于较破碎的基岩。

(2) 小管棚法

小管棚一般采用ϕ32～50的注浆小导管，环向间距为30～40cm。

小管棚构造与压浆锚杆类似，它是沿结构纵向在拱上部开挖轮廓线外一定范围内向前上方倾斜一定角度，或者沿横向在拱脚附近向下方倾斜一定角度的密排注浆花管。注浆花管的外露端通常支于开挖面后方的格栅钢架上，共同组成预支护系统。

小管棚比超前锚杆长，它既能加固洞壁一定范围内的围岩，又能支托围岩，其支护刚度和预支护效果均大于超前锚杆，但它的施工时间长，对开挖循环影响较大。

通常通过小管棚向掌子面附近的围岩注浆，可以改善围岩状况，保证掌子面的稳定。实践证实：掌子面斜上方土层稳定性对结构的稳定具有很大的影响，因此，开挖前改善此部分的围岩情况，对增加结构的稳定性是极为重要的。

小管棚一般适用于较干燥的砂土层、砂卵石层、小型断层破碎带、软弱围岩浅埋段等地段的施工。

(3) 大管棚法

大管棚一般采用 ϕ89～146 的热轧无缝钢管，环向间距为 25～35cm。

大管棚法一般多在暗挖结构洞口施工时采用，它是在开挖之前，沿开挖断面外轮廓，以一定间隔与结构平行钻孔、插入钢管，再从插入的钢管内压注充填水泥浆或水泥砂浆，来增加钢管外周围岩的抗剪切强度，并使钢管与围岩一体化，形成由管棚和围岩构成的棚架体系。大管棚的特点是：支护能力强大，适用于含水的砂土质地层或破碎带，以及浅埋或地面有重要建筑物的地段。其施工技术复杂，造价较高。

大管棚法的作用效果可归纳为：

梁效应。因钢管是先行施设的，在掘进时，钢管在掌子面和后方支撑的支持下，形成梁式结构，防止围岩的崩塌和松弛。

加强效应。钢管插入后，压注水泥浆，加强了钢管周边的围岩。在浅埋的情况下，地表有结构物存在时，或接近地中结构物、地下埋设物开挖时，为把开挖的影响限制在最小限度内，要尽量防止围岩的松弛。采用大管棚法是有利的。

管棚一般只在拱部布置，布置范围一般在 120°左右。如图 8-5 所示。

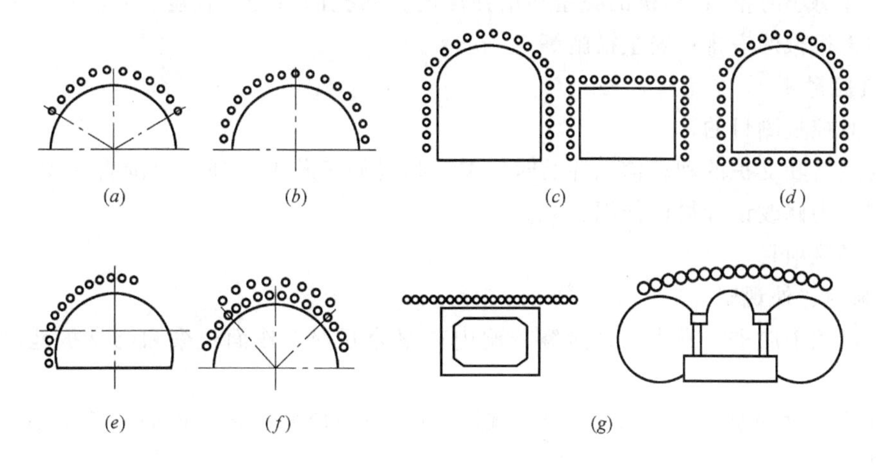

图 8-5　管棚的布置形状

沿结构轴向，管棚设置到多长范围，要根据周边的地形、地表结构物的状况等决定。管棚的终端位置，应达到防护对象的长度加上因开挖而造成的掌子面松弛范围的长度。在洞口，从经济方面考虑，施工长度应尽可能短些，伸出洞口的长度要满足钻孔作业和注浆作业的要求。此工法施工可能的长度，根据钻孔机械的施工精度，可达 80m，如施工地段更长时，应分段施工。钢管间隔多采用管径的 2～3.5 倍。

(4) 注浆法

注浆预加固地层是把具有填充和胶凝性能的浆液材料，通过配套的注浆机具设备压入所需加固的地层中；经过胶凝硬化作用后填充和堵塞地层中的裂缝，减小注浆区地层渗水系数及坑道开挖时的渗漏水量，并能固结软弱和松散岩体，使围岩强度和自稳能力得到提高。注浆加固围岩适用于下列地层：Ⅴ、Ⅵ级软弱围岩地段；断层破碎带地段；水下或富水围岩地段；坍方或涌水事故处理地段及其他不良地质地段。

围岩预注浆加固适用条件及优缺点见表8-6。

围岩预注浆加固适用条件及优缺点　　表8-6

预注浆方式	适用条件及施工方法	优　缺　点
地面预注浆	适用于埋深≤50m，由地面向洞身垂直钻孔	优点：1. 地面作业，施工场地宽阔，工作条件好 2. 可用多台钻机同时作业，注浆工序可在开挖前完成，加速施工进度 3. 注浆孔定向、定位较容易 缺点：1. 注浆成本受埋深控制，深度大时，不经济 2. 必须有较好的止浆设备
洞内工作面预注浆	适用于洞内开挖施工，对围岩钻孔注浆	优点：1. 洞内作业，不受埋深限制 2. 注浆钻孔可视围岩变化相应调整，注浆效果好 缺点：1. 注浆与开挖作业交替进行，增加施工工期 2. 注浆工作面狭小；与开挖工序有干扰

在进行注浆作业时还应考虑：注浆孔布置；注浆压力、压力升高和最终压力；注浆浓度和配方的改变；注浆材料的选择（特别强度和凝结时间）；注浆机械的工作性能；注浆量（总量和每小时量）；钻机的类型和钻井深度；钻孔的直径、长度和步距；注浆模式的试验；注浆机械的安排；安全措施等。

4. 监控量测

（1）监控量测目的

掌握围岩和支护的动态信息并及时反馈，指导施工作业。通过对围岩和支护的变形、应力量测，为修改设计提供依据。

（2）必测项目

1）洞内、外观察

施工过程中应进行洞内、外观察，洞内观察分开挖工作面观察和已支护地段观察两部分。

① 开挖工作面观察：应在每次开挖后进行。及时绘制开挖工作面地质素描图，填写开挖记录表。

② 已支护地段观察：每天应进行一次，主要观察围岩、喷射混凝土、锚杆和钢架等的工作状态。观察中发现围岩条件恶化时，应立即上报设计、监理单位，采取相应处理措施。

洞外观察的重点位置是洞口段地表和洞身埋置深度较浅地段，其观察内容应包括地表开裂、地表沉陷、边坡及仰坡稳定状态、地表水渗透情况、地表植被变化等。

2）拱顶下沉和周边位移量测

监测断面应尽量靠近开挖工作面，各测点应在不受爆破影响且距工作面2m的范围内尽快安设，并应在每次开挖后12h内取得初读数，最迟不得超过24h，并且在下一循环开挖前必须完成。各测点应埋入围岩中，深度不应小于0.2m，不应焊接在钢支撑上，外露部分应有保护装置。

拱顶下沉和水平收敛量测断面的间距在围岩变化处应适当加密，在各类围岩的起始地段增设拱顶下沉测点 1～2 个，水平收敛测点 1～2 对。

周边位移、拱顶下沉和地表下沉等必测项目宜布置在同一断面。当地质条件复杂，下沉量大或偏压明显时，除量测拱顶下沉外，尚应量测拱腰下沉及基底隆起量。

拱顶下沉量测与净空水平收敛量测宜采用相同的量测频率。

3）地表下沉量测

浅埋段地表下沉量测断面宜与拱顶下沉量测及净空水平收敛量测布置在同一量测断面内，地表下沉量测应从开挖面前方隧道埋置深度与隧道开挖高度之和处开始，直到衬砌结构封闭、下沉基本停止为止。

地表下沉量测频率和拱顶下沉及净空水平收敛的量测频率相同。

（3）选测项目

1）钢架内力及外力；

2）围岩体内位移（洞内设点）；

3）围岩体内位移（地表设点）；

4）围岩压力；

5）两层支护间压力；

6）锚杆轴力；

7）支护、衬砌内应力；

8）围岩弹性波速度；

9）爆破震动；

10）渗水压力、水流量。

上述选测项目应结合围岩性质、开挖方式有选择地进行；围岩压力、支护及衬砌内应力等项目的量测频率开始时与同一断面的变形量测频率相同，当量测值变化不大时可适当降低量测频率。

8.2.2 盾构法

盾构法施工是使用盾构机在地下掘进，边防止开挖面土砂崩塌，边在机内安全地进行开挖作业和衬砌作业，从而构筑结构的方法。

盾构法施工的概貌如图 8-6 所示。在结构的一端建造竖井或基坑，将盾构机安装就位。盾构机从竖井或基坑的墙壁开孔出发，在地层中沿着设计轴线，向另一竖井或基坑的孔洞推进。推进过程中盾构机所受到的地层阻力，通过盾构千斤顶传至盾构机尾部已拼装的衬砌结构上，再传到竖井或基坑的后靠壁上。

盾构法施工是在闹市区和水底的软弱地层中修建地下工程较好的施工方法之一。近年来，盾构机械设备和施工工艺的不断发展，适应大范围工程地质和水文地质条件的能力大为提高。各种断面形式和具有特殊功能的盾构机械（急转弯盾构、扩大盾构、地下对接盾构等）相继出现，其应用范围在不断扩大。盾构法施工具有作业在地下进行，不影响地面交通，减少噪声和振动对附近居民的影响；施工费用受埋深影响小，有较高的技术经济优越性；盾构推进、出土、拼装衬砌等主要工序循环进行，易于管理，施工人员较少；穿越江、河、海时，不影响航运；施工不受风雨等气候条件影响等优点。这些优点对促进城市地下空间利用的发展将起到有力的技术支持作用。

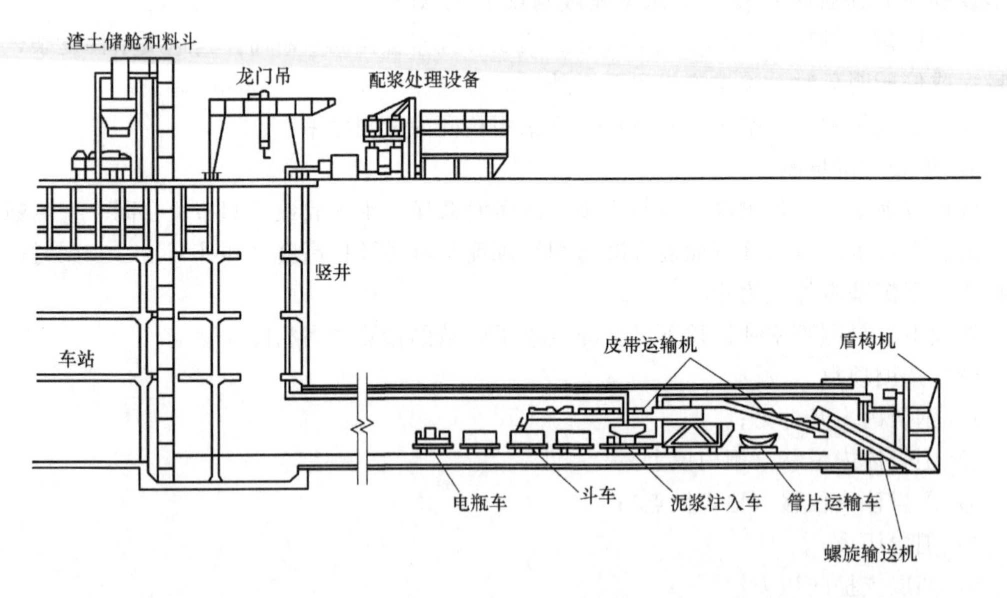

图 8-6　盾构法施工概貌

盾构法开挖面稳定技术的历史，是从压气施工法的“气”演变到泥水式的“水”和土压式的“土”。“开挖面稳定”和“盾构开挖”的技术已经达到较完善的程度。目前盾构一般指密封式的泥水式和土压式盾构。泥土加压式盾构机因具备用地面积小、适用土质广、残土容易处理等优点，在建筑物密集的市区，使用数量逐年增加。

1. 盾构机的种类

盾构机是盾构法施工的主要机械，按开挖面与作业室之间隔的墙构造可分为全开敞式、半开敞式及密封式 3 种。种类划分如图 8-7 所示。

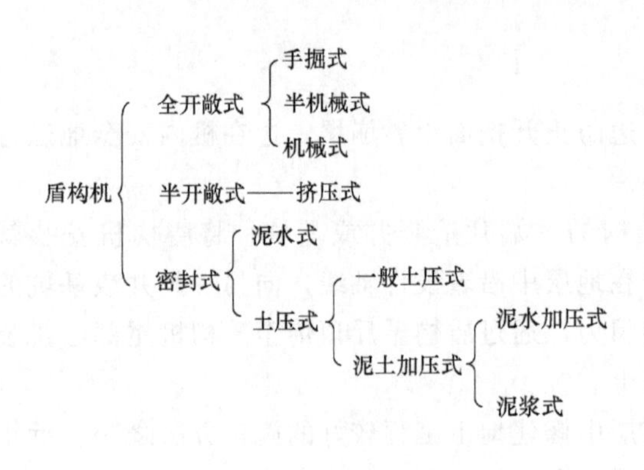

图 8-7　盾构机种类划分

全开敞式，是指没有隔墙和大部分开挖面呈敞露状态的盾构机。根据开挖方式不同，又分为手掘式、半机械式及机械式 3 种。这种盾构机适用于开挖面自稳性好的围岩。在开挖面不能自稳的地层施工时，需要结合使用压气施工方法等辅助施工方法，以防止开挖面坍塌。

半开敞式，是指挤压式盾构机，这种盾构机的特点是在隔墙的某处设置可调节开口面积的排土口。

密封式，是指在机械开挖式盾构机内设置隔墙，将开挖的砂土送入开挖面和隔墙间的刀盘腔内，由泥水压力和土压力提供足以使开挖面保持稳定的压力。密封式盾构机又分为泥水式盾构机和土压式盾构机。

2. 盾构机机型的选择

盾构机机型是决定工程成功与否的重要因素，选择盾构机应综合考虑，以获得经济、安全、可靠的施工方法。一般考虑以下几点：

（1）适用于本工程围岩的机型；

（2）可以合理使用的辅助施工方法；

（3）满足本工程施工长度和线形的要求；

（4）后续设备、始发地等施工满足盾构机的开挖能力配套；

（5）工作环境。

对于地质条件变化很大的地区，即施工沿线地质变化较大，一般选择适合于施工区大多数围岩条件的机型。机型取决于围岩条件。

为了减少采用辅助施工方法并保证施工安全可靠，选择能保持开挖面稳定和适应围岩条件的盾构机机型非常重要。不同种类盾构机的比较见表8-7。

不同种类盾构机的比较 **表8-7**

项目		全开敞式			半开敞式	密封式		
							土压式盾构机	
		手掘式盾构机	半机械式盾构机	机械式盾构机	挤压式盾构机	泥土式盾构机	一般土压式盾构机	泥土加压式盾构机
弯曲段施工		采用中间转弯机构进行急弯段施工	有中间转弯机构，可进行急弯段施工	有中间转弯机构，可进行急弯段施工	可以改变手掘式曲率半径大小	有中间转弯机构，可进行急弯段施工	有中间转弯机构，可进行急弯段施工	有中间转弯机构，可进行急弯段施工
辅助施工方法		为了稳定开挖面，采用降水法、压气法和地基改良等辅助施工法	为了稳定开挖面，采用降水法、压气法和地基改良等辅助施工法	为了稳定开挖面，采用降水法、压气法和地基改良等辅助施工法	为了防止地基沉降，采用地基改良施工法，并设置挡土墙	对坍塌性细砂、砂砾必须进行地基改良	为了改善开挖特性，对砂层等必须采用地基改良施工法	不特别需要
施工方法	挡土装置	挡土墙＋千斤顶	挡土墙＋千斤顶	刀盘	隔墙	刀盘＋千斤顶	刀盘＋千斤顶	泥土压
施工方法	开挖方法	人工开挖	铁锹＋旋转刀盘＋人工	全断面旋转刀盘	由排土口取人	全断面旋转刀盘	全断面旋转刀盘	全断面旋转刀盘
施工方法	洞内出渣方式	皮带运输机加钢车	皮带运输机加钢车	皮带运输机加钢车	皮带运输机加钢车	流体输送	螺旋输送机＋皮带输送机＋钢车或皮带输送机＋压送泵	螺旋输送机＋皮带输送机＋钢车或皮带输送机＋压送泵
施工方法	残土处理	一般残土处理方法	一般残土处理方法	一般残土处理方法	一般残土处理方法	根据性状进行废物处理	必须进行软弱土固结处理	必须进行软弱土固结处理
施工方法	变换施工方法	手掘式→挤压式	撤去挖掘机不困难	变换施工方法困难	挤压式→手掘式	变成开敞式有困难	变成开敞式有困难	变成开敞式有困难
施工方法	开挖面管理	可以支挡开挖面	不能支挡整个开挖面	不能支挡整个开挖面	通过调整推力和开口率进行管理	靠泥水压等用挡土墙监测仪器进行设定值管理	用室内土压支挡开挖面，以土压和排土量管理	用室内泥土压支挡开挖面，以土压和排土量管理
工期		由于施工技术进步小，进度变化小	施工进度介于手掘式盾构机和密封式盾构机之间	如果土层合适，与密封式盾构机进度相同	如果土层合适，与密封式盾构机进度相同	如果后方处理设备充足，进度更大，但设备故障影响很大	采用土砂压送泵，进度快	采用土砂压送泵，进度快

3. 衬砌的基本类型

(1) 衬砌的组成

盾构结构的衬砌，通常分为一次衬砌和二次衬砌。在一般情况下，一次衬砌是由管片组装成的环形结构。二次衬砌是在一次衬砌内侧灌注的混凝土结构。由于在开挖后要立即进行衬砌，故将数个钢筋混凝土或钢等制造的块体构件组装成圆形等衬砌。称此块体构件为管片。

由于在盾尾内拼成圆环的衬砌，在盾构向前推进时，要承受千斤顶推进的反力，同时由于盾构的前进而使部分衬砌暴露在盾尾外，承受了地层给予的压力。故一次衬砌应能立即承受施工荷载和永久荷载，并且有足够的刚度和强度；不透水、耐腐蚀，具有足够的耐久性能；装配安全、简便，构件能互换。

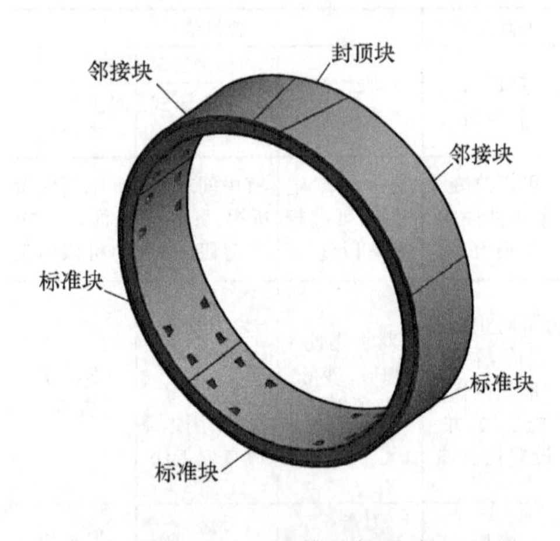

图 8-8 一环管片的组成

管片一般由数块标准块 A、2 块邻接块 B 和 1 块封顶块 K 组成，彼此之间用螺栓连接（见图 8-8）。环与环之间一般是错缝拼装。K 形管片的就位方式有 2 种，过去常采用径向插入，只能靠螺栓承受剪力，有诸多缺点。目前常采用沿纵向插入，靠与 B 型块的接触面承受荷载，提高了整环的承载力。此法会使千斤顶的行程加长，故盾构的盾尾也由此增长。

单块管片的尺寸有环宽和管片的长度及厚度。常用的环宽为 750～1000mm。管片的长度由一环的分块数决定。在饱和含水的软弱地层中应尽量减少接头数量。管片的厚度应根据结构直径、埋深、承受荷载的情况，衬砌结构构造、材质，衬砌所承受的施工荷载以及接头的刚度等因素确定。

(2) 衬砌的类型

衬砌的材料通常有混凝土、钢筋混凝土、铸铁、钢、钢壳与钢筋混凝土复合而成等几种。一般选用钢筋混凝土，近年来采用钢纤维混凝土的情况也在逐渐增加。

衬砌的断面形式，在盾构法发展的初期，一般都与盾构的形状一致，即多采用圆形，近年来由于矩形、半圆形、椭圆形、多圆形等盾构的出现，衬砌断面形式也多样化起来。

(3) 管片的连接构造

管片的连接有沿纵轴纵向连接和与纵轴垂直的环向连接 2 种。通过长期的试验、实践和研究，管片的连接方式经历了从刚性到柔性连接方式的过渡。

管片的连接方式有：

1) 螺栓连接。连接螺栓有直螺栓和弯螺栓 2 种。弯螺栓主要用于平板型管片，以减小螺栓孔对截面的削弱。

2) 无螺栓连接。无螺栓连接用于砌块的接头连接，是依靠本身接头面形状的变化而无需其他附加构件的连接方式。

3) 销钉连接。销钉连接方式有沿环向设置的，有沿径向插入的，也有沿纵向套合的。由于它的作用是防止接头面错动，因此有时被称为抗剪销。同螺栓连接相比，销钉连接时衬砌内壁光滑，连接省时省力，可以用较少的材料、简单的工序达到较好的效果。

4. 盾构法施工过程

盾构法施工过程包括盾构的始发和到达，盾构的掘进、衬砌、压浆和防水等。

(1) 盾构的始发和到达

盾构法施工，在始发和到达时，需要有拼装和拆卸盾构用的竖井，当盾构需要调转方向或线路在急曲线部位时，需要设置中间竖井和换向竖井。施工过程中，这些竖井是人、材料和石渣的运输通道。在工程竣工后，这些竖井多被用于车站、人孔、通风口、出入口等永久建筑。

1) 盾构机的始发

盾构机的始发是指利用临时拼装管片等承受反作用力的设备，将盾构机从始发口进入底层，沿所定的线路方向掘进的一系列施工作业。根据临时拆除方法和防止开挖地面地层坍塌方法的不同，施工方法主要有两种。

第一种方法，使开挖面地层能够自稳，再将盾构机贯入自稳的开挖面。一般通过化学注浆、高压喷射注浆、冻结施工法等来加固开挖面地层，或向始发竖井压气，平衡开挖面地下水压，使地层自稳。

第二种方法，利用挡土墙防止开挖面崩塌，让盾构机开始掘进。这种方法有两种：一种是将始发竖井的挡土墙做成双层，以防止内层挡土墙拆除使开挖面崩塌，盾构机向前推进，到达开挖面地层后，起吊盾构机前方的外层挡土墙，盾构机开始开挖；另一种是在始发竖井的近旁再挖一个竖井，盾构机从该竖井内向前推进，在回填后开始开挖。

2) 盾构机的到达

盾构机的到达是指在稳定地层的同时，将盾构机沿所定路线推进到竖井边，然后从预先准备好的大开口处将盾构机拉进竖井内，或推进到到达墙的指定位置后停下等待的一系列作业。

施工方法有两种，一种是盾构机到达后拆除到达竖井的挡土墙再推进；另一种是事先拆除挡土墙，再推进到指定位置。

(2) 盾构的掘进

盾构掘进时必须根据围岩条件，保证工作面的稳定，适当地调整千斤顶的行程和推力，沿所定路线方向准确地进行掘进。

盾构掘进时，必须随时掌握盾构的位置和方向，在适当的位置施加推力。通过曲线、变坡点或修正蛇形行为，可使用部分千斤顶，为尽量使千斤顶中心线与管片表面垂直，在掘进时可采用楔形衬砌环或楔形环。

由于地层软弱或管片构造等原因，造成盾构前倾，推进时可在盾构前方的底部铺筑混凝土，或用化学注浆法加固地基，或在盾构前面的底部加设翘曲板等。

在需进行超前开挖的土壤中，而且方向急剧变化时，需进行超前开挖后再推进。当盾构的直径与长度之比较小时，盾构转向较难，故有时采用阻力板。在推进过程中土质发生急剧变化时会产生很大的蛇形，故在土质变化点必须特别注意。

(3) 衬砌、压浆及防水

1) 一次衬砌

在推进完成后，必须迅速地按设计要求完成一次衬砌的施工。一般是在推进完成后将几块管片组成环状，使盾构处于可随时进行下一次推进的状态。

一次装配式衬砌的施工是依照组装管片的顺序从下部开始逐次收回千斤顶。管片的环向接头一般均错缝拼装。组装前彻底清扫，防止产生错台，管片间应互相密贴。注意对管片的保管、运输及在盾尾内进行安装时，管片的临时放置问题，应防止变形及开裂的出现，防止翻转时损伤防水材料及管片端部。

保持衬砌环的真圆度，对确保结构断面尺寸、提高施工速度及防水效果、减少地表下沉等甚为重要。除了在组装时要保证真圆度外，在从离开盾尾至注浆材料凝固时止的期间内，应采用真圆度保持设备，确保衬砌环的组装精度是有效的。

2）回填注浆

采用与围岩条件完全相适合的注浆材料及注浆方法，在盾构推进的同时或其后立即进行注浆，将衬砌背后的空隙全部填实，防止围岩松弛和下沉，这是决定工程成败的关键因素之一。

回填注浆除可以防止围岩松弛和下沉之外，还有防止衬砌漏水、漏气，保持衬砌环早期稳定的作用，故必须尽快进行注浆，而且应将空隙全部填实。

注浆材料需具有下列特点：不产生材料离析、具有流动性、压注后体积变化小、压注后的强度很快就超过围岩的强度、具有不透水性等。

一般常用的注浆材料有：水泥砂浆、加气砂浆、速凝砂浆、小砾石混凝土、纤维砂浆、可塑性注浆材料等。

注浆可一边推进盾构一边进行，也可在盾构推进终了后迅速进行。一般是从设在管片上的注浆孔进行。作为特殊方法，也有通过盾构上的注浆孔同时注浆的方法。

3）衬砌防水

由于盾构结构多修建在地下水位以下，故需进行衬砌接头的防水施工，以承受地下水压。结构内的漏水，会使竣工后的功能及维修管理方面出现许多问题。根据结构的使用目的，选择适合于作业环境的方法进行防水施工。衬砌防水分为密封、嵌缝、螺栓孔防水 3 种。根据使用目的不同，有时只采用密封，有时 3 种措施同时采用（见本书第 4 章）。

5. 监控量测

施工监测中，应对监测结果及时进行分析与反馈；当监测结果出现如下情况时，应暂停施工并根据具体情况制定加强措施。

（1）当地表沉降值超过 30mm 时；当地表隆起值超过 10mm 时；

（2）当建筑物倾斜超过 2‰时；

（3）当隧道掌子面施工通过一倍洞径，变位速率超过 5mm/d，仍持续增加时。

根据监测反馈信息及时调整盾构掘进参数，以保证建（构）筑物的安全。监测频率应根据盾构施工情况、监测断面距开挖面的距离和位移速率综合确定，原则上采用较高的频率值。出现异常情况时，应增大监测频率。

建筑物的地基变形允许值参照《建筑地基基础设计规范》GB 50007—2011 的相关规定。

每一监测断面不少于 9 个监测点，施工监测应有可靠的基准点系统，水准基点不少于 2 个，基准点系统应定期校核。

监测项目、监测方式、测点布置见表 8-8。

监测项目汇总表 表 8-8

监测项目			监测方式	测点布置
必测项目	开挖面观测和描述		观测、记录	目测观测开挖面
	地表沉降		精密水准仪、钢尺	盾构始发、吊出段 100m 范围内，每 20m 设一断面；地质条件突变及建筑物密集处设一断面；其余地段，每 30m 设一断面
	拱顶沉降、上浮		精密水准仪、钢尺	每 5～10m 设一断面
	周边收敛		收敛计	
选测项目	土体内部位移	垂直	磁环分层沉降仪	每 30m 设一断面，必要时需加密
		水平	测斜仪	
	衬砌环内力和变形		压力计和传感器	每 50～100m 设一断面，必要时需加密
	地层压应力		压力计和传感器	每一代表性的地段设一断面
必测项目	建筑物变形		精密水准仪、钢尺等	距线路中线 20m 以内的建筑物均需监测。建筑物变形监测项目有：建筑物沉降、水平位移、倾斜、裂缝
	管线沉降			距线路中线 20m 以内的管线均需监测。管线沉降监测项目有：管线沉降、管线曲率、接头张开量、有压管线压力情况等
	建筑物周围土体变形			距线路中线 20m 以内的建筑物均需监测。土体变形监测项目有：沉降、水平位移等

8.2.3 顶管法

顶管技术是在不开挖地表的情况下，利用液压油缸从顶管工作井将顶管机和待敷设的管节在地下逐节顶进，直到顶管接收井的非开挖地下管道敷设施工工艺。

图 8-9 为顶管施工示意图，具体施工过程如下：在事先准备好的工作井内，用液压油缸将管节压入土中，同时排出和运走挖出的泥土。当第一节管节完全压入土层后，再把第二节管节接在后面继续顶进，同时将第一节管节内挖出的泥土运走，直到第二节管节也全部压入土层，然后再把第三节管节接上顶进，如此循环重复。

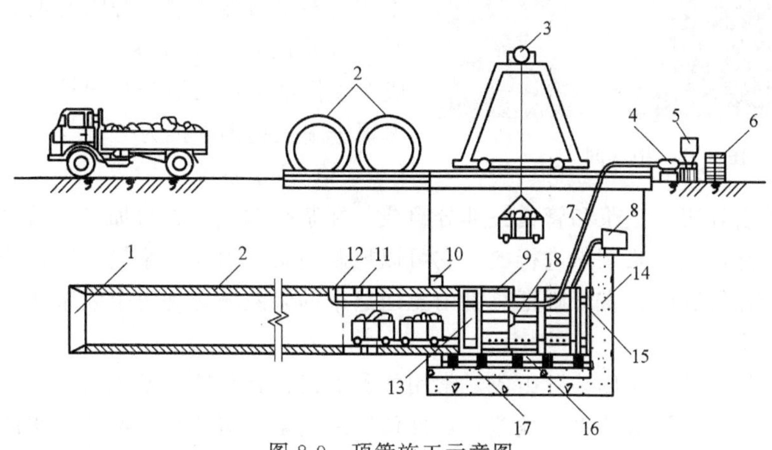

图 8-9 顶管施工示意图

1—工具管刃口；2—管子；3—起重桁车；4—泥浆泵；5—泥浆搅拌机；6—膨润土；7—注浆管；8—液压泵；9—定向顶铁；10—洞口止水圈；11—中继接力环和液压千斤顶；12—注浆孔；13—环形顶铁；14—顶力支撑墙；15—承压钢板；16—导轨；17—底板；18—后千斤顶

1. 顶管施工技术的构成

完整的顶管施工大体包括工作井、推进系统、注浆系统、纠偏系统和辅助系统5个部分。

(1) 工作井

在本书第4.3.3小节中介绍了工作井分为顶管工作井和接收工作井，通常管节从顶管工作井中一节节推进，到接收工作井中把顶管机吊起，当首节管进入接收工作井时，整个顶管工程才结束。工作井中通常需要设置各种配套装置，包括扶梯、集水井、工作平台、洞口止水圈、后背墙、基础与导轨。

(2) 推进系统

推进系统主要由主顶装置、顶铁、顶管机、中继间组成。

1) 主顶装置主要由主顶油缸、主顶液压泵站、操作系统以及油管组成。

2) 顶铁是顶进过程中的传力构件，起到传递顶力并扩大管节端面承压面积的作用，一般由钢板焊接而成。顶铁由O形顶铁和U形顶铁组成。O形顶铁是直接与管廊结构接触的构件，通过该构件可以将主顶油缸的顶力全断面地传递到管廊结构上，用以扩大管廊的承载面积；U形顶铁是O形顶铁与主顶油缸之间的垫块，用以弥补主顶油缸行程的不足。

3) 顶管机是在一个护盾的保护下，采用手掘、机械或水力破碎的方法来完成隧道开挖的机器。顶管机安放在所顶管节的最前端，主要功能：一是开挖正面的土体，同时保证正面水土压力的稳定；二是通过纠偏装置控制顶管机的姿态，确保管节按照设计的轴线方向顶进。

图8-10 中继间

4) 中继间是长距离顶管中不可缺少的设备（见图8-10）。本书第4.2.3小节中介绍了顶管顶力的估算，当估算总顶力大于管节允许顶力设计值或工作井允许顶力设计值时，应设置中继间。中继间安装在顶进管线的某些部位，把这段顶进管道分成若干个推进区间。它主要由多个顶推油缸、特殊的钢制外壳、前后两个特殊的顶进管节和均压环、密封件等组成，顶推油缸均匀地分布于外保护壳内，为接力顶进施工提供顶推力。

(3) 注浆系统

注浆系统由拌浆、注浆和管道三部分组成。拌浆是把注浆材料加水以后再搅拌成所需的浆液；注浆是通过注浆泵来进行的，它可以控制注浆压力和注浆量；管道分为总管和支管，总管安装在管廊内，支管则把总管内压送过来的浆液输送到每个注浆孔。

(4) 纠偏系统

主要由测量设备和纠偏装置组成。常用的测量设备就是置于基坑后部的经纬仪和水准仪。经纬仪用来测量管道的水平偏差，水准仪用来测量管道的垂直偏差。纠偏装置是纠正顶进姿态偏差的设备，主要包括纠偏油缸、纠偏液压动力机组和控制台。

(5) 辅助系统

辅助系统主要由输土设备、起吊设备、供电照明、通风换气、辅助施工组成。

1）输土设备的主要作用是将顶进过程中排出的土体从管廊内运走。输土设备因顶进方式的不同而不同。

2）起吊设备一般分为龙门吊和吊车两类，其中，最常用的是龙门吊，它操作简单、工作可靠，不同口径的管节应配不同起重量的龙门吊。汽车式起重机和履带式起重机是其他常用的地面起吊设备。

3）供电照明。顶管中的施工供电方式有低压供电和高压供电。目前普遍采用的供电方式是低压供电，但是在口径比较大而且顶管距离又比较长的情况下也有采用高压供电。高压供电危险性大，要做好用电安全工作。照明通常采用低压供电。

4）通风换气是长距离顶管中不可缺少的一环，否则可能发生缺氧或气体中毒的现象。顶管中的通风应采用专门的轴流风机或者鼓风机。通过通风管将新鲜的空气送到顶管机内，把浑浊的空气排出管廊。除此之外，还应对管廊内的有毒有害气体进行定时的检测。

5）顶管施工离不开一些辅助的施工方法。常用的辅助施工方法有井点降水、高压旋喷、压密注浆、双液注浆、搅拌桩、冻结法等。

2. 顶管机的选择

顶管施工成败的关键在于顶管机的选择。维持开挖面稳定是顶管机的重要性能，根据顶管机维持开挖面稳定的性能，将顶管机分为敞开式和平衡式。地下水位以上的顶管可采用敞开式顶管机；地下水位以下的顶管应采用具有平衡功能的顶管机。

敞开式顶管机有机械式顶管机、挤压式顶管机、人工挖掘顶管机。

机械式顶管机：采用机械掘进的顶管机，可用于岩层、硬土层和整体性较好的土层。

挤压式顶管机：依靠顶力挤压出土的顶管机，可用于流塑性土层。

人工挖掘顶管机：采用手持工具开挖的顶管机，可用于地基强度较高的土层。

平衡式顶管机有土压平衡式顶管机、泥水平衡式顶管机、气压平衡式顶管机。

土压平衡式顶管机：通过调节出泥舱的土压力稳定开挖面，弃土可从出泥舱排出的顶管机，可用于淤泥和流塑性黏性土。

泥水平衡式顶管机：通过调节出泥舱的泥水压力稳定开挖面，弃土以泥水方式排出顶管机，可用于粉质土和渗透系数较小的砂土。

气压平衡式顶管机：通过调节出泥舱的气压稳定开挖面，弃土以泥水方式排出的顶管机，可用于有地下障碍物的复杂土层。

常用顶管机的类型及其特点见表 8-9。

常用顶管机类型及其特点 **表 8-9**

类型		定义	优点	缺点
1	敞开式顶管机	顶管机管端敞开，采用挖掘方式出泥	结构简单，机头加工简便，造价低	遇到流砂层时难以稳定开挖面土体，沉降较大
2	泥水平衡式顶管机	通过调节出泥舱的泥水压力稳定开挖面，弃土的泥浆用管子排出	地表变形小，适应连续顶进、长距离顶进，施工效率高	弃土泥浆外运费用高
3	土压平衡式顶管机	通过调节出泥舱的土压力稳定开挖面，弃土直接从出泥舱排出	地表变形小，对环境污染小，适用土层多	目前难以实现连续顶进
4	气压平衡式顶管机	通过调节出泥舱的气压稳定开挖面，弃土以泥水形式用管道排出	性能可靠，排除障碍能力强	成本相对较高，效率相对较低

顶管机选择应根据管道穿越土层的物理力学特性、有无地下水、是否存在有毒气体、地下障碍物情况和需要保护的建（构）筑物等因素，按表 8-10 经技术经济比较后确定。

顶管机选型参考表 **表 8-10**

地层		敞开式顶管机			平衡式顶管机		
		机械式顶管机	挤压式顶管机	人工挖掘顶管机	土压平衡式顶管机	泥水平衡式顶管机	气压平衡式顶管机
无地下水	胶结土层、强风化岩	○					
	稳定土层	○		△			
	松散土层	△	△	○			
地下水位以下地层	淤泥 $f_d > 30$kPa		△		○	△	△
	黏性土含水量＞30％		○		○	△	△
	粉性土含水量＜30％				△	○	△
	粉性土				△	○	△
	砂土 $k < 10^{-4}$ cm/s					○	○
	砂土 $k < 10^{-4} \sim 10^{-3}$ cm/s					△	○
	砂砾 $k < 10^{-3} \sim 10^{-2}$ cm/s					△	△
	含障碍物						△

注：○—首选机型；△—可选机型；空格—不宜选用。

顶进土层单一时宜选用表 8-10 中的“首选机型”；在复杂土层中顶进时，应根据可能有的土层选择“可选机型”或“首选机型”，适合复杂地层的顶管机早期常用的是气压平衡式顶管机，现在趋向于泥水平衡式顶管机。对于含砾石的地层，可选用具有相应破碎能力的泥水平衡式顶管机。地面沉降有严格要求时，应选择对正面阻力有精确计量装置的平衡式顶管机。

3. 减小地面沉降的措施

地面沉降是由于顶管法施工而引起管廊周围土体的松动和沉陷。受其影响顶进管廊附近地区的基础构筑物将产生变形、沉降，以致使构筑物技能遭受破损或破坏。产生地面沉降最主要的原因是顶管法施工而引起的地层损失和受扰动后的土体的再固结。所谓地层损失是指顶管施工中实际开挖的土体体积与竣工管廊体积之差，管廊周围土体在弥补地层损失中发生地层移动，引起地面沉降。固结沉降是由于顶管推进过程中的挤压、超挖及注浆对地层产生扰动，使管廊周围产生超孔隙水压力，从而引起的地层沉降。

顶管施工引起的地面沉降使周边建筑物受到不同程度的影响，因此，在施工过程中，应当注意对现有建筑物进行保护。完全控制地表变形是不可能的，但施工前对地质环境进行周密调查，选择合理的施工方案，施工操作得当，那么就可以把地表变形的幅度控制在最小的限度内。

地面沉降应满足下列规定要求：

（1）顶管造成的地面沉降不应造成道路开裂、大堤及地下设施损坏和渗水。

（2）顶管造成的地面沉降量不应超过如下规定：

1）土堤小于或等于 30mm；

2）公路小于或等于 20mm；

3）顶管穿越铁路、地铁及其他对沉降敏感的地下设施时，累计沉降量尚应复核国家相关的规定。

针对顶管施工引起的地面沉降，顶管施工中应采用事前控制、事中控制、地基加固的方式以有效控制地面沉降的范围及沉降量。

（1）事前控制

针对不同的土质、不同的施工条件选用不同的顶管施工工具和施工方法，是顶管掘进前控制地面变形的重点。事前控制主要根据地质条件、地下水情况、施工场地、施工环境影响等，选用对地层扰动较小的较为合理的顶管机和施工方法。此外，应根据地质条件、施工场地、施工环境选择合理的顶管路线。

（2）事中控制

顶管掘进过程中应尽量保证顶管的最佳推进状态。所谓最佳推进状态，是指顶管过程中参数的优化及匹配，具体表现为推进中对周围地层及地面的影响最小。开挖面土压力、推进速度、同步注浆、纠偏等参数的优化组合，是减小顶管推进引起的地层变形的关键。事中控制的具体内容如下：

1）控制开挖面的土压力

保持开挖面的土压力平衡可以减少开挖面土体的坍塌、变形、土体损失等。控制开挖面土压力可以控制地表隆陷。理论上如果顶管机提供的压力和静止土压力相当，则周围土体受到的扰动就很小，地面也就不会出现较大的变形；另一方面，控制开挖面土压力可以保持开挖面的稳定。为维持开挖面的稳定，通常要在顶管前方形成一定的压力，来平衡土体的水平侧向压力。顶管机提供的压力应合适，如压力过大则会造成地面隆起，压力过小则会造成土体坍塌。

2）控制推进速度

推进速度的选择是为了保证土体不被过量挤压，因为过量的挤压必定会增加地层的扰动。如果推进速度过快，密封舱内土体来不及排出，会造成土压失稳。

3）管外壁完整泥浆套的建立

完整泥浆套的建立可以避免管外壁产生背土现象，从而有效控制地面沉降的发生。在顶管掘进过程中，应当以适当的压力、必要的数量和合理配比的压浆工艺，在管道背面的环形建筑空隙中进行同步注浆和补浆，既能减小摩擦阻力，又能起到控制或减小地面沉降的作用。实际施工中，应根据土质情况以及土壤含水量的大小来决定注浆措施、注浆时间以及注浆位置。同时，浆液的成分对注浆效果也有很大的影响，选择浆液前，应对场地周围地下水水质情况进行检验，再对浆液进行选择。值得注意的是，减小减阻泥浆套的厚度可以控制地面沉降。

4）及时纠偏

顶管在土层中推进，由于各种人为或客观因素的存在，必然会使顶管的姿态发生变化。及时解决顶管发生的偏移、偏转和俯仰等偏向问题能有效控制地面沉降。需要注意的是，一次纠偏量不能过大，否则可能造成超挖，影响周围土体的稳定，所以要做到“勤测勤纠”。

（3）地基加固

地基加固是保护地下管线和地面建筑物的一种最有效的措施。由于地面沉降产生的主要原因是土体损失，因此，正确地选用各种地基加固方法，就能使地层扰动趋势减小，颗粒土被粘结，孔隙被填充，土体稳定程度增强，从而达到减小地面沉降的目的。此外，顶管结束后应采用水泥砂浆加固减阻泥浆。

4. 施工监测

顶管法施工是非开挖作业，施工中必须保障地面上相关建筑和设施的安全，施工方案中应有监测点布置和监测方案的内容，由于监测对象的重要性可能有所不同，监测内容应相应变化。施工监测的范围应包括地面以上和地面以下两大部分。地面以上应监测地面沉降和地面建筑物的沉降、位移和损坏。地面以下应监测顶管扰动范围内的地下构筑物、各种地下管线的沉降、水平位移及漏水、漏气。监测的主要要点如下：

(1) 施工监测的重点应放在邻近建（构）筑物、堤岸及可能引起严重后果的地下管线及其他重要设施；

(2) 在设置监测点时，应避开各种可能对其产生影响的因素，以确保不被破坏；

(3) 观测裂缝应记录地面和结构裂缝的生成时间、裂缝的长度及宽度发展状况；

(4) 所有监测点必须在顶管施工开始前进行埋设、布置；

(5) 监测点应定时测定，测定数据应保持连续、真实、可靠。

地面沉降监测是整个施工监测中最主要的内容之一，当地面沉降监测数据达到沉降限值的70%时，应及时报警并启动应急事故处理预案。

第9章　BIM技术在综合管廊工程中的应用

9.1　综合管廊BIM技术简介

建筑信息模型（Building Information Modeling，BIM）是以建筑工程项目的各项相关信息数据为基础，通过数字信息仿真模拟建筑物所具有的真实信息，以三维建筑几何模型为载体，以信息流通为手段，实现工程监理、物业管理、设备管理、数字化加工、工程化管理等功能。

2006—2008年国内建筑业开始关注BIM概念；2009—2012年，设计类BIM软件开始推行，一些地标建筑项目开始尝试BIM的基础应用；2013年以后，BIM的应用从设计阶段逐步向施工阶段过渡，各方开始探寻BIM对施工的指导意义，进入所谓的BIM 2.0阶段；最近几年BIM技术逐渐拓展到运维阶段，也就是BIM 3.0阶段；在此过程中，我国也从2010年开始推广BIM技术，住房和城乡建设部2015年6月发布的《关于推进建筑信息模型应用的指导意见》明确提出了BIM在建筑业的发展目标。

随着时代的发展，BIM技术及软件日趋成熟，BIM技术在国内各大工程中都得到了较好地应用。综合管廊工程是集多专业设施设备及管线于一体的集约化工程，BIM在综合管廊的设计、施工及运维阶段都发挥了其多方面的优势。在管廊设计阶段，BIM模型的可视化属性丰富了设计成果展示，设计过程进行碰撞检查，避免冲突进入下一阶段；在施工阶段，BIM可以完成管廊构件及设备的工程量统计，实现材料采购无误差，同时BIM模型还实现了施工阶段的5D显示，满足施工对进度及成本的要求；在运维阶段，通过BIM模型实现管廊材料、设备的物联管理和监视预警。以下分别从设计、施工和运维阶段的BIM技术应用进行阐述。

9.2　综合管廊设计阶段BIM软件应用

综合管廊空间狭小且容纳多类型管道系统，如管道、支吊架、支墩、人员通行及材料运输通道、楼梯、排水、照明及供电等，如采用传统二维设计模式可能导致在施工阶段才发现设计方面存在的问题，造成工期延长、时间和工程造价的浪费和增加。采用BIM方式来进行设计，通过三维碰撞检查，可以使管道支吊架、支墩、阀门等布置更合理；通过三维碰撞检查，可以使管道出线、管道交叉、管线分支连接更优化；通过各专业协同BIM模型，及时发现专业间矛盾并进行化解，提升整体质量和效率；通过BIM模型，自动生成平面、剖面、材料表等图纸，实现BIM模型和工程图纸之间的联动更新机制，大大提高工作效率，减少图纸错误。

综合管廊设计，按照工作内容可以分为管廊工艺设计、管廊机电设计、管廊结构设计、管廊管道设计，多项设计内容相互影响，需要在设计过程中互为参照、相互协同，如图 9-1 所示。本章采用鸿业公司 BIM 设计软件作案例展示。

9.2.1 管廊工艺设计

BIM 管廊工艺设计包含标准横断面设计、管廊主体设计、管廊综合井设计。

1. 标准横断面设计

标准横断面设计，虽为二维设计过程，也可引入 BIM 正向设计理念。如图 9-2 所示，标准横断面设计时，通过规范检查，校核管道、支吊架、支墩、舱室土建部分等相互之间的净距是否满足规范的要求，减少后续的修改工作。

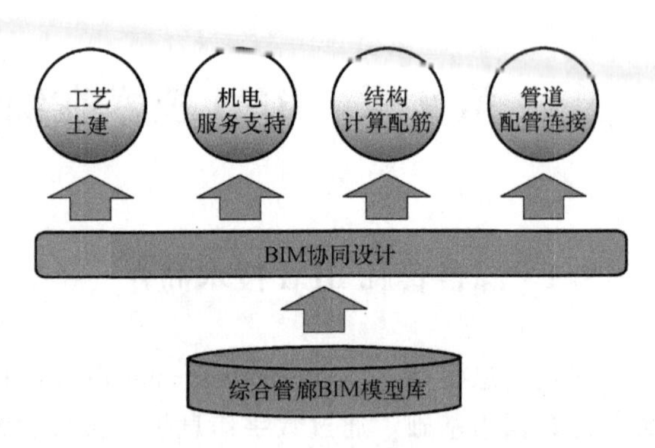

图 9-1　综合管廊 BIM 模型设计流程图

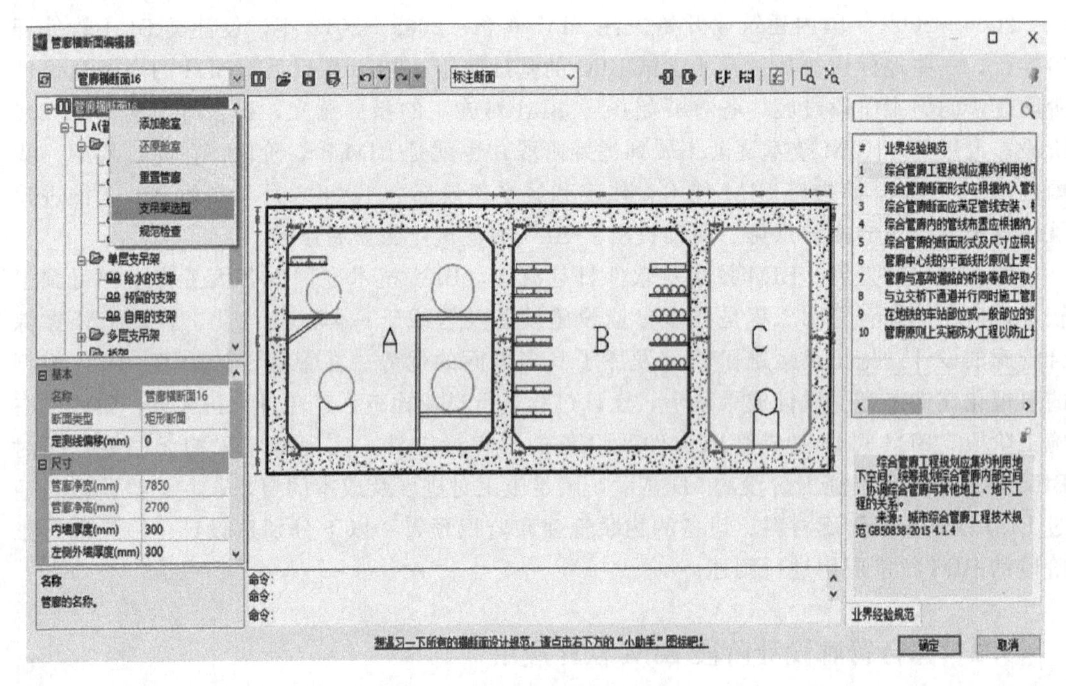

图 9-2　管廊横断面布置图

在管廊标准段设计中，消防、照明、监控、疏散等机电相关内容按照规范和经验规律进行设置。通过在标准横断面中建立相关信息，除了满足标准横断面出图要求以外，为平面设计中快速布置机电相关内容提供条件，机电相关设置界面如图 9-3 所示。

2. 平面设计

管廊的平面设计要结合道路板块、立交或高架的地下部分、周边的建（构）筑物、地铁、直埋管道等确定。为便于确定管廊的路由并判断是否与其他建（构）筑物等产生界限冲突，采用二三维一体化的方式，在得到管廊平面图的同时，也得到了管廊的 BIM 模型。

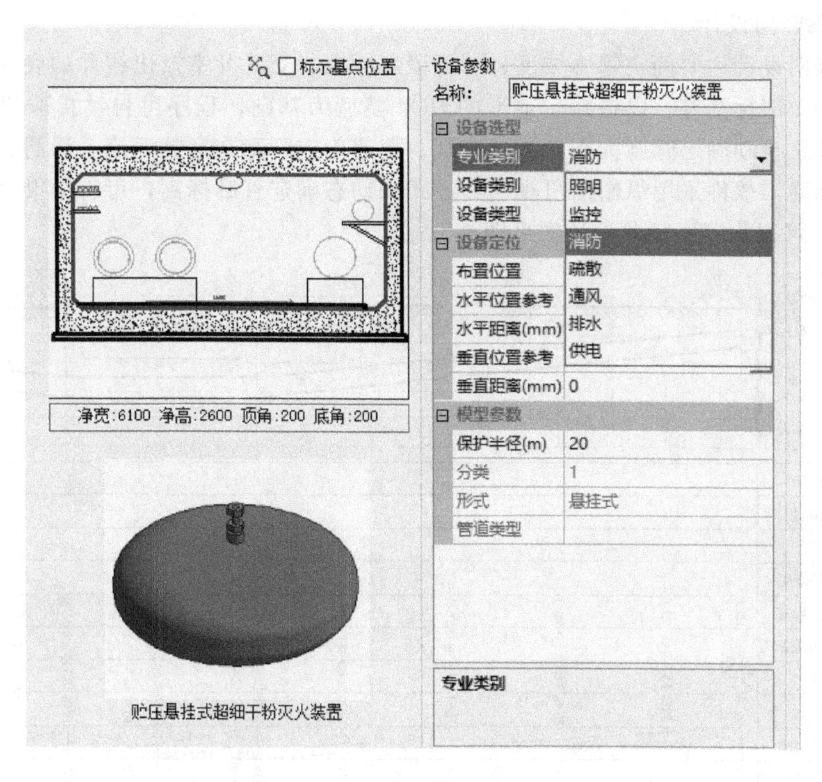

图 9-3 管廊标准段附属物布置

管廊平面图的确定与二维设计方式基本相同，管廊中心线基本平行于道路中心线，并注意避让道路平面中的控制节点，完成的管廊平面图见图 9-4。

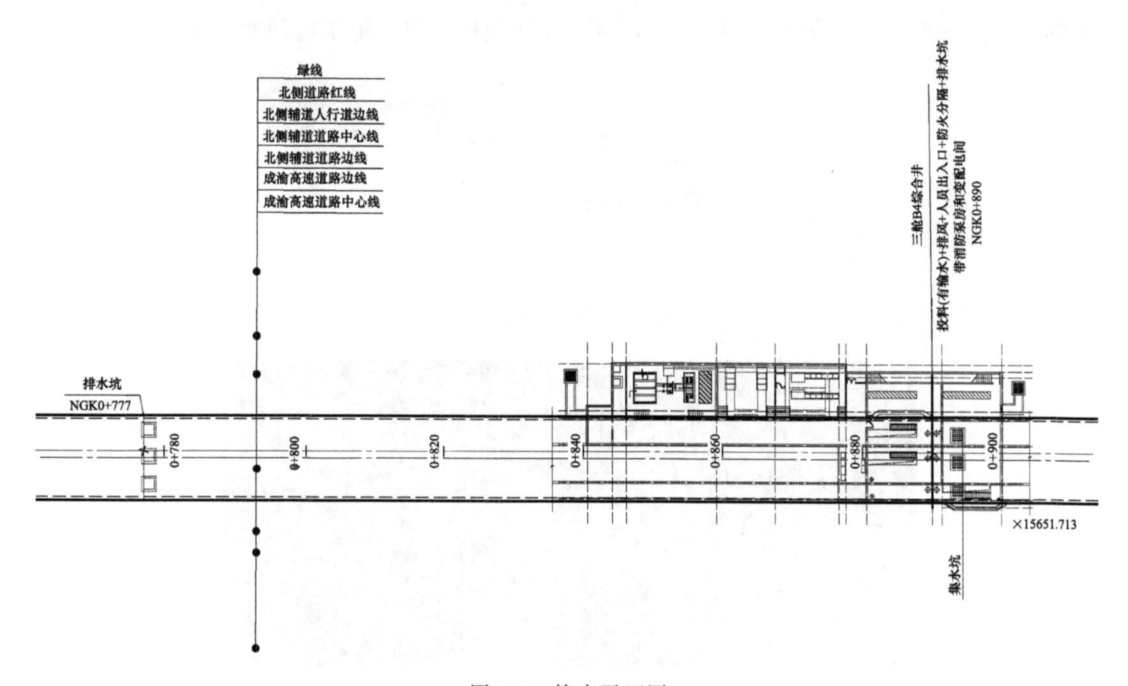

图 9-4 管廊平面图

3. 管廊竖向设计

管廊竖向设计主要确定管廊坡度、管廊段底标高、交叉井室及出线井的底标高和顶标高、附属物顶部标高等。以道路、地形的 BIM 模型为基础，程序可自动提取相关地形标高，按照覆土自动确定管廊标高。为了直观、快速确定管廊在穿越河流、涵洞、直埋管道等场所的标高，软件采用纵断面可视化的方式来动态确定管廊标高，可将结果自动更新到 BIM 模型，可视化管廊竖向设计图见图 9-5。

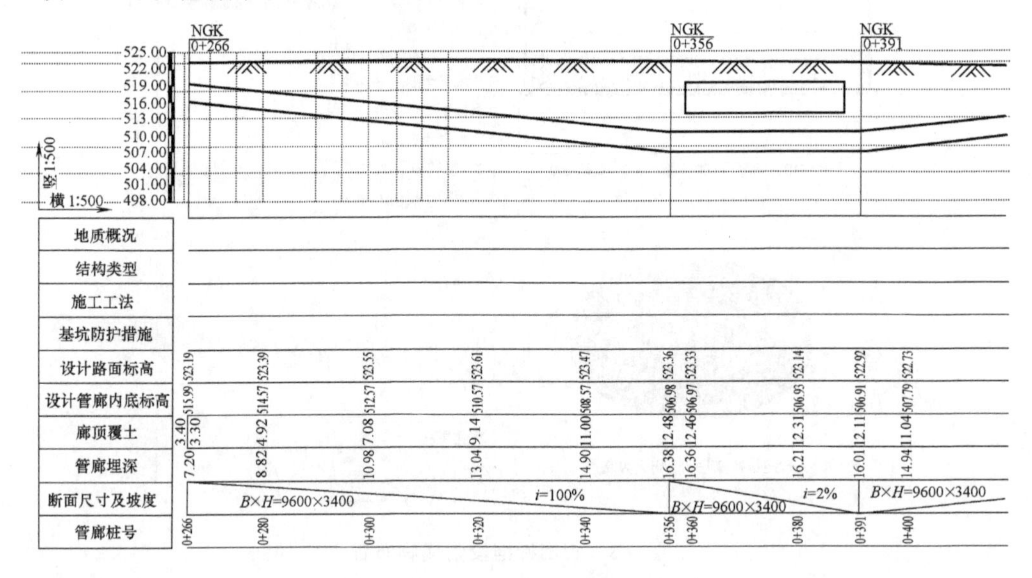

图 9-5　管廊竖向设计图

整体 BIM 模型也可通过查看的方式，发现及修改管廊与道路、涵洞、桥台、建（构）筑物的空间冲突处（见图 9-6、图 9-7），减少设计变更，节省施工时间和成本。

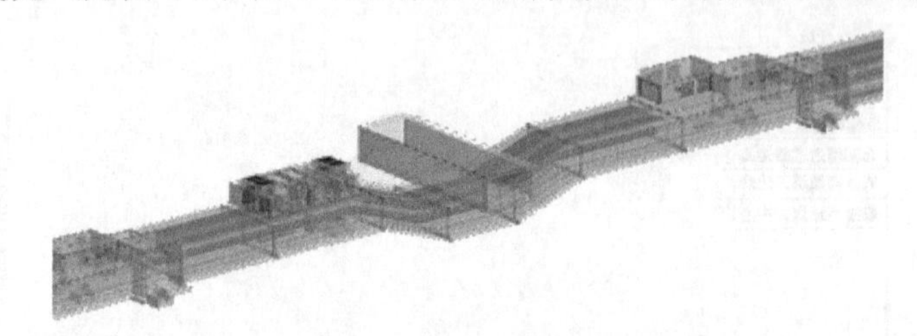

图 9-6　管廊避让涵洞

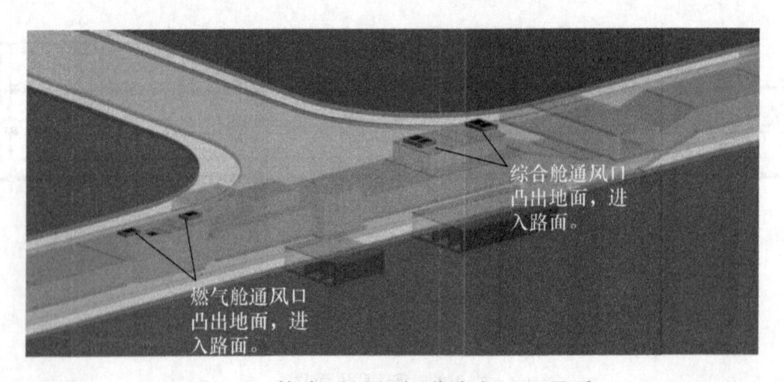

图 9-7　管廊通风口与道路交叉口矛盾

4. 综合井及附属物设计

综合井的建模采用建筑行业常规方式，通过绘制综合井各层平面图来生成综合井模型。调用BIM软件内置的机电模型在综合井模型中进行各附属物布置，对各附属物进行定位。综合井平面图见图9-8，最终生成综合井BIM模型（见图9-9）。

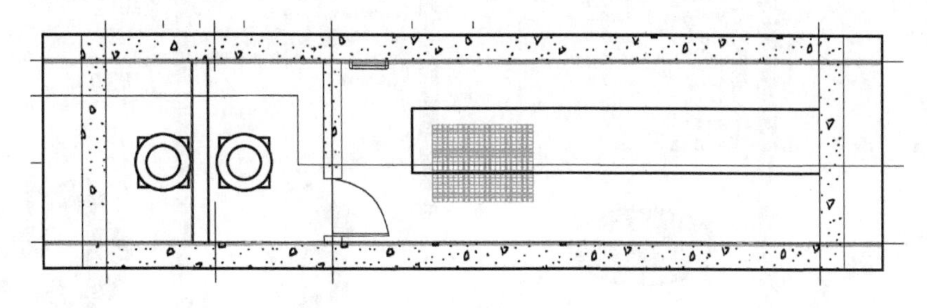

图9-8 综合井平面图

9.2.2 管廊机电设计

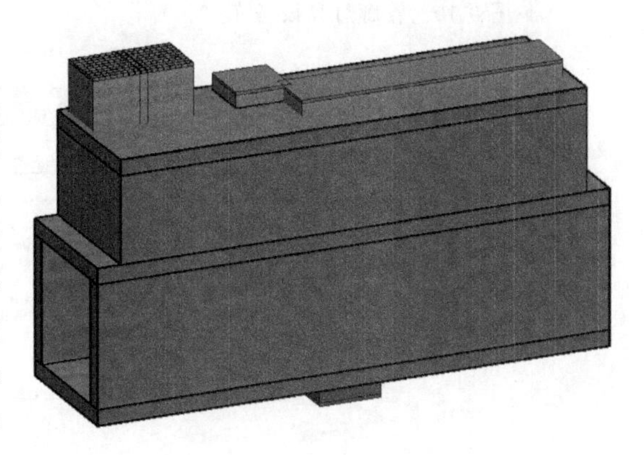

图9-9 综合井BIM模型

管廊是容纳城市管线系统的地下空间，除了土建部分外，要使管廊正常发挥它的功能，还需要配备照明、消防、通风、排水、供电、疏散等相关机电设施。因此，机电设施是管廊设计的重要组成部分，具有内容庞杂、BIM模型随管廊变化频繁调整、图面表示众多等特点。基于BIM的管廊机电设计，不仅需要精确确定机电设施自身的几何参数、性能参数，还需要精确定位。管廊的平面和竖向设计变动后，机电设施的同步移动将会带来巨大的工作量。软件系统通过专有功能，实现机电设施随管廊变化自动同步，大大提高了机电设计效率，避免了手动修改的错漏，提高了设计质量。

进行照明设备布设的时候，在满足规范的前提下，采用基于BIM信息设计的方式，不仅能对其位置和种类的选择进行优化，当需要使用BIM技术进行精细化设计的时候，还可以对其光源的光通量、光源功率、转换效率、镇流器功率等进行设置，为后续进行用电量的统计等功能提供实现条件，如图9-10所示。

在进行综合管廊设计的时候，借助于BIM技术，可对管廊中多种设备集体进行定义，如监控设备中各种摄像头、气体检测设备和温度、湿度检测设备。借助BIM技术也可自由快速参数化搭建模型的功能进行快速布置，如图9-11所示。

类似地，布置其他机电设备时，不论是消防，还是疏散（包括：壁装安全出口标志，地面安全出口标志，悬挂喇叭或扬声器等装置，以及供电设备中的各种联控开关），都可通过选取机电设备所在舱室，确定设备在舱室内的位置，通过连续设置布置间距的方式，快速建立整条管廊所需布设的设备，如图9-12所示。使用设备布线的方式为管廊中所设置的机电设备布置连接线，应用于BIM技术真实的模型。

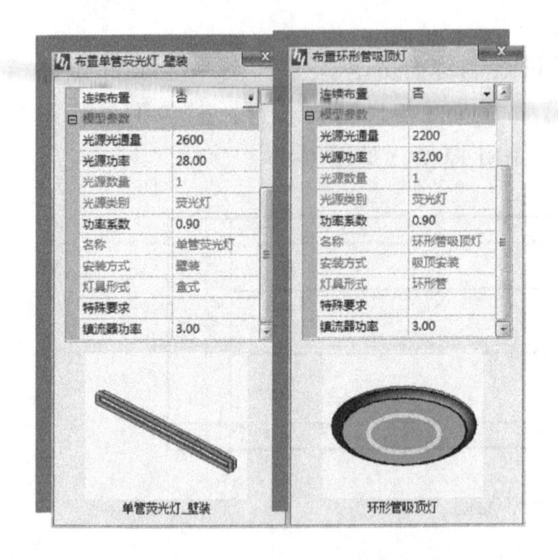

图 9-10　管廊灯具设备布置

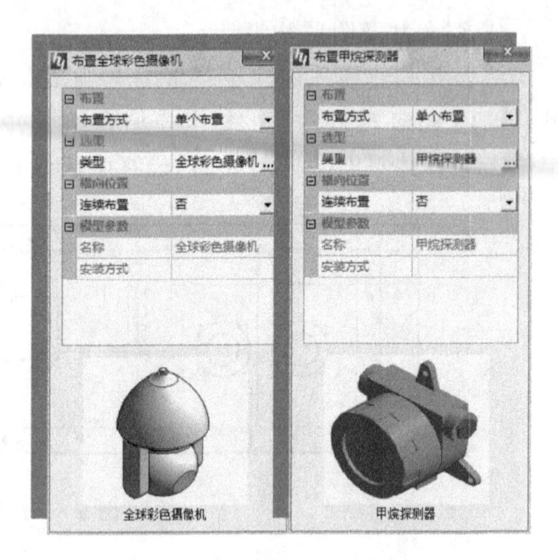

图 9-11　管廊机电设备布置

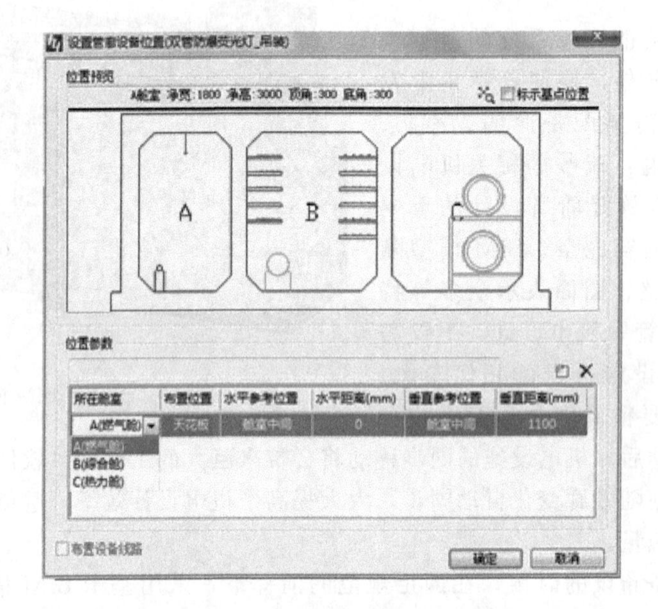

图 9-12　管廊机电设备位置布置

包含机电设备的管廊完整模型，可以在轻量化后模型合成平台中进行漫游展示，所有设备都包含完整的属性信息，并且能够反映出真实的空间位置关系。一方面解决了设计阶段的布置以及协同设计，另一方面也能方便地进行汇报展示；并且在后续施工安装阶段进行参照，还可以在运维阶段进行可视化管理，如图 9-13 所示。

9.2.3　管廊结构设计

综合管廊 BIM 模型搭建完成后，通过 BIM 软件的可扩展性，将管廊 BIM 模型链接到结构计算软件，对管廊进行结构设计验算。此结构设计流程避免了传统设计过程中结构专业识读工艺专业图纸出现的误差和理解错误。

图 9-13　在 BIM 平台中展示机电设备

1. BIM 结构模型创建

基于 BIM 技术的综合管廊设计中，结构体的设计是关键，因此，如何将创建好的 BIM 模型数据传递给结构专业，以便用受力分析以及出结构施工图是管廊 BIM 模型的难点。

结构计算软件中需将构件几何模型简化为力学分析模型，从而实现荷载布置、受力分析、构件验算等。利用 BIM 的协同性特点，将各专业、各环节的数据及信息进行整合、集成及分析，将建筑模型导入结构计算软件，打破传统信息传递壁垒，改善交流沟通的环境，实现信息之间的共享，提高工作效率，降低因信息不对称而导致的错漏碰缺。从结构专业的角度来讲，建筑、桥梁和管廊结构的区别在于使用功能的不同以及产生的结构形式、荷载布置方式的差异。为各样式建构（筑）物的使用功能提供恰如其分的安全保障是结构专业的核心职责。

BIM 模型中的构件本身就具有各种信息属性，如构件尺寸、材料信息、起止点标高、管廊坡度等，这便为从建筑三维模型里提取结构计算所需的信息提供了基础。

以 Revit 平台为例，在 Revit 中创建管廊 BIM 模型，通过接口链接的方式将 BIM 模型导入到结构软件中进行结构计算分析，实现管廊 BIM 模型与结构计算软件的无缝对接。既吸取了 Revit 的 BIM 建模、跨专业协同优势，又可以实现结构计算分析，如图 9-14、图 9-15 所示。

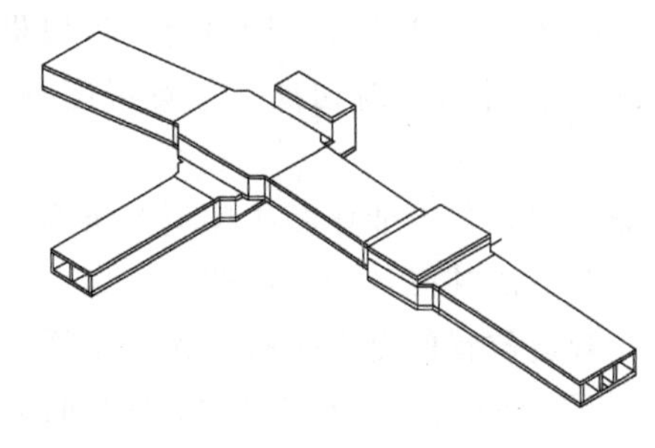

图 9-14　管廊 BIM 模型

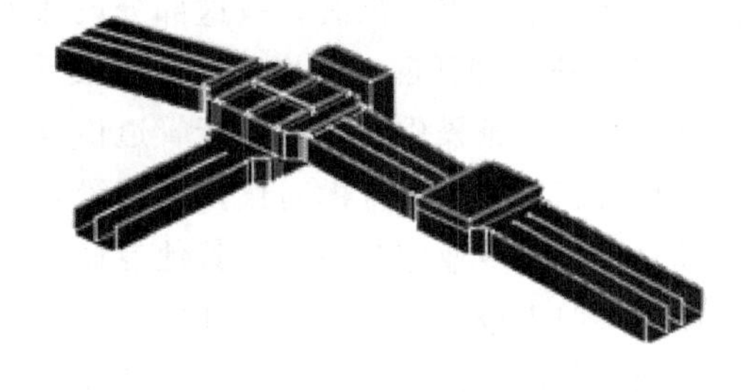

图 9-15　管廊结构计算模型

2. 结构计算分析

管廊的墙、板等构件组成空间结构，加之管廊可能具有坡度，为真实地反映结构的受力状态需整体考虑才能准确计算内力。在管廊结构计算分析中，将BIM模型导入转换为结构计算模型，通过划分单元、设定边界条件、定义参数等实现空间有限元求解计算。不同构件采用不同的结构模型单元，墙和板采用壳单元；梁、柱、锚杆和桩采用梁单元；板底土和墙侧土采用点弹簧单元；墙、柱、梁、板之间自动剖分和协调；交叉节点局部的墙板按斜墙和斜板计算分析。

3. 结构后处理

根据整体有限元所得计算分析结果，调整结构中不满足构造要求的部位。求得配筋结果后，根据配筋结果自动生成BIM钢筋模型（见图9-16）。以三舱室管廊标准段为例，在BIM模型中钢筋部分可以导出二维施工图，并为造价统计、施工、材料采购提供精准的钢筋信息。

9.2.4 管廊管道设计

管廊中容纳的专业管线是管廊的服务对象，是设计的重点之一。管廊内专业管道、支吊架、支墩等在管廊段的设计，在交叉口和分支口处的管线综合设计纷繁复杂，传统设计仅仅是依靠设计人员的经验来进行判断和躲避，采用BIM设计方式，直观、易懂，通过软件提供的碰撞检查可以在设计阶段发现并修改问题，有效降低管廊的建设周期和费用。

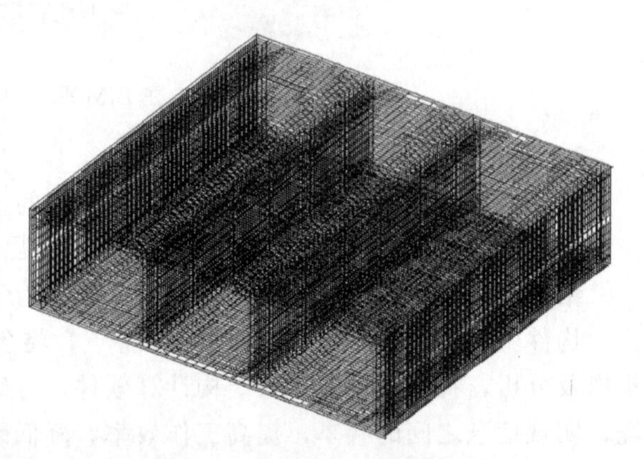

图9-16 三维BIM钢筋模型

放入管廊中的管道类型有给水、热力、燃气、电力、通信等，如何合理规划这些管道在横断面中的位置以及通过节点时管道应如何排布就成为必然要研究与考虑的问题。

首先，在进行管廊内管道横断面设计时，可以变相引入BIM观念，对管道间的净距、管道与管廊土建部分之间的净距、管道支墩及支吊架与管道之间的净距等，按照规范对净距进行检查，使管廊横断面中的管道布局更加合理，如图9-17所示。

其次，在管廊拓宽部位或管廊交叉部位，该处管道通常与管廊标准段不一致，出现左右偏移或者上下升降、出线，故这部分设计需要设计师进行手动调整。调整时，可以借用BIM技术优势，即开展三维中可视化的设计，该模式下设计可随时切换到任意视图查看，也可直接进行三维操作，便于进行管道检查，如图9-18所示。

进行管廊中管道设计的时候，由于管廊涉及专业较多，各专业作图顺序至关重要。传统模式是以某个专业作为主导，其他专业配合，主专业完成其设计后，后续专业以主专业图纸作为参照来进行本专业的设计内容，给出本专业管道位置的合理排布，无形中增加了许多中间环节，不仅浪费时间，还会增加信息传递过程中的误差。基于BIM模型的设计可使用BIM的协同设计来解决此类问题，如BIM设计常用到的Revit软件可进行多专业

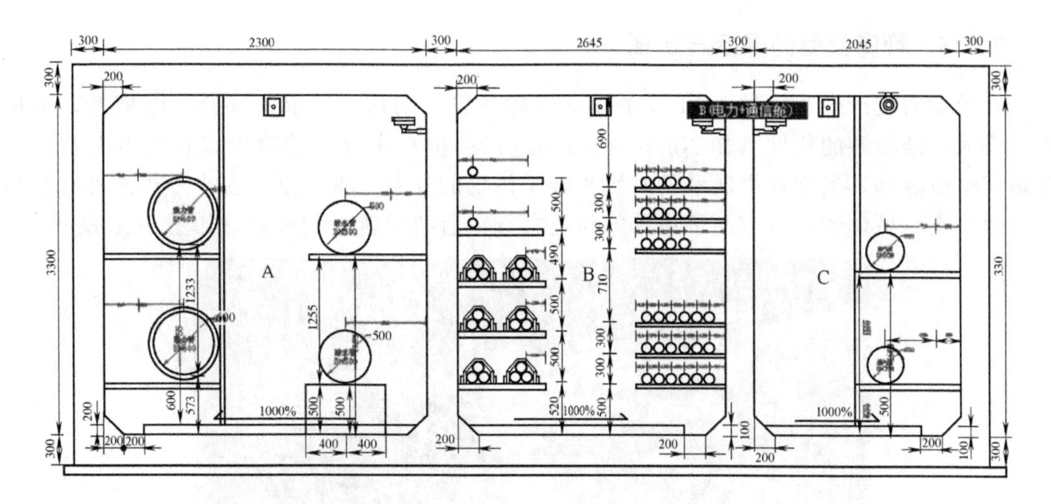

图 9-17　管廊管道位置布置图

协同设计。Revit 软件提供链接 Revit 模型与工作集协同设计两种不同的方式，其中工作集模式是一种数据级的实时双向协同设计模式，即工作组成员将设计内容及时同步到文件服务器上的项目中心文件，同时同步项目中心文件其他专业模型至本地文件进行设计参考，如图 9-19 所示。其目的是使各专业在同一时间对某项工程进行设计，

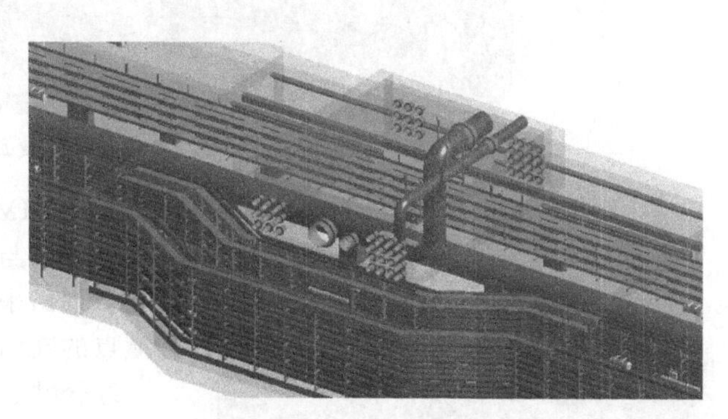

图 9-18　管廊管道模型

各专业设计时，模型可随时保持更新状态，当保存完模型后，在另一台电脑上链接之前模型就会自动发生修改，保持模型一致。BIM 技术中的协同设计，可以大大提高各专业进行综合设计的效率。

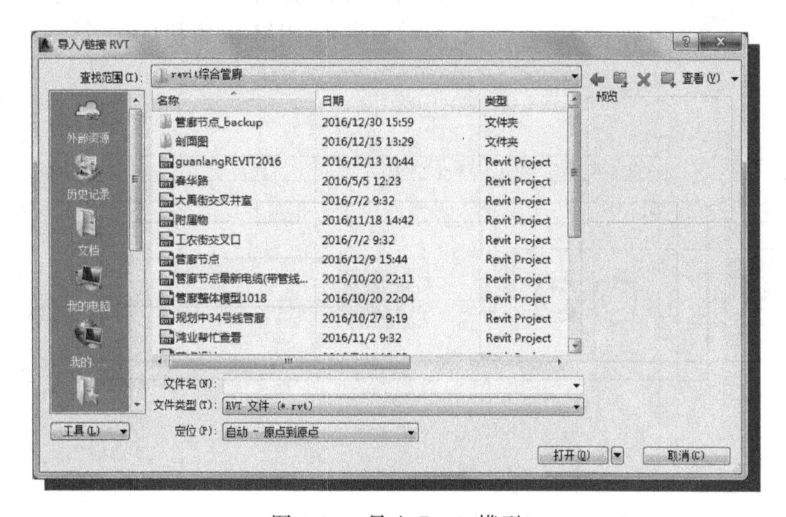

图 9-19　导入 Revit 模型

9.2.5 管廊模型的展示与出图

在后续的设计中，通过 BIM 技术建立管廊建筑、结构、管道的综合三维模型，可把模型导入三维漫游的软件（如 Navisworks）进行模拟真实效果的渲染以及虚拟人物真实视角三维漫游等，当为业主展示的时候相较于传统的复杂二维图纸，业主方对这种直观的三维效果更容易理解，也方便了设计师与业主方在后续问题上的沟通，如图 9-20 所示。

图 9-20 管廊三维漫游

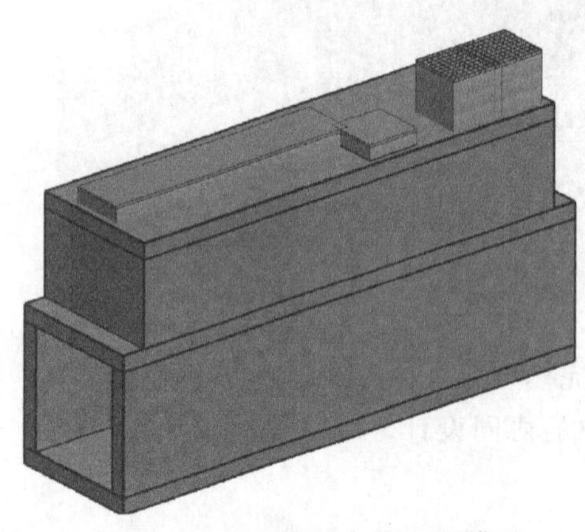

图 9-21 某管廊综合井 BIM 模型

应用 BIM 三维设计，结合施工模拟将管廊与管线、管廊与管廊的综合通过具有可逆性的施工模拟表现出来，较易发现碰撞点，根据需要反馈碰撞点的断面信息，便于理解沟通和实时修改。

综合井、交叉口、出线等位置由于管道关系复杂，通过 BIM 搭建的三维模型可以详尽地绘制出管线交叉避让关系图，采用局部剖面详图、平面详图生成二维图纸，可满足现阶段指导施工的要求。在平、剖面详图中对模型进行编辑调整可以实时反馈更新到 BIM 模型。图 9-21～图 9-24 为综合井的BIM模型和自动剖切详图。

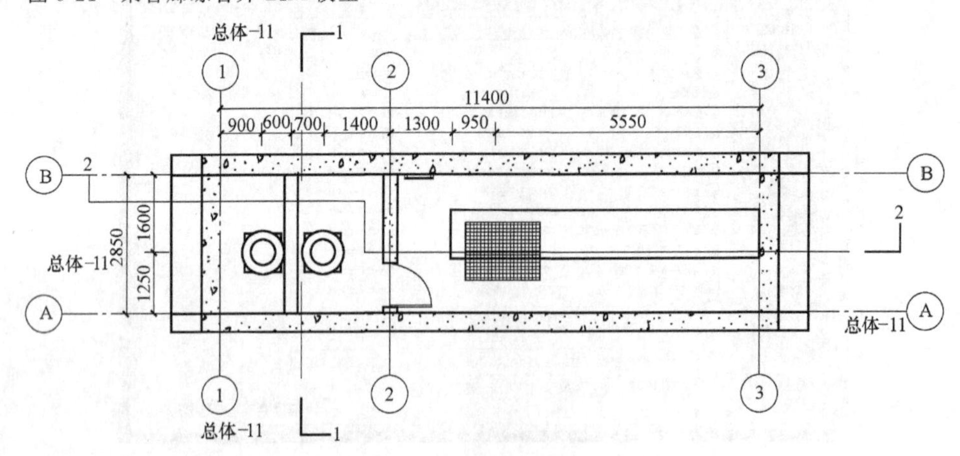

图 9-22 BIM 出图——管廊顶板层平面图（1：100）

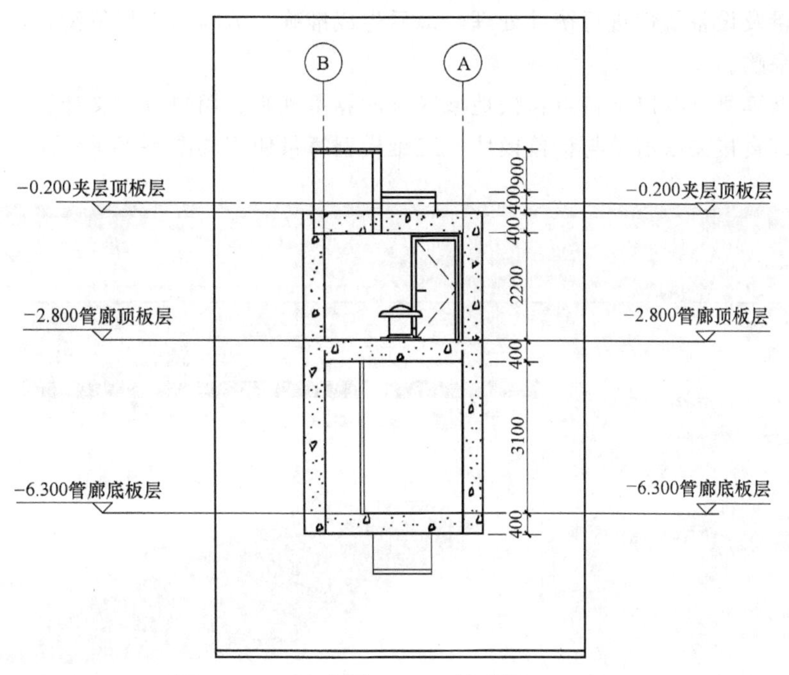

图 9-23　BIM 出图——1-1 剖面图（1∶100）

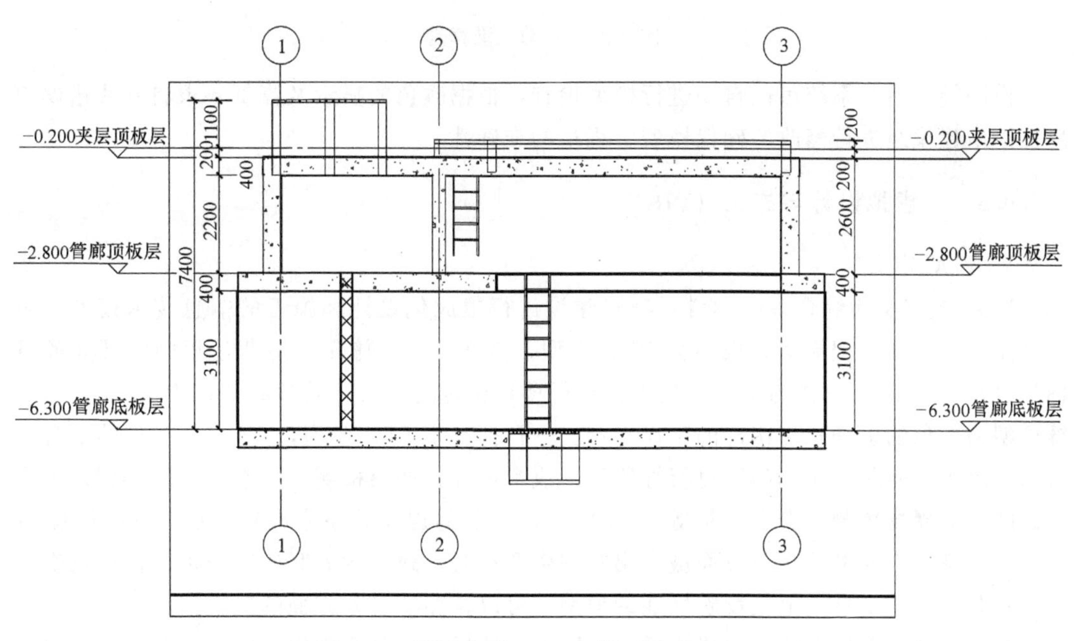

图 9-24　BIM 出图——2-2 剖面图（1∶100）

9.3　综合管廊施工阶段 BIM 软件应用

9.3.1　BIM 模型的工程量统计

施工单位运用设计阶段建立的三维模型与工程计量软件进行二次开发，将 BIM 模型中各项工程量及设备属性进行统计处理，最后生成准确、清晰的工程量清单，方便了施工单位的材料采购。

三维模型算量具有以下特点：按地域区分的算量规则、用户自定义计算公式、可追溯的算量明细、直接关联清单与计价模块。三维模型算量使用如图 9-25 所示。

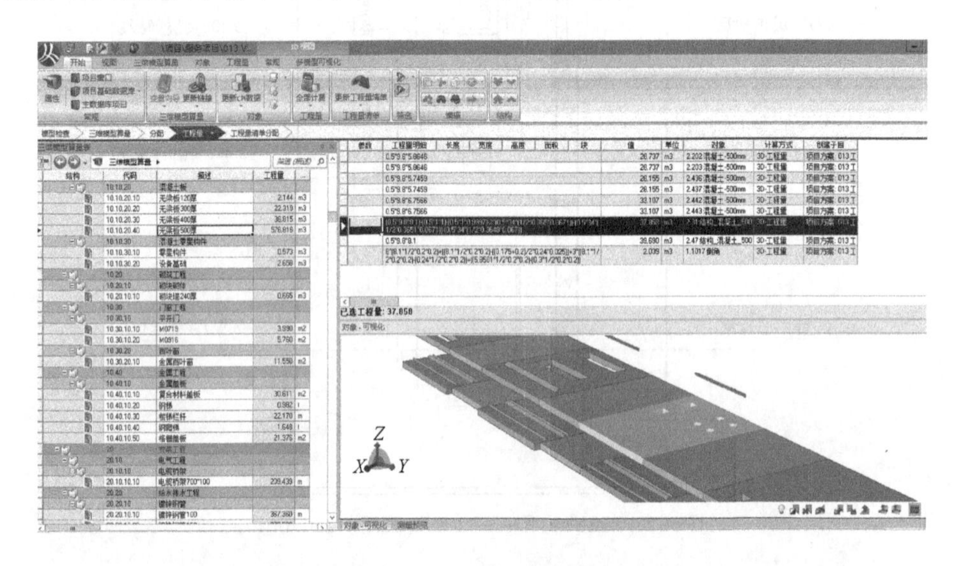

图 9-25　自动三维算量

模型导入后，系统可以自动进行模型检查，根据颜色的显示及算量要求将一些错误信息反馈给建模组进行修改，确保模型工程量的准确性。

9.3.2　虚拟设计与施工（VDC）

1. VDC 定义

VDC 被定义为综合多门学科对项目建设进行集成化设计和施工的信息技术模型，包括产品、组织和过程模型，也称为 POP 模型，是在设计—施工—运营过程中实现业务目标的过程。VDC 可以作为项目管理人员进行项目交付的工具，其核心是以 BIM 建立的三维模型为对象的多种软件构建的工作平台。一旦拥有了 BIM 模型，在这个 VDC 的平台上可以解决很多问题，比如施工可行性研究、成本估算、冲突检测、机水电环境协调、可视化调度、非现场预测、安全工程等。VDC 通过一定的逻辑关系集成在一起，并且数据可以进行共享，当模型的某一方面被突出并发生变动时，跟它相关联的特征都会自动发生变动，这些模型一定意义上是反映性能的模型，可以预测项目各方面的执行情况。

城市综合管廊模型建立完成之后，可以无缝地导入到预算软件之中，在预算软件中可以对城市综合管廊工程进行虚拟设计与施工（VDC）。

在城市综合管廊质量管理方面，由于 BIM 包含建筑构件和设备的大量信息，项目管理人员、材料设备采购部门和施工人员可以通过模型快速查询所需的建筑构件的信息（规格、尺寸、材质、价格），方便地检查施工材料是否符合设计要求，实现施工材料的质量控制。在技术质量管理方面，演练各专业之间的配合，以保证专项施工技术在实施过程中的可行性和可靠性，有效减少各工种冲突造成的质量损害。

2. VDC应用

随着虚拟可视化技术的推广，使得传统施工技术难以解决的复杂结构施工工艺的重难点问题得到了解决。虚拟施工技术利用虚拟现实技术构造了一个可视化的施工环境，将3D模型和进度计划、工程量以及造价等信息关联进行施工过程模拟。并且可以针对重点复杂区域的施工工艺进行模拟，检查施工方案中的不合理之处，最终确定最优施工方案，如图9-26所示。

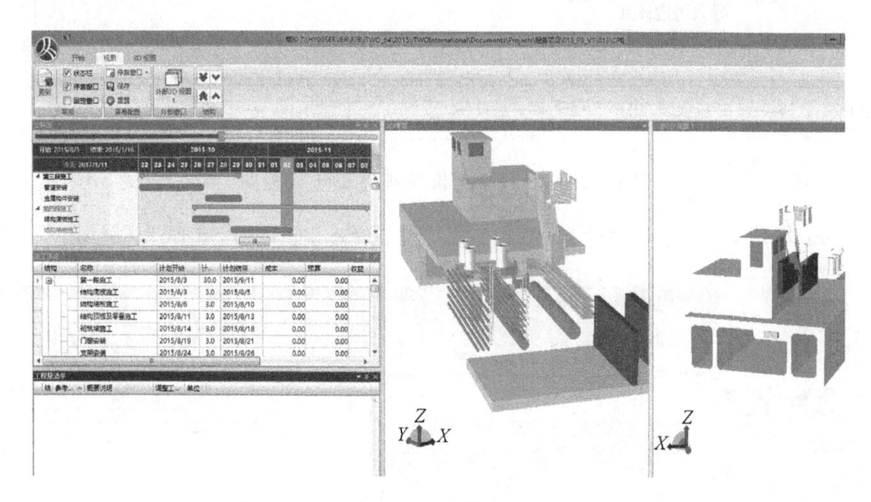

图9-26 虚拟施工

9.3.3 施工过程管理

1. 项目管理工作流程

在施工组织模块中，用户可将任一层级的计价子目/工程量清单子目与施工活动子目灵活地建立多对多、一对多、多对一的映射关系。这就满足了不同的合同需求，既可将计价按照进度计划的安排产生映射关系，也可将进度计划按照计价的需求完成映射关系。对应的成本与收入也会随着映射关系关联到施工组织模块中。用户在考核项目进度时，不仅可以如传统方式那样得到相关的报表分析、文字说明，还可以利用三维模型实现可视化的成本管控与进度管理，其中包括时间点与时间段等灵活考核方式。

在计价模块中可设置成施工组织模式进行管理，这就可以在施工组织中对关键材料、关键成本等信息实施管控。

若用户所采用的工程量是来自于三维模型的算量，则可在施工组织模块中生成五维(5D)模拟，即进度控制、成本控制与三维模型动态关联模拟。

用户在同一个项目方案中可建立多个施工组织文件，但其中仅有一个可与三维模型算量相关联。在开始施工之前，基于不同的施工计划方案建立不同的5D模拟，通过比较分析即可获得优化方案，进而节省在工程中的时间花费。

项目管理模块具体工作流程如图9-27所示。

2. 施工计划和5D模拟

施工计划和5D模拟可以帮助项目取得最优化的施工方案，能够达到清单层级细化的项目计划，并且可以与多种项目管理软件集成，例如可以与MS Project、Primavera、

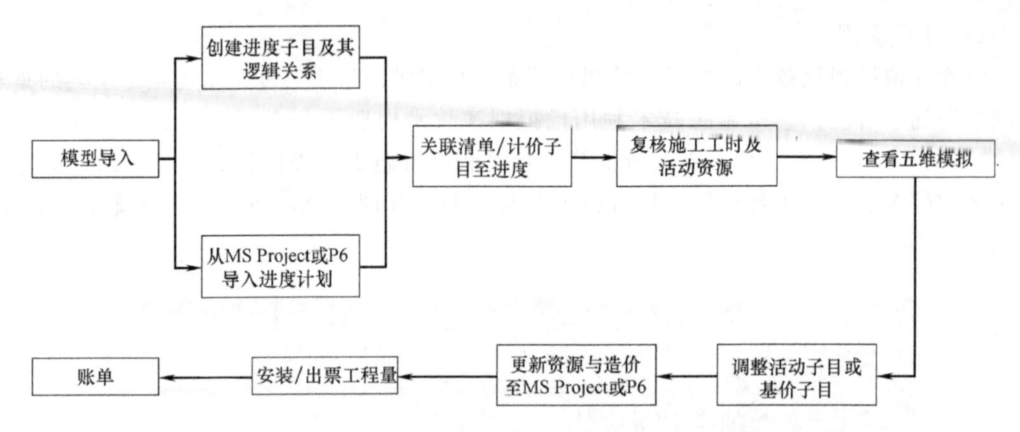

图 9-27 项目管理模块具体工作流程图

Power Project 集成，完成进度计划的导入和导出工作，如图 9-28 所示。

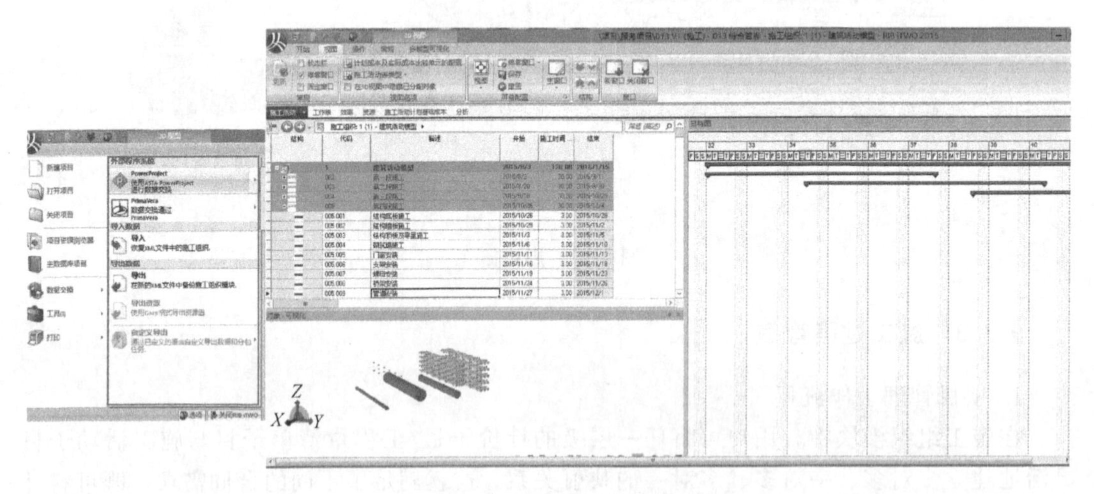

图 9-28 与项目管理软件集成

针对综合管廊模型进行 5D 模拟，在 3D 设计模型基础上集成建筑工程施工进度（Time）和成本（Cost）。利用 5D 技术，可以通过制定不同项目方案模拟，比较不同项目方案，自动进行财务分析对比，从而达到优化方案的目的。

3. 项目控制

在综合管廊项目实施过程中，软件可以帮助项目管理者实现项目可控，主要体现在以下几个方面：

（1）形象进度管理

通过录入实际项目进度，与进度计划进行比较，生成直观的项目状态报告。如图 9-29 所示。

（2）综合项目状况分析

实现综合模型、清单、预算、项目实际情况的三维可视化项目概览，对计划与实际工作进行可视化比较，如图 9-30 所示。

（3）自动链接预算子目，进行产值管理

通过链接项目进度和成本，实时追踪项目进度，掌握实际成本和完成数量，通过建立

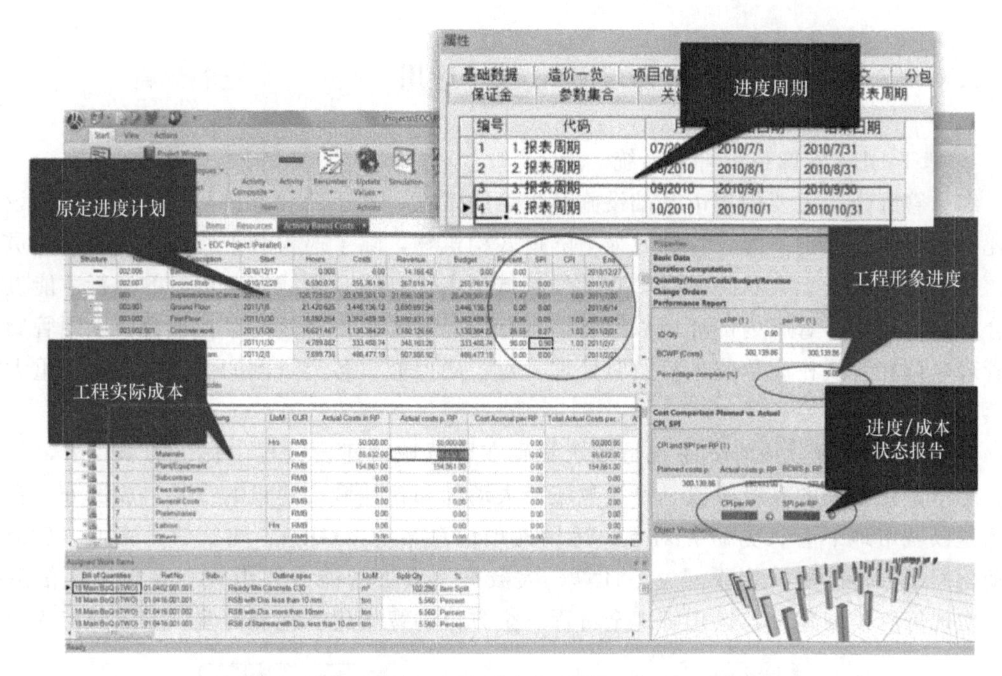

图 9-29　形象进度管理

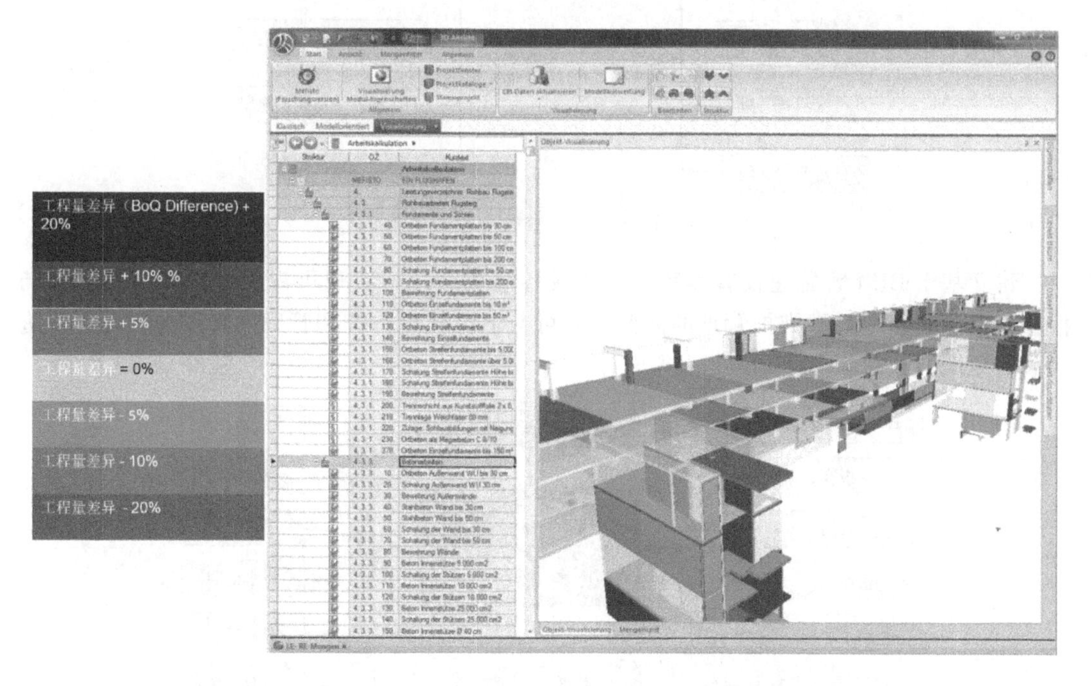

图 9-30　综合项目状况分析

记账阶段和插入完工程度模块，或者使用精确的工料估算，可以将实际成本和计划成本进行比较，计算进度绩效指数和成本绩效指数，并通知超支情况。并可根据模拟计算结果自动更新实际项目成本和利润。

9.4 综合管廊运维管理阶段 BIM 技术应用

1. 基于 BIM 管廊建设管养系统

综合管廊作为重要的城市基础设施及生命线工程，其运营和维护与传统市政基础设施相比有着很大的区别。综合管廊属地下隧道式构筑物，除了巡检和维修等工作时有人员进出，平常几乎处于无人状态，且管廊铺设有城市主干管线，管线安全可靠的运行才能发挥综合管廊的效用。管廊内部环境以及管道运行情况需要进行有效的监控预警，以便管廊运营管理单位和管线权属单位进行及时处理，对于确保城市各类资源的供应以及避免重大社会负面效应具有重要意义。

基于 BIM 管廊建设管养系统是传统管廊在智慧城市建设过程中提出的新要求，是数字管廊信息化发展的高级阶段，是智慧城市大动脉和智慧城市建设的重要组成部分。智慧管廊是以城市地下管廊为研究对象，运用地理信息系统（GIS）、建筑信息模型（BIM）、自动化控制、传感器、物联网、云计算、大数据、人工智能、知识管理等新一代信息技术，实现管廊规划建设与运营管理全过程、全方位的智慧化管理和运营。如图 9-31 所示。

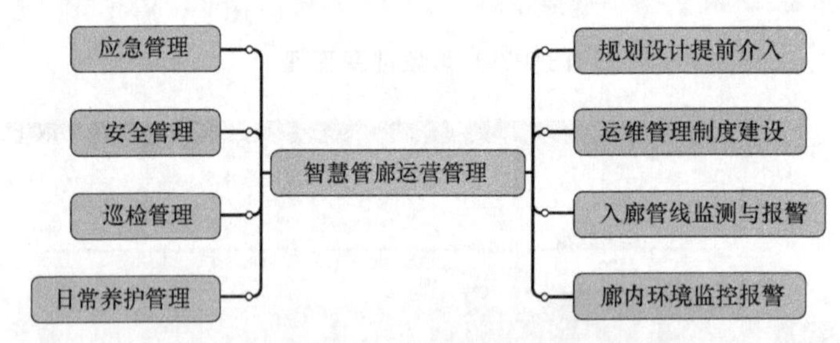

图 9-31　智慧管廊运营管理主要工作内容

建立基于 BIM 管廊建设管养系统，集成各组成系统，实现可视化管理，满足监控与报警、应急处理和日常维护管理的需要，并可与上级管理单位和管廊内管线的权属单位进行数据交换，如图 9-32 所示。

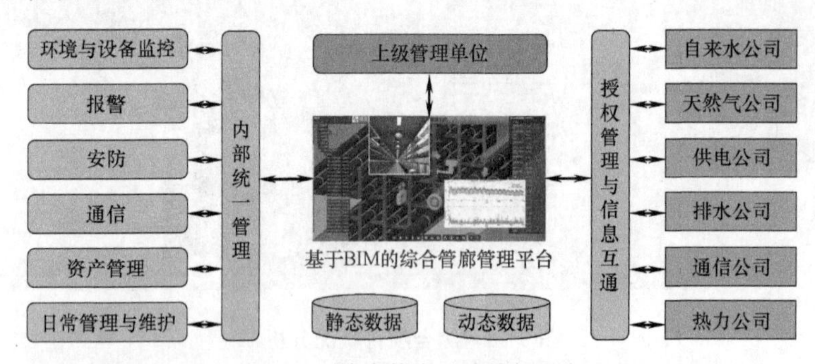

图 9-32　综合管廊运维管理平台

一体化平台需要实现三维可视化、模型轻量化、信息集成化和管理智慧化 4 个方面。

(1) 三维可视化

采用 BIM 技术建立的综合管廊模型，包含精确的空间位置信息，可以在运维管理平台中进行仿真模拟与漫游展示。采用沉浸式浏览方式步入管廊中进行模型与设备查看，动态信息以图表、数字等方式显示在模型之上，如图 9-33 所示。

图 9-33　综合管廊可视化模型

（2）模型轻量化

全要素 BIM 模型数据量巨大，无法同时在 Revit 中打开操作，一般按专业拆分进行设计建模，可将各个专业子模型分别进行轻量化处理后，在云端执行合模操作，采用 HTML-5 技术实现模型展示，可以在网页浏览器上查看全要素全专业的 BIM 模型。经过轻量化处理的模型文件能达到原有 Revit 模型尺寸的 10％以下，但模型尺寸与属性信息均能无损保留，如图 9-34 所示。

图 9-34　轻量化后的综合管廊 BIM 模型

（3）信息集成化

基于云计算与云服务技术、现代空间数据管理技术、BIM 技术，建立基于 BIM 与 GIS 融合的三维城市数据管理系统。实现 GIS 与倾斜摄影模型、地形、综合管廊等多源空间数据的融合，实现宏观与微观的相辅相成、室内到室外的一体化管理。

BIM+GIS一体化的数据库设计提供了二次开发的基础GIS平台。数据的建库与导出、基于浏览器的无插件的前端数据浏览与应用、二三维一体化、室内外一体化管理，如图9-35所示。

图9-35 GIS系统与综合管廊、城市模型合模

综合管廊BIM模型与数据库及文档建立链接，数据库包含规划、立项、设计、施工和运维管理阶段的设计数据。选择综合管廊BIM模型中的实体，自动链接后台数据库中的设计图纸和设计文档，在BIM模型中查看和预览，为运维管理提供参考依据。

(4) 管理智慧化

结合智慧管廊、海绵城市、三维道路、三维管线等系列产品，实现BIM与“智慧城市”的对接，为城市规划、城市交通分析、管廊运维管理、资产管理、市政管网管理、应急救援、建筑改造等诸多领域的深入应用提供技术手段。

模型与物联网互联是综合管廊监控与报警系统未来的发展方向，视频图像根据不同应用，通过物联网直接传递给各系统，也可以在BIM模型中把选定监视器的视频图像投放到大屏幕。BIM模型与物联网链接，解决了系统架构的信息孤岛问题，如众多品牌相互兼容、各系统集成与融合、协议与接口标准不统一等问题，同时兼顾环境与设备监控、通信联络、地理信息等需求，而且还兼顾灾难事故预警、安防等方面对图像监控的需求，考虑报警、门禁等配套系统的集成以及与广播系统的联动，如图9-36所示。

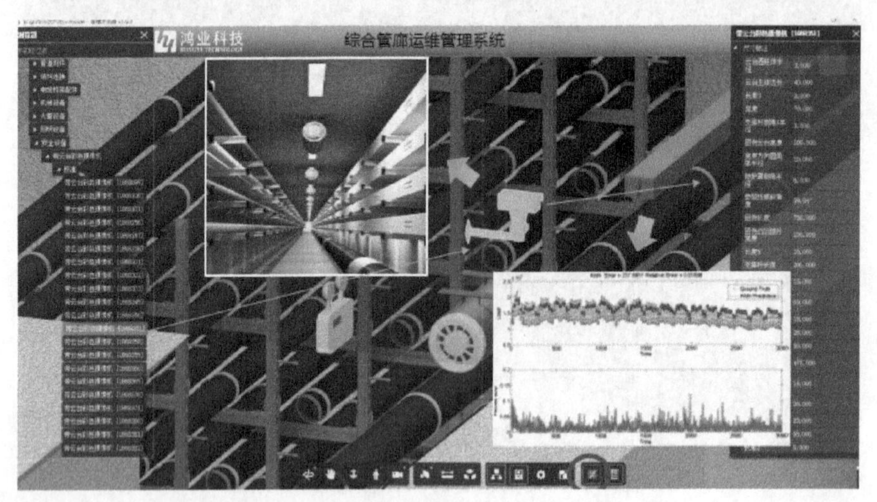

图9-36 综合管廊BIM模型与物联网链接

2. 运维管理平台架构与管理内容

运维管理平台采用CS/BS架构，将SCADA自控系统、视频监控系统、BIM模型与生产管理有机地结合起来，综合管廊运营管理系统在管廊运营管理单位监控中心和综合管

廊内部现场的自动化监测与控制层之间起到了承上启下的作用。通过从数据库层面将实时监测的数据与生产管理、视频监控、BIM 模型的数据统一起来，使得管理人员可及时地获得任何运行设备和某段管廊的实时数据，同时又可以调阅各类设备、附属设施的管理数据。通过运行管理数据库使控制层采集的数据直接应用到管理层的日常工作中，减少信息传输过程中不必要的滞后与可能发生的人为错误，使管理与控制、计划与运营紧密结合，达到管控一体化的目标。其平台架构如图 9-37 所示。

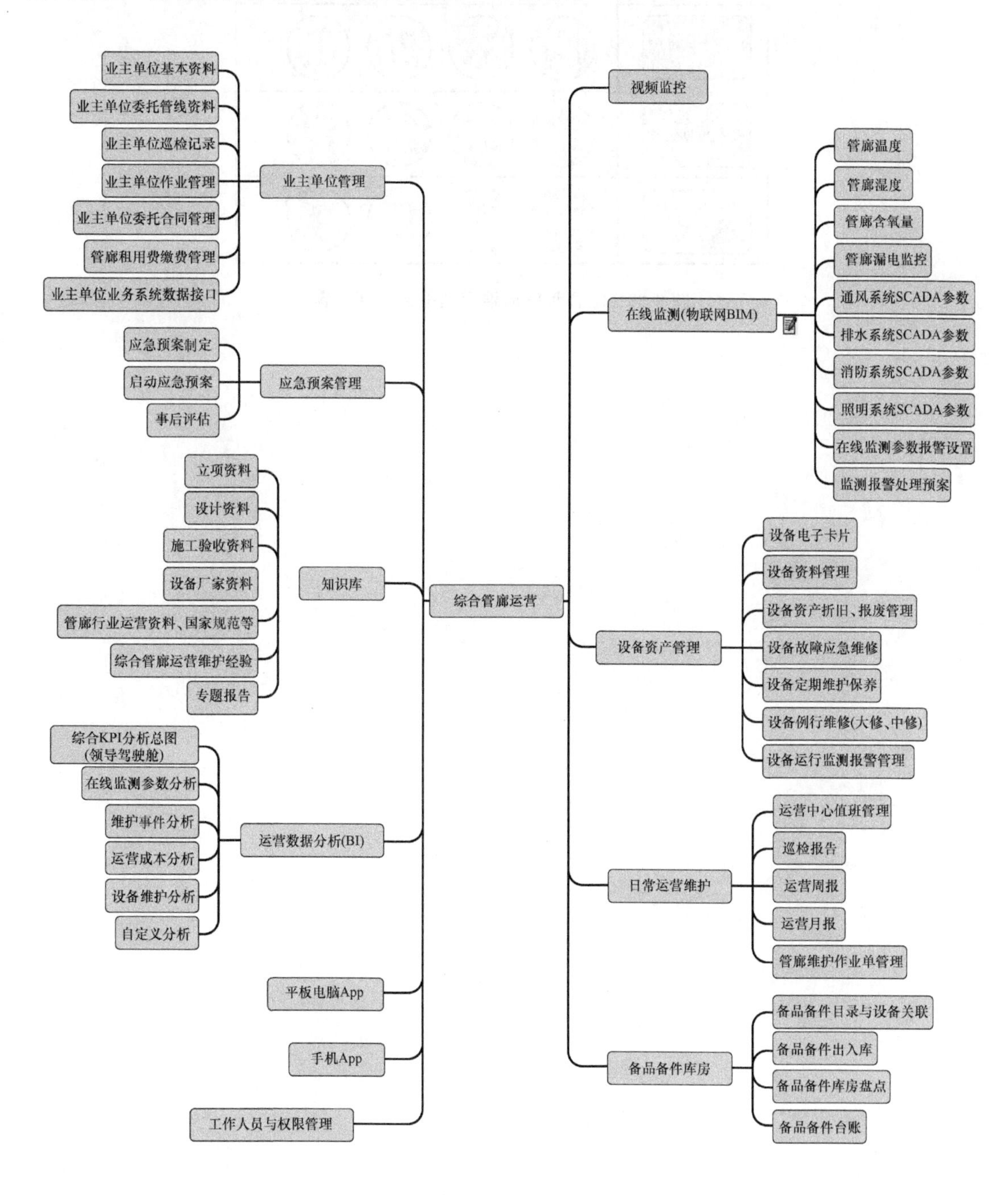

图 9-37　综合管廊运维管理平台功能分析

在综合管廊运维管理平台中，能够实现数据的采集、移交以及验收、共享等操作。可以帮助管廊工程更好地进行施工监控，并且采取相应的资产管理、成本管理、风险跟踪、预警报警等，如图 9-38 所示。

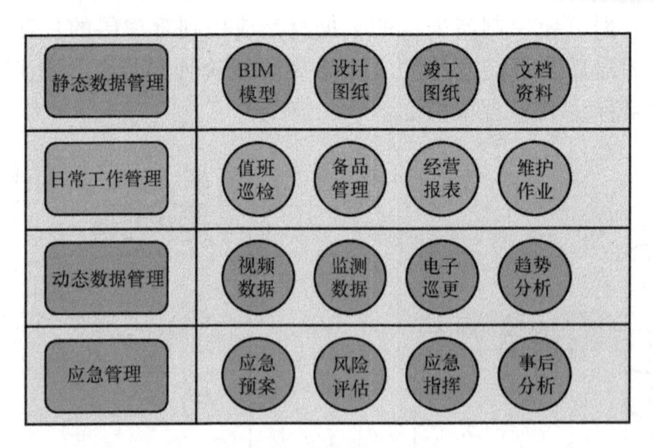

图 9-38 综合管廊运维管理平台管理内容

第 10 章　综合管廊造价测算

为推动城市综合管廊建设，国务院下发《国务院办公厅关于推进城市地下综合管廊建设的指导意见》（国办发［2015］61 号）。为贯彻落实该指导意见，满足城市综合管廊工程前期阶段投资估算的要求，住房和城乡建设部出台了《城市综合管廊工程投资估算指标（试行）》。这是第一本关于综合管廊的指标规范，虽为试行指标，但也填补了这一领域的空白。为管廊项目在前期投资阶段起到了宏观指导的作用，也为编制项目建议书和可行性研究报告阶段投资估算提供了依据。

本章从核工业西南勘察设计研究院有限公司众多设计案例中选取 12 个综合管廊类型的造价指标作为研究对象进行分析对比。

10.1　采用的规范、参考资料

（1）《建设工程工程量清单计价规范》GB 50500—2013；

（2）《房屋建筑与装饰工程工程量计算规范》GB 50854—2013；

（3）《通用安装工程工程量计算规范》GB 50856—2013；

（4）《市政工程工程量计算规范》GB 50857—2013；

（5）《构筑物工程工程量计算规范》GB 50860—2013；

（6）《城市轨道交通工程工程量计算规范》GB 50861—2013；

（7）《爆破工程工程量计算规范》GB 50862—2013；

（8）《住房城乡建设部、财政部关于印发＜建筑安装工程费用项目组成＞的通知》（建标［2013］44 号）；

（9）2015 年《四川省建设工程工程量清单计价定额》；

（10）2017 年第 11 期《成都市建筑材料市场信息价格》；

（11）四川省建设工程造价管理总站文件（川建价发［2017］49 号），成都市区装饰工程：普工 100 元/工日、技工 137 元/工日、细木工 161 元/工日；通用安装技工及普工 129 元/工日；其他工程普工 88 元/工日、混凝土工 109 元/工日、技工 119 元/工日。

10.2　案例简介和汇总

综合管廊造价测算主要包括管廊主体工程及管廊附属设施，主体工程包括标准段的基坑支护、结构工程及总体设计，附属设施包括全线管廊供电照明、监控及报警、通风、标识、消防、排水、管道支架（电力通信支架、给水支墩）等。其中总体设计包括主体结构及节点内管线安装套管、预埋件、孔口盖板、爬梯、智能安全装置、井类等设备及材料。以下指标中不包含给水、雨水、污水、再生水、燃气、热力、电力及通信等入廊管线造价。

综合管廊主体工程执行市政工程计价定额、轨道交通工程计价定额，部分子目可参照建筑工程计价定额；附属设施应执行安装工程计价定额；入廊管线（给水、雨水、污水、再生水、燃气、热力管道）执行市政工程计价定额；入廊管线（分变配电所、电力电缆、通信线缆）执行电力、通信专业定额。

各类型综合管廊基本情况介绍见表10-1。

各类型综合管廊基本情况介绍 **表10-1**

案例编号	舱室	外尺寸（m）	净尺寸（m）	主体结构材料	地层岩性	覆土厚度（m）	支护形式
1	四	11.9×4.5	10.9×3.4	C20素混凝土垫层，C40、P10防水钢筋混凝土	黏土、粉质黏土、全风化泥岩	2～4	双侧桩＋钢管内支撑＋挂网锚喷
2	四	10.4×4.1	9.2×2.7	C20素混凝土垫层，C40、P10防水钢筋混凝土	种植土、粉质黏土、中风化泥质粉砂岩、砂岩	8～12	两级放坡＋挂网锚喷
3	四	9.6×3.6	8.8×2.7	C20素混凝土垫层，C40、P10防水钢筋混凝土	粉质黏土、中风化泥质粉砂岩、砂岩	0～4	中风化砂岩片块石＋分层碾压＋普夯处理
4	三	11.2×5.2	9.6×3.4	C20素混凝土垫层，C40、P10防水钢筋混凝土	黏土、粉质黏土、卵石夹黏土、全风化泥岩	7～13	双侧桩＋钢管内支撑＋挂网锚喷
5	三	管廊桁架桥截面8.3×3.1		上部矩形管及25b工字钢，下部桥台为桩柱式及肋板式加桩基础，桥墩为墩接钢筋混凝土钻孔桩			
6	三	8.7×3.6	7.9×2.7	C20素混凝土垫层，C40、P10防水钢筋混凝土	种植土、粉质黏土、中风化泥质粉砂岩、砂岩	0～4	放坡＋素喷
7	三	8.1×4.3	7.3×3.5	C15素混凝土垫层，C40、P10防水钢筋混凝土	人工填土、粉质黏土、卵石，局部夹细砂、圆砾透镜体	3～6	H型钢桩＋单排H型钢内支撑＋挂网锚喷
8	二	5.9×4.0	5.1×3.2	C20素混凝土垫层，C40、P8防水钢筋混凝土	人工填土、黏土、黏土夹卵石、卵石土、中风化泥岩	3～5	单侧桩＋单侧放坡＋挂网锚喷
9	二	5.5×3.4	4.7×2.5	C15素混凝土垫层，C40、P10防水钢筋混凝土	人工填土、粉质黏土及少量中砂层、中风化泥岩、砂岩	4.0～8.5	分级放坡＋挂网锚喷
10	二	5.1×3.3	4.3×2.5	C20素混凝土垫层，C40、P8防水钢筋混凝土	人工填土、黏土、黏土夹卵石、卵石土、中风化泥岩	6～8	双侧桩＋钢管内支撑＋挂网锚喷
11	一	4.3×3.4	3.5×2.5	C20素混凝土垫层，C40、P10防水钢筋混凝土	人工填土、粉砂质泥岩、砂岩	2.5	放坡不防护
12	一	3.2×3.2	2.5×2.5	C20素混凝土垫层，C40、P8防水钢筋混凝土	人工填土、黏土、黏土夹卵石、卵石土、中风化泥岩	3～5	双侧桩＋钢管内支撑＋挂网锚喷

各类型综合管廊总指标见表10-2。

各类型综合管廊总指标　　表10-2

案例编号	舱室	结构净尺寸(m)	各专业建安工程费单位指标(元/m)			
			支护形式	主体结构	附属设施	合计
1	四	10.9×3.4	72359	73190	21147	166696
2	四	9.2×2.7	46765	57030	22338	126133
3	四	8.8×2.7	2630	50903	22338	75871
4	三	9.6×3.4	105941	65351	17965	189257
5	三	8.3×3.1	—	73097	19579	92676
6	三	7.9×2.7	16655	42226	19579	78460
7	三	7.3×3.5	48739	46870	18135	113744
8	二	5.1×3.2	46519	36083	15638	98240
9	二	4.7×2.5	13525	33754	15125	62404
10	二	4.3×2.5	92456	29722	15638	137816
11	一	3.5×2.5	3742	27326	7782	38850
12	一	2.5×2.5	84939	19074	9456	113469

10.3　指标分析

10.3.1　支护形式

综合管廊不同支护形式的造价指标见表10-3。

综合管廊支护形式造价指标　　表10-3

案例编号	基坑宽度(m)	基坑深度 H(m)	支护形式	基坑单位长度指标(元/m)	基坑体积指标(元/m³)
1	12.3	$H\leqslant8.5$	双侧桩+钢管内支撑+挂网锚喷	72359	692
2	12.2	$8<H\leqslant15$	超挖方段第一级边坡坡率1:0.75,第二级边坡坡率1:1,坡面挂网锚喷	46765	256
3	11.6	$H\leqslant4$	中风化砂岩片块石+分层碾压+普夯处理	2630	57
4	11.0	$9<H\leqslant18$	双侧桩+钢管内支撑+挂网锚喷	105941	535
5	10.7	$H\leqslant7$	1:1放坡开挖,坡面素喷	16655	222
6	9.0	$7.5<H\leqslant10$	H型钢桩+单排H型钢内支撑+挂网锚喷	48739	542
7	8.2	$H\leqslant7.7$	单侧桩+单侧放坡+挂网锚喷	46519	737
8	7.3	$8<H\leqslant12$	第一级边坡坡率1:0.75,第二级边坡坡率1:1,坡面挂网锚喷	13525	154
9	7.4	$7.7<H\leqslant13$	双侧桩+钢管内支撑+挂网锚喷	92456	961
10	7.3	$H\leqslant8$	1:0.75放坡开挖	3742	64
11	5.5	$7.7<H\leqslant13$	双侧桩+钢管内支撑+挂网锚喷	84939	1188

注：基坑体积=基坑延米×基坑宽度×基坑深度上限值。

从基坑延米指标可以看出，支护形式对于管廊整体综合单价影响较大，这也是详细设计阶段指标与管廊估算试行指标的差异所在。估算试行指标说明中解释“综合指标内容包括：土方工程、钢筋混凝土工程、降水、围护结构和地基处理等，但未考虑湿陷性黄土区、地震设防、永久性冻土和地质情况十分复杂等地区的特殊要求，如发生时应结合具体情况进行调整”，因此方案设计阶段应根据项目实际地质情况考虑支护形式后再进行测算报价。

10.3.2 主体结构

综合管廊不同断面、不同舱室、不同结构尺寸的主体结构造价指标见表10-4。

综合管廊主体结构造价指标 表10-4

案例编号	舱室	结构净尺寸(m)	结构尺寸	主体结构延米指标(元/m)	主体结构体积指标(元/m³)
1	四	10.9×3.4	外壁厚0.5m,中壁厚0.3m,顶板厚0.5m,底板厚0.6m	73190	1975
2	四	9.2×2.7	外壁厚0.6m,中壁厚0.3m,顶板厚0.6m,底板厚0.8m	57030	2296
3	四	8.8×2.7	外壁厚0.4m,中壁厚0.3m,顶板厚0.4m,底板厚0.5m	50903	2142
4	三	9.6×3.4	外壁厚0.8m,中壁厚0.3m,顶板厚0.8m,底板厚1.0m	65351	2002
5	三	8.3×3.1	上下弦主梁矩形管250mm×250mm×12mm,竖向腹杆矩形管250mm×150mm×10mm,斜腹杆矩形管250mm×150mm×8mm,上下弦杆支撑矩形管250mm×150mm×10mm及25b工字钢	73097	2841
6	三	7.9×2.7	外壁厚0.4m,中壁厚0.3m,顶板厚0.4m,底板厚0.5m	42226	1980
7	三	7.3×3.5	外壁厚0.4m,中壁厚0.3m,顶板厚0.4m,底板厚0.4m	46870	1834
8	二	5.1×3.2	外壁厚0.4m,中壁厚0.3m,顶板厚0.4m,底板厚0.4m	36083	2211
9	二	4.7×2.5	外壁厚0.4m,中壁厚0.3m,顶板厚0.4m,底板厚0.5m	33754	2873
10	二	4.3×2.5	外壁厚0.4m,中壁厚0.3m,顶板厚0.4m,底板厚0.4m	29722	2765
11	一	3.5×2.5	侧壁厚0.4m,顶板厚0.4m,底板厚0.5m	27326	3123
12	一	2.5×2.5	外壁厚0.35m,顶板厚0.35m,底板厚0.35m	19074	3052

注：主体结构体积=延米长度×结构净宽度×结构净高度。

指标显示，综合管廊纳入管线的种类、数量及相应的管径直接影响综合管廊的断面形式、大小及结构尺寸，并由此决定了综合管廊的造价。

10.3.3 附属设施

综合管廊各类型附属设施的造价指标见表10-5。

综合管廊附属设施造价指标 **表10-5**

案例编号	舱室	各专业建安工程费单位指标(元/m)						
		供电照明	监控及报警	通风	标识	消防	排水	合计
1	四	6826	10549	895	277	1493	1107	21147
2	四	7692	10755	927	287	1550	1127	22338
3	四	7692	10755	927	287	1550	1127	22338
4	三	7588	6791	738	257	1739	852	17965
5	三	6696	9289	853	293	1423	1025	19579
6	三	6696	9289	853	293	1423	1025	19579
7	三	6973	7715	752	455	1280	960	18135
8	二	5492	6898	837	365	1169	877	15638
9	二	5696	6080	738	468	1225	918	15125
10	二	5492	6898	837	365	1169	877	15638
11	一	2786	2849	129	244	1508	266	7782
12	一	3533	3975	151	226	1234	337	9456

第 11 章 综合管廊典型案例简介

本章选择核工业西南勘察设计研究院有限公司设计的 4 个典型综合管廊工程案例进行介绍，案例简介见表 11-1。

典型案例概况表 表 11-1

项目名称	入廊管线种类及规模	典型断尺寸（m）	管廊长度（km）	施工方法	项目特点
成渝高速入城段综合管廊工程	输水 DN1400、配水 DN600、中水 DN600、污水 DN600～800、雨水 1.0m×1.0m～1.5m×1.5m、电力 20 孔、通信 20 孔、天然气 DN300/DN500/DN500	10.9×3.4、7.2×7.3	7.22	明挖现浇	1. 城市快速路双侧布置管廊 2. 敷设条件复杂、跨越障碍物多 3. 断面及节点种类多、复杂性高 4. 入廊管线种类多、数量大
成洛大道综合管廊工程	电力隧道 2.4m×2.7m、天然气 DN200/DN400/DN500/DN150、给水 DN300～600、输水 DN1400、电力 24 孔、通信 36 孔、垃圾渗滤液 DN300	内径 8.1	4.43	盾构法	1. 国内直径最大的盾构管廊 2. 管廊节点集成度高 3. 入廊管线种类多、数量大 4. 管廊沿线跨越障碍物多
宜宾县县城综合管廊工程	输水 DN600、配水 DN300、雨水 1.0m(1.5m)×2.7m、污水 DN600～800、电力 22 孔、通信 20 孔、天然气 DN200/DN300	8.8×2.7、7.6×2.6	6.73	明挖现浇	1. 大跨度、大断面管廊桥 2. 管廊规模较大
重庆大足南山综合管廊工程	电力 24 孔、通信 15 孔	2.6×2.2	0.4	小型机械暗挖法	1. 位于大足石刻核心保护区 2. 隧道口作为进、排风口

注：1. 成渝高速入城段综合管廊工程与成洛大道综合管廊工程由中铁二院工程集团有限责任公司与核工业西南勘察设计研究院有限公司联合设计。
2. 本章对成渝高速入城段综合管廊工程进行详细介绍；其他案例重点介绍其特殊性。

11.1 成渝高速入城段综合管廊工程

11.1.1 项目概述

1. 项目背景

成渝高速入城段改造工程西起三环路、东至绕城高速路（成渝高速路收费站），长约4.18km。根据综合管廊规划，成渝高速南北两侧辅道下需各修建1条综合管廊，洪河立交下设置连接支廊，同时在洪河大道两侧各修建1条支廊，全长7.22km。道路总体方案平面布置见图11-1。

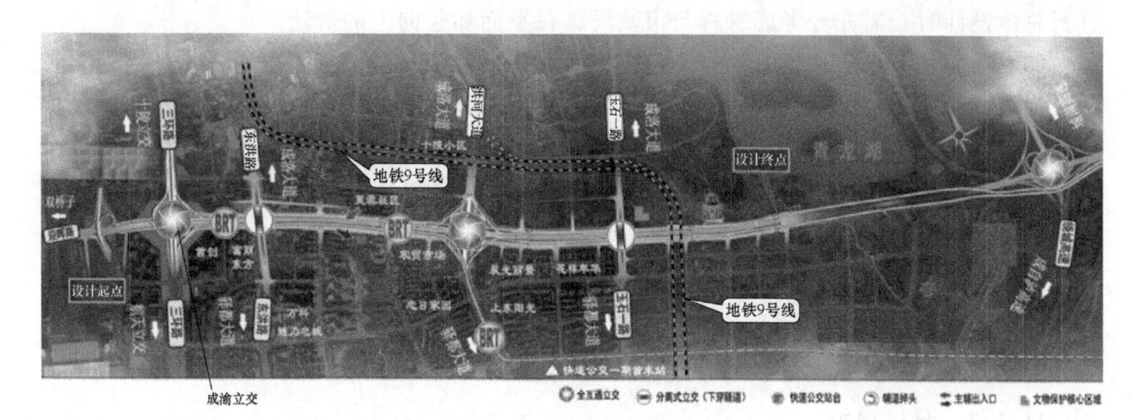

图11-1　道路总体方案平面布置图

2. 管廊工程概况和规模

成渝高速北侧管廊沿北侧辅道敷设，全长3.697km；成渝高速南侧管廊沿南侧辅道敷设，全长2.171km；洪河立交下设置连接支廊，连通南北管廊，长度为83m；洪河大道沿道路两侧各敷设1条支廊，分别为1号支廊和2号支廊，1号支廊长度为646m，2号支廊长度为626m。综合管廊总投资约8亿元。综合管廊总体布局见图11-2。

管廊断面根据入廊管线种类和规模分为10种不同类型。涉及的入廊管线有*DN*1400输水管、*DN*600配水管、*DN*600中水管、1.0m×1.0m雨水箱涵、*DN*600污水管、10kV电力管线20孔以及通信线缆20孔等。

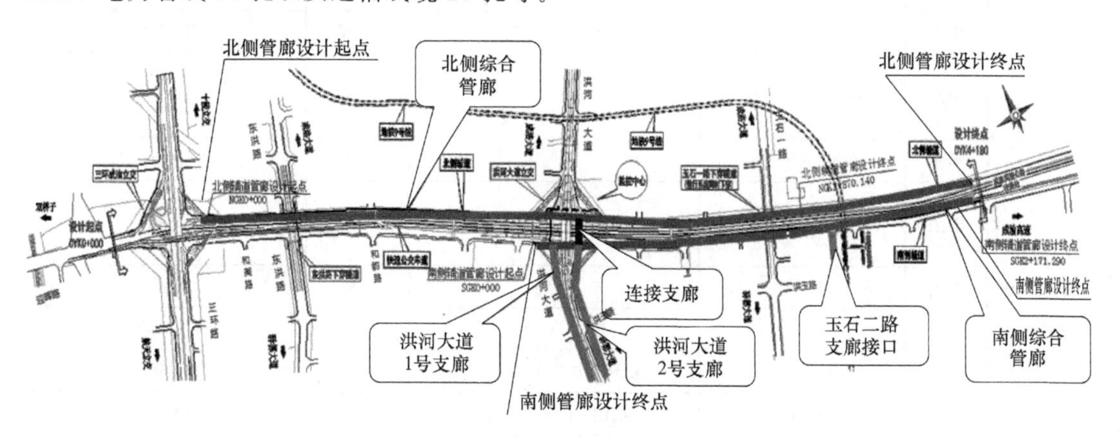

图11-2　成渝高速入城段综合管廊总体布局图

3. 项目特点

(1) 全管线入廊

本工程综合管廊基本实现了所有市政管线全部入廊，其中包括大口径输水管、重力流排水管以及中高压输气管等。以上管线敷设安装要求高，入廊技术难度大，在进行管廊断面、平面和竖向设计时需充分考虑各管线的特点。

(2) 道路情况复杂

管廊沿线需穿过2座下穿隧道、1座全互通立交、2条排水渠道以及地铁9号线。在进行总体设计时，需充分考虑管廊与市政设施在平面和竖向上的避让。

(3) 断面和节点的种类多

为避让桥墩、下穿隧道和涵洞等市政设施以及满足沿线管线建设需求，本工程综合管廊共设有10种断面类型和40多种节点类型来适应不同的建设条件和敷设情况。不同断面类型之间的衔接互通及不同节点类型的布置和优化设计均是本项目的设计重难点。

(4) 断面尺寸大

本工程最大管廊断面净宽10.9m，净高3.4m。在进行平面、竖向和节点设计时需充分考虑管廊与沿线市政设施的位置关系。

11.1.2 总体设计

1. 入廊管线分析

本工程入廊管线种类和规模根据相关规划、政府下发文件，并结合规划部门意见以及成都市部分管线权属单位意见综合考虑确定。成渝高速南、北两侧辅道下管线建设需求（种类及规模）及入廊情况见表11-2。

成渝高速南、北两侧辅道下管线建设需求及入廊情况一览表 **表11-2**

辅道	管线种类	管径/规格数量	管线备注	是否入廊	入廊规模
成渝高速北侧辅道	给水	*DN*600	新建，配水管	入廊	*DN*600
		*DN*1400	新建，输水管	入廊	*DN*1400
	中水	*DN*600	新建，中水管	入廊	*DN*600
	雨水	*DN*600～2000	新建，重力流	入廊	$B\times H$=1.0m×1.0m～1.5m×1.5m
	污水	*DN*500～800		入廊	*DN*600～800
	电力	1.0m×1.0m 电力浅沟	新建，10kV	入廊	20孔
	通信	15孔	新建	入廊	20孔
	燃气	*DN*200	新建，配气管	入廊	*DN*300
		*DN*500	新建，次高压输气管	入廊	*DN*500
		*DN*500	新建，中压输气管	入廊	*DN*500
		*D*324	改迁平成1输气管，1.6MPa	不入廊	—（非城市工程管线）
		*D*508	改迁平成2输气管，1.6MPa	不入廊	—（非城市工程管线）

续表

辅道	管线种类	管径/规格数量	管线备注	是否入廊	入廊规模
成渝高速南侧辅道（洪河大道—成渝高速收费站）	给水	DN300	新建，配水管	入廊	DN600
		DN1400	改迁，输水管	不入廊	—（远期将废除）
	中水	DN600	新建，中水管	入廊	DN600
	雨水	DN600～1500	新建，重力流	入廊	B×H=1.0m×1.0m～1.5m×1.5m
	污水	DN500～800		入廊	DN600～800
	电力	1.0m×1.0m 电力浅沟	新建，10kV	入廊	20 孔
	通信	15 孔	新建	入廊	20 孔
	燃气	DN200	新建，配气管	入廊	DN300

2. 管廊典型断面设计

本工程周边具备明挖条件，因此管廊采用矩形断面。

北侧综合管廊典型断面分舱形式为给水排水舱、水电信舱和燃气舱。其中给水排水舱容纳雨水箱涵、污水、配水和中水管线，水电信舱容纳电力通信和输水管线，燃气舱容纳输气和配气管线。北侧综合管廊典型断面见图 11-3。

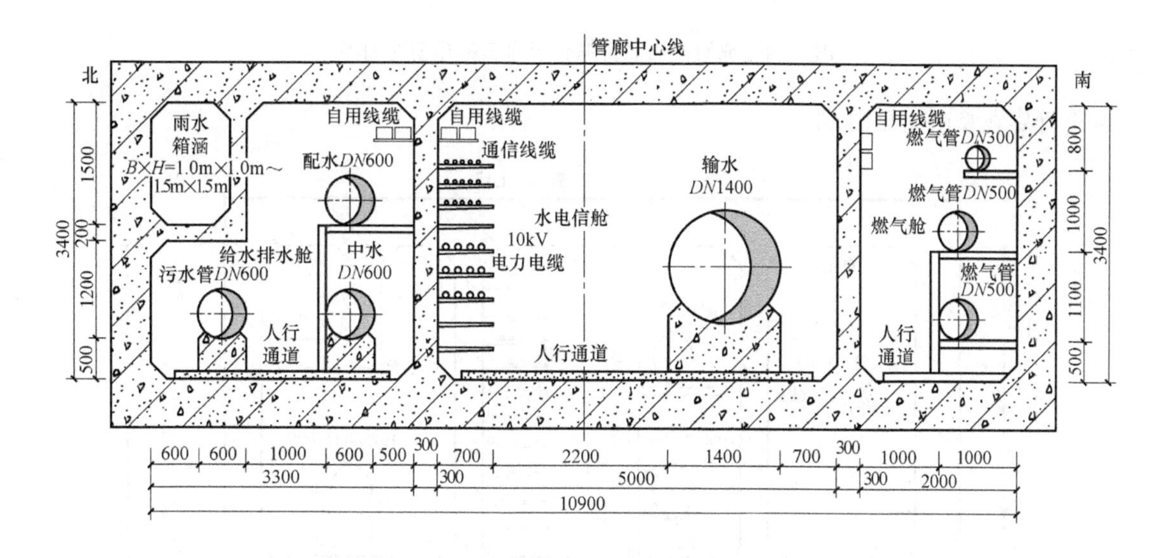

图 11-3　成渝高速北侧综合管廊三舱 B 型断面图

管廊穿过洪河立交时为避让桥墩，将单层断面形式局部段改为上下两层断面形式，以减小平面敷设所需空间。见图 11-4。

南侧综合管廊典型断面分舱形式为排水舱、水电信舱和燃气舱。其中排水舱容纳雨水箱涵和污水管线，水电信舱容纳电力通信、配水和中水管线，燃气舱容纳配气管线。南侧

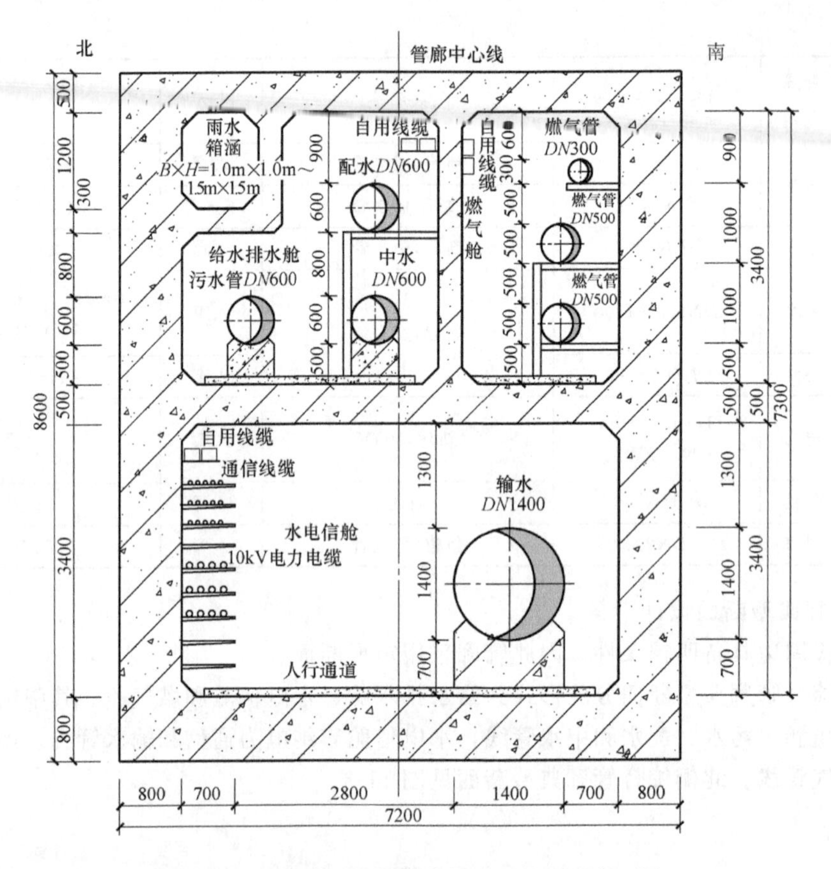

图 11-4　成渝高速北侧综合管廊三舱 C 型断面图

综合管廊典型断面见图 11-5。

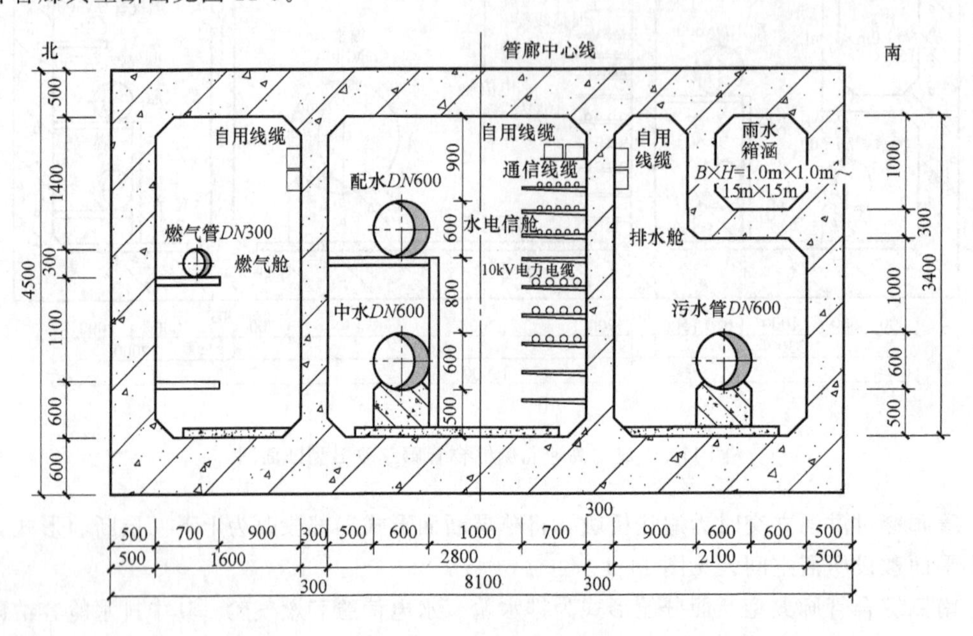

图 11-5　成渝高速南侧综合管廊三舱 E 型断面图

3. 管廊空间设计

(1) 平面设计

北侧管廊沿线布置在北侧辅道车行道下，起点位于三环路，终点位于成渝高速收费站，沿线与辅道中心线平行敷设，且与平成1、平成2天然气管线保持净距≥5.0m。

南侧管廊沿线布置在南侧辅道与成渝高速之间的绿化带内，起点位于洪河立交西侧附近，终点位于成渝高速收费站。沿线与辅道中心线平行敷设。管线综合横断面布置见图11-6。

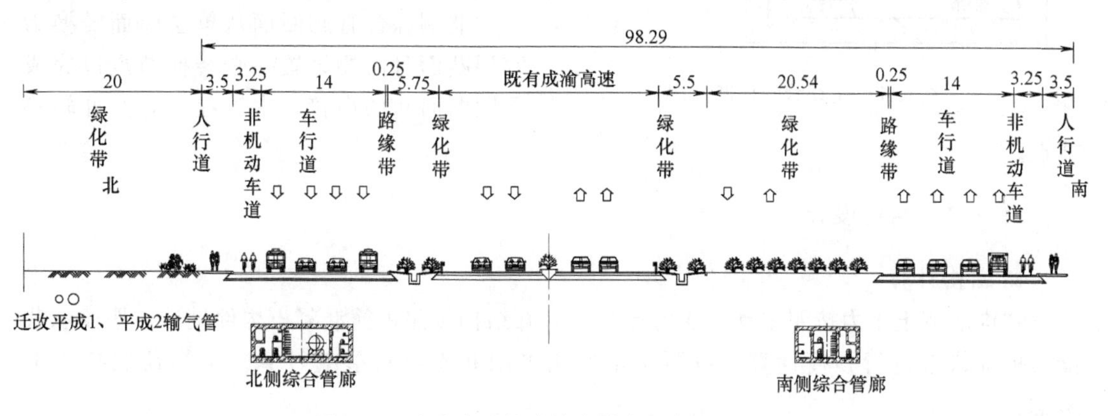

图11-6 成渝高速管线综合横断面布置图（m）

(2) 竖向设计

本工程综合管廊标准段最小覆土深度按3.3m控制。在下穿隧道以及渠道等节点处采用局部加大埋深的方式从构筑物下方穿过。管廊坡度与道路坡度保持一致，最大坡度为10%，最小坡度为0.2%。

本项目中与管廊垂直相交的主要市政设施有：东洪路下穿隧道、玉石一路下穿隧道和百鹤支渠。管廊与隧道、渠道等地下构筑物的结构净距按0.5m控制。

4. 节点设计

本工程管廊节点主要有以下几种类型：综合井、端部节点、交叉口、分支口以及转换节点。

(1) 综合井

综合井沿线每隔200m设置一处。综合井为两层构筑物，上层为夹层空间，用于放置电气设备和风机以及作为吊装和逃生转换停留空间和人员检修空间。其中北侧综合管廊共设19个综合井，南侧综合管廊共设11个综合井。其中有3个综合井（北侧管廊2个，南侧管廊1个）与细水雾泵房、变配电间合建，作为整个管廊的消防和变配电枢纽。

(2) 端部节点

端部节点设置在南、北综合管廊的起终点，共设4个。

(3) 交叉口

本工程共设3个交叉口。其中1号交叉口设在北侧综合管廊与南北连接支廊的连接处。2号交叉口设在洪河大道1号支廊与南侧综合管廊的连接处。3号交叉口设在南侧综合管廊与南北连接支廊的连接处，并与监控中心连接通道连接。

(4) 分支口及出线

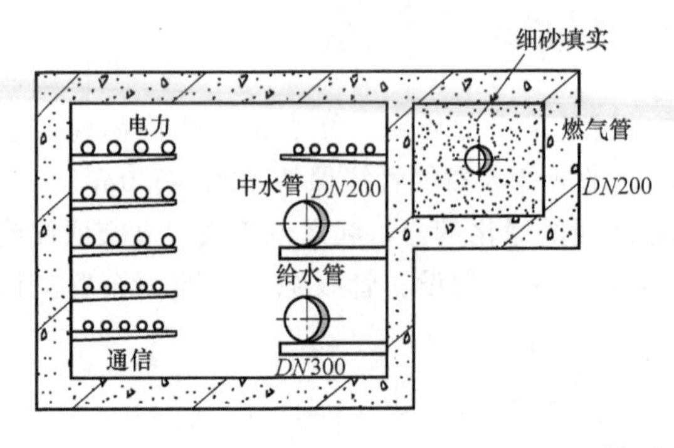

图 11-7　出线管沟横断面图

管廊在道路路口以及每隔 150m 左右设置一处分支口。分支口出线采用管沟出线，管沟管线规模统一按照电力 12 孔、通信 15 孔、配水 *DN*300、中水 *DN*200、燃气 *DN*200 进行设计。管沟末端设置接线井。出线管沟横断面见图 11-7。

(5) 转换节点

北侧综合管廊断面从单层断面转换为双层断面时需要设置一个转换节点以完成不同断面间的衔接，本工程共有 2 处转换节点。

11.1.3　结构设计

1. 结构计算

结构两侧土压力按照主动土压力计算。管廊结构按照钢筋混凝土构件设计，按照承载能力极限状态进行强度计算，按照正常使用极限状态进行裂缝计算。结构荷载按以下考虑：

(1) 永久荷载

结构自重：钢筋混凝土 26kN/m^{3}计算；

回填土石荷载：回填土石自重；

土体侧压力荷载：按照静止土压力计算。

(2) 可变荷载

地面超载：按 20kN/m^{2}考虑；

施工荷载：一般段包括施工机具荷载、堆载等，视具体情况而定，设计取 5kN/m^2；

车辆荷载：城市-A 级；

人群荷载：按《城市桥梁设计规范》CJJ 11—2011 选用。

2. 管廊典型断面

管廊典型断面结构尺寸见表 11-3。

成渝高速入城段综合管廊典型断面结构尺寸一览表 (m)　　表 11-3

断面类型	覆土深度	顶板厚	底板厚	外壁厚	中壁厚（中隔板厚）	垫层厚
三舱 B 型	3.0～4.3	0.5	0.6	0.5	0.3	0.2
三舱 C 型	3.0～5.5	0.6	0.8	0.6	0.3(0.5)	0.2
三舱 E 型	2.0～5.0	0.5	0.6	0.5	0.3	0.2

3. 缝设置

(1) 沉降缝

沉降缝设置于标准段与各节点段相交处、管廊纵坡变坡点处以及标准段每隔 30m 处，缝宽 3cm。在与地铁相交处加密设置沉降缝，纵向间距 10m。

(2) 施工缝

边墙、中墙与底板交接位置上方50cm处纵向通长设置施工缝。

4. 钢筋保护层

主体结构迎水面主筋净保护层厚度50mm。非迎水面钢筋中心距结构外侧50mm。

5. 结构抗浮设计

取标准段C型做管廊标准段抗浮验算，由于地下水位较高，按最不利原则考虑，地下水位线与管廊顶面齐平，验算管廊标准段抗浮能力，经计算管廊抗浮安全系数为1.5，管廊满足抗浮力要求。不需额外增加抗浮措施。

取交叉口做管廊节点段抗浮验算，由于地下水位较高，按最不利原则考虑，地下水位线与管廊顶面齐平，验算管廊标准段抗浮能力，经计算管廊抗浮安全系数为1.18，管廊满足抗浮力要求。不需额外增加抗浮措施。

6. 结构抗震设计

(1) 管廊主体结构区域抗震设防烈度为7度，按7度考虑。

(2) 主体结构形式简单、对称、规则，横断面形状和构造沿隧道轴向无突变，有利于抵御地震作用。

(3) 主体结构按照设防烈度8度设置抗震构造措施，主要措施如下：

1) 设置箍筋加密区增加构件延性；

2) 钢筋的锚固和搭接；

3) 节点区掖角的设置。

7. 防排水设计

本工程管廊防水体系见表11-4，管廊防水方案见表11-5。

成渝高速入城段综合管廊防水体系 表11-4

防水体系	衬砌结构自防水	混凝土抗渗等级	C40混凝土，P10
		裂缝控制	宽度不大于0.2mm，且不得有贯穿裂缝
		耐腐蚀要求	有侵蚀区段，混凝土的抗侵蚀系数不小于0.8
	接缝防水	接缝、变形缝不得渗水	
	外部防水	标准段：防水卷材；节点处：防水卷材+防水涂料	

成渝高速入城段综合管廊防水方案 表11-5

防水等级	防水方案
节点段一级设防	顶板、侧墙和底板：2mm厚聚氨酯单组分防水涂料 侧墙和底板：1.2mm厚预铺高分子自粘胶膜防水卷材 顶板：1.5mm厚交叉层压膜自粘防水卷材
标准段二级设防	侧墙和底板：1.2mm厚预铺高分子自粘胶膜防水卷材 顶板：1.5mm厚交叉层压膜自粘防水卷材

11.1.4 附属设施设计

综合管廊附属设施设计由消防灭火设施设计、通风系统设计、电气工程设计、排水系统设计、标识系统设计等组成。

1. 消防灭火设施设计

(1) 火灾危险性分类

本综合管廊由水电信舱、电信舱、给水排水舱、燃气舱构成。根据《城市综合管廊工程技术规范》GB 50838—2015、《电力电缆隧道设计规程》DL/T 5484—2013 以及《建筑设计防火规范》GB 50016—2014，各舱室的火灾危险性分类见表 11-6，对不同舱室按火灾危险性分类设置配套的消防设施。

成渝高速入城段综合管廊内各舱室的火灾危险性分类　　表 11-6

舱室名称	舱室内容纳管线种类	火灾危险性类别
水电信舱	通信、低压电力、输水、配水管道	丙
电信舱	通信、低压电力管道	丙
燃气舱	天然气管道	甲
给水排水舱	雨水、污水、配水、中水管道	戊

(2) 灭火设施设计

本工程在综合管廊内每间隔不大于 200m 设置一个防火分隔。综合管廊各舱室的具体消防设计见表 11-7。

成渝高速入城段综合管廊各舱室的消防设计方案　　表 11-7

舱室名称	设计消防系统	
水电信舱	自动灭火系统	灭火器系统
电信舱	自动灭火系统	灭火器系统
燃气舱	—	灭火器系统
给水排水舱	—	灭火器系统

1) 自动灭火系统设计

本工程自动灭火设施采用高压细水雾灭火设施。

高压细水雾系统由高压细水雾泵组、细水雾喷头、区域控制阀组、不锈钢管道以及火灾报警控制系统等组成。

系统持续喷雾时间为 30min，消防用水量 v=20.20m^3；

开式系统的响应时间不大于 30s；

最不利点喷头工作压力不低于 10MPa；

开式喷头参数：k=0.95，q=9.5L/min；

高压细水雾提升泵设计参数：Q=784L/min，H=13MPa（7 用 1 备），单泵功率N=30kW，总运行功率 N=210kW；

稳压泵设计参数：Q=11.7L/min，H=1.2MPa，单泵功率 N=0.55kW（1 用 1 备）；

增压泵设计参数：Q=20m^3/h，H=35m，单泵功率 N=4.0kW（1 用 1 备）。

本工程在北侧、南侧综合管廊以及支廊共设置 4 座高压细水雾消防泵房，在各防护区内均匀设置高压细水雾喷头。

高压细水雾消防泵房位于综合井内，高压细水雾灭火系统应具有可靠的水源和水量，因该项目不能满足上述要求，所以应设置消防水箱，即采用水箱增压的供水方式。为保证系统供水需要，设置一个不锈钢水箱，水箱公称容积为 $24m^3$，并设增压泵 2 台，高压细水雾泵组供水电磁阀开启时，同时启动增压泵。

2）灭火器系统设计

综合管廊各舱室的火灾危险性分类以及采用的灭火器类型见表 11-8。

成渝高速入城段综合管廊各舱室的火灾危险性分类以及采用的灭火器类型　　表 11-8

舱室名称	火灾危险类别	灭火器类型
水电信舱	E 类中危险级	MF/ABC4 型
电信舱	E 类中危险级	MF/ABC4 型
燃气舱	C 类严重危险级	MF/ABC5 型
给水排水舱	A 类轻危险级	MF/ABC3 型

2. 通风系统设计

（1）管廊的通风方式

水电信舱、排水舱和燃气舱均采用机械进、排风的方式。进风井与排风井相间布置，均设置于综合井内。

（2）通风量计算及风机配置

排水舱与水电信舱通风分以下三个工况：

1）正常工况：管廊内平时开启风机对管廊进行通风换气，换气次数按 $2h^{-1}$ 计，温度超过 40℃后，开启风机高速挡对管廊进行通风换气，降低管廊温度，换气次数按 $6h^{-1}$ 计。

2）巡视工况：为方便维护人员到管廊内巡视及维修，使管廊内空气质量满足劳动卫生所需的通风量，巡视工作前提前开启风机高速档，保证新风量达到 $30m^3/(h·人)$。

3）事故通风：管廊内发生火灾，温度超过 70℃时，防火阀联动风机关闭，整个管廊与外界处于封闭状态，采取隔绝空气方式灭火，人工确定火灾熄灭后开启风机进行事故后通风，通风量按换气次数 $6h^{-1}$ 计。

燃气舱通风分以下三个工况：

1）正常工况：当天然气报警浓度设定值（上限值）小于其爆炸下限值（体积分数）的 20%时，以及舱内空气温度低于 40℃时，风机间断运行（换气次数不小于 $6h^{-1}$），当舱内空气温度超过 40℃或线路检修时，风机连续运行；如有人员巡视及维修，新风量不小于 $30m^3/(h·人)$。

2）巡视工况：为方便维护人员到管廊内巡视及维修，使管廊内空气质量满足劳动卫生所需的通风量，巡视工作前提前开启风机高速挡，保证新风量达到 $30m^3/(h·人)$。

3）事故工况：当天然气浓度大于其爆炸下限浓度值（体积分数）的 20%时，自动启动该事故段分区和相邻分区的送排风机，并开启所有风阀，直到天然气浓度达到安全值时关闭通风设备。

综合以上几个工况的计算，取综合管廊各舱室最大需风量（即均按最大换气次数计算所得）进行控制，并以此风量值作为设计需风量。

（3）综合管廊通风方案

通风机采用现场和远程控制方式，并能将设备信号反馈至监控中心。整个综合管廊通风分为平时运行、巡视、事故通风三种情况。

3. 电气工程设计

综合管廊电气工程包括供电与照明系统、监控与报警系统。

(1) 供电与照明系统

1) 本工程将综合管廊的负荷按其分布共划为 4 个供电分区，每一供电分区在负荷中心设置 10kV/0.4kV 变电所一座，共计 4 座（S01～S04)，变电所内设变压器两套，负责该区域的负荷配电。供电分区示意图见图 11-8。

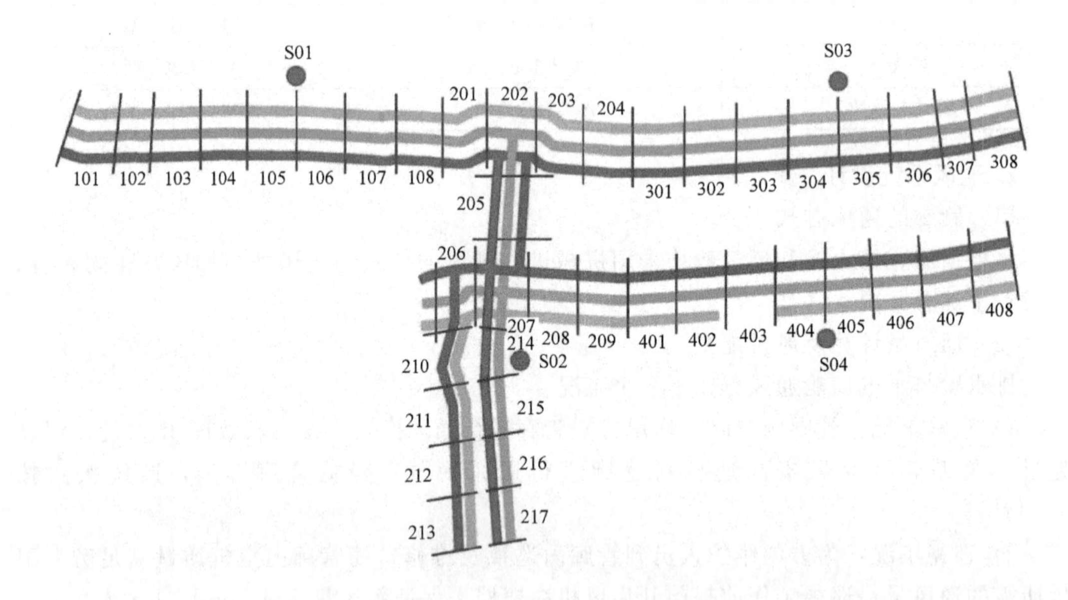

图 11-8　供电分区示意图

2) 管廊内照明采用防水防尘 T5 单管荧光灯，功率为 18W，间距为 5m，每隔一盏普通照明灯具加入一盏应急照明灯具；综合井夹层设置双管荧光灯，功率为 2×21W；各舱室设置疏散诱导标志灯和安全出口标志灯，功率为 3W，间距不大于 20m。

3) 每个舱室内进、排风口均设置双速风机。排风机事故后兼作机械排烟设施，高压电力舱、水电信舱、燃气舱风机采用双电源供电并在末端箱内自动切换，两路电源引自同一变电所内的不同变压器。

4) 高压电力舱、给水排水舱、水电信舱采用 2 台潜水泵，1 用 1 备；燃气舱采用 1 台潜水泵。

5) 在管廊每个舱内设置带剩余漏电保护装置的检修插座，容量为 15kW，布置间距为 50m；其中燃气舱内检修插座平时不通电，仅在需使用且检修环境条件安全的状态下送电。

6) 防雷接地

① 本工程接地形式采用 TN-S 系统，接地系统接地电阻要求不大于 1Ω。

② 接地体优先利用管廊结构靠外壁的主钢筋作自然接地体。接地干线采用－50×5 热镀锌扁钢，沿管廊通长敷设。高压电缆设置专用接地干线，通长敷设－50×5 扁铜带；

且应在不同的两点及以上就近与综合接地网相连接。

(2) 监控与报警系统

本工程监控与报警系统设置了环境与设备监控系统、安防系统、通信系统、火灾自动报警系统及可燃气体报警系统。

1) 环境与设备监控系统

在管廊沿线每个10kV/0.4kV变电所内各设置一套信息汇聚柜，柜内设置一台千兆工业以太网交换机。在管廊每个分区的设备层处设置1套ACU柜，柜内安装一台千兆工业以太网交换机、一套可编程控制器、一套UPS。

2) 安防系统

安防系统包括防入侵报警系统、视频监控系统、出入口控制系统及电子巡查系统。

3) 通信系统

通信系统包括电话系统和无线对讲系统。

4) 火灾自动报警系统

综合管廊火灾自动报警系统由下列三层组成：

① 在监控中心设置1台中心火灾报警控制柜，柜内设置1台火灾报警主机（联动型)、防火门监控主机；

② 在每个变电所内设置1台火灾报警控制柜，柜内设置1台区域火灾报警控制器、防火门监控分机；

③ 在每个分区的通风口设备层设置1台火灾报警控制柜，柜内设置1台区域火灾报警控制器。

5) 可燃气体报警系统

在分区设备层处设置1套可燃气体报警控制器，可燃气体报警控制器通过光纤环网将数据上传至监控中心可燃气体报警主机。

在天然气舱顶部和人员出入口、逃生口、吊装口、进风口、排风口等舱室内最高点气体易于聚集处设置天然气探测器，且设置间隔不大于15m。天然气探测器通过总线接入区间内的可燃气体报警控制器。

在燃气舱投料口、通风口、出入口与通风口之间位置、通风口下层管廊防火门两侧各设置1套防爆声光报警器。

4. 排水系统设计

(1) 给水排水舱及水电信舱

本工程在每个防火分区的低点和综合井内设置独立集水坑（内设2台潜污泵)，给（输）水及排水管道检修排空时的水通过管道引至设置在低处的集水坑。地面水流至排水边沟，汇集到集水坑后经潜污泵抽出后就近排入附近的雨水检查井内。潜污泵运行与水位变化联动，纳入监控系统。

泵规格为$Q=10m^3/h$、$H=14m$、$P=1.1kW$和$Q=10m^3/h$、$H=18m$、$P=1.5kW$两种。

集水坑尺寸为1500mm×1500mm×1500mm，停泵液位为0.60m，启泵液位为0.80m，报警液位为1.30m。上述液位均以集水坑坑底为参考。

(2) 燃气舱

燃气舱排水系统主要收集管廊开口处漏水和结构渗水，水量较少。本工程在每个防火分区的低点和综合井内设置独立集水坑（内设1台潜污泵）。

泵规格为 $Q=10m^3/h$、$H=14m$、$P=1.1kW$ 和 $Q=10m^3/h$、$H=18m$、$P=1.5kW$ 两种。

集水坑尺寸为 1500mm × 1500mm × 1500mm，停泵液位为 0.60m，启泵液位为 0.80m，报警液位为 1.30m。上述液位均以集水坑坑底为参考。

5. 标识系统设计

标识系统共分2种，即管廊内标识系统和管廊外标识系统。其中管廊内标识系统分为6类，分别为管廊介绍与管理牌、入廊管线标识牌、设备标识牌、管廊功能区与关键节点标识牌、警示标识牌、方位指示标识牌。管廊外标识系统为综合井的各种露出地面的进出风口、吊装孔、逃生口。

6. 监控中心

本综合管廊设有一处监控中心，其主要功能是作为整个管廊监控数据的汇集中心，是整个综合管廊监控系统的核心所在。其位于洪河立交右下象限三角绿化带内，通过连接支廊与管廊连通。内部设有监控室、高低压配电房、会议室、办公室、休息室、更衣室等房间，可供人员办公和休息。建筑面积 685.15m²，为地下一层建筑。监控中心平面见图11-9。

11.1.5 基坑支护设计

1. 基坑特点

综合分析场地周边环境、地层条件、基坑开挖深度及形状，本工程基坑具有以下特点：

(1) 基坑面积大，形状规整，呈长条形，宽 6.1～12.3m，分布于成渝高速入城段两侧，总长度约 6.070km；

(2) 基坑开挖深度一般约为 8.0～11.0m，需充分考虑时空效应对围护产生的不利影响；

(3) 基坑开挖影响范围内主要为黏土，属膨胀性土，膨胀潜势为弱～中；土体物理力学性质差，层厚较大；基坑底部主要处于黏土层中，对坑底隆起和基坑位移变形控制不利；基坑底部以下 5m 范围内地层呈不均匀分布，黏性土、卵石夹黏土、强风化泥岩均有出露。

根据《建筑基坑支护设计规范》JGJ 120—2012 中对基坑的分级，本基坑工程安全等级为一级，基坑侧壁重要性系数为 1.1。

2. 支护结构类型

本项目基坑深度均大于 8.0m，放坡开挖需求空间较广且周边有重要建筑物，不宜采用；钢板桩在膨胀土地区材料本身的刚度不够，况且在桩长范围内有卵石或者强风化泥岩出露，施工不便，不宜采用；结合本工程的特点，为确保基坑周边环境及基坑内部主体结构安全施工作业，采用排桩+内支撑支护结构，典型横断面支护方案如图 11-10 所示。

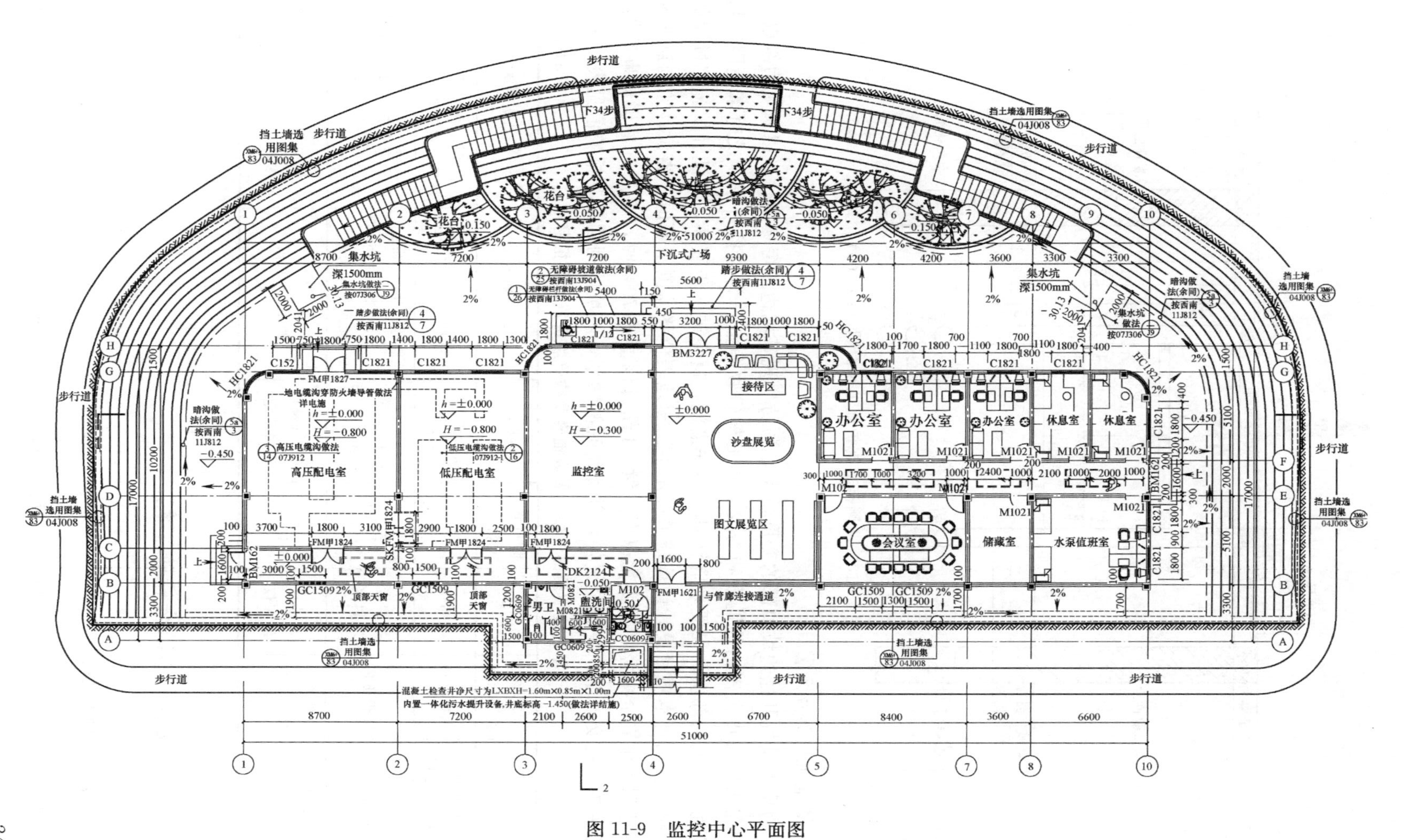

图 11-9 监控中心平面图

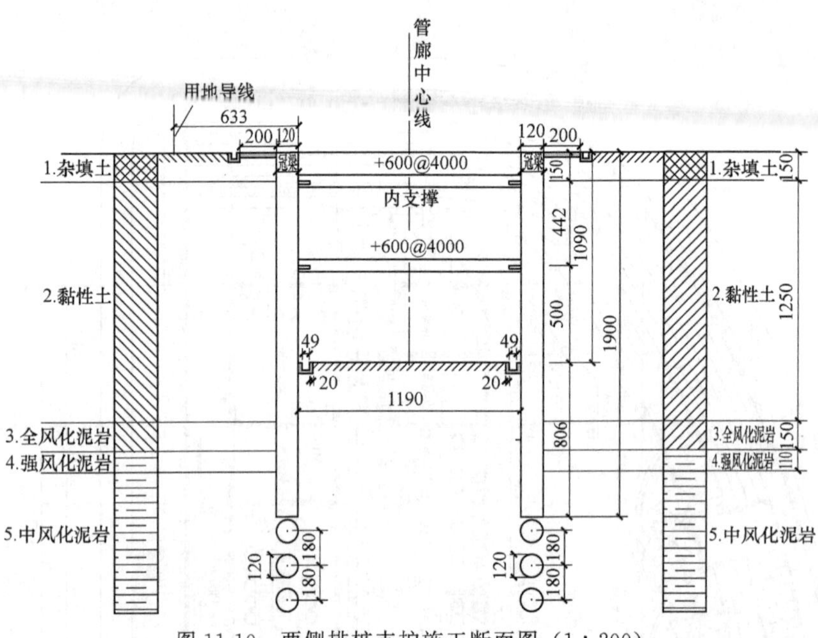

图 11-10　两侧排桩支护施工断面图（1∶200）

3. 基坑监测及预警

为反映基坑开挖边坡顶部的变形情况，预防出现基坑边坡垮塌事件，以基坑边缘以外1～2倍开挖深度范围内的地面和需要保护的构筑物角点作为监控对象，及时掌握因基坑开挖而被影响的部位，以便采取针对性工程措施，避免进一步破坏，保证开挖施工过程的正常进行。结合本项目设计计算结果确定本工程地表位移监测预警值，当位移监测点的累计值达到表中安全报警值或变化速率连续3d超过该值的70%时，应及时整理成果数据，向相关单位提交安全预警报警报告，并加密观测频率，基坑监测项目及报警值见表11-9。

基坑边坡顶部位移、周边地表及构筑物沉降监测报警值　　表 11-9

监测项目	位置或监测对象	仪器	监测最小精度	控制值	测点布置	监测频率
坡顶和围护桩桩顶水平位移	围护桩顶	经纬仪	±1.0mm	0.1H%或30mm	间距约15～20m	土方开挖中1次/d，主体施工中1次/3d
围护桩变形	围护桩内	测斜管测斜仪	±1.0mm	0.1H%或30mm	间距约15～20m，同一测点竖向间距为0.5m	土方开挖中2次/d，主体施工中1次/3d
地表和地下管线及周边建筑沉降及位移	管线接头处和建筑角点	水准仪经纬仪	±1.0mm	按管线部门要求确定	间距5～10m	施工中1次/d，直到管线恢复

11.2　成洛大道综合管廊工程

11.2.1　项目概述

成洛大道综合管廊全长4437m，最大纵坡3.6%，全线布置21座综合井，最大深度

40.0m，最小深度 22.3m。入廊管线包括 220kV 电力管线、燃气管线、给水管线、输水管线、10kV 电力管线、通信管线、垃圾渗滤液管线。管廊断面为外径 9.0m 圆形，划分为水电信舱、220kV 高压电力舱、燃气舱、输水舱 4 个舱室，田字形布置。本项目施工交叉频繁，场地极为有限，采用盾构法施工，使用直径 9.3m 的盾构机，为国内直径最大的盾构综合管廊工程。综合管廊总投资约 10 亿元，项目区域位置见图 11-11，管廊断面图见图 11-12。

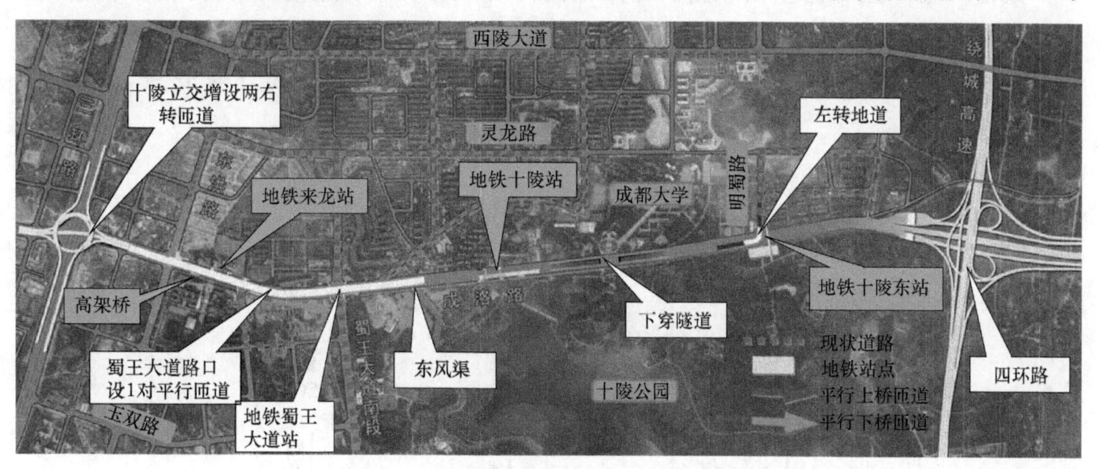

图 11-11　成洛大道综合管廊项目区域位置图

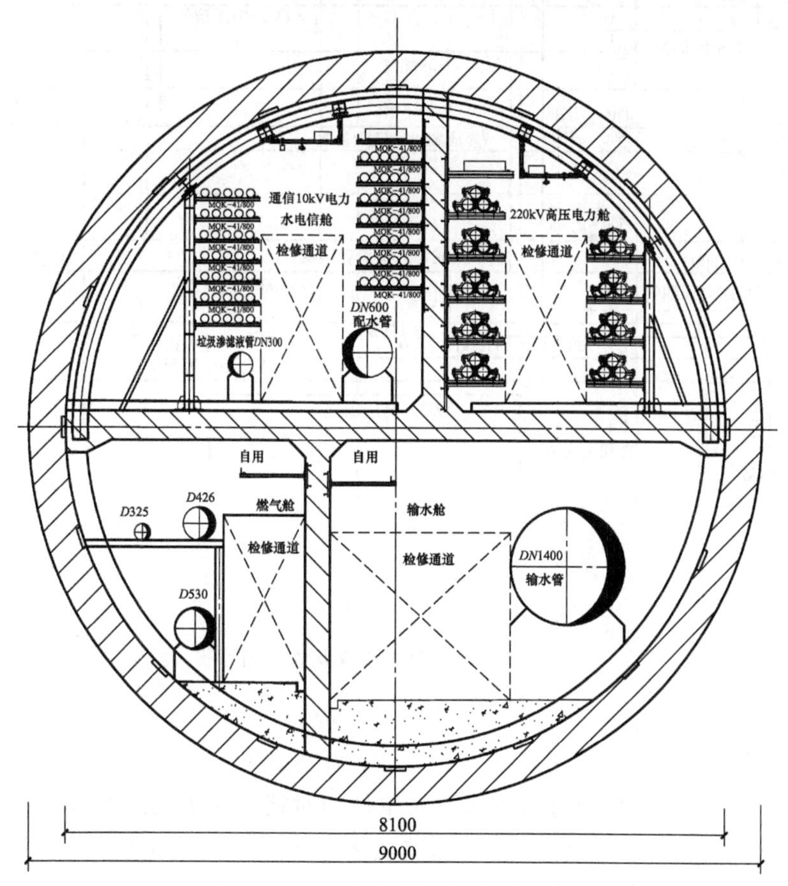

图 11-12　成洛大道综合管廊断面图

11.2.2 总体设计

1. 入廊管线分析

(1) 现状管线

成洛大道（三环路至四环路）道路范围内现状市政管线数量和种类较多。包括：给水管线（输水管线、配水管线）、雨水管线、污水管线、不同压力等级燃气管线、电力管线（浅沟）、通信管线（浅沟）、压力流垃圾渗滤液管线共7种管线，具体见图11-13。

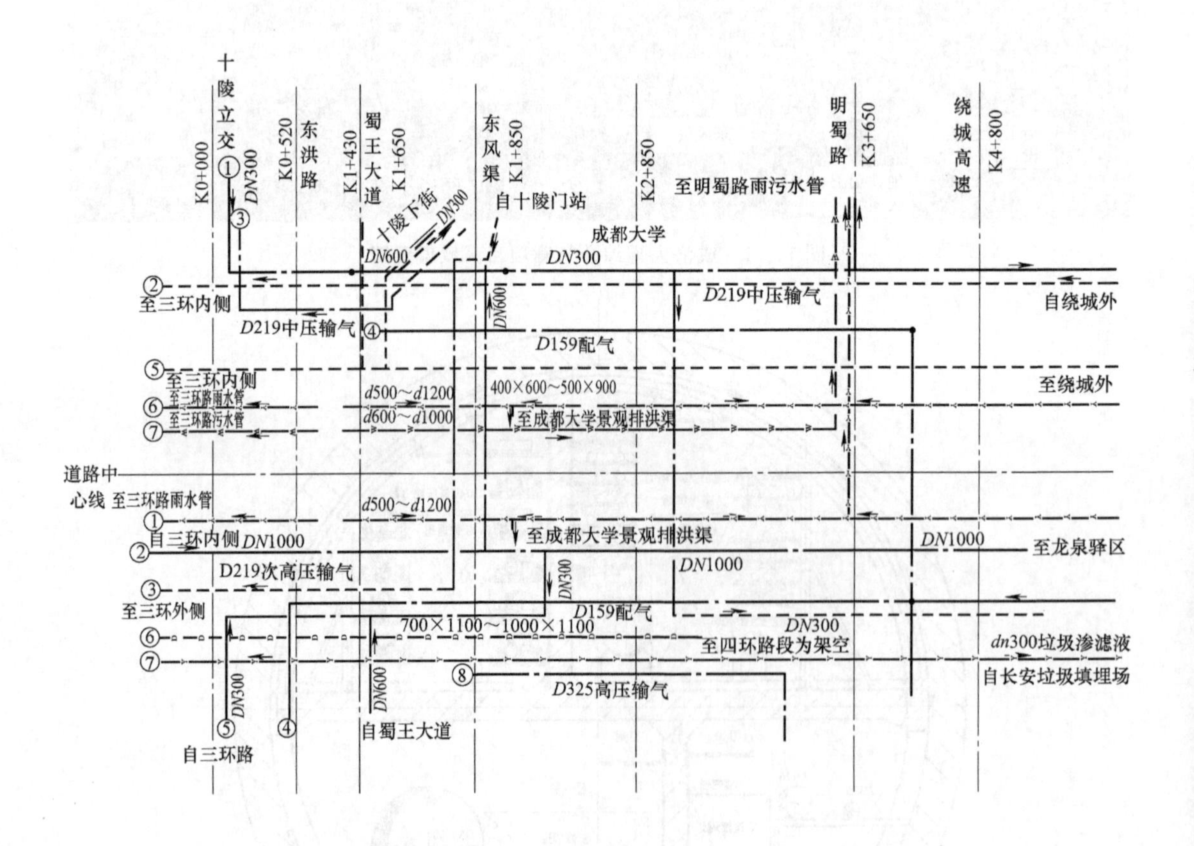

图 11-13 成洛大道现状管线图

(2) 新增管线

分析规划和现状情况再通过与管线权属单位的对接，落实成洛大道需保留管线和新增/改扩建管线建设需求。通过整理后，最终成洛大道管线见图11-14。

成洛大道改造后道路两侧管线种类与数量统计见表11-10。

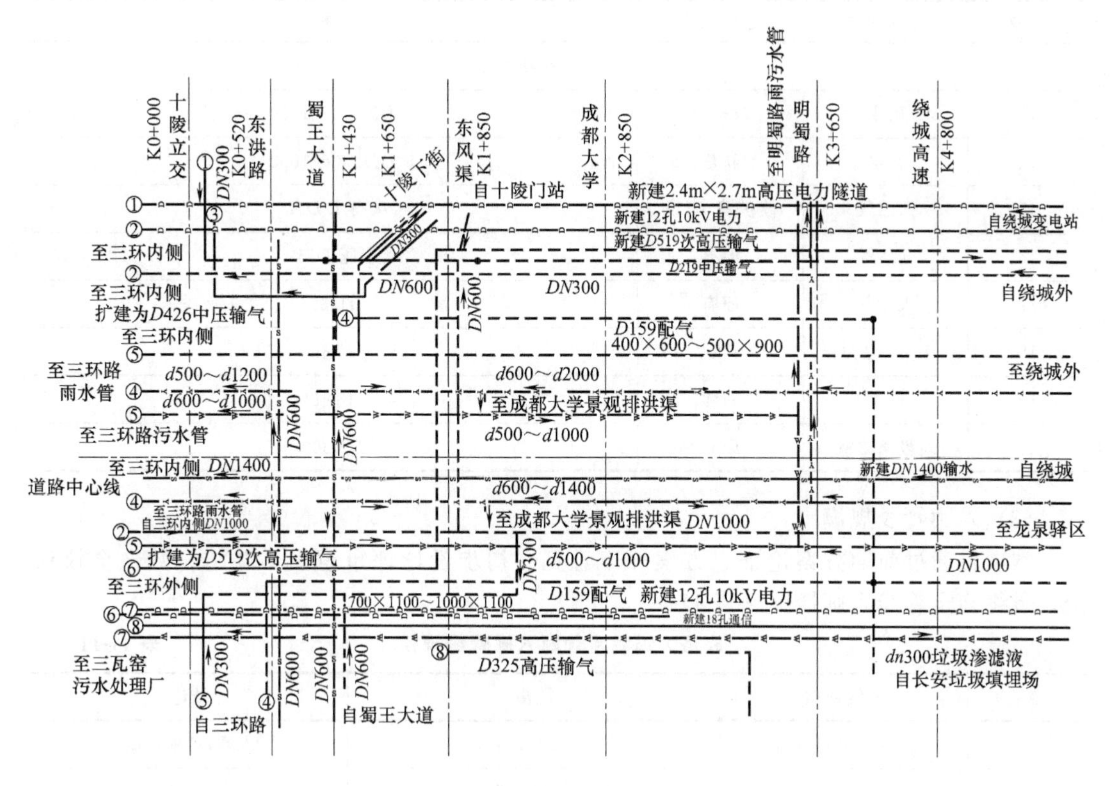

图 11-14 成洛大道改扩建后管线图

成洛大道改造后主要管线表 **表 11-10**

序号	管线种类	建设性质	规格
道路北侧主要管线			
1	给水	原有	DN300～600
2	雨水	改扩建	DN600～2000
3	污水	改扩建	DN500～1000
4	220kV 电力隧道	新建	2.4m×2.7m
5	10kV 电力	新建	12 孔
6	通信	原有	900mm×500mm、700mm×400mm、600mm×400mm、900mm×300mm、700mm×500mm
7	天然气	原有	中压 D219
8	天然气	扩建	中压 D426
9	天然气	原有	中压 D159
道路南侧主要管线			
10	输水	原有	DN1000
11	输水	新建	DN1400
12	配水	原有	DN300

续表

序号	管线种类	建设性质	规格
道路南侧主要管线			
13	雨水	改扩建	DN600～1400
14	污水	新建	DN500～1000
15	天然气	改扩建、新建	次高压 D529
16	天然气	原有	中压 D159
17	天然气	原有	D325
18	10kV 电力	新建	12 孔
19	通信	新建	18 孔
20	垃圾渗滤液	原有	DN300

（3）入廊管线规模

本项目通过前期方案论证、方案评审意见、初步设计评审意见，并结合数次会议讨论，最终确定管线入廊情况见表 11-11。

成洛大道综合管廊入廊管线规模 **表 11-11**

序号	管线种类	规格	结论
1	220kV 电力隧道	2.4m×2.7m	入廊，单独成舱
2	天然气	中压 D219（输气）	入廊，单独成舱
3	天然气	中压 D426（输气）	入廊，单独成舱
4	天然气	次高压 D529（输气）	入廊，单独成舱
5	天然气	中压 D159（配气）	入廊，单独成舱
6	给水	DN300～600	入廊
7	10kV 电力	2×12 孔	入廊
8	通信	2×18 孔	入廊
9	垃圾渗滤液	DN300	入廊
10	输水	DN1400	入廊
11	燃气	高压 D325（输气）	不入廊
12	输水	DN1000	不入廊
13	雨水	DN600～2000	不入廊
14	污水	DN500～1000	不入廊

2. 断面设计

本管廊工程的主要控制点为沿线经过的东洪路、成都地铁 4 号线二期工程来龙站、十陵地铁站（蜀王大道站）、东风渠、成都大学地铁站、成都大学、明蜀路路口、左转明蜀路下穿隧道、地铁 4 号线十陵东站以及既有房屋建筑、既有（新建）高架桥等。

线路沿线穿越匝道桥桩、地铁4号线站台出入口、地表道路、涵洞及成都大学下穿隧道等控制性建（构）筑物，具体见表11-12。

主要控制因素 表11-12

序号	构筑物	盾构结构与构筑物关系	平面净距(m)	最小竖直净距(m)
1	2～3层砖房建筑基础	下穿	—	10.2
2	地铁人行横通道底板	下穿	—	4.7
3	东风渠渠底	下穿	—	11.6
4	成都大学下穿隧道边墙和底板	近平行	4.4(距边墙)	4.2(距底板)
5	明蜀路下穿匝道隧道底板	下穿	—	6.6
6	新建桥梁靠盾构侧桩基边缘	近平行	2.6	—
7	十陵立交现有桥梁桩基边缘	附近通过	4.5	—
8	南支三渠涵洞	下穿	—	2.0
9	规划地铁9号线隧道底部	下穿	—	4.1
10	成都大学校门(南门)	下穿	4.1	11.0

成洛大道代表性横断面如图11-15～图11-17所示。

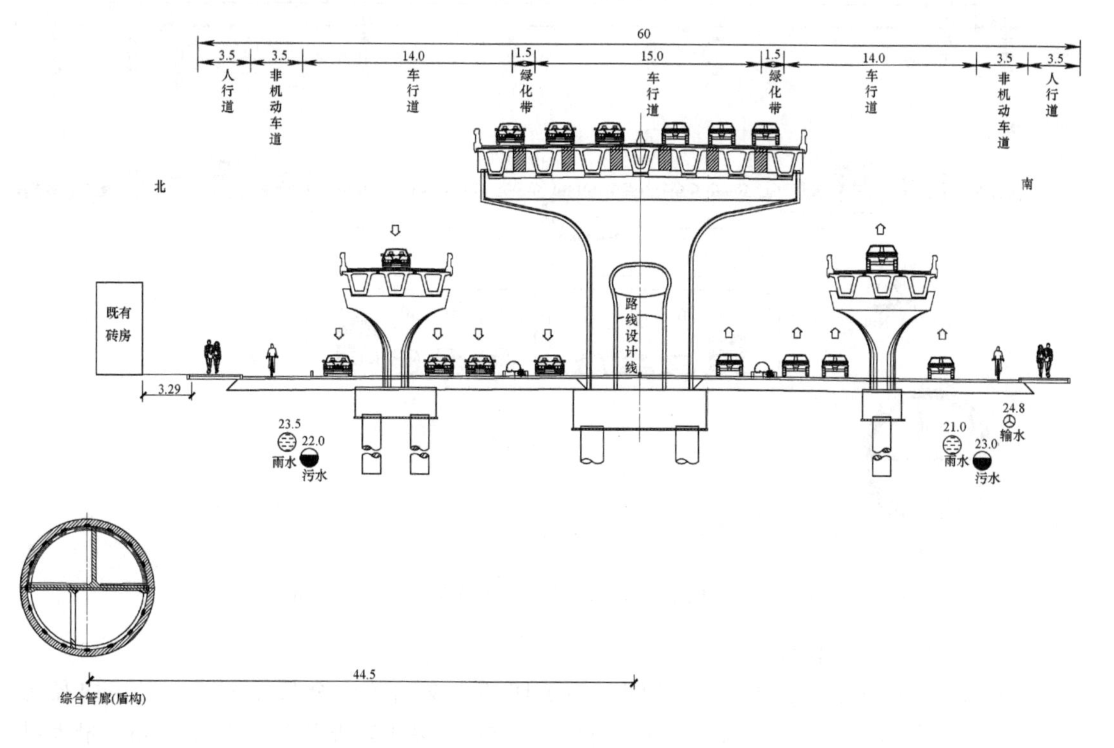

图11-15 成洛大道综合管廊与高架桥关系图（m）

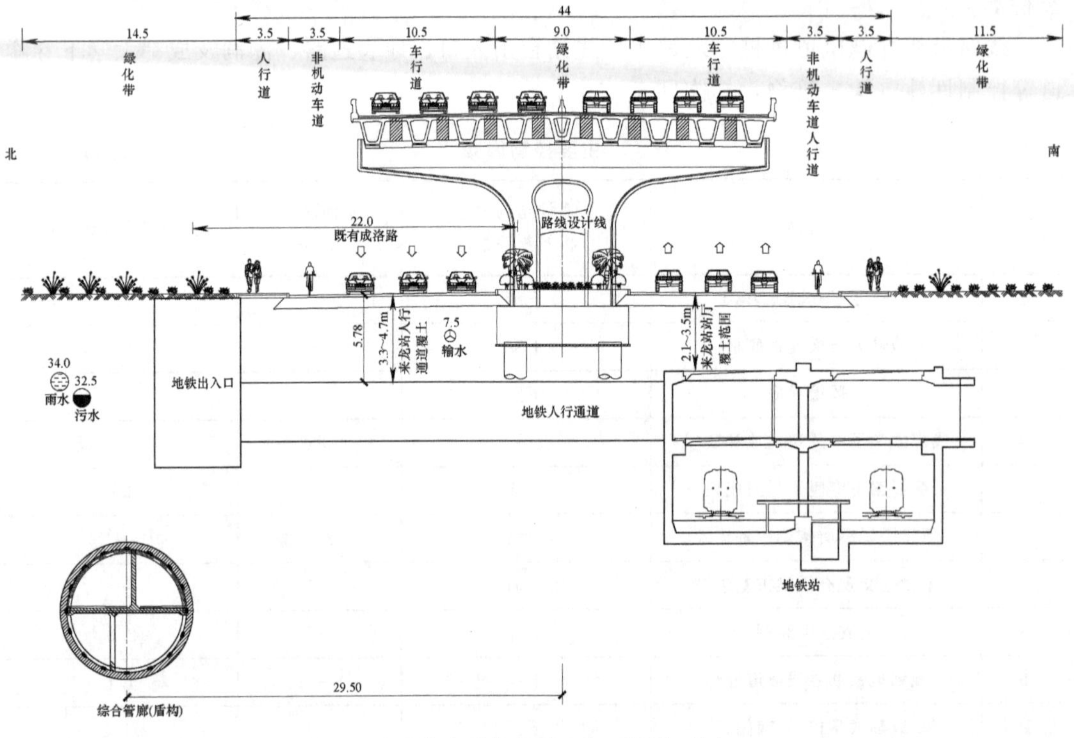

图 11-16 成洛大道综合管廊与地铁关系图（m）

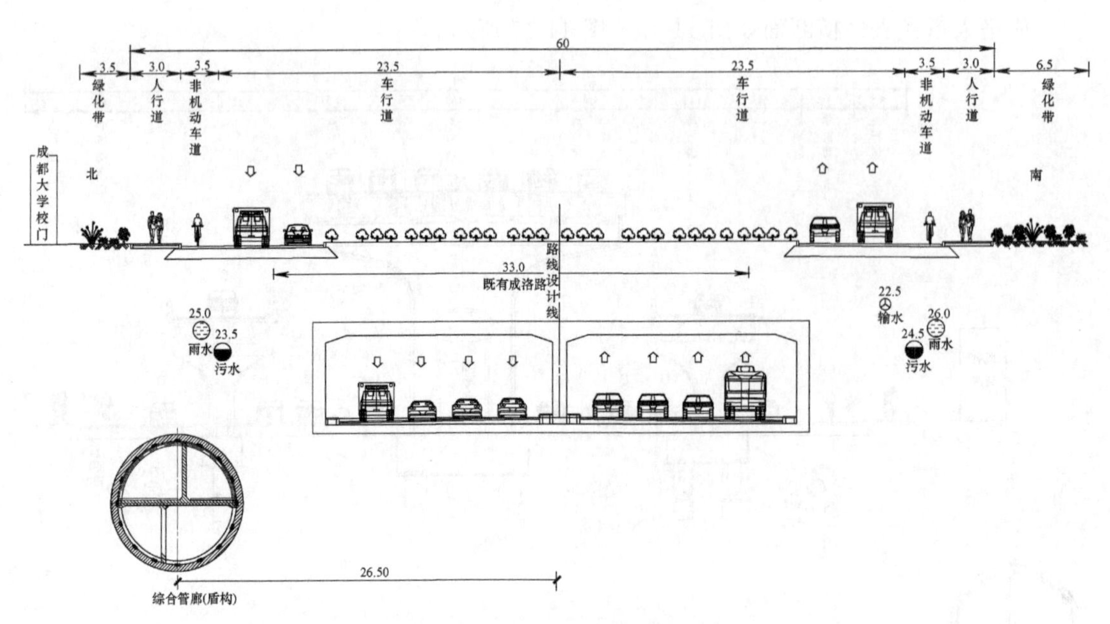

图 11-17 成洛大道综合管廊与下穿隧道关系图（m）

3. 综合管廊空间设计

(1) 综合管廊起于三环立交外侧，终于四环立交内侧，全长 4437m；采用内径为 8.1m 的盾构机施工；管廊最小平曲线半径为 1000m，最小竖曲线半径为 2000m，最大纵坡为 3.62%，最小纵坡为 0.3%；最小覆土厚度为 10.2m，距离既有或新建构筑物底板最小距离为 4.7m。

(2) 根据沿线管廊平面布置情况，每隔 200m 左右设一座综合井，全线共设综合井 21 座。各种结构以及附属开孔需求均通过综合井实现。本综合管廊附属开孔需求包含人员出入口、逃生口、投料口、通风口、管线分支口等。

1) 人员出入口

人员出入口兼作逃生口，并与吊装口、通风口综合设置为综合井，平面上共设置 5 处。

2) 逃生口

原则上按约 200m 设置一处逃生口，并根据实际情况做局部调整，共设置 21 处，部分与吊装口和通风口结合设置。

3) 吊装口

吊装口露出地面部分放置于绿化带或道路侧分带内，共设置 10 处，吊装口尺寸为 1.8m×7m（宽×长）或 1.0m×7m（宽×长）。

4) 通风口

通风口按照每个防火分隔一端进风一端排风的通风方式，共设置 21 处。

5) 管线分支口

管线分支口原则上按约 200m 设置一处，并根据地块用户情况做调整，成都大学以后的分支口数目略做减少，共设置 21 处。

6) 控制中心

成洛大道综合管廊监控分中心设置于 9 号井内，采用半下沉式结构。

7) 出线工程

本管廊工程出线工程主要包括 21 座综合井的各种管线出线，以及出线后在道路上埋设部分的排管、检查井、转换井等内容。

11.2.3 盾构管廊设计

由于本项目周边限制条件众多，将数次下穿地铁、既有隧道，同时邻近既有桥梁桩基。采用明挖施工方法及其他暗挖施工方法条件受限。考虑到盾构法施工具有作业在地下进行，不影响地面交通，减少噪声和振动对附近居民影响；施工费用受埋深影响小，有较高的技术经济优越性；盾构推进、出土、拼装衬砌等主要工序循环进行，易于管理，施工人员较少；施工速度快，一般为矿山法的 3～8 倍等优点，故本项目采用盾构法进行施工。

1. 盾构断面形式

管廊断面形式与入廊管线种类、数量、管廊平面布置条件、施工工法等相关。

本项目管廊采用盾构法施工，其断面形式根据盾构机尺寸确定为内径 8.1m，外径 9.0m，内净空断面面积 51.50m^2。

2. 盾构机选型

(1) 地层条件

盾构隧道穿越的地层主要有：②$_3$ 硬塑黏土（Q_3^{fgl+al}）、③$_1$ 黏土夹卵石（Q_2^{fgl+al}）、④$_1$ 全风化泥岩（K_2g）、④$_2$ 强风化泥岩（K_2g）、④$_3$ 中风化泥岩（K_2g），总体上岩性较

好，渗透系数小，其中②$_3$ 硬塑黏土和④$_1$ 全风化泥岩渗透系数最小，在 1.16×10^{-6}cm/s 左右；③$_1$ 黏土夹卵石（Q_2^{fgl+al}）渗透系数最大，在 9.26×10^{-4}cm/s 左右；④$_2$ 强风化泥岩（K_2g）和④$_3$ 中风化泥岩（K_2g）渗透系数分别约为 2.78×10^{-4}cm/s 和 2.31×10^{-4}cm/s。在天然状态下，洪水期地下水埋深 6～10m。

（2）隧道设计条件

管片外径：9000mm；

管片内径：8100mm。

盾构机的主要类型有敞开式盾构机、泥水平衡式盾构机、土压平衡式盾构机等。结合本管廊工程地质主要为黏土、全～中风化泥岩、土夹石、地下水贫乏（围岩渗透系数小）的工程特点，推荐采用土压平衡式盾构机，盾构机外径为 9.3m。

3. 管片结构设计

（1）材料及保护层

1）材料

管片混凝土：强度等级为 C50，抗渗等级为 P12。

钢筋：HPB300、HRB400 钢筋。

定位预埋件：Q235B 钢材。

注浆孔预埋件：聚乙烯。

2）保护层

混凝土净保护层厚度：迎土侧 35mm，背土侧 25mm。

（2）管片设计参数

1）衬砌环构造

衬砌环外径 9000mm；内径 8100mm；管片幅宽 1500mm；管片厚度 450mm。

每环衬砌环由 8 块管片组成，其中 1 块 K 型块、2 块 B 型块、5 块 A 型块。采用 3°楔形块接头角和 9°插入角。

设计采用通用楔形环，楔形量 48mm，双面对称楔。管片采用错缝拼装，并通过前、后环 K 型块的相对转动达到满足曲线地段拟合线路及施工纠偏的需要。

2）管片连接

衬砌纵缝、环缝两侧管片均采用弯螺栓连接。

4. 洞门结构

洞门设计指盾构隧道与端头井接头设计。洞门处设置内径 8100mm、外径 9800mm 的钢筋混凝土圈梁。始发端洞门宽度统一采用 700mm，到达端及中段综合井处洞门宽度根据实际排板情况而定，但不应小于 400mm。

在始发端和到达端洞门处，应设置供盾构机安全进出洞的临时止水圈，止水圈采用环形密封橡胶板。为固定环形密封橡胶板，在始发（到达）工作井内衬墙环孔梁内侧预埋整环钢板。钢板环宽度为 150mm，内径为 9680mm，外径为 9980mm。

5. 盾构始发和接收

（1）始发井和接收井布置

综合考虑本管廊通过段工程地质条件、周边施工作业环境、施工场地、施工工期等因素，确定本工程采用 2 台盾构机组织施工，并于中段设 1 号盾构始发井（往起点方向掘进），终点设2号盾构始发井，始发井横断面尺寸为40m×15.5m（长×宽）；于GK0+009处设1号盾构接收井，其断面尺寸为18m×13m（长×宽）；于GK2+260设2号、3号盾构接收井，其断面尺寸为18m×12m（长×宽）。

（2）始发井和接收井加固

综合考虑本工程始发井和接收井地质主要为黏土、全～中风化泥岩，黏土及泥岩地层具有阻水性，并经工程类比确定本工程端头井采用"大管棚+管棚内注浆+地面注浆（袖阀管注浆）"的方式予以加固，同时辅以邻近洞门的8环管片洞内二次注浆加固（环箍注浆加固）。

6. 盾构防水设计

盾构防水设计主要包括管片混凝土的结构自防水、管片外防水（包含一次注浆和二次补充注浆以及管片外高渗透性改性环氧外防水涂料）、接缝及孔洞防水、盾构隧道与盾构井接头防水、洞门防水等方面的设计。

（1）为排放隧道仰拱填充顶面清洗水及结构可能产生的渗水，在隧道仰拱填充顶面紧邻边墙处设置开口式矩形排水明沟，平面尺寸为10cm×10cm。

（2）管廊凹形变坡点及综合井内均设置集水坑，管廊外配套设置泵房，通过埋设在集水坑和泵房之间的连接管道将集水抽至隧道外的排水管网予以排放。

7. 盾构管片内中隔板及中隔墙设计

盾构管片内中隔板和中隔墙均采用C35钢筋混凝土，厚度分别为35cm和30cm；为保证中隔板的结构安全，沿管廊纵向每隔3m设置一道C35钢筋混凝土弧形支墩，支墩厚25cm、长100cm。

（1）为方便后期管廊内线缆支架的安装，在每块管片内设置一弧形钢板，钢板纵向间距为1.5m；

（2）为方便廊内高压电力及通信电缆安设，在中隔墙内预埋钢槽，其中水电信舱内钢槽纵向间距为0.8m，高压电力舱内钢槽纵向间距为1.5m；非中隔墙侧采用钢支架结构系统满足其管线敷设要求。

11.2.4 附属设施设计

综合管廊附属设施包括消防、通风、供电与照明、监控与报警、排水、标识系统。

1. 消防灭火设施设计

（1）火灾危险性分类

本综合管廊由水电信舱、燃气舱、输水舱、高压电力舱构成，对不同舱室按火灾危险性分类设置必要的消防设施，见表11-13。

成洛大道综合管廊内各舱室的火灾危险性分类　　表11-13

项目	舱室名称	舱室内容纳管线种类	火灾危险性类别
综合管廊	水电信舱	通信、低压电力配水、垃圾渗滤液管道	丙
	燃气舱	天然气管道	甲
	输水舱	*DN*1400自来水管	戊
	高压电力舱	高压电力管道	丙
电力隧道	—	高压电力管道	丙

(2) 灭火设施设计

本综合管廊和电力隧道的消防设计应包含自动灭火系统设计和灭火器系统设计。

综合管廊沿线和电力隧道内每隔 200m 左右设置一个防火分区。综合管廊各舱室和电力隧道的具体消防设计方案见表 11-14。

成洛大道综合管廊各舱室和电力隧道的消防设计方案　　表 11-14

项目	舱室名称	设计消防系统	
综合管廊	水电信舱	自动灭火系统	灭火器系统
	燃气舱	—	灭火器系统
	输水舱	—	灭火器系统
	高压电力舱	自动灭火系统	灭火器系统
电力隧道	—	自动灭火系统	灭火器系统

1) 自动灭火系统设计

自动灭火系统选用高压细水雾灭火系统，在需设置自动灭火系统的水电信舱和高压电力舱内均采用高压细水雾灭火系统。

2) 灭火器系统设计

本综合管廊各舱室和电力隧道内选用手提式磷酸铵盐干粉灭火器。

2. 排水系统设计

综合管廊内设 2%的横向坡度，主要采用纵向边沟排水，在每个单独的舱室内设置排水明沟，纵向排水沟的纵坡与综合管廊的纵坡保持一致，若纵坡大于 10%，于底板设置防滑措施。地面水通过找坡形成的排水边沟汇集到集水坑，最终由潜污泵抽排至市政排水系统。集水坑设置于综合管廊的最低处或综合井内。

3. 通风系统设计

本项目水电信舱、高压电力舱、燃气舱、输水舱及管廊均采用机械进排风方式，进风井与排风井相间布置，各舱室独立通风。管廊通风井均设置于综合井内。水电信舱、高压电力舱、燃气舱、输水舱进风井合并设置，水电信舱、高压电力舱、输水舱排风井合并设置，燃气舱排风井单独设置，并确保出风口与周围建筑物间距大于 10m。相邻综合井之间为一个通风区段，通风区段间由防火门隔断。

(1) 当一个通风区段长度不大于 200m 时，防火分区与通风区段保持一致，即相邻两个综合井之间为一个防火分区，相邻防火分区用防火门（常闭）隔断。

(2) 当一个通风区段长度大于 200m 时，在其中部适当位置增设一道可远程控制的防火门，将通风区段分隔为两段或三段不大于 200m 的区段，每个区段即为一个防火分区。中部增设的防火门平时常开，当发生火灾时远程控制其关闭，待火灭排烟时再远程控制其打开。设置形式如图 11-18 所示。

通风区段的一端为进风井，另一端为排风井，井下设送排风机，风机与风井间通过不锈钢矩形风管连接对隧道进行通风和排烟。燃气舱、水电信舱、高压电力舱排风机口装 280℃电动防火风阀（常开），当排风温度超过 280℃时能自动熔断关闭。燃气舱、水电信

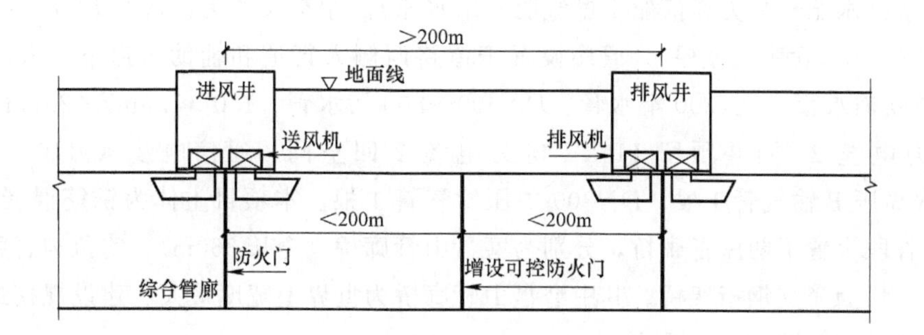

图 11-18 成洛大道综合管廊通风系统示意图

舱、高压电力舱送风机口及输水舱送、排风机口装 70℃电动防火风阀（常开），当进风温度超过 70℃时能自动熔断关闭。每个风机口安装的电动防火风阀与风机连锁，并可现场和远程控制。

4. 供电与照明系统设计

(1) 供电系统主要包括管廊供配电系统、照明系统、管廊综合接地系统；

(2) 管廊为地下建筑，不需设置防直击雷设施，但需设置浪涌保护器用于感应雷保护；

(3) 本工程低压接地形式采用 TN-S 系统，各用电设备金属外壳及灯具外壳均应与接地保护线（PE 线）可靠连接；

(4) 综合管廊设置综合接地系统，利用管廊内结构主筋作为接地体。

5. 监控与报警系统设计

监控与报警系统的设计范围主要为 4 个舱的环境与设备监控系统、安防系统、通信系统、火灾自动报警系统的设计。

(1) 监控系统主要包括监控中心计算机系统、网络传输系统、环境与设备监控系统；

(2) 安防系统主要包括视频监控系统、红外防入侵系统、离线式电子巡查系统；

(3) 通信系统主要包括电话系统、无线对讲系统；

(4) 火灾自动报警系统。

6. 标识系统设计

本次成洛大道（三环路至四环路）快速路改造工程设计全长 4437m，标识系统里程范围以运营里程为准。标识系统共分 6 类，分别为管廊介绍与管理牌、入廊管线标识牌、设备标识牌、管廊功能区与关键节点标识牌、警示标识牌、方位指示标识牌。

11.3 宜宾县县城综合管廊工程

11.3.1 项目概述

宜宾县县城综合管廊设计长度约 6.73km，总投资约 7.2 亿元。管廊推荐断面形式为四舱（给水排水舱＋电力通信舱＋燃气舱＋雨水舱）。净空尺寸为：$B\times H$＝8.8m×2.7m～9.7m×2.7m（含中间壁厚）。管廊设置于道路西侧人行道和辅助车道下。入廊管线包括：DN600 输水管、DN300 配水管、DN600～800 污水管、1.0（1.5m）×2.7m 雨水舱、10kV 电力电缆 20 回并预留 110kV 电力电缆 2 回空间、通信电缆（ϕ110×20 孔）、DN200 次高压 B 输气管 1 根、DN300 中压配气管 1 根。本项目主体为钢筋混凝土结构，在穿越沟谷段设置了两座管廊桥，分别为磨盘山管廊桥（全长 360m）、钓鱼沟管廊桥（全长 300m），均为简支钢桁架桥。其中磨盘山管廊桥为世界上宽度最大、建设规模最大的管廊桥。项目区位如图 11-19 所示。

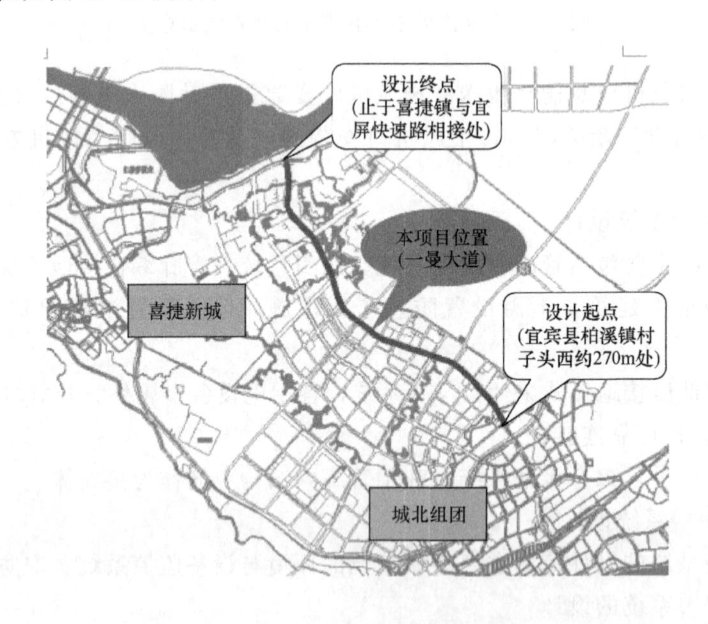

图 11-19　宜宾县县城综合管廊项目区位图

11.3.2　总体设计

1. 入廊管线种类与规模

本工程涉及的地下管线包括给水管线（输水 DN600、配水 DN300）、雨水管线（断面尺寸 1.0m（1.5m）×2.7m）、污水管线（DN600～800）、电力管线（10kV 电力 20 回、110kV 电力 2 回）、通信管线（20 孔）、燃气管线（DN300、DN200）6 种管线。

其中给水管线、电力管线、通信管线入廊条件好，推荐入廊。

本项目地形条件较好，污水管线和燃气管线推荐入廊。雨水管线（断面尺寸 1.0m（1.5m）×2.7m）由于断面尺寸较大，采用箱涵形式入廊。

2. 断面设计

本项目管廊断面布置为一字形，标准段与管廊桥段断面形式如图 11-20 和图 11-21 所示。

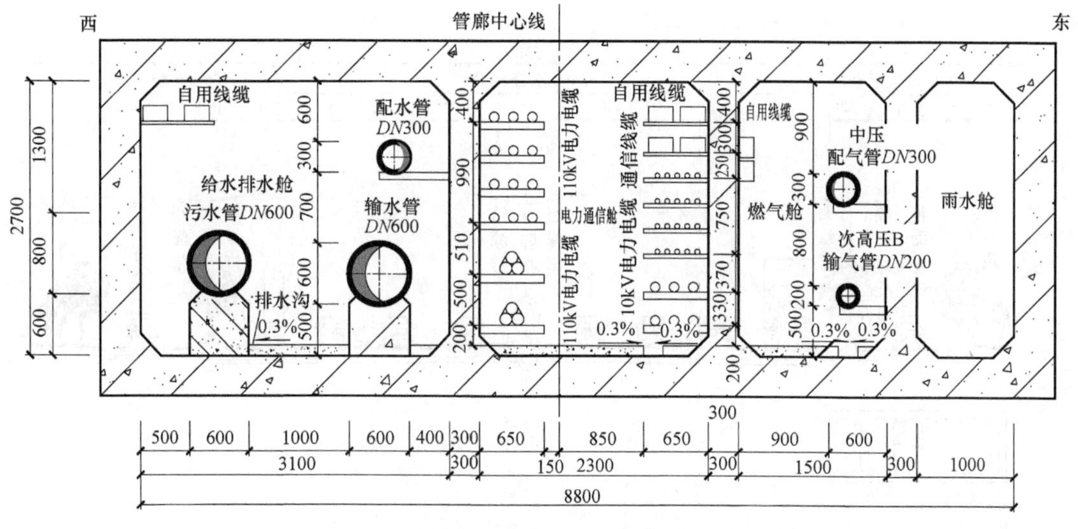

图 11-20　宜宾县县城综合管廊标准段横断面布置图

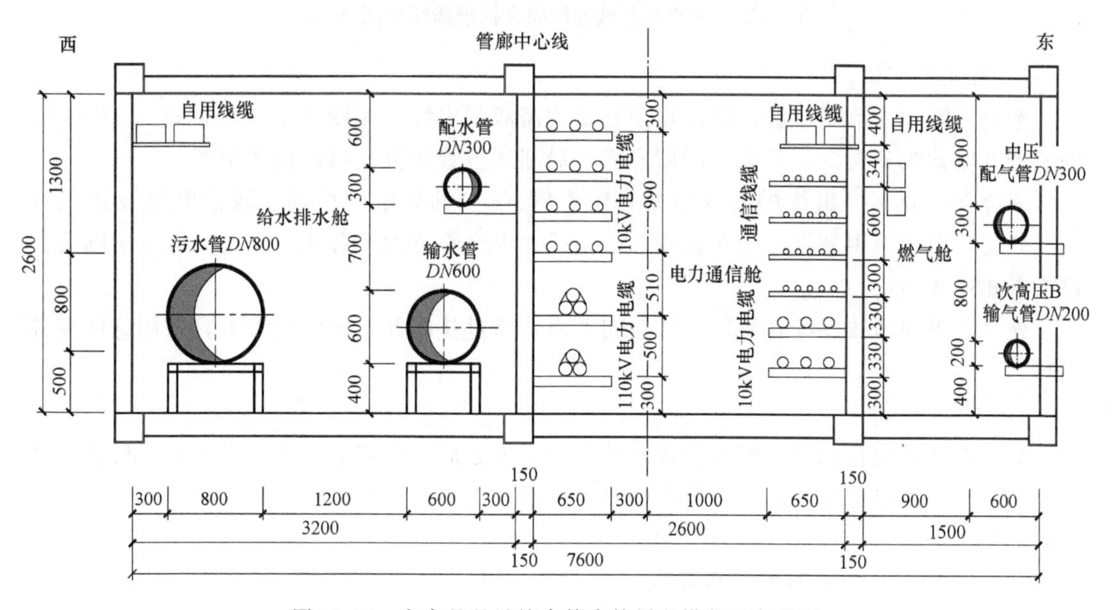

图 11-21　宜宾县县城综合管廊管桥段横断面布置图

3. 管廊空间设计

(1) 平面设计

本综合管廊设置于道路西侧非机动车道与人行道下方，见图 11-22。

(2) 竖向设计

为避开小三线支线和雨污水管道支线，本次设计综合管廊一般路段覆土厚度约 3.3m，埋深约 7.0m。在遇到障碍物段加深埋深。

(3) 节点设计

管廊节点主要为满足管廊人员进出、管线检修维护、管道设备进出、检修人员的安全等基本功能而设置。本次设计的节点包括：通风口、逃生口、吊装口、人员出入口、管线分支口、集水坑等，各功能节点组合设置成综合井，综合井至少满足 2 个节点功能。

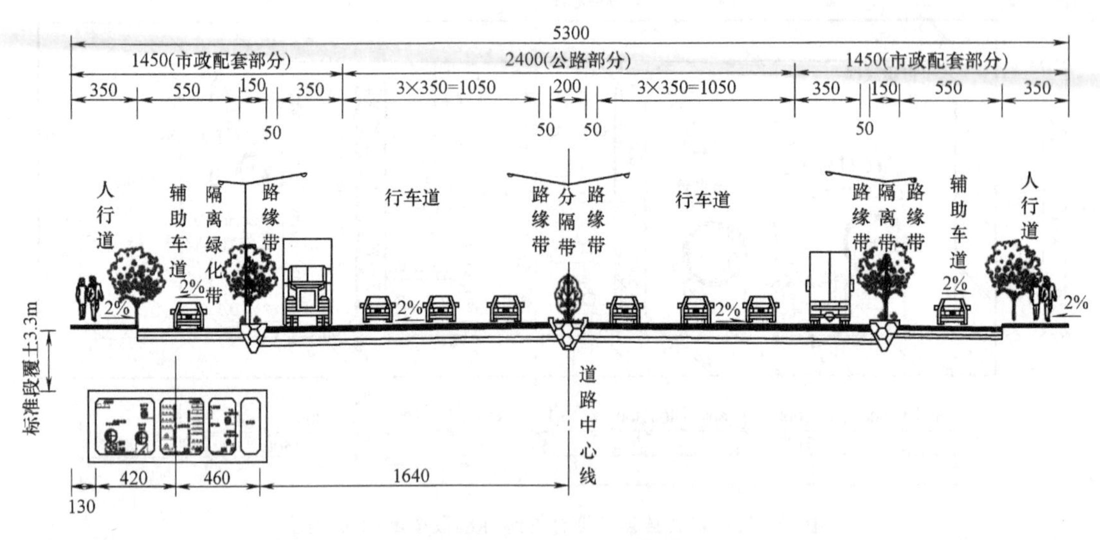

图 11-22　宜宾县县城管线综合标准横断面图（cm）

1）管线分支口

本项目管廊为单侧布置，因此每条管廊均需双侧出线。原则上沿主干道每隔 150m 设置一个直埋管线分支口，并以实际用户需求局部调整管线分支口的设置距离。

综合管廊分支口出线的管线包括：配水管线、10kV 电力电缆、通信电缆及燃气管线。分支口出线采用套管出线至接线井，接线井内穿管直埋至各用户。雨水管线出廊后通过检查井连接用户。

燃气需单独出线，综合管廊燃气舱向上出线通过接线井接至绿化带下，采用直埋至各用户。

2）吊装口

综合管廊内的管线是在综合管廊本体土建完成之后进行安装，所以必须预留材料的吊装口，同时吊装口也是今后综合管廊内管线维修、更新的投放口，同时兼作综合管廊机械排风口和逃生口。

本项目纳入综合管廊的管线最大管径为 *DN*800，管道按照 6m 长考虑，吊装口长度按 7m 长的管道设计，宽度不小于管径＋200mm，吊装口最小宽度不小于 1m。据此确定综合管廊吊装口尺寸不小于 7.0m×1.2m。

3）通风口

综合管廊采用自然进风、强制排风的通风系统，结合综合管廊防火分区进行通风系统的设计。在每个防火分区内设置一个自然进风口，1～2 个机械通风口。进风口与通风口采用间隔布置，进风口结合投料口或单独设置，出风口处安装风机。通风口设置于人行道上，与行道树齐平，与景观同步打造。

4）逃生口

日常维护人员出入口可作为逃生口使用，但由于设置间距相对较大，本项目考虑另设置一些紧急事故人员逃生口。紧急事故人员逃生口结合吊装口设置，在吊装口内设有爬梯，紧急情况下，人员可以由此出入口进出。吊装口设置间距不超过 200m。综合管廊逃生口设置在人行道上，与行道树齐平，与景观同步打造。

吊装口、排风口、逃生口结合设置的A型综合井见图11-23。

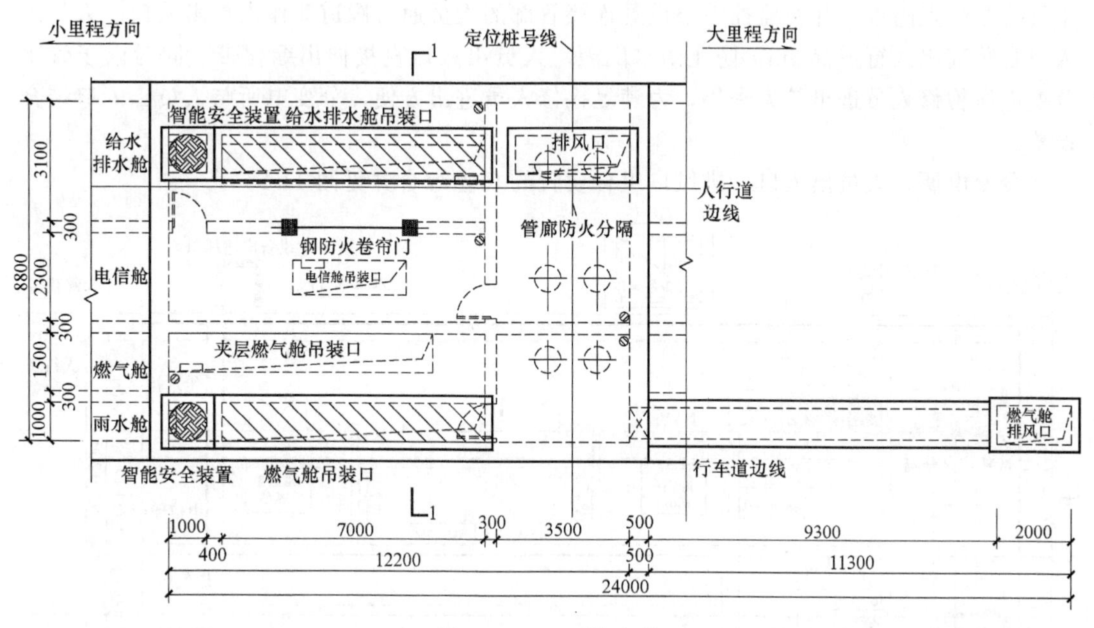

图11-23 A型综合井

进风口、逃生口结合设置的B型综合井见图11-24。

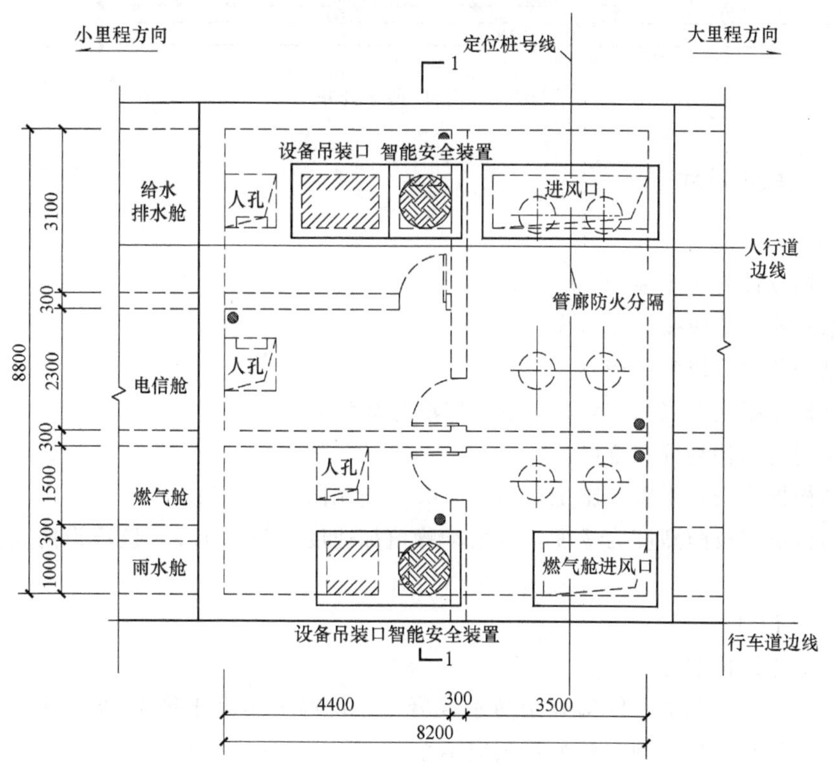

图11-24 B型综合井

5）人员出入口

人员出入口主要供维修、检修作业人员以及抢险时进出。本综合管廊人员出入口设置于管廊起终点附近，并在监控中心设置连接管廊的人员通行廊道兼作人员出入口。人员出入口台阶高出人行道 0.3m，防止雨水倒灌。人员出入口直接伸出绿化带，同时由于管廊分变电所检修人员进出较为密集，为满足检修人员进出方便，分变电所与人员出入口结合设置。

分变电所、人员出入口、进风口组合设置的 C 型综合井见图 11-25。

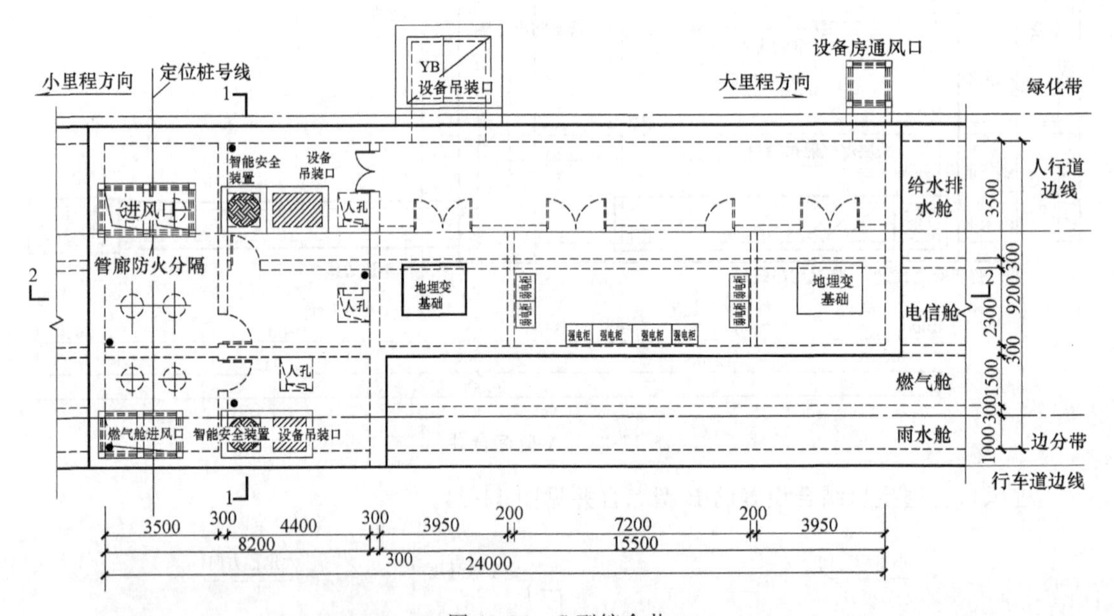

图 11-25 C 型综合井

11.3.3 结构设计

1. 结构设计参数

(1) 结构设计使用年限为 100 年；

(2) 结构安全等级按一级考虑；

(3) 结构防水等级为二级；

(4) 结构混凝土等级为 C40，混凝土抗渗等级为 P8；

(5) 混凝土结构裂缝宽度≤0.2mm；

(6) 结构抗浮安全系数：施工阶段≥1.05，使用阶段≥1.1；

(7) 结构抗震设防烈度为 7 度，地震动峰值加速度值为 0.10g，抗震设防类别为重点设防。

2. 防排水设计

(1) 防水等级标准

结构防水等级为二级，结构采用防水混凝土，抗渗等级大于等于 P8，处于有腐蚀性地下水地段，防水混凝土的耐侵蚀系数应不小于 0.8。

(2) 防水设计

管廊结构防水设计见表11-15。

宜宾县县城综合管廊结构防水设计　　表11-15

<table>
<tr><td rowspan="5">防水体系</td><td rowspan="3">衬砌结构自防水</td><td>混凝土抗渗等级</td><td>C40混凝土,P8</td></tr>
<tr><td>裂缝控制</td><td>宽度不大于0.2mm,且不得有贯穿裂缝</td></tr>
<tr><td>耐腐蚀要求</td><td>有侵蚀区段,混凝土的抗侵蚀系数不小于0.8</td></tr>
<tr><td>接缝防水</td><td colspan="2">接缝、变形缝不得渗水</td></tr>
<tr><td>外部防水</td><td colspan="2">防水涂料,防水卷材</td></tr>
</table>

3. 抗震设计

为了使结构有足够的抗震能力，达到“小震不坏、中震可修、大震不倒”，需合理选择结构体系。平面布置力求简单、规则、对称，避免应力集中；结构的承载力、变形能力和刚度要均匀连续分布，适应结构的地震反应要求。构件设计应采取有效措施防止剪切、锚固和压碎等突然而无事先警告的脆性破坏，保证构件有足够的延性。

4. 管廊主体结构设计

根据国内外工程经验，管廊主要采用钢筋混凝土结构，管廊主体结构可以分为预制拼装结构和现浇整体结构。本项目采用现浇整体结构。

11.3.4 管廊桥设计

1. 管廊桥设计概述

本项目共有管廊桥两座，即磨盘山管廊桥、钓鱼沟管廊桥，为宜宾县县城地下综合管廊建设项目的一部分。

磨盘山管廊桥全长360m，桥梁跨径布置形式为12×30m简支钢桁架。钓鱼沟管廊桥全长300m，桥梁跨径布置形式为10×30m简支钢桁架。桥上需通过燃气、污水、给水、电力、通信等设施，针对该管廊桥的结构，采用了简支钢桁架形式，桁架箱室划分、管线布置均与管廊框架标准段保持一致。主梁节间约3m，共四榀，梁高3.1m。桁架梁截面采用矩形框架式结构，采用钢材等级均为Q345qC，梁宽8.3m。桁架上下弦主梁为矩形管250mm×250mm×12mm，竖向腹杆采用矩形管250mm×150mm×10mm，斜腹杆采用矩形管250mm×150mm×10mm，上下弦杆支撑采用矩形管250mm×180mm×10mm和28b工字钢。顶、底十字拉杆采用125mm×14mm等边角钢。下部结构桥墩墩高小于25m时，采用直径1.5m墩接1.8m钢筋混凝土钻孔桩；桥墩墩高大于25m时，采用直径1.8m墩接2.0m钢筋混凝土钻孔桩。

2. 管廊桥设计难点

（1）管廊桥建设规模大。磨盘山管廊桥全长360m，钓鱼沟管廊桥全长300m，且该项目管廊桥为世界上最宽的管廊桥，世界上所有简支型管桥（包含管道桥和管廊桥）中，该桥宽度也为最宽。该管廊桥的建设规模（桁宽×桁高×桥梁总跨度）为15444m^3，在世界管桥（包含管道桥和管廊桥）中排名第一。

（2）桥上需通过燃气、污水、给水、电力、通信等设施，并需要留有安装、检修、参观等通道，同时要承受管道安装车辆和人群等动载。

（3）管廊桥需通过次高压B级燃气管及中压燃气管，燃气管需和电力电缆同时过桥，需要对燃气管和电力电缆进行防护，如采取半封闭隔断方式，同时也将增大阻风面积，对结构抵抗横风不利。

(4) 主桁结构规模大，而项目位于丘陵地区，场地运输、制作条件有限。若采用全焊预制结构，虽然能够保证节点制作质量，但结构搬运、吊装成本加剧；若采用现场焊接结构，则容易积累接头对位误差，增大结构焊接附加应力效应。

(5) 为体现经济性、合理性，本项目所需杆件尺寸要需能够提供适当刚度，但同时截面尺寸要经济合理。杆件尺寸较小时，若采用焊接钢板而成的截面，将产生过多的焊接残余应力，而采用矩形、圆形型材时，不利制作加工。

(6) 管道露天敷设，受气候影响较大，上跨部分安全防护措施需加强。

(7) 该桥位于高烈度地震区，生命线工程会受到地震灾害威胁，因此，桥梁抗震问题也是急需解决的设计问题之一。

3. 管廊桥设计特点

多舱室设计加工方案：为适应管线摆放位置，横截面采用三舱室设计，从左至右分别为污水给水舱、电力通信舱、燃气舱，燃气舱与电力通信舱间采用钢板隔断，燃气区域既能自然通风，又能减小对其他管线的影响。为方便运输、吊装以及施工，设计采用两边舱室预制吊装、中间舱室现场拴接的方式，解决了对位偏差与附加应力的问题。

多舱室施工方案：除对位横梁与顶底纵平联杆分别采用工字钢与等边角钢外，为了增加主桁梁的稳定、提高成桥后的整体刚度和方便施工过程，两侧舱室的构件都采用截面刚度较大的冷弯成型薄壁矩形管预制拼装而成。全桥最大杆件尺寸为 250mm×150mm×10mm，设计采用外贴节点板、断缝加撑、打孔定位的方式解决节点构造问题。

桥梁抗震方案：桥址位于抗震设防烈度 7 度区，最大墩高 33.5m，首次采用全新的减隔震支座＋填充式拉压型黏弹橡胶阻尼器＋ADS (Added Damping and Stiffness) 耗能型钢限位挡块＋混凝土防撞挡块的组合式抗震体系技术，保证生命线工程抗震安全。其中，在盖梁中央设置混凝土挡块防止桥梁及管线在地震作用下碰撞；于梁底和盖梁侧面设置的 ADS 耗能型钢限位挡块起滞回耗能及防落梁作用；墩梁连接处的填充式拉压型黏弹橡胶阻尼器可减缓地震冲击，耗散地震能量。

桥梁抗风方案：设计采用半封闭式三舱室钢桁架梁管廊桥，考虑多向风荷载作用，首次将稳定板和导流板引入钢桁架梁管廊桥设计，以减小风动力效应，提高结构抗风稳定性。

桥梁防雨耐久性方案：为安装、检修的方便，同时考虑保护管道、线缆，在钢桁架梁顶部增设雨棚设施，提高了实用性。

管廊桥效果图见图 11-26。

4. 管廊桥社会效益

本项目管廊桥已成功申请了 4 项专利（专利号 ZL 2017 2 0345518.8、ZL 2017 2 0345030.5、ZL 2017 2 0345281.3 和 ZL 2017 2 0345053.6）、获得了两项软件著作权 (2016SR281701 和 2016SR281664)，同时《宜宾管廊桥设计研究》获得了四川省核工业地质局 2014—2016 年度科技成果奖三等奖，桥梁新研 QC 小组“基于 TRIZ 理论的管廊桥设计研究”课题获得了 2017 年度核工业部级工程建设优秀 QC 小组成果奖。今后可将图纸标准化，减少设计成本，为同类型管廊桥设计提供参考，预计将会产生极大的经济效益

图 11-26　管廊桥效果图

与社会效益。

11.3.5　附属设施设计

1. 消防灭火设施设计

本综合管廊由电力通信舱、给水排水舱、燃气舱、雨水舱构成。根据《城市综合管廊工程技术规范》GB 50838—2015、《电力电缆隧道设计规程》DL/T 5484—2013 以及《建筑设计防火规范》GB 50016—2014，各舱室火灾危险性分类见表 11-16，对不同舱室按火灾危险性分类设置必要的消防设施。

宜宾县县城综合管廊内各舱室的火灾危险性分类　　表 11-16

舱室名称	舱室内容纳管线种类	火灾危险性类别
电力通信舱	通信、低压电力管道	丙
给水排水舱	输水、配水、污水管道	戊
燃气舱	输气、配气管道	甲

根据《城市综合管廊工程技术规范》GB 50838—2015、《建筑设计防火规范》GB 50016—2014、《建筑灭火器配置设计规范》GB 50140—2005、《电力电缆隧道设计规程》DL/T 5484—2013 等相关规定，本综合管廊的消防设施设计应包含自动灭火系统设计和灭火器系统设计。

本次设计在综合管廊内每隔 200m 左右设置一个防火分区。综合管廊各舱室的具体消防设计见表 11-17。

宜宾县县城综合管廊各舱室的消防设计方案　　表 11-17

舱室名称	设计消防系统	
电力通信舱	自动灭火系统	灭火器系统
给水排水舱	—	灭火器系统
燃气舱	—	灭火器系统

本综合管廊设计采用的自动灭火系统为超细干粉灭火系统。

2. 供电与照明系统设计

(1) 负荷等级

二级负荷：消防设备、燃气舱紧急切换阀（预留）、监控与报警设备、应急照明负荷。

三级负荷：潜水泵、普通照明、检修电源等负荷。

(2) 供电电源

本次设计，在监控中心设置一座10kV综合管廊开关站，两路进线，进线电源来自不同区域的变电所。综合管廊内各10kV变电所采用环网方式连接，采用单侧双回树干式。

本次管廊设计，在每一个供电分区的负荷中心设置一个变电所，变电所内变压器由两路10kV电源供电，两路电源为两常用。任何一路10kV电源故障或检修停运时，另一路10kV电源能保证全部二级负荷的正常运行。

3. 监控与报警系统设计

监控与报警系统设计包括综合管廊环境与设备监控系统设计、安防系统设计和电话系统设计。

4. 通风系统设计

水电信舱、给水排水舱和燃气舱均采用机械进排风的方式。进风井与排风井相间布置，均设置于综合井内。

5. 标识系统设计

本综合管廊设计全长6.73km，标识系统里程范围以运营里程为准。

标识系统共分2种，即管廊内标识系统和管廊外标识系统。其中管廊内标识系统分为6类，分别为管廊介绍与管理牌、入廊管线标识牌、设备标识牌、管廊功能区与关键节点标识牌、警示标识牌、方位指示标识牌。管廊外标识系统为综合井的各种露出地面的排风口、吊装孔、逃生口。

11.4 重庆大足南山综合管廊工程

该项目位于重庆大足区，本节将对该项目管廊暗挖施工工法选择以及衍生的相关问题进行重点介绍。

11.4.1 项目概述

1. 项目背景

大足区二环南路为东西贯穿大足区的一条主要干道，其南山隧道为大足主城区东西板块的重要连接通道。随着大足区南山西侧板块的快速发展，大量市政管线需穿越南山为西侧区域服务，由于南山这一天然屏障的存在，仅有给水、燃气管线利用隧道内人行道敷设穿越南山，隧道内已无多余空间敷设其他管线，市政管线多在南山东西两侧形成断头。为此，当地要求沿二环南路南山隧道修建综合管廊，解决上述问题。项目总平面见图11-27。

2. 设计概况

管廊设计总长400m，总投资约2800万元，入廊管线为电力电缆、通信线缆，断面形式为单舱，断面尺寸为$B \times H = 2.6\text{m} \times 2.2\text{m}$。管廊需穿越大足区南山，根据管廊设

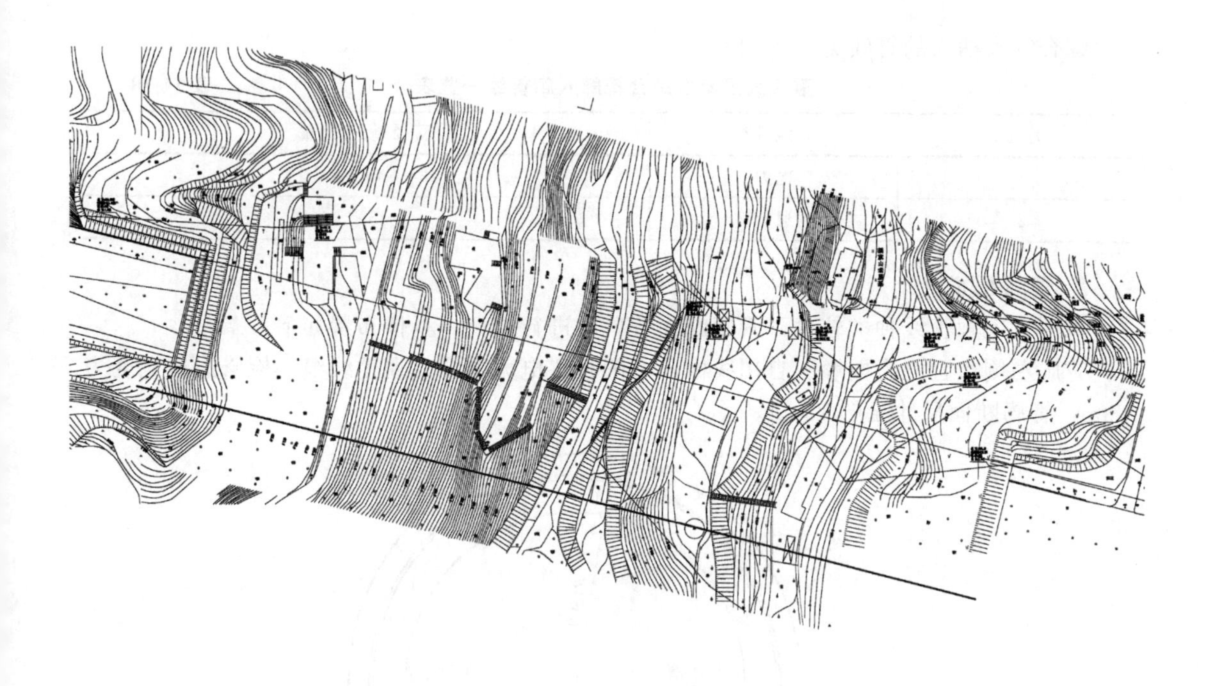

图 11-27 重庆大足南山综合管廊项目总平面图

计标高，其上部覆盖层厚度约 80m，无明挖施工条件，因此管廊主体结构采用隧道的形式。

3. 项目设计特点

管廊总长为 400m，全段采用暗挖施工，由于其上部覆盖层较厚，除管廊起终点外，其余管段无法设置节点，故本次管廊设计具有以下特点：

（1）距离既有南山隧道很近，且结构上覆盖层厚度达到了 80m，不具备采用明挖法施工的条件。同时由于项目所在地距离世界文化遗产——大足石刻非常近，处于其核心保护区范围内，严禁采用传统的矿山法钻爆施工，考虑到结构开挖尺寸不是很大，故采用小型机械暗挖法施工。用小型掘进机以及铣刨机进行掘进，产生的振动及噪声均较小。

（2）管廊仅能将隧道进出口作为进排风口，在风口处安装射流风机，管廊中段安装诱导风机。

（3）管廊内防火分隔采用常开式防火门，以满足管廊通风的需求。

（4）受暗挖断面限制，集水坑及排水泵的设置较为困难，管廊采用了重力流边沟进行排水，边沟在穿越防火分隔时采用水封进行封堵。

11.4.2 总体设计

1. 入廊管线

综合管廊纳入的管线见表 11-18。

重庆大足南山综合管廊入廊管线一览表　　表 11-18

序号	管线种类	管径/规格数量
1	电力	24 根电力排管
2	通信	15 孔

2. 管廊断面设计

该项目入廊管线种类较少，管廊断面按单舱进行设计，具体布置如下：

管廊左侧布置电力电缆、自用线槽，右侧布置电力电缆、通信线缆，检修通道宽度为 1.3m，管廊断面尺寸见图 11-28。

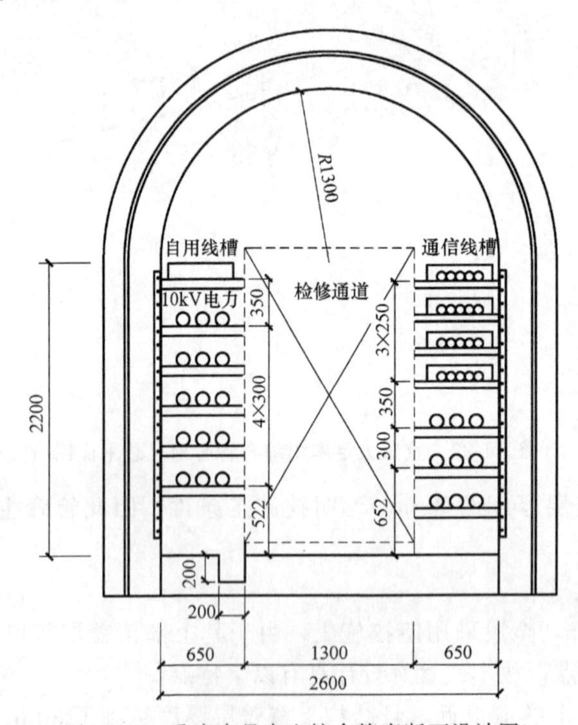

图 11-28　重庆大足南山综合管廊断面设计图

3. 管廊平面设计

管廊设计中心线与既有南山隧道平行，根据隧道规范要求，设计管廊外边线与既有隧道的间距不得小于 3.5 倍开挖断面宽度，本设计按 16m 进行控制。

4. 管廊纵断面设计

管廊纵断面采用单坡，坡度为 6.8‰。

11.4.3　结构设计

1. 工程地质条件

(1) 地质构造

项目场地外实测岩层优势产状为 340°∠2°，无填充，间距 0.5～3.0m，延伸长度一般为 4～5m，岩层面结合程度差，张开度为 1～3mm，无软弱夹层，属硬性结构面。根据区域地质资料和现场调查，场区内及附近未发现活动性断裂从拟建场地通过的迹象，场地稳定，地质构造简单。

（2）地层岩性

场地覆盖层为素填土（Q_4^{ml}）、粉质黏土（Q_4^{el+dl}）；下伏基岩为侏罗系上统遂宁组（J3sn）基岩，从整个场地看，主要岩层为泥岩。依据其工程地质特性和物理力学性质，按覆盖层和基岩风化带自上而下分为3个工程地质层：①覆盖层、②强风化基岩带、③中等风化基岩带。管廊穿越地层主要为中风化泥岩。

（3）水文地质条件

1）地下水

场地在勘探孔深度范围内地下水贫乏，场地水文地质条件简单，场地环境类型为Ⅲ类。

2）地表水

线路沿线分布的地表水主要靠大气降水补给，水量直接受大气降水的影响，勘察范围内无地表水体。

2. 隧道洞口设计

结合隧道洞口地形、地质条件，起点端与终点端洞门设计均为端墙式。洞门周围边仰坡设置有临时防护及永久防护措施。

3. 洞身结构设计

（1）主洞设计

按新奥法原理进行洞身结构设计，即以系统锚杆、喷射混凝土、钢筋网、钢架组成初期支护与二次模筑混凝土相结合的复合衬砌形式。洞身衬砌支护参数依据本段围岩级别的不同进行工程类比，隧道衬砌共拟定了Ⅳ、Ⅴ型共2种结构形式。确定的洞身衬砌支护参数见表11-19。

洞身衬砌支护参数 **表11-19**

衬砌类型	适用条件	喷射混凝土	锚杆纵×横（mm）	钢筋网	钢架	预留变形量	混凝土拱墙
Ⅴ	洞口Ⅴ级围岩地段	20	200 @100×100	ϕ6.5 @20	I14 @100	6	25（钢筋混凝土 ϕ22@25）
Ⅳ	洞身岩质Ⅳ级围岩地段	10	200 @100×100	ϕ6.5 @20	无	5	25（钢筋混凝土 ϕ22@25）

注：表中单位除钢筋直径为mm，其余为cm。

（2）超前支护的设置

洞身Ⅴ级围岩地段一般采用单层ϕ42注浆小导管超前支护。

（3）抗震设计

1）洞门抗震设防措施

结构抗震设防主要采取了以下措施：采取可靠的喷锚网与护面墙等防护措施对洞门开挖边仰坡进行防护；严格遵守施工程序，减少岩体扰动，减少塌方，对于超挖空洞、塌方地段须回填密实；洞口段衬砌采用钢筋混凝土结构，以提高结构的延性及刚度；洞门的端墙与拱圈之间用插筋连成整体，以增加其抗震稳定性；洞门墙内外侧各增设一层ϕ16钢筋网片，网格间距 20cm×20cm，采用 HRB400 螺纹钢筋，以增强洞门墙抵抗开裂破坏的能力。

2）洞身段抗震设防措施

① 覆盖层与基岩交界面、浅埋与深埋交界面设置环向抗震缝，衬砌类型变化处采用厚型止水带作抗震缝。

② 所有沉降缝内均应在 $D/2$（D 为衬砌厚度）处设置一道中埋式止水带，仰拱沉降缝也设置中埋式止水带。

③ 严格遵守施工程序，减少土体扰动，对于超挖空洞、塌方地段必须回填密实。

（4）防水设计

1）结构防水

要求二次衬砌采用防水混凝土浇筑，即在混凝土中添加密实微膨胀剂（如 HEA 防水剂、UEA 及 AEA 膨胀剂等），以达到衬砌密实、防裂及防水的目的，防水混凝土抗渗等级应不小于 P8。

2）“三缝”防水

洞口段变形缝采用中埋式钢边橡胶止水带＋外贴式止水带；

环向施工缝采用中埋式橡胶止水带＋外贴式止水带；

纵向施工缝采用中埋式钢边橡胶止水带＋遇水膨胀橡胶止水条。

3）模筑混凝土衬砌外防水

在衬砌结构外侧全包裹设置防水板，为保护防水板并形成渗水通道，防水板外侧应设无纺布（$300g/m^2$）。

4）防水卷材

本路段隧道采用 1.2mmEVA 防水板＋无纺布（$300g/m^2$）。

（5）排水系统设计

1）墙背均匀铺设环向 ϕ50HDPE 单壁打孔波纹排水管，每隔 10m 设置一道。

2）隧道左右边墙背后各设置一道 ϕ50HDPE 单壁打孔波纹排水管（外裹无纺布），其纵坡与路面纵坡一致。

3）隧道边墙底部横向每隔 10m 设置一道 ϕ50HDPE 单壁无孔波纹排水管，使墙背水排入洞内排水槽内。

4）隧道单侧预留排水槽排泄路面水。

4. 管廊节点设计

管廊全段采用暗挖，管廊中段未设置节点，仅在管廊进出口设置端部节点，该节点集合了人员出入（含逃生）、吊装、通风、进出线等功能。

根据 GB 50838 第 5.4.1 条的规定，综合管廊的每个舱室应设置人员出入口、逃生口、吊装口、进风口、排风口、管线分支口等。由于采用暗挖法施工的管廊埋深较大，以上节点的设置较常规敷设的管廊要困难许多，因此建议在类似项目中采用以下方式设计节点：

（1）在隧道进出洞位置设置人员出入口、吊装口。

（2）若暗挖段距离较长，逃生口、进风口、排风口可利用隧道竖井或斜井进行设置，为了节约造价，可考虑适当增大以上节点设置间距。

节点设计示意图见图 11-29。

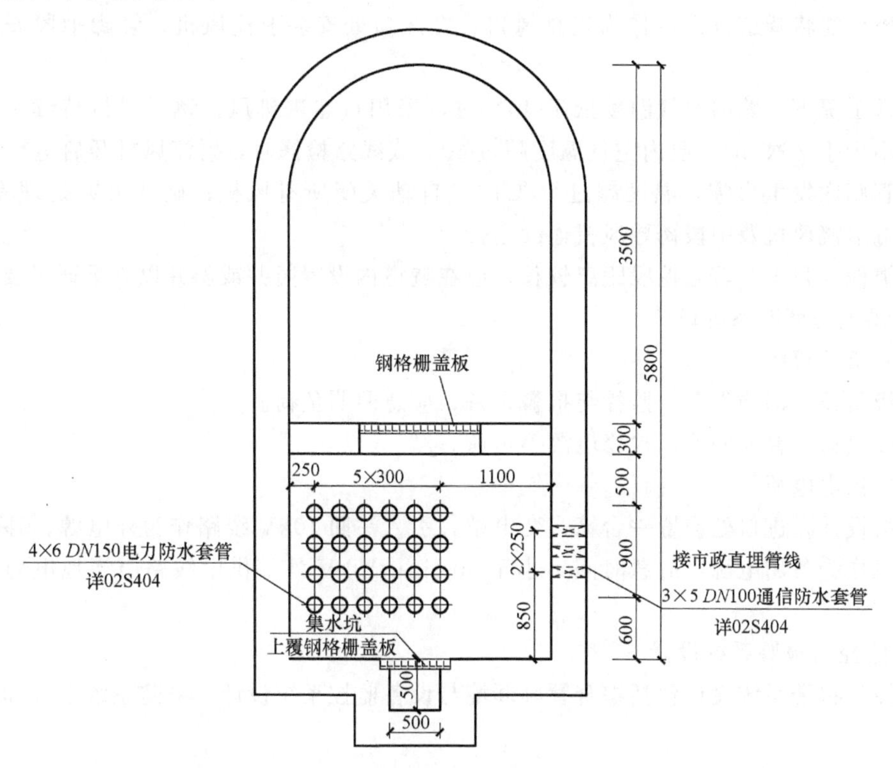

图 11-29 重庆大足南山综合管廊节点设计示意图

11.4.4 附属设施设计

1. 消防灭火设施设计

本综合管廊仅包括电力通信舱。根据 GB 50838、《电力电缆隧道设计规程》DL/T 5484—2013 以及《建筑设计防火规范》GB 50016—2014，各舱室火灾危险性分类见表 11-20，对不同舱室按火灾危险性分类设置必要的消防设施。

重庆大足南山综合管廊内各舱室的火灾危险性分类 表 11-20

舱室名称	舱室内容纳管线种类	火灾危险性类别
电力通信舱	通信、低压电力管道	丙

根据 GB 50838、《建筑设计防火规范》GB 50016—2014、《建筑灭火器配置设计规范》GB 50140—2005、《电力电缆隧道设计规程》DL/T 5484—2013 等相关规定，本综合管廊的消防设施设计应包含自动灭火系统设计和灭火器系统设计。

本次设计在综合管廊内每隔 200m 左右设置一个防火分区。具体消防设计见表 11-21。

重庆大足南山综合管廊各舱室的消防设计方案 表 11-21

舱室名称	设计消防系统	
电力通信舱	自动灭火系统	灭火器系统

本综合管廊设计采用的自动灭火系统为超细干粉灭火系统。

2. 通风系统设计

管廊仅能将隧道进出口作为进排风口，在风口处安装射流风机，管廊中段安装诱导风机。

正常工况下，舱内空气温度低于40℃时，采用自然进排风，诱导风机持续运行（换气次数不少于2次/h）；舱内空气温度超过40℃或线路检修时，射流风机开启运行。

若管廊内发生火灾，温度超过70℃时，自动关闭所有风机；确认火灾处理完毕后，启动两端射流风机及中段诱导风机连续运行。

在类似项目中，若暗挖段距离较长，应在隧道内设置竖井或斜井以满足通风要求。

3. 供电与照明系统设计

（1）负荷等级

二级负荷：消防设备、监控与报警设备、应急照明负荷。

三级负荷：普通照明、检修电源等负荷。

（2）供电电源

本次设计在进口处设置一台箱式变电站，引入一回10kV线路作为外电源；移动式柴油发电机作为备用电源，应急时间不小于60min；10kV外部供电线路由当地电力部门负责设计。

4. 监控与报警系统设计

监控与报警系统设计包括综合管廊环境与设备监控系统设计、安防系统设计和电话系统设计。

5. 排水系统设计

本管廊为单舱断面，舱内仅设置电力、通信管线，管廊排水仅考虑管廊渗水。舱内单侧设置排水边沟。由于管廊渗水量少，集水坑中的水通过自然蒸发或人工处理。

由于本管廊排水系统负荷较小，同时管廊坡向为单坡，因此重力流边沟即可满足管廊排水要求。若类似项目中入廊管线含有需进行放空检修的管线，则必须设置集水坑并安装排水泵，暗挖设计时需考虑集水坑对断面尺寸的影响。

6. 标识系统设计

标识系统分5类，分别为管廊介绍与管理牌、入廊管线标识牌、设备标识牌、警示标识牌、方位指示标识牌。

附录　主要参考规范与图集

专　业	主要参考规范与图集
总体、结构、管线、附属设施	《城市综合管廊工程技术规范》GB 50838—2015 《现浇混凝土综合管廊》17GL201 《综合管廊附属构筑物》17GL202 《综合管廊热力管道敷设与安装》17GL401 《综合管廊缆线敷设与安装》17GL601 《综合管廊供配电及照明系统设计与施工》17GL602 《综合管廊监控及报警系统设计与施工》17GL603 《综合管廊通风设施设计与施工》17GL701
结构	《工程结构可靠性设计统一标准》GB 50153—2008 《建筑结构荷载规范》GB 50009—2012 《建筑工程抗震设防分类标准》GB 50223—2008 《混凝土结构设计规范》GB 50010—2010(2015 年版) 《建筑抗震设计规范》GB 50011—2010(2016 年版) 《建筑地基基础设计规范》GB 50007—2011 《建筑地基处理技术规范》JGJ 79—2012 《地下工程防水技术规范》GB 50108—2008 《建筑设计防火规范》GB 50016—2014 《钢结构设计规范》GB 50017—2003 《建筑钢结构防腐蚀技术规程》JGJ/T 251—2011 《工业建筑防腐蚀设计规范》GB 50046—2008 《装配式混凝土结构技术规程》JGJ 1—2014 《混凝土结构工程施工规范》GB 50666—2011 《给水排水工程管道结构设计规范》GB 50332—2002 《室外给水排水和燃气热力工程抗震设计规范》GB 50032—2003 《公路桥涵设计通用规范》JTG D60—2015 《公路工程抗震规范》JTG B02—2013 《公路钢筋混凝土及预应力混凝土桥涵设计规范》JTG D62—2012 《公路隧道设计规范　第二册　交通工程与附属设施》JTG D70/2—2014 《公路桥涵地基与基础设计规范》JTG D63—2007 《公路钢结构桥梁设计规范》JTG D64—2015 《公路桥梁钢结构防腐涂装技术条件》JT/T 722—2008 《公路工程混凝土结构防腐蚀技术规范》JTG/T B07—01—2006 《公路隧道施工技术规范》JTG F60—2009 《公路隧道施工技术细则》JTG/T F60—2009 《公路桥涵施工技术规范》JTG/T F50—2011 《城市桥梁设计规范》CJJ 11—2011 《城市桥梁抗震设计规范》CJJ 166—2011 《城市人行天桥与人行地道技术规范》CJJ 69—1995 《城市轨道交通结构抗震设计规范》GB 50909—2014 《铁路路基填筑工程连续压实控制技术规程》TB 10108—2011

续表

专业		主要参考规范与图集
结构		《铁路隧道工程施工技术指南》TZ 204—2008
		《爆破安全规程》GB 6722—2014
		《混凝土外加剂应用技术规范》GB 50119—2013
		《混凝土结构耐久性设计规范》GB/T 50476—2008
		《普通混凝土用砂、石质量及检验方法标准》JGJ 52—2006
		《混凝土用水标准》JGJ 63—2006
		《钢筋混凝土用钢　第1部分:热轧光圆钢筋》GB 1499.1—2008
		《钢筋混凝土用钢　第2部分:热轧带肋钢筋》GB 1499.2—2007
		《钢筋混凝土用余热处理钢筋》GB 13014—2013
		《预应力混凝土用钢绞线》GB/T 5224—2014
		《预应力混凝土用螺纹钢筋》GB/T 20065—2016
		《结构工程用纤维增强复合材料筋》GB/T 26743—2011
		《碳素结构钢》GB/T 700—2006
		《纤维增强复合材料建设工程应用技术规范》GB 50608—2010
		《钢结构工程施工质量验收规范》GB 50205—2001
		《钢结构焊接规范》GB 50661—2011
		《冷弯薄壁型钢结构技术规范》GB 50018—2002
		《非合金钢及细晶粒钢焊条》GB/T 5117—2012
		《熔化焊用钢丝》GB/T 14957—1994
管线	给水、再生水、排水(含管廊排水系统)	《室外给水设计规范》GB 50013—2006
		《城镇污水再生利用工程设计规范》GB 50335—2016
		《室外排水设计规范》GB 50014—2006(2016年版)
		《建筑给水排水设计规范》GB 50015—2003
		《给水排水管道工程施工及验收规范》GB 50268—2008
		《给水排水构筑物工程施工及验收规范》GB 50141—2008
		《生活饮用水输配水设备及防护材料的安全性评价标准》GB/T 17219—1998
		《给水排水工程管道结构设计规范》GB 50332—2002
		《消防给水及消火栓系统技术规范》GB 50974—2014
		《市政给水管道工程及附属设施》07MS101
		《建筑给水排水及采暖工程施工质量验收规范》GB 50242—2002
		《城镇供水管网运行、维护及安全技术规程》CJJ 207—2013
		《城镇排水管道维护安全技术规程》CJJ 6—2009
		《城镇排水管渠与泵站运行、维护及安全技术规程》CJJ 68—2016
		《钢制管件》02S403
	天然气	《天然气》GB 17820—2012
		《城镇燃气设计规范》GB 50028—2006
		《城镇燃气技术规范》GB 50494—2009
		《石油天然气工业管线输送系统用钢管》GB/T 9711—2017
		《城镇燃气埋地钢质管道腐蚀控制技术规程》CJJ 95—2013
		《城镇燃气输配工程施工及验收规范》CJJ 33—2005
		《承压设备无损检测》NB/T 47013—2015
		《燃气系统运行安全评价标准》GB/T 50811—2012
		《城镇燃气设施运行、维护和抢修安全技术规程》CJJ 51—2016

续表

专业		主要参考规范与图集
管线	热力	《城镇供热管网设计规范》CJJ 34—2010 《城镇供热管网工程施工及验收规范》CJJ 28—2014 《设备及管道绝热技术通则》GB/T 4272—2008 《设备及管道绝热设计导则》GB/T 8175—2008 《工业设备及管道绝热工程设计规范》GB 50264—2013 《防腐蚀涂层涂装技术规范》HG/T 4077—2009 《工业金属管道工程施工规范》GB 50235—2010 《工业金属管道工程施工质量验收规范》GB 50184—2011 《工业设备及管道绝热工程施工规范》GB 50126—2008 《高密度聚乙烯外护管硬质聚氨酯泡沫塑料预制直埋保温管及管件》GB/T 29047—2012 《玻璃纤维增强塑料外护层聚氨酯泡沫塑料预制直埋保温管》CJ/T 129—2000 《工业设备及管道绝热工程施工质量验收规范》GB 50185—2010 《现场设备、工业管道焊接工程施工规范》GB 50236—2011
	电力	《电力工程电缆设计规范》GB 50217—2007 《城市电力规划规范》GB/T 50293—2014 《交流电气装置的接地设计规范》GB/T 50065—2011 《电气装置安装工程　电缆线路施工及验收规范》GB 50168—2006 《电气装置安装工程　接地装置施工及验收规范》GB 50169—2016 《电气装置安装工程电气设备交接试验标准》GB 50150—2016 《电力电缆隧道设计规程》DL/T 5484—2013 《电力电缆线路运行规程》DL/T 1253—2013 《城市电力电缆线路设计技术规定》DL/T 5221—2016 《电缆防火措施设计和施工验收标准》DLGJ 154—2000 《高压交流电缆在线监测系统通用技术规范》DL/T 1506—2016
	通信	《通信线路工程设计规范》GB 51158—2015 《城市通信工程规划规范》GB/T 50853—2013 《光缆进线室设计规定》YD/T 5151—2007 《综合布线系统工程设计规范》GB 50311—2016 《通信管道与通道工程设计规范》GB 50373—2006 《通信管道工程施工及验收规范》GB 50374—2006
	支吊架	《建筑机电设备抗震支吊架通用技术条件》CJ/T 476—2015 《建筑机电工程抗震设计规范》GB 50981—2014 《室内管道支架及吊架》03S402
附属设施	消防	《水喷雾灭火系统技术规范》GB 50219—2014 《细水雾灭火系统技术规范》GB 50898—2013 《干粉灭火装置技术规程》CECS 322—2012 《干粉灭火系统设计规范》GB 50347—2004 《气体消防系统选用、安装与建筑灭火器配置》07S207 《建筑灭火器配置设计规范》GB 50140—2005

续表

<table>
<tr><th colspan="2">专　业</th><th>主要参考规范与图集</th></tr>
<tr><td rowspan="4">附属设施</td><td>通风</td><td>《工业建筑供暖通风与空气调节设计规范》GB 50019—2015
《民用建筑供暖通风与空气调节设计规范》GB 50736—2012
《通风与空调工程施工质量验收规范》GB 50243—2016
《声环境质量标准》GB 3096—2008
《建筑防排烟系统设计和设备附件选用与安装》K103—1～2</td></tr>
<tr><td>供电与照明</td><td>《供配电系统设计规范》GB 50052—2009
《低压配电设计规范》GB 50054—2011
《20kV 及以下变电所设计规范》GB 50053—2013
《建筑照明设计标准》GB 50034—2013
《建筑物防雷设计规范》GB 50057—2010
《民用建筑电气设计规范》JGJ 16—2008
《消防应急照明和疏散指示系统》GB 17945—2010</td></tr>
<tr><td>监控与报警</td><td>《视频安防监控系统工程设计规范》GB 50395—2007
《安全防范工程技术规范》GB 50348—2004
《入侵报警系统工程设计规范》GB 50394—2007
《火灾自动报警系统设计规范》GB 50116—2013
《爆炸危险环境电力装置设计规范》GB 50058—2014
《建筑物电子信息系统防雷技术规范》GB 50343—2012
《石油化工可燃气体和有毒气体检测报警设计规范》GB 50493—2009
《数据中心设计规范》GB 50174—2017</td></tr>
<tr><td>标识</td><td>《公共建筑标识系统技术规范》GB/T 51223—2017
《消防安全标志　第 1 部分：标志》GB 13495.1—2015
《消防应急照明和疏散指示系统》GB 17945—2010
《道路交通反光膜》GB/T 18833—2012
《城市道路交通标志和标线设置规范》GB 51038—2015
《建筑制图标准》GB/T 50104—2010
《RAL 工业国际标准色卡对照表》</td></tr>
<tr><td colspan="2">基坑支护</td><td>《综合管廊基坑支护》17GL203-1
《建筑基坑支护技术规程》JGJ 120—2012
《建筑基坑支护结构构造》11SG814
《建筑地基基础设计规范》GB 50007—2011
《建筑边坡工程技术规范》GB 50330—2013
《给水排水工程钢筋混凝土沉井结构设计规程》CECS 137—2015
《岩土锚杆与喷射混凝土支护工程技术规范》GB 50086—2015
《建筑基坑工程监测技术规范》GB 50497—2009
《建筑深基坑工程施工安全技术规范》JGJ 311—2013
《钢筋焊接及验收规程》JGJ 18—2012
《混凝土结构工程施工质量验收规范》GB 50204—2015
《建筑地基基础工程施工质量验收规范》GB 50202—2002</td></tr>
</table>

续表

专　业	主要参考规范与图集
造价	《城市综合管廊工程投资估算指标(试行)》ZYA1-12(10)—2015 《建设工程工程量清单计价规范》GB 50500—2013 《房屋建筑与装饰工程工程量计算规范》GB 50854—2013 《通用安装工程工程量计算规范》GB 50856—2013 《市政工程工程量计算规范》GB 50857—2013 《构筑物工程工程量计算规范》GB 50860—2013 《城市轨道交通工程工程量计算规范》GB 50861—2013 《爆破工程工程量计算规范》GB 50862—2013

注：1. 本表为管廊设计及本书编写的主要参考规范及国家标准图集。

2. 管廊设计过程中各专业间参考规范常有交叉，为避免重复，本表各规范仅列举一次。

参考文献

［1］ 施卫红．城市地下综合管廊发展及应用探讨［J］．中外建筑，2015（12）：103-106．

［2］ 于晨龙，张作慧．国内外城市地下综合管廊的发展历程及现状［J］．建设科技，2015（17）：49-51．

［3］ DBJ51/T077—2017 四川省城市综合管廊工程技术规范［S］．成都：西南交通大学出版社，2017．

［4］ 湘 2015SZ102 湖南省新型城镇化建设系列图集—城市综合管廊［S］．湖南：湖南省建筑标准设计办公室编，2015．

［5］ 陆敏博，王新庆，王志红．城市综合管廊标准断面设计要点探讨［J］．给水排水，2016，42（8）：115-117．

［6］ 范翔．城市综合管廊工程重要节点设计探讨［J］．给水排水，2016，42（1）：117-122．

［7］ 向帆．浅谈综合管廊常规节点的布置和设计［J］．西南给排水，2017，39（4）：36-38．

［8］ 陈伟健，汪永兰．公路波纹钢管涵洞设计计算［J］．交通标准化，2014，42（23）95-100

［9］ 白海龙．城市综合管廊发展趋势研究［J］．中国市政工程，2015，（6）：78-82．

［10］ 陆文皓，齐玉军，刘伟庆．装配式综合管廊的应用与发展现状研究［J］．建材世界，2017，38（6）87-91．

［11］ 葛金科，沈水龙，许烨霜．现代顶管施工技术及工程实例［M］．北京：中国建筑工业出版社，2009．

［12］《给水排水工程结构设计手册》编委会．给水排水工程结构设计手册［M］．北京：中国建筑工业出版社，2007．

［13］ 李国豪．桥梁结构稳定与振动［M］．北京：中国铁道出版社，1996．

［14］ 罗松涛，赵兵，苏亚兰．城市综合管廊过河节点设计分析［J］．山西建筑，2016，42（17）：170-171．

［15］ 许玉华，孙文．某管线钢桁架桥结构选型及计算［J］．中国水运，2017，17（1）：202-203．

［16］ 吴冲．现代钢桥［M］．北京：人民交通出版社，2006．

［17］ 赵廷衡．桥梁钢结构设计细节［M］．成都：西南交通大学出版社，2011．

［18］ 城市地下综合管廊管线工程技术规程（送审稿）［S］．中国工程建设标准话协会，2017．

［19］ 陈普立．浅谈广州大学城综合管廊内给水管线的设计特点［J］．广州科技，2006（153）：138-139．

［20］ 王中柱．浅议污水管线纳入综合管廊的相关设计［J］．城市道桥与防洪，2016，（12）：100-104．

［21］ 王弘．综合管廊的管线入廊问题探讨［J］．住宅与房地产，2017，（09）：118．

［22］ 仲崇军，谢雷杰．污水管道入廊设计与运维对策探讨［J］．给水排水，2017，43（1）：152-155．

［23］ 向帆，蒋文岗，杨晓光，李俊．综合管廊内雨污水管道的管线设计要点［J］．给水排水，2018，34（4）：41-46．

［24］ 国报喜，曲昭嘉．管道支架设计手册［M］．北京，中国建筑工业出版社，1998．

［25］ 中国土木工程学会土力学及岩土工程分会．深基坑支护技术指南［M］．北京：中国建筑工业出版社，2013．

［26］《工程地质手册》编委会．工程地质手册［M］．北京：中国建筑工业出版社，2006．

［27］ 周景星，李广信，虞石民．基础工程［M］．北京：清华大学出版社，2007．

［28］ 刘建航，侯学渊．基坑工程手册（第二版）［M］．北京：中国建筑工业出版社，2009．

［29］ 张永波，孙新忠．基坑降水工程［M］．北京：地震出版社，2000．

［30］ 王魁．明挖地下综合管廊施工阶段数值模拟分析［D］．河南：河南工业大学，2017．

［31］ 刘建华．综合管廊覆土较浅时台背回填处理措施浅析［J］．城市道桥与防洪，2017，08（08）：77-79，92．

［32］ 刘杰．城市综合管廊工程投资估算研究［D］．安徽芜湖：中铁时代建筑设计研究院有限公司，2017．